入門 実験計画法

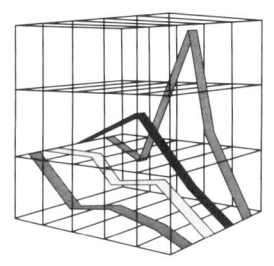

永田 靖 著

日科技連

まえがき

　本書は，入門的な統計的方法を学んだ読者を対象とした「実験計画法」の初級から中級レベルのテキストである．

　実験計画法とは，誤差の存在を認めた上で，興味のある変数の値（特性値）をより望ましいレベルにするために，その特性値と関連のありそうな変数（因子）を取り上げて，その因子を何通りか変化させて（水準をふって）実験を行い，観測された特性値をデータとして解析する統計的方法論の総称である．つまり，実験計画法は，「どのようにデータを取るか（実験を行うか）」「得られたデータをどのように解析するか」の両者を適切に取り扱うための方法論である．客観的に，科学的に，そして合理的に結論を出すためには，解析方法だけが重要なのではなく，データの取り方自体も大変重要である．データの取り方が異なれば解析方法も異なる．こういったことを本書では統一的に解説する．

　実験計画法は，工業の品質管理の分野を中心として昔から広く用いられてきた．したがって，すでに多くの書籍が刊行されている．入門的なレベルから上級的なレベルまで優れた参考書も多い．そういった中で新たな実験計画法のテキストを作成することは屋上屋を架すようなものかもしれない．しかし，昨年，日科技連品質管理ベーシック・コース（ＢＣ）において「実験計画法」のテキストを執筆する機会を与えられた．私自身のこれまでの講義経験を検討し，様々な既存のテキストを参考にして完成させたＢＣのテキストを眺めてみると，それなりに特徴を出すことができたように思えた．そこで，そのテキストをもとにして，大幅な加筆・改訂を加え，さらにＱ＆Ａを追加して，本書の作成を企画した．

　本書では伝統的な実験計画法の入門的な手法を一通り取り扱っており，その内容自体はオーソドックスである．一方，本書の特徴は以下の点にある．

(1)　解析手順や計算手順がほぼ同じパターンで行われていることを実感でき

るように配慮した．
(2) 要点や重要な公式などを参照しやすいように各節ごとにまとめた．
(3) データ採取の考え方と方法を例題ごとに具体的に明記した．
(4) 例題を数多く取り上げ，データの構造式を軸とした解析のストーリーにそって丁寧に記述した．
(5) プーリングや推定・予測の考え方など，従来のテキストではあいまいに記述されることの多かった内容についてもできるだけ具体的に解説した．
(6) Q＆Aとして30のquestionへの回答を記述した．

　大学や社会人セミナーでの私の講義に対して「同じことを何回も言いますね」という受講生のアンケートが多く寄せられる．これは，私が講義するときに常に心がけていることである．本書を作成するときにも，このことを考慮した．実験計画法の多くの手法では解析方法が類似しているから，テキストをもっとコンパクトに構成することはできる．しかし，同じことであっても，それぞれの手法の中で繰返し記述することによって，上に述べた(1)の効果があると考えた．もちろん，すべてが同じではなく，それぞれの手法ごとに特徴があり違いがある．その違いを的確に理解するためには，同じ部分を繰返し認識することが近道だと思う．

　本書では，データの構造式を重要視した．データの構造式をあいまいにしたままでは，形式上の解析はできても，しっかりした理解には結びつかないと思う．データの構造式を明記し，分散分析表においてどの要因効果があるのかをはっきりさせ，その結果に基づいてデータの構造式を再び明示して推定・予測を行うという「解析のストーリー」を踏襲することが理解を深めることになると思う．本書を理解することが読者の方々のゴールではなく，必要になればもっと先へ進んでほしい．データの構造式に基づいて考える習慣をつけることは，レベルのより高い統計的方法の勉強にもつながる．

　パソコンが広く普及し，解析ソフトが充実してきた今日であるにもかかわらず，本書はそれらの解析ソフトの使用を前提とはしていない．それは，電卓レベルでの，平方和や自由度の計算，分散分析表の作成，推定や予測の計算を通して，解析方法の中身を具体的に体得してほしいと考えているからである．最

初から解析ソフトを使うのではなく，一度はこういった計算を自分で行ってみることが読者の方々の実力に結びついていくと思う．そして，実力の差とは応用力の差だと思う．実験計画法は，統計的な考え方のエッセンスが集まった方法論であり，電卓レベルの計算でその考え方を体得できる有益な教材である．

　以上に述べたようなことが，意図通り本書に反映されて，本書が読者の方々の仕事や研究に少しでも役立てば幸いである．

　本書の作成にあたって多くの方々のお世話になった．ＢＣのテキストの執筆段階で，荒木孝治先生（関西大学），稲葉太一先生（神戸大学），中條武志先生（中央大学），棟近雅彦先生（早稲田大学），山田秀先生（東京理科大学）から有益なコメントをいただいた．そして，本書の作成段階で，竹山象三先生（岡山商科大学），西敏明先生（岡山商科大学），宮川雅巳先生（東京工業大学）から有益なコメントをいただいた．最後に，日科技連出版社の清水彦康氏には企画から出版にいたるまでいろいろとお世話になった．心から感謝の気持ちを表したい．

2000年3月

永　田　　靖

目　　　次

まえがき …………………………………………………………… iii

第1章　イントロダクション ……………………………………… 1
1.1　実験計画法とは …………………………………………… 1
1.2　検定と推定の復習 ………………………………………… 9
1.3　本書の構成と勉強方法 …………………………………… 15

第1部　実験計画法　基本編

第2章　基本的考え方と解析方法 ………………………………… 20
2.1　データの取り方・データの集計・データの構造式 ……… 20
2.2　平方和と自由度の計算・分散分析表の作成 …………… 27
2.3　分散分析後の推定と予測 ………………………………… 32

第3章　1元配置法 ………………………………………………… 37
3.1　1元配置法とは …………………………………………… 37
3.2　適用例 ……………………………………………………… 42

第4章　1元配置法の理論 ………………………………………… 48
4.1　分散分析表における検定の意味 ………………………… 48
4.2　分散分析後の推定と予測 ………………………………… 56

第5章　繰返しのある2元配置法 ………………………………… 61
5.1　繰返しのある2元配置法とは …………………………… 61

5.2　繰返しのある2元配置法の理論 ……………………………… 70
　5.3　適用例 …………………………………………………………… 75

第6章　繰返しのない2元配置法　87
　6.1　繰返しのない2元配置法とは ………………………………… 87
　6.2　適用例 …………………………………………………………… 90

第7章　多元配置法　96
　7.1　繰返しのある3元配置法とは ………………………………… 96
　7.2　適用例 …………………………………………………………… 99

第2部　実験計画法　応用編

第8章　2水準系直交配列表実験 ……………………………………… 112
　8.1　2水準系直交配列表とは ……………………………………… 112
　8.2　2水準系直交配列表への因子の割り付け …………………… 116
　8.3　解析方法 ………………………………………………………… 122
　8.4　適用例 …………………………………………………………… 127

第9章　3水準系直交配列表実験 ……………………………………… 138
　9.1　3水準系直交配列表実験とは ………………………………… 138
　9.2　適用例 …………………………………………………………… 145

第10章　直交配列表を用いた多水準法と擬水準法 ……………… 157
　10.1　直交配列表を用いた多水準法 ……………………………… 157
　10.2　直交配列表を用いた擬水準法 ……………………………… 171

第11章　乱塊法 ……………………………………………………… 186
　11.1　乱塊法とは …………………………………………………… 186
　11.2　適用例 ………………………………………………………… 193

第12章　分割法 211
12.1　分割法とは 211
12.2　解析方法 217
12.3　適用例 239

第13章　直交配列表を用いた分割法 263
13.1　直交配列表を用いた分割法とは 263
13.2　適用例 272

第14章　測定の繰返し 285
14.1　測定の繰返しとは 285
14.2　適用例 290

第3部　実験計画法　Q&A
(★：初級，★★：初中級，★★★：中級)

Q1：実験計画法の由来を教えてください（★） 306

Q2：n 個のデータ $x_1, x_2, \cdots, x_n$ から分散 V を求めるとき，平方和 S をなぜ $n-1$ で割るのですか？（★） 307

Q3：平方和と自由度の関係について具体的に説明してください（★） 308

Q4：データの数値変換について教えてください（★） 311

Q5：変数変換の効用と方法について教えてください（★★） 312

Q6：データが正規分布に従っているかどうかのチェック方法を教えてください（★★） 314

Q7：範囲 R による等分散性のチェックの「やり方」と「その意味」を教えてください（★） 315

Q8：水準数や水準の取り方について注意すべき点を教えてください（★） 316

Q9：プーリングの考え方の原理について教えてください（★） ... 318

Q 10：分散分析表では「どの要因効果があるか」ということだけを読みとればよいのでしょうか？（★） 320

Q 11：分散分析表で有意になった要因には必ず効果があると判断すればよいのでしょうか？（★） 321

Q 12：繰返しのない 2 元配置法ではどうして交互作用を検定できないのですか？（★） 321

Q 13：lsd について教えてください（★★） 324

Q 14：データの構造式において水準組合せの母平均を各要因効果に分解する考え方を具体的に教えてください（★★） 325

Q 15：データの構造式と分散分析表の検定結果との対応を具体的に説明してください（★★） 328

Q 16：直交配列表における"直交"の意味を教えてください（★★） 331

Q 17：直交配列表において「交互作用が現れる列」という意味を具体的に説明してください（★★） 333

Q 18：寄与率とは何ですか？（★★） 335

Q 19：誤差の母分散やブロック因子の分散成分の区間推定の方法を教えてください（★★） 339

Q 20：測定を繰返すことによるメリットは何ですか？（★★） 341

Q 21：水準によってばらつきに違いがあるかどうかを検討するにはどのようにすればよいのでしょうか？（★★） 343

Q 22：母平均の区間推定の際に用いる田口の式 (2.34) や伊奈の式 (2.35) について「その意味」や「なぜこのような式が成り立つのか」を説明してください（★★★） 343

Q 23：直交配列表を用いた擬水準法の解析で伊奈の式が成り立つことを説明してください？（★★★） 346

Q 24：分割法において $E(V)$ の構造が因子の次数によって異なる理由を説明してください（★★★） 348

Q 25：直交配列表を用いた分割法において，それぞれの群の空いた列に1次誤差や2次誤差が現れるという意味を説明してください（★★★） ……………………………………………………………………… 349

Q 26：繰返しのある2元配置法などで繰返し数が異なるときに解析はできるのでしょうか？（★★★） ………………………………… 352

Q 27：サタースウェイトの方法の理論的根拠を教えてください（★★★） ……………………………………………………………… 353

Q 28：本書に引き続いてどのような統計的方法を勉強すればよいでしょうか？（★★★） ………………………………………………… 354

Q 29：タグチ・メソッドとは何ですか？（★★★） ………………… 354

Q 30：多変量解析法とはどのような手法ですか？（★★★） ……… 355

参 考 文 献 …………………………………………………………… 359

付　　　　録 …………………………………………………………… 361

付　　　　表 …………………………………………………………… 371

索　　　　引 …………………………………………………………… 383

第1章
イントロダクション

　本章では，実験計画法のあらましを述べる．まず，「入門的な検定・推定の手法」と「実験計画法の基本的な手法」との自然なつながりを理解してほしい．また，「実験計画法はどのようにデータを取るのかというところから考慮する手法である」ことを納得してほしい．次に，入門的な検定と推定の手法について簡単に復習し，最後に本書の構成と勉強の仕方について述べる．

1.1　実験計画法とは

（1）　実験計画法の目的

　品質管理の分野では，図 1.1 に例示した**特性要因図**を作成し，**特性**と**要因**との関連を考察する．特性要因図では，中央の大きな矢印の右側が興味ある特性（図 1.1 では"強度"が特性）であり，それに様々な要因が関わっている様子を表している．

　特性要因図に描かれている要因の中には，これまでの経験から特性と関係のあることがわかっているものだけではなく，「影響があるかもしれない」というレベルのものまで含まれている．つまり，「要因〇〇が変化するとき特性△△が変化する可能性がある」というあいまいな場合も取り上げられている．

　既存の知識だけで特性値を望むレベルにすることが難しいときには，特性要因図を手がかりとして，新たに実験を行って，要因と特性との関わりを客観的に明らかにしていくことが必要になる．すなわち，特性に影響をおよぼす可能性のある要因を取り上げて，その要因の値を何通りかに設定し（**水準をふる**と言う），その下でデータを取って解析する．図 1.1 では，例えば，反応時間を何通りか設定して実験し，強度が変化するかどうかを解析する．誤差を超えた

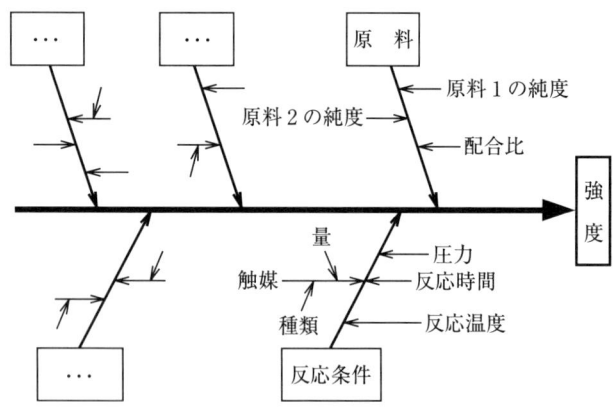

図 1.1 特性要因図の例

変化が見いだされるとき，反応時間は強度に対して"効果がある"と考える．

以上より，実験計画法の目的を次のように述べることができる．

実験計画法の目的

「どの要因が特性値に影響を与えているのか」，もし影響を与えているならば「その要因をどのような値（水準）に設定すれば特性値がどれくらい望ましくなるのか」などを把握すること

また，実験計画法を一言で述べると次のようになる．

実験計画法とは

「どのように計画的にデータを採取すればよいのか」「そのデータをどのように解析すればよいのか」についての統計的方法論の総称

ここで，実験計画法では**「データを採取するステップ」**と**「得られたデータを解析するステップ」**の両方を問題にしている点に注目してほしい．

なお，今後，"要因"という言葉は誤差も含めた広い意味に用いる．それに対して，水準を設定する項目を**"因子"**と呼ぶ．図 1.1 で反応時間を何通りか設定するのであれば，反応時間を 1 つの因子として取り上げたことになる．

（2） 入門的な検定・推定と実験計画法とのつながり

データは，ふつう，**計量値データ**と**計数値データ**に分類される．計量値データは重さ・長さ・濃度などといった連続量を表すデータであり，計数値データは不良個数・欠点数などのように離散量を表すデータである．

一般に，計量値データは，その採取に時間やコストがかかるが，計数値データよりも得られる情報量は多い．例えば，塗装板の傷を減少させる問題を考えてみよう．傷の数を数えると計数値データが得られる．それに対して，「傷の位置」「傷の長さ」「傷の深さ」「傷の角度」などを考えるなら，これらは計量値データとして得ることができる．計数値データは採取が容易なので，検査などのようにスクリーニング的な観点からは有用である．しかし，原因を追求し，問題解決を図るためには，たとえ採取時間やコストがかかろうとも，情報量の豊富な計量値データを得るように工夫することが大切である．

実験計画法は，実験を計画して新たにデータを取るという立場に立った手法である．したがって，「手間をかけて実験を行うのなら計量値データを取ろう」という観点から，本書では，計量値データの解析方法だけを取り扱う．

計量値データを取り扱う場合，主として，データが正規分布に従うことを前提とする．実際に計量値データは正規分布に近似的に従っていることが多いし，そうでない場合でも適当な変換（対数変換や平方根変換）を施すことによって正規分布に近似的に従うようにすることのできる場合が多い（Q 5 を参照）．

正規分布には，母平均 μ と母分散 σ^2 の 2 つの母数がある．母平均 μ はデータのばらつきの中心位置を表し，母分散 σ^2 はデータのばらつきの大きさを表す．実験計画法では，取り上げた因子の水準を変更することにより，特性値の母平均が変化するかどうかを検討することが主要な目的である．

母平均に関する統計的推測については，入門的な内容として「**1 つの母平均の検定と推定**」や「**2 つの母平均の差の検定と推定**」を学んだことがある

(1) 1つの母集団に関する推測（母平均についての検定・推定）

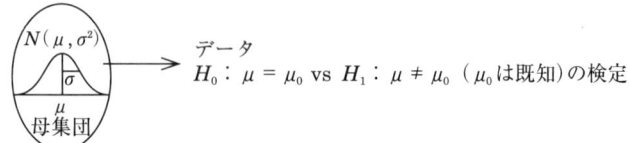
$H_0: \mu = \mu_0$ vs $H_1: \mu \neq \mu_0$ （μ_0は既知）の検定

(2) 2つの母集団に関する推測（母平均についての検定・推定）

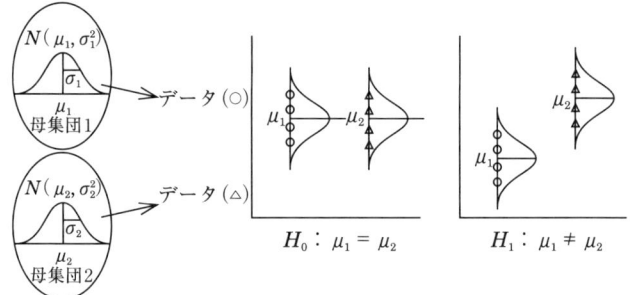

(3) 3つ以上の母集団に関する推測（1元配置法）

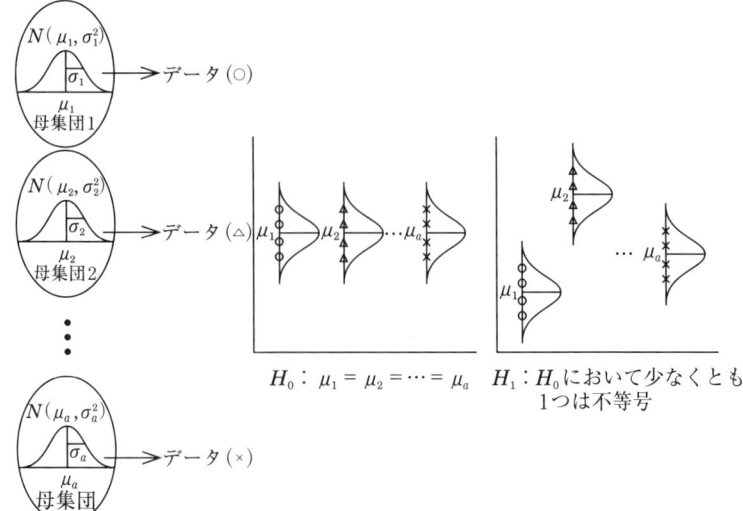

図 1.2 母平均に関する統計的方法の一連の流れ

(4) 2つの因子 A と B を組み合わせる（2元配置法）

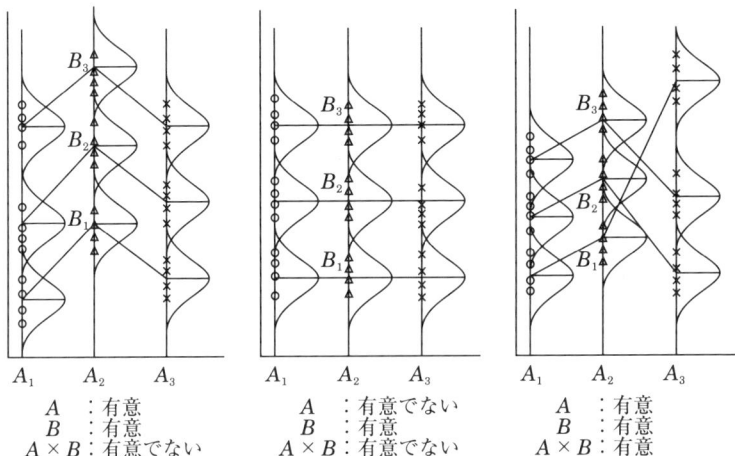

A ：有意
B ：有意
$A \times B$ ：有意でない

A ：有意でない
B ：有意
$A \times B$ ：有意でない

A ：有意
B ：有意
$A \times B$ ：有意

(5) 母平均が直線関係にある（単回帰分析）

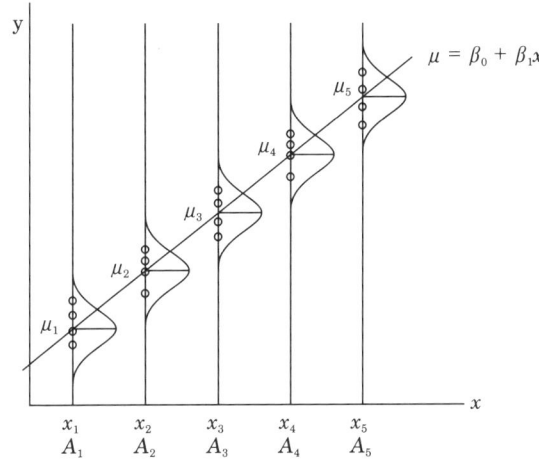

図 1.2 母平均に関する統計的方法の一連の流れ（つづき）

と思う（1.2節で簡単に復習する）．前者では，1つの母集団を想定しているのに対して，後者では，2つの母集団を想定している．これらを発展させて，3つ以上の母集団を想定し，母平均が一様に等しいかどうかの検定や，最適水準における母平均の推定を行う方法が**1元配置法**である．1元配置法は実験計画法の中で最も基本的な手法である．例えば，「1つの因子 A を取り上げて，4水準を設定し，1元配置法を行う」とは，4つの母集団を設定し，それらの母平均が一様に等しいかどうかを検定し，最適水準の決定や最適水準での母平均の推定を行うことを意味する．

2つの因子 A と B を同時に取り上げる場合には**2元配置法**を用いる．これは，A と B の各水準組合せごとに1つの母集団を想定し，それらの母平均が，「A の水準が異なることにより違いがあるか」「B の水準が異なることにより違いがあるか」「A と B のある組合せによって違いが生じているか（**交互作用**の存在）」などを検定し，最適水準の組合せの決定やその水準組合せにおける母平均の推定を行うための手法である．

一方，1つの因子の水準変化に対して母平均に直線的な構造を想定する場合には**単回帰分析**を用いる．

このように，いずれの場合も，手法そのものは異なるが，母集団分布として正規分布を想定し，その母平均に関する統計的推測を行うという点では共通した一連の流れがある．これらの点を図1.2を参照することにより確認してほしい．つまり，「統計的方法の入門的な内容（検定・推定）」と「実験計画法の基礎的な部分」とのつながりを把握してほしい．

（3） データの取り方・ランダム化について

「**データはランダムな順序に取る**」という原則がある．

例えば，因子 A について4水準を設定し，繰返し数を5回とした1元配置法を考えてみよう．この実験により，表1.1に示した形式のデータが得られる．このデータの採取において，まず，「A_1 水準の5回分の実験を続けて行い，次に A_2 水準の5回分の実験を続けて行い，…」という具合にデータを取ったとすれば，これはデータをランダムな順序で取ったことにはならない．

表 1.1　1元配置法のデータ
(○は1つ1つのデータを表す)

因子の水準	データ
A_1	○　○　○　○　○
A_2	○　○　○　○　○
A_3	○　○　○　○　○
A_4	○　○　○　○　○

もし，「後半になるにつれて実験機器が安定し，室温も上昇し，実験作業も上手になり，…」などということがあるならば，後半の方が望ましいデータの得られる可能性が高まる．その結果，本来 A_4 水準は望ましくないにもかかわらず，A_4 水準が良いように見えるかもしれない．そこで，「後半になるにつれて実験機器が安定し，室温も上昇し，実験作業も上手になり，…」ということが仮りに存在したとしても，その影響が各水準の下で得られるデータに誤差として均等に入るようにするために，ランダムな順序でデータを取ることが必要になる．

しかし，このような実験順序のランダム化，すなわち，**ランダマイゼーション** (randomization) は，実際の場面において必ずしも容易ではない．そこで，このランダム化を緩和できるような工夫が望まれる状況は多い．そのときには，第12章で説明する**分割法**が有用である．

また，表1.1 では，○の数だけ実験自体を繰返すことを意味している．測定だけを繰返せば，その数だけデータ数が増加するが，それは実験を繰返すことにより得られたデータとは質が異なる．第14章では，測定だけを繰返して得られたデータの取り扱い方を述べる．

（4）データの取り方・実験回数について

同時に取り上げたい因子の個数が2つになったら第5章と第6章で述べる2元配置法を用いることが基本である．因子 A（4水準）と因子 B（3水準）を取り上げて，それぞれの水準組合せについて2回実験する（「繰返し数が2

表 1.2　2元配置法のデータ
(○は1つ1つのデータを表す)

因子の水準	B_1	B_2	B_3
A_1	○	○	○
	○	○	○
A_2	○	○	○
	○	○	○
A_3	○	○	○
	○	○	○
A_4	○	○	○
	○	○	○

である」と言う)なら,表1.2の形式のデータが得られる.表1.2のデータもランダムな順序で計 $4 \times 3 \times 2 = 24$ 回の実験を行うことを前提としている.

同時に取り上げたい因子がさらに増えた場合には,第7章で述べる**多元配置法**の実施が考えられる.しかし,多元配置法では,2元配置法の場合と同様に,取り上げた因子のすべての水準組合せで実験する必要があるため,実験回数が非常に増大する.5個の因子を取り上げて,それぞれを3水準とするならば,繰返し数を1としても,$3^5 = 243$ 回の実験を(ランダムな順序で)実施しなければならない.ランダム化については,第(3)項で述べたように緩和することが可能だが,実験回数自体が多くなるため,その実施が困難になることが多い.そこで,もっと実験回数を減らして,効率的に情報を得ることが望まれる.このときには,第8章から第10章で解説する**直交配列表実験**を利用すればよい.

実験回数を減らし,ランダム化も緩和させるために,第13章で述べる**直交配列表を用いた分割法**を用いる場合もある.

(5) まとめ

たとえ因子数が増えても,「ランダムな順序で実験を行う」「多くの回数の実験を実行する」という2点が困難でないならば,本書の第1部の内容だけで

十分である．しかし，実際は，「実験方法の制限によるランダム化の困難」や「実験回数の制限」に直面する．その際に効力を発揮する方法が第2部で説明する手法である．

1.2　検定と推定の復習

この節では，統計的方法の入門書で詳しく解説される検定と推定について簡単に復習する．詳しい内容については入門的な教科書（例えば永田 [21]）などを参照してほしい．

（1）　基本統計量の計算方法

n 個のデータ $x_1, x_2, \cdots, x_n$ から**基本統計量**を次のように計算する．

- **平均** (mean)

$$\bar{x} = \frac{x_1 + x_2 + \cdots + x_n}{n} = \frac{\sum x_i}{n} \tag{1.1}$$

- **平方和** (sum of squares)

$$S = (x_1 - \bar{x})^2 + (x_2 - \bar{x})^2 + \cdots + (x_n - \bar{x})^2 = \sum (x_i - \bar{x})^2$$

$$= \sum x_i^2 - \frac{(\sum x_i)^2}{n} \tag{1.2}$$

- **分散** (variance)

$$V = \frac{S}{n-1} \tag{1.3}$$

（**注 1.1**）　応用上は，分散 V を求めるとき平方和 S を（n ではなくて）$n-1$ で割るのが一般的である（Q 2 を参照）．□

（2）　1つの母平均の検定と推定

1つの母集団を設定し，その母集団分布として正規分布 $N(\mu, \sigma^2)$ を想定する．ランダムに採取したデータ $x_1, x_2, \cdots, x_n$ に基づいて母平均 μ について

の検定と推定は以下のように行う．

1つの母平均の検定

手順1 帰無仮説 $H_0: \mu = \mu_0$，対立仮説 $H_1: \mu \neq \mu_0$ を設定する．ここで，μ_0 は指定された値．

手順2 有意水準 α（通常は $\alpha = 0.05$）を定める．

手順3 棄却域 $R: |t_0| \geqq t(\phi, \alpha)$ を定める（$\phi = n - 1$）．$t(\phi, \alpha)$ は付表4の t 表より求める．

手順4 データを採取して検定統計量 t_0 を計算する．
$$t_0 = \frac{\bar{x} - \mu_0}{\sqrt{V/n}} \tag{1.4}$$

手順5 検定統計量 t_0 が棄却域 R に入れば「有意である」と判定し，H_0 を棄却して，μ は μ_0 と異なると判断する．

状況に応じて，対立仮説を「$H_1: \mu > \mu_0$」または『$H_1: \mu < \mu_0$』と設定して検定を行う場合もある．このときには，棄却域は，それぞれの設定に対して，「$R: t_0 \geqq t(\phi, 2\alpha)$」または『$R: t_0 \leqq -t(\phi, 2\alpha)$』とする．「前者」を**右片側検定**，『後者』を**左片側検定**と呼ぶ．それに対して，上述した場合を**両側検定**と呼ぶ．本節では，これ以降も両側検定だけを記述する．

1つの母平均の推定

点推定：$\hat{\mu} = \bar{x}$ (1.5)

区間推定：信頼率を $1 - \alpha$（通常は $1 - \alpha = 0.95$）とする．
$$\bar{x} \pm t(\phi, \alpha) \sqrt{\frac{V}{n}} \tag{1.6}$$

（3） 1つの母分散の検定と推定

母集団分布 $N(\mu, \sigma^2)$ からランダムに採取したデータ $x_1, x_2, \cdots, x_n$ に基づいて母分散 σ^2 についての検定と推定は以下のように行う．

1つの母分散の検定

手順1 帰無仮説 $H_0 : \sigma^2 = \sigma_0^2$，対立仮説 $H_1 : \sigma^2 \neq \sigma_0^2$ を設定する．ここで，σ_0^2 は指定された値．

手順2 有意水準 α （通常は $\alpha = 0.05$）を定める．

手順3 棄却域 $R : \chi_0^2 \leq \chi^2(\phi, 1-\alpha/2)$, $\chi_0^2 \geq \chi^2(\phi, \alpha/2)$ を定める（$\phi = n-1$）．$\chi^2(\phi, \alpha/2)$ などは付表3の χ^2 表より求める．

手順4 データを採取して検定統計量 χ_0^2 を計算する．
$$\chi_0^2 = S/\sigma_0^2 \tag{1.7}$$

手順5 検定統計量 χ_0^2 が棄却域 R に入れば「有意である」と判定し，H_0 を棄却して，σ^2 は σ_0^2 と異なると判断する．

1つの母分散の推定

点推定：$\hat{\sigma}^2 = V$ (1.8)

区間推定：信頼率を $1-\alpha$ （通常は $1-\alpha = 0.95$）とする．
$$\left(\frac{S}{\chi^2(\phi, \alpha/2)}, \frac{S}{\chi^2(\phi, 1-\alpha/2)} \right) \tag{1.9}$$

（4） 2つの母平均の検定と推定

2つの母集団を設定し，それぞれの母集団分布として $N(\mu_1, \sigma_1^2)$，$N(\mu_2, \sigma_2^2)$ を想定する．第1母集団からランダムに採取したデータ $x_{11}, x_{12}, \cdots, x_{1n_1}$ と第2母集団からランダムに採取したデータ $x_{21}, x_{22}, \cdots, x_{2n_2}$ に基づいて2つの母平均 μ_1 と μ_2 の差について以下のように検定と推定を行う．

2つの母平均の差の検定

手順1 帰無仮説 $H_0: \mu_1 = \mu_2$,対立仮説 $H_1: \mu_1 \neq \mu_2$ を設定する.

手順2 有意水準 α(通常は $\alpha = 0.05$)を定める.

手順3 棄却域 $R: |t_0| \geqq t(\phi_1 + \phi_2, \alpha)$ を定める($\phi_1 = n_1 - 1, \phi_2 = n_2 - 1$).

手順4 データを採取して検定統計量 t_0 を計算する.

$$t_0 = \frac{\bar{x}_1 - \bar{x}_2}{\sqrt{V\left(\dfrac{1}{n_1} + \dfrac{1}{n_2}\right)}} \tag{1.10}$$

$$V = \frac{S_1 + S_2}{\phi_1 + \phi_2} \tag{1.11}$$

ここで,$\bar{x}_k, S_k, V_k$ は第 k 母集団($k = 1, 2$)のデータから式 (1.1)〜(1.3) を用いて求める.

手順5 検定統計量 t_0 が棄却域 R に入れば「有意である」と判定し,H_0 を棄却して,μ_1 と μ_2 は異なると判断する.

(注 1.2) 上の検定手法は $\sigma_1^2 = \sigma_2^2$ を前提として構成されている.しかし,n_1 と n_2 が 1.5 倍以内程度,または V_1 と V_2 が 1.5 倍以内程度ならば,$\sigma_1^2 \neq \sigma_2^2$ であっても実務上問題のないことが知られている(永田 [22] を参照).一方,サンプルサイズが大きく異なり,分散もかなり異なる場合には,**ウェルチ (Welch) の方法**を用いる.□

2つの母平均の差の推定

点推定:$\hat{\mu}_1 - \hat{\mu}_2 = \bar{x}_1 - \bar{x}_2$ (1.12)

区間推定:信頼率を $1 - \alpha$(通常は $1 - \alpha = 0.95$)とする.

$$\bar{x}_1 - \bar{x}_2 \pm t(\phi_1 + \phi_2, \alpha)\sqrt{V\left(\frac{1}{n_1} + \frac{1}{n_2}\right)} \tag{1.13}$$

（5） 2つの母分散の検定と推定

2つの母集団分布 $N(\mu_1, \sigma_1^2)$, $N(\mu_2, \sigma_2^2)$ からランダムに採取した2組のデータ $x_{11}, x_{12}, \cdots, x_{1n_1}$; $x_{21}, x_{22}, \cdots, x_{2n_2}$ に基づいて2つの母分散 σ_1^2 と σ_2^2 の比について以下のように検定と推定を行う．

2つの母分散の比の検定

手順1 帰無仮説 $H_0 : \sigma_1^2 = \sigma_2^2$, 対立仮説 $H_1 : \sigma_1^2 \neq \sigma_2^2$ を設定する．

手順2 有意水準 α（通常は $\alpha = 0.05$）を定める．

手順3 棄却域 $R : V_1 \geq V_2$ のとき $F_0 = V_1/V_2 \geq F(\phi_1, \phi_2; \alpha/2)$,
$\qquad\qquad V_1 < V_2$ のとき $F_0 = V_2/V_1 \geq F(\phi_2, \phi_1; \alpha/2)$
を定める（$\phi_1 = n_1 - 1, \phi_2 = n_2 - 1$）．$F(\phi_1, \phi_2; \alpha/2)$ は付表5の F 表より求める．

手順4 データを採取して検定統計量 F_0 を計算する．

手順5 検定統計量 F_0 が棄却域 R に入れば「有意である」と判定し，H_0 を棄却して，σ_1^2 と σ_2^2 は異なると判断する．

（注1.3） 手順3で F 分布の自由度の順番に注意する．F 分布では分子の自由度が第1自由度である．□

2つの母分散の比の推定

点推定：$\hat{\sigma}_1^2 / \hat{\sigma}_2^2 = V_1 / V_2$ \hfill (1.14)

区間推定：信頼率を $1 - \alpha$（通常は $1 - \alpha = 0.95$）とする．
$$\left(\frac{V_1}{V_2} \cdot \frac{1}{F(\phi_1, \phi_2; \alpha/2)},\ \frac{V_1}{V_2} \cdot F(\phi_2, \phi_1; \alpha/2) \right) \qquad (1.15)$$

（6） 検定における2種類の誤り

「検定は帰無仮説 H_0 と対立仮説 H_1 の二者択一のための手法である」と考えている人が多くいる．しかし，<u>そうではない</u>．

検定には次のような2種類の誤りの可能性がある（表1.3も参照せよ）．

> **検定における 2 種類の誤り**
> **第 1 種の誤り：** 本当は H_0 が成り立っているにもかかわらず，これを棄却してしまう誤り．これを犯す確率を α と表す．**この確率の値は有意水準そのものである．**
> **第 2 種の誤り：** 本当は H_1 が成り立っているにもかかわらず，これを検出できない（H_0 を棄却できない）誤り．その確率を β と表す．

表 1.3 検定における 2 種類の誤り

		本当に成り立っているのは	
		H_0	H_1
検定結果	H_0（有意でない）	正しい（確率：$1-\alpha$）	第 2 種の誤り（確率：β）
	H_1（有意である）	第 1 種の誤り（確率：α）	正しい（確率：$1-\beta$（検出力））

 検定では，第 1 種の誤りの確率 α を有意水準として 0.05 のようにあらかじめ小さな値に設定しておくのに対して，第 2 種の誤りの確率 β は対立仮説がどのような状態で成り立っているのかに応じて変化する．例えば，第（2）項で述べた 1 つの母平均の検定で考えてみると，$H_1 : \mu \neq \mu_0$ において μ が μ_0 と大きく異なっているなら，これは容易に検出できるだろう．つまり，この場合には β の値は小さくなる．一方，μ と μ_0 との差が小さいならば，このことを検出することは困難であり，β の値は大きくなる．一般に，β の値は $0 \sim 1-\alpha$ の範囲で変化する．

 したがって，有意である（H_0 を棄却できる）場合には，誤りを犯すとしてもその確率 α は小さいので積極的に結論を述べることができる．それに対して，有意でない場合には，大きな確率で誤りを犯す可能性があるので断定的な結論を述べることはできない．

有意である場合,「**有意差がある**」という述べ方をすることもある.これは,「誤差を超えた**意**味の**有**る**差**が存在する」ということである.

H_1 が成り立っているときに,H_1 を検出できる確率を**検出力**(power)と呼ぶ.

1.3 本書の構成と勉強方法

本書は,第2章以降が3部構成になっている.

第1部「基本編」では,1元配置法・2元配置法・多元配置法を中心に解説する.これらの方法は,図1.2に示したように,統計的方法の入門的な検定・推定の方法と自然につながっている.

第2章では,「データの採取,分散分析表の作成,最適水準の決定,最適水準での母平均の推定とデータの予測」という一連の解析の流れと計算方法を列挙する.これらは,第1部を通して共通であり,第2部においてもその多くが共通している.**第2章を単独に理解しようとするのではなく,第3章の1元配置法や第5章・第6章の2元配置法,第7章の多元配置法の適用例で逐次確認してほしい.第2章の内容がほぼ同一のパターンで適用されているという感触をつかめれば,第2部の内容の理解は容易になる.**

1元配置法の場合には,理論的な内容を第4章で解説する.数式があまり得意でない読者はこの章を読み飛ばしてもよいが,一通り目を通すことが望ましい.2元配置法については,5.2節で理論的な内容を補足する.

第2部は本書の主要部分である.図1.3に本書で解説する手法の関係を示す.これより,目次通りの順序で勉強してもよいし,第11章→第12章→第8章→第9章→第10章→第13章→第14章という順序で読み進んでもよい.

実験計画法に限らず統計的方法の多くはお互いに関連が強い.だから,その関連や解析方法の共通点を意識しながら理解するように努めることが,やや回り道の感があっても一番よいと思う.そういう意識をせずに,1つ1つの手法を別々にとらえるのは結局「木を見て森を見ず」ということになって,勉強の効率が悪い.特に,本書で述べる実験計画法の各手法は共通部分が多い.第2

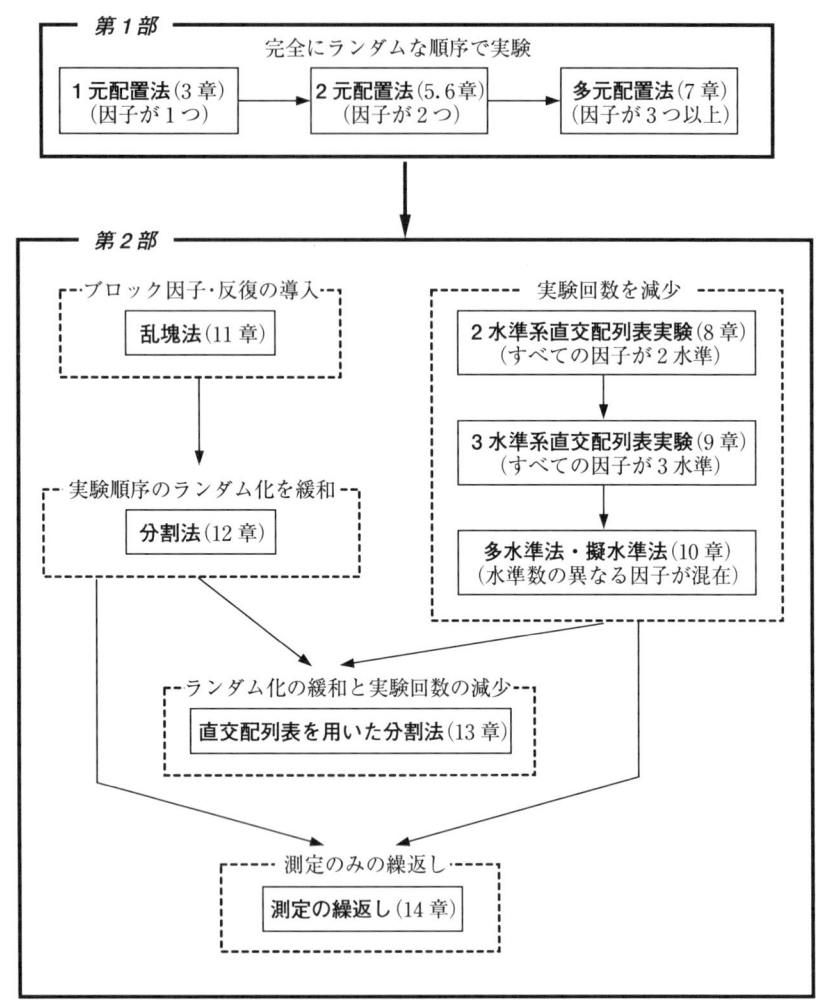

図 1.3 本書で解説する手法の関係

章の内容を道標として,第 2 部のそれぞれの手法において「データを採取するステップ」での (第 1 部の手法からの) 変更によって,解析方法がどのように「変更されるのか」「変更されないのか」に注意しながら勉強するとよい.

本書では,**データの構造式 (統計モデル)** を強く意識して解説する.これ

をしっかりと頭に描きながら勉強することで，実験計画法では一体何を解析しているのかがはっきり見えてくると思う．

　第3部では，Q＆A形式で，実験計画法にまつわるいくつかの項目について解説する．一般的なQおよび手法の補足的な内容などについて説明する．必要になった項目を拾い読みしてほしい．

第1部　実験計画法　基本編

　第1部では，1元配置法（第3章），2元配置法（第5章・第6章），多元配置法（第7章）について解説する．これらの手法では，同時に取り上げる因子の個数が1つ，2つ，3つ以上の場合に，ランダムな順序で，すべての水準組合せで実験することが必要である．

　2元配置法・多元配置法と進むにしたがって，交互作用を考慮する必要が生じたり，母平均の推定方法が少しずつ複雑になっていく．しかし，これらの解析の流れや計算方法は，第1部のすべての手法を通して共通である．そこで，まず，第2章でそれらについてまとめておく．第3章・第5章・第6章・第7章を読み進むときに**第2章をハンドブック的に参照するとよい**．また，第2章にまとめた内容は，第2部で説明する各手法においても，その多くが共通して用いられる．したがって，**第2部へ進む前に，第2章の内容を確実に理解**しておいてほしい．

　第4章では，1元配置法について理論的に詳しく解説する．

第2章
基本的考え方と解析方法

　本章では，1元配置法・2元配置法・多元配置法において共通した基本的考え方と解析方法をまとめておく．まず，データの取り方と集計方法およびデータの構造式について説明する．次に，平方和と自由度の計算方法，分散分析表の作成方法などについて解説する．最後に，分散分析後の推定・予測の方法について述べる．本章の内容は，この章の中だけで理解しようとするのではなく，第3章～第7章を読み進みながら理解するように努めるのがよい．

2.1　データの取り方・データの集計・データの構造式

（1）　データの取り方（実験順序）

　第1部で述べる手法では，データをランダムな順序で取ることを前提とする．例えば，水準の順番に実験を行うならば，ランダムな順序でデータを取ったことにはならない．このように行うと，経時的な実験環境の変化などが水準の違いとして結果に混入する可能性がある．そして，水準の違いによる効果は存在しないのにもかかわらず，このような実験環境の変化による影響が解析結果に反映されてしまう可能性が生じる．もちろん，このような影響を事前に考慮できるのであれば，それを因子として取り上げるのがよい．しかし通常は，これらの内容を具体的には把握できないから，誤差として各水準のデータにランダムに振り分けられるように配慮する．このため，実験順序のランダム化が必要となる．

　1元配置法・2元配置法・多元配置法は，実験順序のランダム化の下で解析方法の妥当性が成立する．したがって，これは非常に重要なステップである．
　実験順序のランダム化については具体例で説明しておこう．

[例 2.1]（1元配置法）合成反応工程において，因子 A（反応温度）を 4 水準設定し，繰返し数を 3 として 1 元配置法を考える．ランダムな実験順序の例を表 2.1 に，そうでない例を表 2.2 に示す（表中の数値は実験順序を表す）．

ここで，繰返し数が 3 というのは，1 つの反応温度で合成実験を 3 回実施することを意味する．合成実験自体は 1 回しか実施せず，3 つのサンプルを採取して測定のみを 3 回行うことではない．

表 2.1　ランダムな順序の例

因子の水準	繰返し
$A_1(50\,℃)$	5　10　11
$A_2(55\,℃)$	2　 3　12
$A_3(60\,℃)$	4　 7　 8
$A_4(65\,℃)$	1　 6　 9

表 2.2　ランダムでない順序の例

因子の水準	繰返し
$A_1(50\,℃)$	1　 2　 3
$A_2(55\,℃)$	4　 5　 6
$A_3(60\,℃)$	7　 8　 9
$A_4(65\,℃)$	10　11　12

表 2.1 の実験順序は，例えば次のように定められている．A_1 と書かれたカードを 3 枚，同様に，A_2, A_3, A_4 と書かれたカードをそれぞれ 3 枚ずつ用意する（繰返し数が 3 回！）．これら 12 枚のカードをよく切って，1 枚を引く．引いたカードを戻さずに順次カードを引いていく．引いたカードに書かれている水準番号を並べると

$$A_4, A_2, A_2, A_3, A_1, A_4, A_3, A_3, A_4, A_1, A_1, A_2$$

となった．これをまとめると表 2.1 となる．

表 2.1 において 2 番目と 3 番目は A_2 水準で続けて実験を行うことになっている．これは「2 番目の実験で設定した 55 ℃ でそのまま 3 番目の実験を行う」のではなく，「2 番目の実験を終了したら，いったんベース温度（室温）まで戻して，再び 55 ℃ に設定し直して 3 番目の実験を行う」ことを意味している．他の場合も同様で，**水準設定自体も繰返す**．□

[例 2.2]（繰返しのある 2 元配置法）因子 A を 3 水準，因子 B を 2 水準設定し，繰返し数が 2 の繰返しのある 2 元配置法を考える．ランダムな実験順序の例を表 2.3 に，そうでない例を表 2.4 に示す（表中の数値は実験順序を表す）．

表 2.3 ランダムな順序の例

因子 A の水準	因子 B の水準	
	B_1	B_2
A_1	4	2
	12	8
A_2	1	6
	5	9
A_3	7	3
	11	10

表 2.4 ランダムでない順序の例

因子 A の水準	因子 B の水準	
	B_1	B_2
A_1	1	3
	2	4
A_2	5	7
	6	8
A_3	9	11
	10	12

表 2.3 の実験順序は,例えば次のようにして定められている.A_iB_j ($i=1,2,3$, $j=1,2$) が書かれたカードをそれぞれ 2 枚ずつ(繰返し数が 2 回!),合計 12 枚用意する.よく切って,1 枚ずつカードを引き,書かれている水準組合せを引いた順番に並べると次のようになった.

A_2B_1, A_1B_2, A_3B_2, A_1B_1, A_2B_1, A_2B_2,

A_3B_1, A_1B_2, A_2B_2, A_3B_2, A_3B_1, A_1B_1

これをまとめると表 2.3 となる.□

(2) データの形式とデータの集計

得られたデータの表示方法と集計の記号を具体例を用いて説明する.

[例 2.3](1 元配置法)因子 A について 4 水準設定し,繰返し数を 3 として,ランダムな順序で得られた 1 元配置法のデータの形式を表 2.5 に示す.

A_i 水準における j 番目のデータを x_{ij} と表現している.**x に付いている添え字はそのデータの住所表示だと考えてほしい.**

次に,例えば,A_1 水準のデータ和を考えよう.これは,$x_{11}+x_{12}+x_{13}$ である.2 つの添え字 i と j のうち前の添え字 i は 1 に固定されており,後ろの添え字 j が変化して和がとられているので,$T_{1.}$ と表記することが多い.しかし,本書では簡便に T_{A_1} と表記する(T は total の意味!).また,A_1 水

表 2.5 1 元配置法のデータの形式の例

因子の水準	繰返し			A_i 水準のデータ和	A_i 水準の平均
A_1	x_{11}	x_{12}	x_{13}	T_{A_1}	$\bar{x}_{A_1}$
A_2	x_{21}	x_{22}	x_{23}	T_{A_2}	$\bar{x}_{A_2}$
A_3	x_{31}	x_{32}	x_{33}	T_{A_3}	$\bar{x}_{A_3}$
A_4	x_{41}	x_{42}	x_{43}	T_{A_4}	$\bar{x}_{A_4}$
				総計 T	総平均 $\bar{\bar{x}}$

準の平均についても，$\bar{x}_{1\cdot}$ と表記しているテキストが多いが，本書では $\bar{x}_{A_1}$ と表記する．データの総計は T，総平均は $\bar{\bar{x}}$ と表す．□

[例 2.4]（繰返しのある 2 元配置法）因子 A について 3 水準，因子 B について 2 水準を設定し，繰返し数を 2 として，ランダムな順序で得られた繰返しのある 2 元配置法のデータの形式を表 2.6 に示す．

表 2.6 繰返しのある 2 元配置法のデータの形式の例

因子 A の水準	因子 B の水準	
	B_1	B_2
A_1	x_{111}	x_{121}
	x_{112}	x_{122}
A_2	x_{211}	x_{221}
	x_{212}	x_{222}
A_3	x_{311}	x_{321}
	x_{312}	x_{322}

解析手順では，表 2.6 に基づいて AB 2 元表を作成する必要がある．これは，各水準組合せごとにデータを加えた集計表であり，表 2.7 の形式になる．
表 2.7 において，$T_{A_iB_j}$ は A_iB_j 水準のデータの和を，$\bar{x}_{A_iB_j}$ は A_iB_j 水準のデータの平均を表している．これらは $T_{ij\cdot}$，$\bar{x}_{ij\cdot}$ と表記されることも多い．□

表 2.7 AB 2元表

因子 A の水準	因子 B の水準		A_i 水準のデータ和 A_i 水準の平均
	B_1	B_2	
A_1	$T_{A_1B_1} = x_{111} + x_{112}$ $\bar{x}_{A_1B_1} = T_{A_1B_1}/2$	$T_{A_1B_2} = x_{121} + x_{122}$ $\bar{x}_{A_1B_2} = T_{A_1B_2}/2$	T_{A_1} $\bar{x}_{A_1}$
A_2	$T_{A_2B_1} = x_{211} + x_{212}$ $\bar{x}_{A_2B_1} = T_{A_2B_1}/2$	$T_{A_2B_2} = x_{221} + x_{222}$ $\bar{x}_{A_2B_2} = T_{A_2B_2}/2$	T_{A_2} $\bar{x}_{A_2}$
A_3	$T_{A_3B_1} = x_{311} + x_{312}$ $\bar{x}_{A_3B_1} = T_{A_3B_1}/2$	$T_{A_3B_2} = x_{321} + x_{322}$ $\bar{x}_{A_3B_2} = T_{A_3B_2}/2$	T_{A_3} $\bar{x}_{A_3}$
B_j 水準のデータ和	T_{B_1}	T_{B_2}	総計 T
B_j 水準の平均	$\bar{x}_{B_1}$	$\bar{x}_{B_2}$	総平均 $\bar{x}$

[例 2.5]（繰返しのある 3 元配置法）因子 A について 3 水準，因子 B について 2 水準，因子 C について 2 水準を設定し，繰返し数を 2 として，ランダムな順序で得られた繰返しのある 3 元配置法のデータの形式を表 2.8 に示す．

表 2.8 繰返しのある 3 元配置法のデータの形式の例

因子 A の水準	因子 C の水準	因子 B の水準	
		B_1	B_2
A_1	C_1	x_{1111} x_{1112}	x_{1211} x_{1212}
	C_2	x_{1121} x_{1122}	x_{1221} x_{1222}
A_2	C_1	x_{2111} x_{2112}	x_{2211} x_{2212}
	C_2	x_{2121} x_{2122}	x_{2221} x_{2222}
A_3	C_1	x_{3111} x_{3112}	x_{3211} x_{3212}
	C_2	x_{3121} x_{3122}	x_{3221} x_{3222}

この場合には，ABC 3元表を作成して $A_iB_jC_k$ 水準のデータ和 $T_{A_iB_jC_k}$ を求め，AB, AC, BC の各2元表を作成して $T_{A_iB_j}$, $T_{A_iC_k}$, $T_{B_jC_k}$ の値を求める．□

(3) データの構造式

得られたデータに対して，次に示す**データの構造式**を想定する．

データの構造式

$(データ)_{添字} = \mu + (要因効果の和) + \varepsilon_{添字}$ (2.1)

各要因効果についての制約式 (2.2)

$\varepsilon_{添字} \sim N(0, \sigma^2)$ (2.3)

式 (2.1) の右辺の μ は，各要因効果の平均をすべて併せたものであり，**一般平均** (general mean) と呼ぶ（詳しくは4.1節，5.2節およびQ 14を参照）．

式 (2.3) は，誤差 ε が「互いに独立に（独立性）」「平均ゼロの（不偏性）」「同じ分散の（等分散性）」「正規分布に（正規性）」従うことを意味している．実験順序のランダム化は，この4つのうち独立性を保証するために必要である．

[例 2.6]（1元配置法）例 2.3 についてデータの構造式は

$x_{ij} = \mu + a_i + \varepsilon_{ij}$

制約式：$\sum_{i=1}^{4} a_i = 0$

$\varepsilon_{ij} \sim N(0, \sigma^2)$

となる（A は4水準だから $i = 1, 2, 3, 4$）．□

[例 2.7]（繰返しのある 2 元配置法）例 2.4 についてデータの構造式は

$$x_{ijk} = \mu + a_i + b_j + (ab)_{ij} + \varepsilon_{ijk}$$

制約式：$\sum_{i=1}^{3} a_i = 0, \quad \sum_{j=1}^{2} b_j = 0, \quad \sum_{i=1}^{3} (ab)_{ij} = \sum_{j=1}^{2} (ab)_{ij} = 0$

$\varepsilon_{ijk} \sim N(0, \sigma^2)$

となる（A は 3 水準だから $i=1,2,3$，B は 2 水準だから $j=1,2$）．□

[例 2.8]（繰返しのある 3 元配置法）例 2.5 についてデータの構造式は

$$x_{ijkl} = \mu + a_i + b_j + c_k + (ab)_{ij} + (ac)_{ik} + (bc)_{jk} + (abc)_{ijk} + \varepsilon_{ijkl}$$

制約式：$\sum_{i=1}^{3} a_i = 0, \quad \sum_{j=1}^{2} b_j = 0, \quad \sum_{k=1}^{2} c_k = 0,$

$\sum_{i=1}^{3}(ab)_{ij} = \sum_{j=1}^{2}(ab)_{ij} = 0,$

$\sum_{i=1}^{3}(ac)_{ik} = \sum_{k=1}^{2}(ac)_{ik} = 0,$

$\sum_{j=1}^{2}(bc)_{jk} = \sum_{k=1}^{2}(bc)_{jk} = 0,$

$\sum_{i=1}^{3}(abc)_{ijk} = \sum_{j=1}^{2}(abc)_{ijk} = \sum_{k=1}^{2}(abc)_{ijk} = 0$

$\varepsilon_{ijkl} \sim N(0, \sigma^2)$

となる（A は 3 水準だから $i=1,2,3$，B は 2 水準だから $j=1,2$，C は 2 水準だから $k=1,2$）．□

（注 2.1） 制約式を明記することは実際の解析の中では必要としない．しかし，解析方法の中身を理解するためには必要である．この点については第 4 章で詳しく説明する．□

2.2 平方和と自由度の計算・分散分析表の作成

(1) 平方和と自由度の計算

それぞれ要因効果の大きさを評価するために**平方和**(sum of squares) を計算する．**修正項**(CT :correction term)・**総平方和**(S_T)・**主効果の平方和**(S_A)・**交互作用の平方和**($S_{A\times B}$ や $S_{A\times B\times C}$)・**誤差平方和**(S_E) は次のようなパターンで計算する．

平方和の計算方法

$$CT = \frac{(データの総計)^2}{総データ数} = \frac{T^2}{N} \tag{2.4}$$

$$S_T = (個々のデータの2乗和) - CT \tag{2.5}$$

$$S_A = \sum_{i=1}^{a} \frac{(A_i \ 水準のデータ和)^2}{A_i \ 水準のデータ数} - CT$$

$$= \sum_{i=1}^{a} \frac{T_{A_i}^2}{N_{A_i}} - CT \tag{2.6}$$

$$S_{AB} = \sum_{i=1}^{a}\sum_{j=1}^{b} \frac{(A_i B_j \ 水準のデータ和)^2}{A_i B_j \ 水準のデータ数} - CT$$

$$= \sum_{i=1}^{a}\sum_{j=1}^{b} \frac{T_{A_i B_j}^2}{N_{A_i B_j}} - CT \tag{2.7}$$

$$S_{ABC} = \sum_{i=1}^{a}\sum_{j=1}^{b}\sum_{k=1}^{c} \frac{(A_i B_j C_k \ 水準のデータ和)^2}{A_i B_j C_k \ 水準のデータ数} - CT$$

$$= \sum_{i=1}^{a}\sum_{j=1}^{b}\sum_{k=1}^{c} \frac{T_{A_i B_j C_k}^2}{N_{A_i B_j C_k}} - CT \tag{2.8}$$

$$S_{A\times B} = S_{AB} - S_A - S_B \tag{2.9}$$

$$S_{A\times B\times C} = S_{ABC} - S_A - S_B - S_C - S_{A\times B} - S_{A\times C} - S_{B\times C} \tag{2.10}$$

$$S_E = S_T - (要因効果の平方和の和) \tag{2.11}$$

> S_A, S_{AB}, S_{ABC} の計算方法は，すべて"類似"していることに注意せよ．S_B, $S_{A\times C}$, $S_{B\times C}$ などを求める場合には，対応する因子のアルファベットで置き換えればよい．

上記の計算式において，以下の記号の意味を再度確認しておいてほしい．

データ和とデータ数および水準数の記号

$$T = (データの総計) \tag{2.12}$$
$$T_{A_i} = (A_i \text{ 水準のデータ和}) \tag{2.13}$$
$$T_{A_i B_j} = (A_i B_j \text{ 水準のデータ和}) \tag{2.14}$$
$$T_{A_i B_j C_k} = (A_i B_j C_k \text{ 水準のデータ和}) \tag{2.15}$$
$$N = (総データ数) \tag{2.16}$$
$$N_{A_i} = (A_i \text{ 水準のデータ数}) \tag{2.17}$$
$$N_{A_i B_j} = (A_i B_j \text{ 水準のデータ数}) \tag{2.18}$$
$$N_{A_i B_j C_k} = (A_i B_j C_k \text{ 水準のデータ数}) \tag{2.19}$$
$$a = (A \text{ の水準数}) \tag{2.20}$$
$$b = (B \text{ の水準数}) \tag{2.21}$$
$$c = (C \text{ の水準数}) \tag{2.22}$$

（**注 2.2**） S_{AB} と $S_{A\times B}$ が別ものであること，また，S_{ABC} と $S_{A\times B\times C}$ が別ものであることに注意せよ．S_{AB} や S_{ABC} などの平方和は，交互作用の平方和を求める途中段階で必要になるが，分散分析表には表示しない． □

平方和のそれぞれに **自由度** (degrees of freedom) が対応する．上記平方和のうち分散分析表に表示される自由度は，次のように計算する．「**交互作用の自由度が主効果の自由度の積になっている**」ことに注意せよ．

2.2 平方和と自由度の計算・分散分析表の作成

自由度の計算方法

$$\phi_T = (総データ数) - 1 = N - 1 \tag{2.23}$$

$$\phi_A = (A \text{ の水準数}) - 1 = a - 1 \tag{2.24}$$

$$\phi_{A \times B} = \phi_A \times \phi_B \tag{2.25}$$

$$\phi_{A \times B \times C} = \phi_A \times \phi_B \times \phi_C \tag{2.26}$$

$$\phi_E = \phi_T - (要因効果すべての自由度の和) \tag{2.27}$$

ϕ_B, $\phi_{A \times C}$ なども同様に求める ($\phi_B = b-1$, $\phi_{A \times C} = \phi_A \times \phi_C$).

(2) 分散分析表の作成

平方和と自由度に基づいて分散分析表を作成し,要因効果の有無について検定する.分散分析表の一般的な形式は次の通りである.

分散分析表の作成

平方和と自由度に基づいて分散分析表を作成する.

表 2.9 分散分析表

要因	S	ϕ	V	F_0	$E(V)$
要因	$S_{要因}$	$\phi_{要因}$	$V_{要因} = S_{要因}/\phi_{要因}$	$V_{要因}/V_E$	$\sigma^2 + \boxed{◎} \sigma^2_{要因}$
$\vdots$	$\vdots$	$\vdots$	$\vdots$	$\vdots$	$\vdots$
E (誤差)	S_E	ϕ_E	$V_E = S_E/\phi_E$		σ^2
T	S_T	ϕ_T			

$V(= S/\phi)$ を**分散**と呼ぶ (**平均平方** (mean squares) とも呼ぶ (注 2.4 を参照)).分散分析表において,$F_0 \geq F(\phi_{要因}, \phi_E; 0.05)$ なら有意水準 5% で有意であり,F_0 の値の右肩に ∗ 印を 1 つ付ける.さらに $F_0 \geq F(\phi_{要因}, \phi_E; 0.01)$ なら有意水準 1% で有意であり,F_0 の値の右肩に ∗ 印を 2 つ付ける (高度に有意であると考える) 慣習がある.

$E(V)$ の表現において，σ^2 は式 (2.3) の誤差の母分散である．表 2.9 より $E(V_E) = \sigma^2$ だから，$\hat{\sigma}^2 = V_E$ である（V_E は σ^2 の不偏推定量である）．また，

$$\sigma^2_{要因} = \frac{(要因効果)^2 \text{ の和}}{\phi_{要因}} \tag{2.28}$$

である．さらに，◎ は，その要因の 1 つの水準（ないしは 1 組の水準組合せ）におけるデータの個数である．

ある要因が有意なら「その要因は特性値に影響がある（効果がある）」と考えてよい（Q 11 も参照）．一方，有意でない場合には，検定の基本的な考え方に基づくと「その要因効果があるとは言えない」ということであり，このことは「その要因の効果がまったくない」ことを意味するのではない．有意でない場合には，**検定における第 2 種の誤り**（1.2 節を参照）を考慮して慎重な対応が必要となる．

(**注 2.3**) $E(V)$ は，それぞれの分散 V の期待値を表しており，これは統計量 V が平均的にとる値である．$E(V)$ は第 1 部で解説する解析手法の中では必ずしも記述する必要はない．しかし，第 2 部で説明する乱塊法や分割法では，ブロック因子の分散成分や複数個登場する誤差の推定のために必要となる．本書では，すべての分散分析表に $E(V)$ を記述する．□

(**注 2.4**) 分散 V は平方和を自由度で割って平均化しているので平均平方和 (mean sum of squares) と呼ぶのが一番自然である．しかし，この英文名が長いので "mean squares" と欧米では省略されて呼ばれるようになり，それが "平均平方" と直訳されているようである．□

(3) プーリング

ある要因が有意でなく，しかも，その F_0 値が小さい場合には，**プーリング** (pooling) を行うことが多い．2 元配置法程度の分散分析ではプーリングを行わない方針のテキストもあるが，第 2 部で取り扱う直交配列表実験をはじめとする多くの手法では，プーリングを避けて通ることはできない．なお，「プー

リングを行う」ことを単に「プールする」と述べることもある．

> **プーリング**
> (1) 効果がないと考えられる要因を誤差とみなし，その平方和を誤差平方和に，その自由度を誤差自由度に加える．
> (2) 新たな誤差平方和と誤差自由度を用いて分散分析表を作り直す．
> (3) データの構造式からプールした要因効果を削除する．

プーリングを行う際の目安を述べておく．以下に述べるのはあくまで目安であり，実際の場面では固有技術的な観点から適宜変更してもよい．

> **プーリングの目安**
> (1) 「F_0 の値が 2 以下」ないしは「有意水準 20% 程度で有意でない」ならプールする．
> (2) 因子をある程度絞り込んだ後の実験（例えば，1 元配置法や 2 元配置法等）では，主効果はプールせず，交互作用のみをプーリングの考慮の対象とする．
> (3) 因子を絞り込もうとする実験（多元配置法・直交配列表実験・分割法等）では主効果をプールしてもよい．ただし，交互作用をプールしない場合は，対応する主効果はプールしない．例えば，$A \times B$ をプールしないなら，A も B もプールしない．
> (4) 直交配列表実験等のように誤差自由度が小さい場合には，(1) の基準を緩めて考えることもある．例えば，誤差自由度が少なくとも 5 くらいは確保できるように平方和の小さな要因をプールすることがある（ただし，(3) で述べた注意には配慮する）．

プールする前およびプールした後の誤差分散が妥当な値であるのかどうかを考慮することも大切である．有意ではないがプールしなかった要因は灰色要因と考えて今後の検討材料とする．プーリングについてはQ9も参照されたい．

2.3 分散分析後の推定と予測

（1） 最適水準の決定と母平均の推定

最適水準の決定や母平均の推定は分散分析後のデータの構造式に基づいて行う．データを取る段階では，例 2.6 から例 2.8 に示したデータの構造式が想定されるが，どの要因効果があるのかは未知である．分散分析表を作成して，どの要因を無視（プール）できないか，無視（プール）できるかを決定する．プールできる要因がある場合には分散分析表 (2) を作成する．そして，無視できる要因をデータの構造式からはずし，**分散分析後のデータの構造式**を明記する．この分散分析後のデータの構造式に基づいて推定を行う．分散分析後のデータの構造式に記述されている要因は必ずしも有意になったものばかりではない．プールできなかった灰色要因も混じっている．

2.1 節で示したデータの集計では様々なデータの平均が計算されている．それぞれが何の推定量になっているのかを以下にまとめておこう．

各平均値による推定

$$(総平均) = \bar{\bar{x}} = \hat{\mu} \tag{2.29}$$

$$(A_i \text{ 水準の平均}) = \bar{x}_{A_i} = \widehat{\mu + a_i} \tag{2.30}$$

$$(A_i B_j \text{ 水準の平均}) = \bar{x}_{A_i B_j} = \widehat{\mu + a_i + b_j + (ab)_{ij}} \tag{2.31}$$

$$(A_i B_j C_k \text{ 水準の平均}) = \bar{x}_{A_i B_j C_k}$$

$$= \widehat{\mu + a_i + b_j + c_k + (ab)_{ij} + (ac)_{ik} + (bc)_{jk} + (abc)_{ijk}} \tag{2.32}$$

B_j 水準の平均や $B_j C_k$ 水準の平均などは，対応するアルファベットに置き換えればよい（例えば，$(B_j \text{ 水準の平均}) = \bar{x}_{B_j} = \widehat{\mu + b_j}$）．

最適水準の組合せを決定するためには，データの構造式に基づいてどのような形で母平均を推定するのかを考える必要がある．本書では，分散分析後のデータの構造式の右辺に明記されている「一般平均」と「要因効果の和（誤差以外）」をまとめて推定することを考える．この値が実際のデータのばらつきの中心位置だからである．その**点推定**（point estimation）のためには上に述べた様々な平均値を組み合わせて用いる．

最適水準は次のように定める．

最適水準の決定

最適水準の組合せは，分散分析後のデータの構造式に基づいた推定式に従って定める．

最適水準の組合せにおける母平均を推定する．まず点推定を行い，次に**区間推定**（interval estimation）を行う．

母平均の区間推定

信頼率を $1-\alpha$（通常は $1-\alpha = 0.95$）とする．

$$（点推定量）\pm t(誤差自由度,\alpha)\sqrt{\frac{誤差分散}{n_e}} \tag{2.33}$$

ここで，n_e は**有効反復数**または**有効繰返し数**と呼び，次のいずれかの式により求める（Q 22 を参照）．

$$\frac{1}{n_e} = \frac{1+(点推定に用いた要因の自由度の和)}{総データ数} \quad （\textbf{田口の式}） \tag{2.34}$$

$$\frac{1}{n_e} = (点推定に用いられている平均の係数の和) \quad （\textbf{伊奈の式}） \tag{2.35}$$

平均の係数とは，例えば，$\bar{x}_{A_i} = T_{A_i}/N_{A_i}$ なら $1/N_{A_i}$，$\bar{x}_{A_i B_j} = T_{A_i B_j}/N_{A_i B_j}$ なら $1/N_{A_i B_j}$ のことである．

式 (2.33) は 1.2 節の式 (1.6) の母平均の区間推定の式 $\left(\bar{x} \pm t(\phi, \alpha)\sqrt{V/n}\right)$ と類似している．式 (2.33) の根号の中の「誤差分散$/n_e$」は $\hat{V}$ (点推定量) (= 点推定量の分散の推定量) である．プーリングを行ったときは，式 (2.33) においてプールした後の誤差分散と誤差自由度を用いる．プールする前の誤差分散と誤差自由度を用いても理論的には誤りではない．しかし，「"プールする" ⇔ "誤差とみなす"」という立場から，本書ではプールした後の誤差分散と誤差自由度を用いることにする．

多くの手法では，有効反復数を求めるために田口の式・伊奈の式のいずれを用いてもよい（同じ値になる）．しかし，第 2 部で解説するいくつかの手法では片方しか用いることのできない場合がある．今後は，その点にも留意されたい．

（2）新たに採取するデータの予測

実施した実験と同じ状況でもう一度新たにデータを採取する際，そのデータの値を当てる作業を**予測** (prediction) と呼ぶ．分散分析後のデータの構造式を

$$(データ) = \mu + (要因効果の和) + \varepsilon, \quad \varepsilon \sim N(0, \sigma^2) \tag{2.36}$$

と表すとき，「$\mu +$ (要因効果の和)」の値を当てる作業が前項で述べた "推定" だったのに対して，「$\mu +$ (要因効果の和) $+ \varepsilon$」の値を当てる作業が本項で述べる "予測" である．**誤差を込みにして考慮する点が推定と異なっている．**

予測の場合も，新たに得られるデータを 1 点で当てる**点予測** (point prediction) と区間として当てる**予測区間** (prediction interval) の 2 つの方法がある．点予測では，誤差を $\hat{\varepsilon} = 0$ と見積もることになるので母平均の点推定の方法とまったく同じである．一方，予測区間の構成では，誤差のばらつきの分を考慮する必要があり，母平均の区間推定よりも信頼幅が広くなる．

新たに採取するデータの予測

点予測：最適水準の下での点予測は母平均の点推定と同じである．

> **予測区間**：信頼率を $1-\alpha$（通常は $1-\alpha = 0.95$）とする．
> $$(点予測量) \pm t(誤差自由度, \alpha)\sqrt{\left(1+\frac{1}{n_e}\right) \times 誤差分散} \tag{2.37}$$
> ここで，n_e は母平均の区間推定で計算した有効反復数である．

式 (2.33) と比較して，式 (2.37) では根号の中が V_E 1つ分だけ大きくなっている．$\hat{\sigma}^2 = V_E$ だったから，これで誤差の変動を考慮したことになっている．

（3） 2つ母平均の差の推定

母平均の差の点推定は，それぞれの母平均の点推定量の差をとればよい．それに対して，母平均の差の区間推定は次のように行う．

> **2つの母平均の差の区間推定**
> 信頼率を $1-\alpha$（通常は $1-\alpha = 0.95$）とする．
> $$(点推定量の差) \pm t(誤差自由度, \alpha)\sqrt{\frac{誤差分散}{n_d}} \tag{2.38}$$
> ここで，n_d は次のように求める．
> (1) 2つの母平均 $\mu(A_i B_j \cdots)$，$\mu(A_{i'} B_{j'} \cdots)$ の推定式を書き下す．
> (2) 共通の平均を消去する．
> (3) それぞれの推定式において残った平均について式 (2.35) の伊奈の式を適用し，それぞれの有効反復数 n_{e_1} と n_{e_2} を求める．
> (4) 次式により n_d を求める．
> $$\frac{1}{n_d} = \frac{1}{n_{e_1}} + \frac{1}{n_{e_2}} \tag{2.39}$$

一般に，互いに独立な確率変数（変量）x_1 と x_2 の差 $x_1 - x_2$ の分散は，それぞれの分散の和になる．つまり，

$$V(x_1 - x_2) = V(x_1) + V(x_2) \tag{2.40}$$

が成り立つ．2つの母平均の推定量 $\hat{\mu}(A_i B_j \cdots)$, $\hat{\mu}(A_{i'} B_{j'} \cdots)$ が互いに独立であれば，それぞれの有効反復数に基づいて式 (2.39) を適用すればよい（式 (1.13) を参照）．しかし，多くの場合，2つの推定量には共通項が含まれていて独立にはならない．したがって，上で述べたような手順（2）の処置が必要となる．

（注 2.5） 2つの母平均の差を比較する手法として lsd (least significant difference；最小有意差法) がある．本書ではＱ13で述べた理由により lsd を用いた解析は記述しない．□

第3章
1元配置法

　1元配置法は，因子を1つ取り上げて，いくつかの水準を設定して，特性値が変化するかどうかを検定し，その後，母平均の推定などを行う手法である．1元配置法は実験計画法における最も基本的な手法である．最初に，第2章の内容にそって，1元配置法の考え方と解析方法を具体的に説明する．次に，適用例を述べる．

3.1　1元配置法とは

（1）データの形式とデータの構造式

　特性値の母平均に影響を与える可能性のある因子 A を1つ選び，a 通りの水準を設定し，それぞれの水準において r 回の繰返し実験を行う．ここで，「**繰返し**」とは，これまで何度も述べてきたように，「測定のみの繰返し」ではなく，「**水準設定も含めた実験自体の繰返し**」を意味する．そして，$N = a \times r$ 回の実験をランダムな順序で実施する．つまり，a 個の母集団を想定し，それぞれから r 個のデータを採取する．

　得られるデータの形式を表 3.1 に示す．

　表 3.1 において，x_{ij} は A_i 水準の j 番目のデータを表している．A_i 水準の母集団分布の母平均を μ_i と表すとき，x_{ij} のデータの構造式を次のように考えることができる．

$$x_{ij} = \mu_i + \varepsilon_{ij}, \ \ \varepsilon_{ij} \sim N(0, \sigma^2) \tag{3.1}$$

ここで，式 (3.1) の μ_i を $\mu + a_i$ と置き換える．μ は $\mu_1, \mu_2, \cdots, \mu_a$ の平均で，**一般平均**と呼ぶ．また，$a_i \ (= \mu_i - \mu)$ は一般平均 μ からの"ずれ具合"

表 3.1　1元配置法のデータの形式

因子の水準	データ				A_i 水準のデータ和	A_i 水準の平均
A_1	x_{11}	x_{12}	$\cdots$	x_{1r}	T_{A_1}	$\bar{x}_{A_1}$
A_2	x_{21}	x_{22}	$\cdots$	x_{2r}	T_{A_2}	$\bar{x}_{A_2}$
$\vdots$	$\vdots$	$\vdots$	$\cdots$	$\vdots$	$\vdots$	$\vdots$
A_a	x_{a1}	x_{a2}	$\cdots$	x_{ar}	T_{A_a}	$\bar{x}_{A_a}$
					総計 T	総平均 $\bar{\bar{x}}$

を表し，因子 A の効果（因子 A の**主効果**）と呼ぶ．すなわち，1元配置法におけるデータの構造式を次のように表現する．

1元配置法のデータの構造式

$$x_{ij} = \mu + a_i + \varepsilon_{ij} \tag{3.2}$$

$$\text{制約式}: \sum_{i=1}^{a} a_i = 0 \tag{3.3}$$

$$\varepsilon_{ij} \sim N(0, \sigma^2) \tag{3.4}$$

上に述べたように，a_i は一般平均 μ からのずれ具合なので，「上側にずれた場合 ($a_i \geqq 0$)」と「下側にずれた場合 ($a_i \leqq 0$)」が相殺して，制約式 (3.3) が成り立つ（より詳しくは第4章を参照）．「どの水準もずれが生じていない」ことが帰無仮説である．すなわち，データ解析の中で帰無仮説として考えていく内容は次のようになる．

「A の効果はない」⇔「a 個の母集団の母平均 μ_i は一様に等しい」

⇔「 $a_1 = a_2 = \cdots = a_a = 0$ 」

式 (3.4) は「誤差 ε_{ij} は互いに独立に正規分布 $N(0, \sigma^2)$ に従う」ことを意味しており，ランダムな順序で実験を行うことによって誤差の「独立性」を保証することができる．

（2） 解析方法

第（1）項の最後に述べた帰無仮説を検定するために，次のように考えて分散分析表を作成する．表3.1に示されている ar 個のデータはばらついている．これには，「因子 A の水準が異なることによりデータはばらつく」「同じ水準内であっても実験誤差によってデータはばらつく」という2種類の要因が考えられる．前者を **A 間平方和** S_A，後者を**誤差平方和** S_E としてばらつきの大きさを評価する．また，全体のばらつきを**総平方和** S_T とする．

1元配置法における平方和の計算

$$CT = \frac{(\text{データの総計})^2}{\text{総データ数}} = \frac{T^2}{N} \quad (\text{修正項}) \tag{3.5}$$

$$S_T = (\text{個々のデータの2乗和}) - CT$$

$$= \sum_{i=1}^{a} \sum_{j=1}^{r} x_{ij}^2 - CT \tag{3.6}$$

$$S_A = \sum_{i=1}^{a} \frac{(A_i \text{ 水準のデータ和})^2}{A_i \text{ 水準のデータ数}} - CT$$

$$= \sum_{i=1}^{a} \frac{T_{A_i}^2}{N_{A_i}} - CT \tag{3.7}$$

$$S_E = S_T - S_A \tag{3.8}$$

平方和の1つ1つに自由度が1つずつ対応する（Q3を参照）．

1元配置法における自由度の計算

$$\phi_T = (\text{総データ数}) - 1 = N - 1 \tag{3.9}$$

$$\phi_A = (A \text{ の水準数}) - 1 = a - 1 \tag{3.10}$$

$$\phi_E = \phi_T - \phi_A \tag{3.11}$$

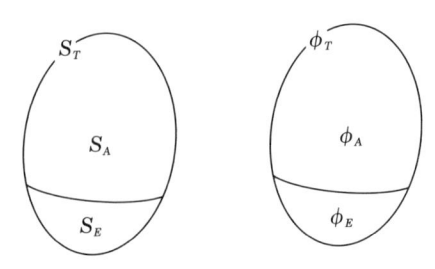

図 3.1 平方和と自由度の分解

平方和と自由度の分解を図 3.1 に示す．
これらを分散分析表にまとめることにより，因子 A の効果を検定する．

分散分析表の作成

表 3.2 の形式の分散分析表を作成する．

表 3.2　分散分析表

要因	S	ϕ	V	F_0	$E(V)$
A	S_A	ϕ_A	$V_A = S_A/\phi_A$	V_A/V_E	$\sigma^2 + r\sigma_A^2$
E	S_E	ϕ_E	$V_E = S_E/\phi_E$		σ^2
T	S_T	ϕ_T			

$F_0 \geq F(\phi_A, \phi_E; 0.05)$ なら有意水準 5% で有意であり，F_0 の値の右肩に $*$ 印を 1 つ付ける．さらに，$F_0 \geq F(\phi_A, \phi_E; 0.01)$ なら有意水準 1% で有意であり，F_0 の値の右肩に $*$ 印を 2 つ付ける（高度に有意であると考える）．

$E(V)$ の表現において，σ^2 は式 (3.4) の誤差の母分散である．一方，

$$\sigma_A^2 = \frac{\sum_{i=1}^{a} a_i^2}{\phi_A} \tag{3.12}$$

である（「$a_1 = \cdots = a_a = 0$」$\Leftrightarrow$「$\sigma_A^2 = 0$」に注意！）．

最適水準の決定と母平均の推定は以下のように行う．1元配置法の場合には式 (2.33)〜(2.35) は次のようになる．

最適水準の決定

A_i 水準の平均値 $\bar{x}_{A_i}$ をそれぞれ見比べて最適水準を決定する．

母平均の推定

点 推 定： $\hat{\mu}(A_i) = \widehat{\mu + a_i} = \bar{x}_{A_i}$ (3.13)

区間推定： 信頼率を $1 - \alpha$ （通常は $1 - \alpha = 0.95$）とする．

$$\hat{\mu}(A_i) \pm t(\phi_E, \alpha)\sqrt{\frac{V_E}{N_{A_i}}} \quad (3.14)$$

次に，A_i 水準と設定して実験と同じ状況で新たにデータを採取するときデータの値がどのようになるのかを予測する手順は次の通りである．

新たに採取するデータの予測

点 予 測： $\hat{x} = \hat{\mu}(A_i) = \bar{x}_{A_i}$ (3.15)

予測区間： 信頼率を $1 - \alpha$ （通常は $1 - \alpha = 0.95$）とする．

$$\hat{x} \pm t(\phi_E, \alpha)\sqrt{\left(1 + \frac{1}{N_{A_i}}\right)V_E} \quad (3.16)$$

最後に，2水準間の母平均の差の推定方法を述べる．1元配置法の場合には2つの水準の平均が互いに独立になるので，2.3節の第（3）項で述べた手順は次のように簡便になる．

2つの母平均の差の推定

点 推 定： $\hat{\mu}(A_i) - \hat{\mu}(A_k) = \bar{x}_{A_i} - \bar{x}_{A_k}$ (3.17)

区間推定: 信頼率を $1-\alpha$ (通常は $1-\alpha = 0.95$) とする.

$$\hat{\mu}(A_i) - \hat{\mu}(A_k) \pm t(\phi_E, \alpha)\sqrt{\left(\frac{1}{N_{A_i}} + \frac{1}{N_{A_k}}\right)V_E} \tag{3.18}$$

(**注 3.1**) 各水準における繰返し数が異なる場合 には,上述の計算公式を

(1) 式 (3.3) の制約式を「$\sum N_{A_i} a_i = 0$」に変更

(2) 分散分析表の $E(V)$ の欄の $r\sigma_A^2$ の部分を「$\sum N_{A_i} a_i^2 / \phi_A$」に変更

として適用すればよい. □

3.2 適 用 例

[**例 3.1**] ある化学物質の濃度を高めるため,反応温度を因子 A として取り上げ,4 水準設定し,繰返し 3 回の 1 元配置実験を行った.$4 \times 3 = 12$ 回の実験はランダムな順序で実施した.

表 3.3 実 験 順 序

因子の水準	実験順序
A_1	4 10 12
A_2	1 7 8
A_3	2 3 9
A_4	5 6 11

表 3.4 データと集計

因子の水準	データ	A_i 水準のデータ和	A_i 水準の平均
A_1	61 66 64	$T_{A_1} = 191$	$\bar{x}_{A_1} = 63.7$
A_2	73 74 69	$T_{A_2} = 216$	$\bar{x}_{A_2} = 72.0$
A_3	78 81 83	$T_{A_3} = 242$	$\bar{x}_{A_3} = 80.7$
A_4	69 72 68	$T_{A_4} = 209$	$\bar{x}_{A_4} = 69.7$
		総計 $T = 858$	総平均 $\bar{\bar{x}} = 71.5$

手順1 実験順序とデータの採取

表 3.3 に示した実験順序により実験を実施し，データを取った結果，表 3.4 に示す結果が得られた．

手順2 データの構造式の設定

$$x_{ij} = \mu + a_i + \varepsilon_{ij}$$

$$\sum_{i=1}^{4} a_i = 0, \quad \varepsilon_{ij} \sim N(0, \sigma^2)$$

手順3 データのグラフ化

データおよび各平均値をグラフにプロットして図 3.2 を作成する．図 3.2 より，特に異常値はなさそうであり，因子 A の効果はありそう（各水準の母平均は異なっていそう）である．

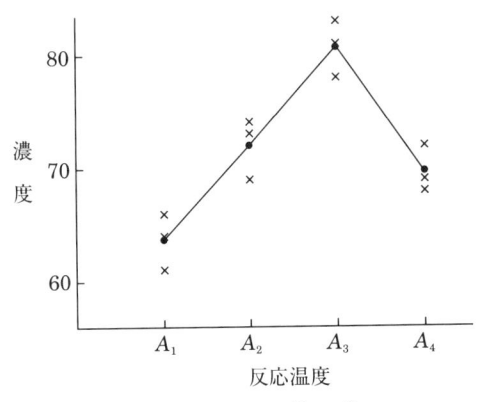

図 3.2 データと平均値のグラフ

手順4 平方和と自由度の計算

表 3.4 に基づいて各平方和および各自由度を計算する．

$$CT = \frac{(データの総計)^2}{総データ数} = \frac{T^2}{N} = \frac{858^2}{12} = 61347$$

$$S_T = (個々のデータの2乗和) - CT = \sum_{i=1}^{4}\sum_{j=1}^{3} x_{ij}^2 - CT$$

$$= (61^2 + 66^2 + 64^2 + \cdots + 72^2 + 68^2) - 61347 = 495$$

$$S_A = \sum_{i=1}^{4} \frac{(A_i \text{ 水準のデータ和})^2}{A_i \text{ 水準のデータ数}} - CT = \sum_{i=1}^{4} \frac{T_{A_i}^2}{N_{A_i}} - CT$$

$$= \frac{191^2}{3} + \frac{216^2}{3} + \frac{242^2}{3} + \frac{209^2}{3} - 61347 = 447$$

$$S_E = S_T - S_A = 495 - 447 = 48$$

$$\phi_T = (\text{データの総数}) - 1 = N - 1 = 12 - 1 = 11$$

$$\phi_A = (A \text{ の水準数}) - 1 = a - 1 = 4 - 1 = 3$$

$$\phi_E = \phi_T - \phi_A = 11 - 3 = 8$$

手順5　分散分析表の作成

手順4の結果に基づいて分散分析表を作成する．

表 3.5　分散分析表

要因	S	ϕ	V	F_0	$E(V)$
A	447	3	149	24.8**	$\sigma^2 + 3\sigma_A^2$
E	48	8	6.00		σ^2
T	495	11			

$F(3, 8; 0.05) = 4.07, \quad F(3, 8; 0.01) = 7.59$

高度に有意（有意水準1%で有意）である．因子 A の水準を変化させることにより濃度の母平均は異なると言える．

なお，A のある水準（例えば A_1 水準）のデータの個数は3個だから，$E(V)$ の欄の σ_A^2 には3が掛けられていることに注意する．

手順6　分散分析後のデータの構造式

表3.5より，次のようにデータの構造式を考える（手順2での設定と同じ）．

$$x_{ij} = \mu + a_i + \varepsilon_{ij}$$

$$\sum_{i=1}^{4} a_i = 0, \ \varepsilon_{ij} \sim N(0, \sigma^2)$$

手順7 最適水準の設定

手順6のデータの構造式より A_i の母平均を

$$\hat{\mu}(A_i) = \widehat{\mu + a_i} = \bar{x}_{A_i}$$

と推定する．表3.4より $\bar{x}_{A_i}$ の一番大きくなる A_3 を最適水準とする．

手順8 母平均の点推定

手順7より次のようになる．

$$\hat{\mu}(A_3) = \bar{x}_{A_3} = 80.7$$

手順9 母平均の区間推定（信頼率：95%）

$$\hat{\mu}(A_3) \pm t(\phi_E, 0.05)\sqrt{\frac{V_E}{N_{A_3}}} = 80.7 \pm t(8, 0.05)\sqrt{\frac{6.00}{3}}$$

$$= 80.7 \pm 2.306\sqrt{\frac{6.00}{3}} = 80.7 \pm 3.3 = 77.4,\ 84.0$$

手順１０ データの予測

A_3 水準において将来新たにデータを取るとき，どのような値になるのかを予測する．点予測値は手順8と同じで，

$$\hat{x} = \hat{\mu}(A_3) = 80.7$$

となる．また，予測区間（信頼率：95%）は次のようになる．

$$\hat{x} \pm t(\phi_E, 0.05)\sqrt{\left(1 + \frac{1}{N_{A_3}}\right)V_E} = 80.7 \pm t(8, 0.05)\sqrt{\left(1 + \frac{1}{3}\right) \times 6.00}$$

$$= 80.7 \pm 2.306\sqrt{\left(1 + \frac{1}{3}\right) \times 6.00} = 80.7 \pm 6.5 = 74.2,\ 87.2$$

手順１１ 2つの母平均の差の推定

例えば，$\mu(A_1)$ と $\mu(A_3)$ の差の推定を行う．

点推定値は次の通りである．

$$\hat{\mu}(A_1) - \hat{\mu}(A_3) = \bar{x}_{A_1} - \bar{x}_{A_3} = 63.7 - 80.7 = -17.0$$

また，信頼区間（信頼率：95%）は

$$\hat{\mu}(A_1) - \hat{\mu}(A_3) \pm t(\phi_E, 0.05)\sqrt{\left(\frac{1}{N_{A_1}} + \frac{1}{N_{A_3}}\right)V_E}$$

$$= -17.0 \pm t(8, 0.05)\sqrt{\frac{2}{3} \times 6.00} = -17.0 \pm 2.306\sqrt{\frac{2}{3} \times 6.00}$$

$$= -17.0 \pm 4.6 = -21.6,\ -12.4$$

となる．□

(**注 3.2**) 注 3.1 に基づいて，繰返し数が異なる場合について簡単な数値例を示しておこう．表 3.6 のデータを考える．

表 3.6 データと集計

因子の水準	データ	A_i 水準のデータ和	A_i 水準の平均
A_1	2 1	$T_{A_1} = 3$	$\bar{x}_{A_1} = 1.5$
A_2	2 3 4 3	$T_{A_2} = 12$	$\bar{x}_{A_2} = 3.0$
A_3	4 5 6	$T_{A_3} = 15$	$\bar{x}_{A_3} = 5.0$
A_4	2 3 1	$T_{A_4} = 6$	$\bar{x}_{A_4} = 2.0$
		総計 $T = 36$	総平均 $\bar{\bar{x}} = 3.0$

$x_{ij} = \mu + a_i + \varepsilon_{ij}$

制約式： $2a_1 + 4a_2 + 3a_3 + 3a_4 = 0,\ \varepsilon_{ij} \sim N(0, \sigma^2)$

$CT = \dfrac{T^2}{N} = \dfrac{36^2}{12} = 108.0$

$S_T = \displaystyle\sum_{i=1}^{4}\sum_{j=1}^{N_{A_i}} x_{ij}^2 - CT = (2^2 + 1^2 + 2^2 + \cdots + 3^2 + 1^2) - 108.0 = 26.0$

$S_A = \displaystyle\sum_{i=1}^{4} \dfrac{T_{A_i}^2}{N_{A_i}} - CT = \dfrac{3^2}{2} + \dfrac{12^2}{4} + \dfrac{15^2}{3} + \dfrac{6^2}{3} - 108.0 = 19.5$

　　（各水準ごとのデータ数（繰返し数）が異なることに注意！）

$S_E = S_T - S_A = 26.0 - 19.5 = 6.5$

$\phi_T = N - 1 = 12 - 1 = 11,\quad \phi_A = a - 1 = 4 - 1 = 3$

$\phi_E = \phi_T - \phi_A = 11 - 3 = 8$

表 3.7 分散分析表

要因	S	ϕ	V	F_0	$E(V)$
A	19.5	3	6.50	8.00**	$\sigma^2 + (2a_1^2 + 4a_2^2 + 3a_3^2 + 3a_4^2)/3$
E	6.5	8	0.813		σ^2
T	26.0	11			

$F(3, 8; 0.05) = 4.07, \quad F(3, 8; 0.01) = 7.59$

高度に有意である．
分散分析後のデータの構造式は最初と同じでよい．
特性の一番大きくなる水準は A_3 水準である．

A_3 水準の母平均の点推定：$\hat{\mu}(A_3) = \widehat{\mu + a_3} = \bar{x}_{A_3} = 5.0$

A_3 水準の母平均の区間推定（信頼率：95%）：

$$\hat{\mu}(A_3) \pm t(\phi_E, 0.05)\sqrt{\frac{V_E}{N_{A_3}}} = 5.0 \pm 2.306\sqrt{\frac{0.813}{3}} = 5.0 \pm 1.2 = 3.8,\ 6.2$$

A_3 水準のデータの点予測：$\hat{x} = \hat{\mu}(A_3) = 5.0$

A_3 水準のデータの予測区間（信頼率：95%）：

$$\hat{x} \pm t(\phi_E, 0.05)\sqrt{\left(1 + \frac{1}{N_{A_3}}\right)V_E} = 5.0 \pm 2.306\sqrt{\left(1 + \frac{1}{3}\right) \times 0.813}$$

$$= 5.0 \pm 2.4 = 2.6,\ 7.4$$

$\mu(A_1)$ と $\mu(A_3)$ の差の推定を行う．

点推定値：$\hat{\mu}(A_1) - \hat{\mu}(A_3) = \bar{x}_{A_1} - \bar{x}_{A_3} = 1.5 - 5.0 = -3.5$

信頼区間（信頼率：95%）：

$$\hat{\mu}(A_1) - \hat{\mu}(A_3) \pm t(\phi_E, 0.05)\sqrt{\left(\frac{1}{N_{A_1}} + \frac{1}{N_{A_3}}\right)V_E}$$

$$= -3.5 \pm 2.306\sqrt{\left(\frac{1}{2} + \frac{1}{3}\right) \times 0.813} = -3.5 \pm 1.9 = -5.4,\ -1.6$$

第4章
1元配置法の理論

本章では，1元配置法について，データの構造式の意味，平方和の分解とそれらの表す内容，分散分析表で行っている検定の意味，推定や予測の計算公式の導出などを述べる．数式に不慣れな読者は，本章をスキップして次に進んでもよい．しかし，一通り目を通してみることが望ましい．

4.1　分散分析表における検定の意味

（1）　データの構造式

1元配置法では，因子 A を1つ選び，a 水準を設定し，それぞれの水準ごとに母集団を1つ想定する．つまり，a 個の母集団を想定し，それぞれから r 個のデータを採取すると考える（本章では繰返し数が等しい場合だけを考える）．A_i 水準に対応する特性値の母集団分布を正規分布 $N(\mu_i, \sigma^2)$ と仮定すると，A_i 水準で得られる j 番目のデータ x_{ij} は次のように表現することができる．

$$x_{ij} = \mu_i + \varepsilon_{ij}, \quad \varepsilon_{ij} \sim N(0, \sigma^2) \tag{4.1}$$

ここで，

$$\mu = \frac{1}{a}\sum_{i=1}^{a}\mu_i = \frac{\mu_1 + \mu_2 + \cdots + \mu_a}{a} \tag{4.2}$$

と定義する．μ は母平均の平均であることから一般平均と呼ぶ．また，

$$a_i = \mu_i - \mu \tag{4.3}$$

と定義する．a_i は A_i 水準の母平均 μ_i が一般平均 μ から"どのくらいずれ

ているか"を表す．式 (4.2) より $\sum \mu_i = a\mu$ だから，次式が成り立つ．

$$\sum_{i=1}^{a} a_i = \sum_{i=1}^{a} (\mu_i - \mu) = \sum_{i=1}^{a} \mu_i - a\mu = 0 \tag{4.4}$$

以上より，3.1 節で示したデータの構造式の表現を得る．

$$x_{ij} = \mu + a_i + \varepsilon_{ij} \tag{4.5}$$

$$\text{制約式：} \sum_{i=1}^{a} a_i = 0 \tag{4.6}$$

$$\varepsilon_{ij} \sim N(0, \sigma^2) \tag{4.7}$$

上式より，A_i 水準の平均 $\bar{x}_{A_i}$ と総平均 $\bar{\bar{x}}$ を次のように表現できる．

$$\begin{aligned}
\bar{x}_{A_i} &= \frac{1}{r} \sum_{j=1}^{r} x_{ij} = \frac{1}{r} \sum_{j=1}^{r} (\mu + a_i + \varepsilon_{ij}) \\
&= \frac{1}{r} \left(r\mu + ra_i + \sum_{j=1}^{r} \varepsilon_{ij} \right) = \mu + a_i + \bar{\varepsilon}_{i.}
\end{aligned} \tag{4.8}$$

$$\begin{aligned}
\bar{\bar{x}} &= \frac{1}{ar} \sum_{i=1}^{a} \sum_{j=1}^{r} x_{ij} = \frac{1}{a} \sum_{i=1}^{a} \bar{x}_{A_i} = \frac{1}{a} \sum_{i=1}^{a} (\mu + a_i + \bar{\varepsilon}_{i.}) \\
&= \frac{1}{a} \left(a\mu + \sum_{i=1}^{a} a_i + \sum_{i=1}^{a} \bar{\varepsilon}_{i.} \right) = \mu + \bar{\bar{\varepsilon}} \quad (\text{注：} \sum_{i=1}^{a} a_i = 0)
\end{aligned} \tag{4.9}$$

（2） 平方和の分解

図 4.1 に 4 水準を設定した場合の母集団分布の様子を示した．左図は 4 つの母集団分布が同じ状況であることを示しており，右図は 4 つの母集団分布の母平均が異なる状況であることを示している．左図では $a_1 = a_2 = a_3 = a_4 = 0$ であり，データのばらつきは「誤差項 ε_{ij}」だけにより生じている．一方，右図では各 a_i は異なっており，データのばらつきは『a_i の違い』と「誤差項 ε_{ij}」により生じている．そこで，"データ全体のばらつき"を『水準の違いに起因するばらつき』と「誤差に起因するばらつき」に分解する．

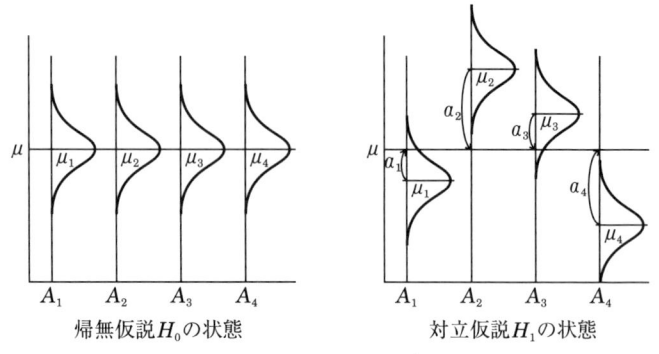

図 4.1　1元配置法における帰無仮説と対立仮説

(左) 帰無仮説H_0の状態　(右) 対立仮説H_1の状態

"データ全体のばらつき"を"1つ1つのデータ x_{ij} と総平均 $\bar{\bar{x}}$ との差の2乗和"として評価する．これを総平方和 S_T と表す．

$$S_T = \sum_{i=1}^{a}\sum_{j=1}^{r}(x_{ij}-\bar{\bar{x}})^2 \tag{4.10}$$

式 (4.8) より $\sum_{j=1}^{r} x_{ij} = r\bar{x}_{A_i}$ に注意して，総平方和 S_T を次のように分解する．

$$\begin{aligned}
S_T &= \sum_{i=1}^{a}\sum_{j=1}^{r}(x_{ij}-\bar{\bar{x}})^2 = \sum_{i=1}^{a}\sum_{j=1}^{r}(\{x_{ij}-\bar{x}_{A_i}\}+\{\bar{x}_{A_i}-\bar{\bar{x}}\})^2 \\
&= \sum_{i=1}^{a}\sum_{j=1}^{r}(x_{ij}-\bar{x}_{A_i})^2 + \sum_{i=1}^{a}\sum_{j=1}^{r}(\bar{x}_{A_i}-\bar{\bar{x}})^2 \\
&\quad + 2\sum_{i=1}^{a}\sum_{j=1}^{r}(x_{ij}-\bar{x}_{A_i})(\bar{x}_{A_i}-\bar{\bar{x}}) \\
&= S_E + S_A + 2\sum_{i=1}^{a}(\bar{x}_{A_i}-\bar{\bar{x}})\left\{\sum_{j=1}^{r}(x_{ij}-\bar{x}_{A_i})\right\} \\
&= S_E + S_A + 2\sum_{i=1}^{a}(\bar{x}_{A_i}-\bar{\bar{x}})\left\{\sum_{j=1}^{r}x_{ij}-r\bar{x}_{A_i}\right\}
\end{aligned}$$

4.1 分散分析表における検定の意味

$$= S_E + S_A \tag{4.11}$$

ここで,

$$S_A = \sum_{i=1}^{a}\sum_{j=1}^{r}(\bar{x}_{A_i} - \bar{\bar{x}})^2 \tag{4.12}$$

$$S_E = \sum_{i=1}^{a}\sum_{j=1}^{r}(x_{ij} - \bar{x}_{A_i})^2 \tag{4.13}$$

である.S_A は各水準の平均と総平均との違いを測っている量であり,『水準の違いに起因するばらつき』を表す.一方,S_E は1つ1つのデータとそのデータの属する水準平均との違いを測っており,「誤差に起因するばらつき」を表す.

しかし,厳密に述べると,S_A の方には『水準の違いに起因するばらつき』と「誤差に起因するばらつき」の両方が含まれている.それは,式 (4.12) と (4.13) に式 (4.5), (4.8), (4.9) の表現を代入することにより理解できる.

$$S_A = \sum_{i=1}^{a}\sum_{j=1}^{r}(\bar{x}_{A_i} - \bar{\bar{x}})^2 = \sum_{i=1}^{a}\sum_{j=1}^{r}(\{\mu + a_i + \bar{\varepsilon}_{i\cdot}\} - \{\mu + \bar{\bar{\varepsilon}}\})^2$$

$$= \sum_{i=1}^{a}\sum_{j=1}^{r}(a_i + \{\bar{\varepsilon}_{i\cdot} - \bar{\bar{\varepsilon}}\})^2 \tag{4.14}$$

$$S_E = \sum_{i=1}^{a}\sum_{j=1}^{r}(x_{ij} - \bar{x}_{A_i})^2 = \sum_{i=1}^{a}\sum_{j=1}^{r}(\{\mu + a_i + \varepsilon_{ij}\} - \{\mu + a_i + \bar{\varepsilon}_{i\cdot}\})^2$$

$$= \sum_{i=1}^{a}\sum_{j=1}^{r}(\varepsilon_{ij} - \bar{\varepsilon}_{i\cdot})^2 \tag{4.15}$$

これらの様子を図 4.2 に示した.図 4.2 の左図は図 4.1 の左図の状況からデータを採取した場合である.また,図 4.2 の右図は図 4.1 の右図の状況からデータを採取した場合である.図 4.2 の右図の場合の方が S_A は左図の場合より大きくなるのに対して,S_E はどちらも同じ程度となることに注意してほしい.

S_T, S_A, S_E はどれも平方和(2乗したものの和)だから負の値にはならない.電卓などで計算を行う際には,それぞれ,式 (4.10), (4.12), (4.13) の

図 4.2 それぞれの平方和の内容

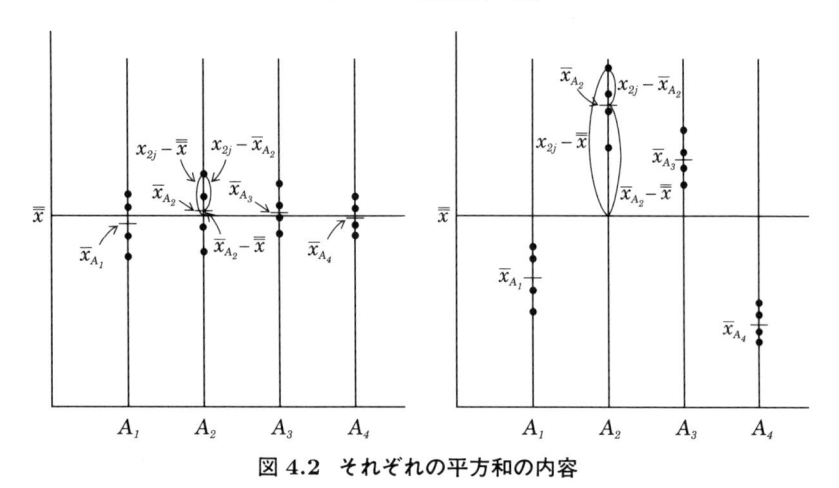

右辺を次のように展開して整理した表現を用いるのが便利である.

$$S_T = \sum_{i=1}^{a}\sum_{j=1}^{r}(x_{ij}-\bar{\bar{x}})^2 = \sum_{i=1}^{a}\sum_{j=1}^{r}(x_{ij}^2 - 2x_{ij}\bar{\bar{x}} + \bar{\bar{x}}^2)$$

$$= \sum_{i=1}^{a}\sum_{j=1}^{r}x_{ij}^2 - 2\bar{\bar{x}}\sum_{i=1}^{a}\sum_{j=1}^{r}x_{ij} + \sum_{i=1}^{a}\sum_{j=1}^{r}\bar{\bar{x}}^2$$

$$= \sum_{i=1}^{a}\sum_{j=1}^{r}x_{ij}^2 - \frac{2T}{N}\times T + N\times\left(\frac{T}{N}\right)^2$$

$$\left(\text{注}: \sum_{i=1}^{a}\sum_{j=1}^{r}x_{ij}=T, \bar{\bar{x}}=\frac{T}{N}\right)$$

$$= \sum_{i=1}^{a}\sum_{j=1}^{r}x_{ij}^2 - CT \quad \left(\text{注}: CT=\frac{T^2}{N}\right) \quad (4.16)$$

$$S_A = \sum_{i=1}^{a}\sum_{j=1}^{r}(\bar{x}_{A_i}-\bar{\bar{x}})^2 = \sum_{i=1}^{a}\sum_{j=1}^{r}(\bar{x}_{A_i}^2 - 2\bar{\bar{x}}\bar{x}_{A_i} + \bar{\bar{x}}^2)$$

$$= r\sum_{i=1}^{a}\bar{x}_{A_i}^2 - 2\bar{\bar{x}}r\sum_{i=1}^{a}\bar{x}_{A_i} + N\bar{\bar{x}}^2$$

$$= r\sum_{i=1}^{a}\left(\frac{T_{A_i}}{r}\right)^2 - \frac{2rT}{N}\sum_{i=1}^{a}\frac{T_{A_i}}{r} + N\left(\frac{T}{N}\right)^2 \quad \left(\text{注}:\ \bar{x}_{A_i} = \frac{T_{A_i}}{r}\right)$$

$$= \sum_{i=1}^{a}\frac{T_{A_i}^2}{r} - \frac{2T}{N}\times T + N\left(\frac{T}{N}\right)^2 \quad \left(\text{注}:\ \sum_{i=1}^{a}T_{A_i} = T\right)$$

$$= \sum_{i=1}^{a}\frac{T_{A_i}^2}{r} - CT \tag{4.17}$$

$$S_E = S_T - S_A \tag{4.18}$$

ここでは $N_{A_i} = r$ ($i = 1 \sim a$) の場合を考えていることに注意すれば,式 (4.17) は式 (3.7) に一致する.

(3) 分散分析表における検定の意味

検定したい仮説は次の通りである.

$$\begin{array}{l}\text{帰無仮説 } H_0:\text{「因子 } A \text{ の効果はない」}\\ \text{対立仮説 } H_1:\text{「因子 } A \text{ の効果はある」}\end{array} \tag{4.19}$$

「因子 A の効果はない」は「水準を変化させても母平均に変化がない」ということであり,図 4.1 の左図の状況を意味している.データの構造式の記号を用いれば,「$a_1 = a_2 = \cdots = a_a = 0$」である.

この仮説の検定を行うために,第(2)項で述べた 2 種類の平方和 S_A と S_E を用いる.ただし,これらを直接比較するのではなく,分散分析表ではこれらの平方和をそれぞれの自由度で割った分散の比(F_0 値)をとって比較する.以下では分散を比較することの理論的根拠を述べる.

次のような正規分布の性質を利用する.

正規分布の性質 1

(1) $x_1, x_2, \cdots, x_n$ が互いに独立に $N(\mu, \sigma^2)$ に従っているとき,$\bar{x}$ は $N(\mu, \sigma^2/n)$ に従う.

(2) $x_1, x_2, \cdots, x_n$ が互いに独立に $N(\mu, \sigma^2)$ に従っているとき,
$$E\left(\sum_{i=1}^{n}(x_i - \bar{x})^2\right) = (n-1)\sigma^2 \quad (\Leftrightarrow E(V) = \sigma^2) \quad (4.20)$$
となる.なお,式 (4.20) の V は式 (1.3) で定義された分散である.

上記の性質を用いると,以下で必要となる次の事項が成り立つ.

$$\varepsilon_{i1}, \varepsilon_{i2}, \cdots, \varepsilon_{ir} \sim N(0, \sigma^2) \quad \Rightarrow \quad \bar{\varepsilon}_{i\cdot} \sim N(0, \sigma^2/r) \quad (4.21)$$

$$\bar{\varepsilon}_{1\cdot}, \bar{\varepsilon}_{2\cdot}, \cdots, \bar{\varepsilon}_{a\cdot} \sim N(0, \sigma^2/r) \quad \Rightarrow \quad \bar{\bar{\varepsilon}} \sim N(0, \sigma^2/(ar)) \quad (4.22)$$

$$\varepsilon_{i1}, \varepsilon_{i2}, \cdots, \varepsilon_{ir} \sim N(0, \sigma^2)$$
$$\Rightarrow \quad E\left(\sum_{j=1}^{r}(\varepsilon_{ij} - \bar{\varepsilon}_{i\cdot})^2\right) = (r-1)\sigma^2 \quad (4.23)$$

$$\bar{\varepsilon}_{1\cdot}, \bar{\varepsilon}_{2\cdot}, \cdots, \bar{\varepsilon}_{a\cdot} \sim N(0, \sigma^2/r)$$
$$\Rightarrow \quad E\left(\sum_{i=1}^{a}(\bar{\varepsilon}_{i\cdot} - \bar{\bar{\varepsilon}})^2\right) = (a-1)\sigma^2/r \quad (4.24)$$

以上の準備に基づいて,分散分析表で計算する V_A と V_E の期待値をそれぞれ求めてみよう.まず S_A の期待値は,式 (4.14) に基づいて次のようになる.

$$\begin{aligned} E(S_A) &= E\left(\sum_{i=1}^{a}\sum_{j=1}^{r}(a_i + \{\bar{\varepsilon}_{i\cdot} - \bar{\bar{\varepsilon}}\})^2\right) \\ &= rE\left(\sum_{i=1}^{a}a_i^2 + 2\sum_{i=1}^{a}a_i\{\bar{\varepsilon}_{i\cdot} - \bar{\bar{\varepsilon}}\} + \sum_{i=1}^{a}\{\bar{\varepsilon}_{i\cdot} - \bar{\bar{\varepsilon}}\}^2\right) \\ &= r\sum_{i=1}^{a}a_i^2 + 2r\sum_{i=1}^{a}a_i\{E(\bar{\varepsilon}_{i\cdot}) - E(\bar{\bar{\varepsilon}})\} + rE\left(\sum_{i=1}^{a}\{\bar{\varepsilon}_{i\cdot} - \bar{\bar{\varepsilon}}\}^2\right) \\ &= r\sum_{i=1}^{a}a_i^2 + (a-1)\sigma^2 \quad (4.25) \end{aligned}$$

式 (4.25) の 3 つ目の等号では,a_i が定数であること,および「定数の期待値はその定数そのものである」という性質を用いている.また,4 つ目の等号で

は,式 (4.21) より $E(\bar{\varepsilon}_{i.}) = 0$,式 (4.22) より $E(\bar{\bar{\varepsilon}}) = 0$ であること,そして,式 (4.24) を用いている.$\phi_A = a - 1$ に注意して,式 (4.25) より

$$E(V_A) = E\left(\frac{S_A}{\phi_A}\right) = r\sigma_A^2 + \sigma^2 \tag{4.26}$$

が得られる.ここで,

$$\sigma_A^2 = \frac{\sum_{i=1}^{a} a_i^2}{\phi_A} \quad \text{(式 (2.28) および式 (3.12) で定義)} \tag{4.27}$$

である.

同様に,S_E の期待値を求める.式 (4.15) に基づいて次式を得る.

$$E(S_E) = E\left(\sum_{i=1}^{a}\sum_{j=1}^{r}(\varepsilon_{ij} - \bar{\varepsilon}_{i.})^2\right) = \sum_{i=1}^{a} E\left(\sum_{j=1}^{r}(\varepsilon_{ij} - \bar{\varepsilon}_{i.})^2\right)$$

$$= \sum_{i=1}^{a}(r-1)\sigma^2 = a(r-1)\sigma^2 \tag{4.28}$$

3つ目の等号では式 (4.23) を用いた.これより,$\phi_E = \phi_T - \phi_A = (N-1) - (a-1) = (ar-1) - (a-1) = a(r-1)$ に注意して,次式を得る.

$$E(V_E) = E\left(\frac{S_E}{\phi_E}\right) = \sigma^2 \tag{4.29}$$

ここで,$E(V_A)$ と $E(V_E)$ の表現に着目しながら,(4.19) に示した帰無仮説 H_0 と対立仮説 H_1 の内容を次のように順次考えていこう.

〈仮説の変形〉

帰無仮説	対立仮説
H_0:「因子 A の効果はない」	H_1:「因子 A の効果はある」
(図 4.1 の左図の状況)	(図 4.1 の右図の状況が一例)
$\Updownarrow$	$\Updownarrow$
$H_0 : \mu_1 = \mu_2 = \cdots = \mu_a$	H_1:少なくとも1つは "$\neq$"
$\Updownarrow$	$\Updownarrow$
$H_0 : a_1 = a_2 = \cdots = a_a = 0$	H_1:少なくとも1つは "$\neq 0$"

⇕	⇕
$H_0 : \sum_{i=1}^{a} a_i^2 = 0$	$H_1 : \sum_{i=1}^{a} a_i^2 > 0$
⇕	⇕
$H_0 : \sigma_A^2 = 0$	$H_1 : \sigma_A^2 > 0$
⇕	⇕
$H_0 : E(V_A) = E(V_E)$	$H_1 : E(V_A) > E(V_E)$
<統計量の値>	
⇕	⇕
V_A と V_E は同じくらいの値	V_A は V_E より大きい値
⇕	⇕
$V_A/V_E \fallingdotseq 1$	$V_A/V_E > 1$
<分散分析表における検定としての判断>	
⇕	⇕
$F_0 = V_A/V_E < F(\phi_A, \phi_E; \alpha)$	$F_0 = V_A/V_E \geqq F(\phi_A, \phi_E; \alpha)$

最後の検定の部分で,「帰無仮説が成り立っているとき $F_0 = V_A/V_E$ が自由度 (ϕ_A, ϕ_E) の F 分布に従う」という統計学の理論を用いている. この点の理論的に詳しい説明は難しくなるので本書では述べない. 興味ある読者は稲垣 [6], 白旗 [14], 宮川 [31] などを参照されたい.

4.2 分散分析後の推定と予測

(1) 母平均の推定

式 (4.5)〜(4.7) に示したデータの構造式に基づいて A_i 水準の母平均 $\mu + a_i$ の推定を考える. 式 (4.5) と式 (4.7) を併せて次のように表現する.

$$x_{ij} = \mu + a_i + \varepsilon_{ij} \sim N(\mu + a_i, \sigma^2) \quad (i = 1 \sim a, j = 1 \sim r) \quad (4.30)$$

いま, A_i 水準の r 個のデータ $x_{i1}, x_{i2}, \cdots, x_{ir}$ だけに着目しよう. 4.1 節

の第(3)項で述べた正規分布の性質1を用いると,次の事項が成り立つ.

$$x_{i1}, x_{i2}, \cdots, x_{ir} \sim N(\mu + a_i, \sigma^2) \Rightarrow \bar{x}_{A_i} \sim N(\mu + a_i, \sigma^2/r) \quad (4.31)$$

式 (4.31) より $E(\bar{x}_{A_i}) = \mu + a_i$ となり,$\bar{x}_{A_i}$ は $\mu + a_i$ の不偏推定量だから,$\mu + a_i$ の点推定量として $\bar{x}_{A_i}$ を用いる.

次に,$\mu + a_i$ の信頼区間を考える.式 (4.31) を標準化すると

$$u = \frac{\bar{x}_{A_i} - (\mu + a_i)}{\sqrt{\sigma^2/r}} \sim N(0, 1^2) \quad (4.32)$$

となる.ここで,u の分母の根号の中の σ^2 をその不偏推定量である「分散分析表の誤差分散 V_E」で置き換えたもの(t と表す)は自由度 ϕ_E の t 分布に従う.すなわち,

$$t = \frac{\bar{x}_{A_i} - (\mu + a_i)}{\sqrt{V_E/r}} \sim t(\phi_E) \quad (4.33)$$

となる.

ある事象が起こる確率を "$Pr($ ある事象 $)$" と表現すると,t 分布について

$$Pr(-t(\phi_E, 0.05) < t < t(\phi_E, 0.05)) = 0.95 \quad (4.34)$$

が成り立つ(これは,「t が $-t(\phi_E, 0.05)$ より大きく $t(\phi_E, 0.05)$ 未満となる確率が 0.95 である」ことを意味している).式 (4.34) の t に式 (4.33) の t の右辺を代入し,括弧の中の不等式を $\mu + a_i$ について解くと以下のようになる.

$$\begin{aligned}
&Pr\left(-t(\phi_E, 0.05) < \frac{\bar{x}_{A_i} - (\mu + a_i)}{\sqrt{V_E/r}} < t(\phi_E, 0.05)\right) \\
&= Pr\left(\bar{x}_{A_i} - t(\phi_E, 0.05)\sqrt{\frac{V_E}{r}} < \mu + a_i < \bar{x}_{A_i} + t(\phi_E, 0.05)\sqrt{\frac{V_E}{r}}\right) \\
&= 0.95 \quad (4.35)
\end{aligned}$$

これより,3.1 節に示した(信頼率 95%の)区間推定の式(信頼区間の式)(3.14) を得る.

(2) データの予測

A_i 水準で新たにもう一度実験を実施してデータを取るとき，この値を当てる作業を予測と呼ぶ．新たに取るデータを

$$x = \mu + a_i + \varepsilon \tag{4.36}$$

と表す．$\mu + a_i$ に加えて，新たに実験を行う際に付随する誤差 ε も加味した x の値を当てる点が第（1）項の推定と異なっている（推定は $\mu + a_i$ を当てる作業！）．

誤差については，データの構造式の場合と同様に，$\varepsilon \sim N(0, \sigma^2)$ を仮定する．つまり，式 (4.36) より

$$x = \mu + a_i + \varepsilon \sim N(\mu + a_i, \sigma^2) \tag{4.37}$$

である．

まず，$E(\varepsilon) = 0$ なので $\hat{\varepsilon} = 0$ と見積もることにより，x の値を $\hat{x} = \widehat{\mu + a_i} + \hat{\varepsilon} = \bar{x}_{A_i}$ と点予測すればよい．

次に，予測区間を構成するために $x - \bar{x}_{A_i}$ を考えよう．この確率分布を求めるために，次の正規分布の性質が必要である．

正規分布の性質 2

$x_1 \sim N(\mu_1, \sigma_1^2)$, $x_2 \sim N(\mu_2, \sigma_2^2)$ で x_1 と x_2 が互いに独立
$\Rightarrow x_1 - x_2 \sim N(\mu_1 - \mu_2, \sigma_1^2 + \sigma_2^2)$ （分散は加算！）

式 (4.31) と式 (4.37)，および上の正規分布の性質 2 を用いると

$$x - \bar{x}_{A_i} \sim N\left(0, \sigma^2 + \frac{\sigma^2}{r}\right) \tag{4.38}$$

が成り立つ（x は新たに取るデータだから，$\bar{x}_{A_i}$ とは互いに独立である！）．この後の導出は第（1）項と同様である．すなわち，式 (4.38) を標準化して

$$u = \frac{x - \bar{x}_{A_i}}{\sqrt{\left(1 + \frac{1}{r}\right)\sigma^2}} \sim N(0, 1^2) \tag{4.39}$$

を得る．u の分母の根号の中の σ^2 を V_E で置き換えると，

$$t = \frac{x - \bar{x}_{A_i}}{\sqrt{\left(1 + \frac{1}{r}\right)V_E}} \sim t(\phi_E) \tag{4.40}$$

となる．これより，式 (4.34) の t に式 (4.40) の t の右辺を代入し，括弧の中の不等式を x について解くと次のようになる．

$$Pr\left(-t(\phi_E, 0.05) < \frac{x - \bar{x}_{A_i}}{\sqrt{\left(1 + \frac{1}{r}\right)V_E}} < t(\phi_E, 0.05)\right)$$

$$= Pr\left(\bar{x}_{A_i} - t(\phi_E, 0.05)\sqrt{\left(1 + \frac{1}{r}\right)V_E} <\right.$$

$$\left. x < \bar{x}_{A_i} + t(\phi_E, 0.05)\sqrt{\left(1 + \frac{1}{r}\right)V_E}\right)$$

$$= 0.95 \tag{4.41}$$

以上より，3.1 節に示した（信頼率 95％の）予測区間の式 (3.16) を得る．

（3） 2つの母平均の差の推定

「A_i 水準の母平均 $\mu + a_i$」と「A_k 水準の母平均 $\mu + a_k$」の差 $(\mu + a_i) - (\mu + a_k)$ の推定を考えよう．式 (4.31) より $\bar{x}_{A_i} \sim N(\mu + a_i, \sigma^2/r)$ である．同様に，$\bar{x}_{A_k} \sim N(\mu + a_k, \sigma^2/r)$ である．また，$\bar{x}_{A_i}$ と $\bar{x}_{A_k}$ は互いに独立である．したがって，第 (2) 項で述べた正規分布の性質 2 より，

$$\bar{x}_{A_i} - \bar{x}_{A_k} \sim N\left((\mu + a_i) - (\mu + a_k), \frac{\sigma^2}{r} + \frac{\sigma^2}{r}\right) \tag{4.42}$$

が成り立つ．

式 (4.42) より $E(\bar{x}_{A_i} - \bar{x}_{A_k}) = (\mu + a_i) - (\mu + a_k)$ となるから，$\bar{x}_{A_i} - \bar{x}_{A_k}$ は $(\mu + a_i) - (\mu + a_k)$ の不偏推定量である．

次に，$(\mu + a_i) - (\mu + a_k)$ の信頼区間を第 (1) 項と同様に考える．式 (4.42)

を標準化すると

$$u = \frac{(\bar{x}_{A_i} - \bar{x}_{A_k}) - \{(\mu + a_i) - (\mu + a_k)\}}{\sqrt{\left(\frac{1}{r} + \frac{1}{r}\right)\sigma^2}} \sim N(0, 1^2) \tag{4.43}$$

となる．σ^2 を V_E で置き換えると

$$t = \frac{(\bar{x}_{A_i} - \bar{x}_{A_k}) - \{(\mu + a_i) - (\mu + a_k)\}}{\sqrt{\left(\frac{1}{r} + \frac{1}{r}\right)V_E}} \sim t(\phi_E) \tag{4.44}$$

となる．そこで，式 (4.34) の t に式 (4.44) の t の右辺を代入し，括弧の中の不等式を $(\mu + a_i) - (\mu + a_k)$ について解くと，3.1 節に示した（信頼率 95%の）区間推定の式（信頼区間の式）(3.18) を得ることができる．

第5章
繰返しのある2元配置法

　繰返しのある2元配置法では，同時に因子を2つ取り上げて，それぞれの因子ごとにいくつかの水準を設定し，すべての水準組合せにおいて複数回の実験を行う．そして，2つの主効果と交互作用について検定し，母平均の推定などを行う．ここでは，交互作用という新たな概念が導入される．最初に，繰返しのある2元配置法の考え方と解析方法を第2章の内容にそって具体的に説明する．次に，データの構造式や平方和の分解について基本的な考え方を解説する．最後に，適用例を述べる．

5.1　繰返しのある2元配置法とは

（1）　交互作用

　次のような例を考えてみよう．"2つの因子 A と B（ともに3水準）を取り上げた．まず，B_1 水準に固定して，A について3水準を設定して1元配置法を行った結果，有意になり，A_2 水準が一番よいとわかった．次に，A_2 水準に固定して，B について3水準を設定して1元配置法を行った結果，やはり有意となり，B_2 水準が一番よいとわかった．したがって，A_2B_2 の組合せが一番よいと判断できる．"

　この例では，1元配置法を因子ごとに繰返している．このような進め方は正しいだろうか．図5.1に示す特性値の母集団分布の2つの状態を比較して考えてみよう．もし，(1)の状態であるなら，上の例のように考えても正しい判断となる．しかし，(2)の状態であるなら，A_3B_3 が最適な水準組合せであり，これを見逃したことになるので誤った判断と言わざるをえない．

　図5.1の(1)の状態では，因子 A の水準を変えたときの特性値の母平均の

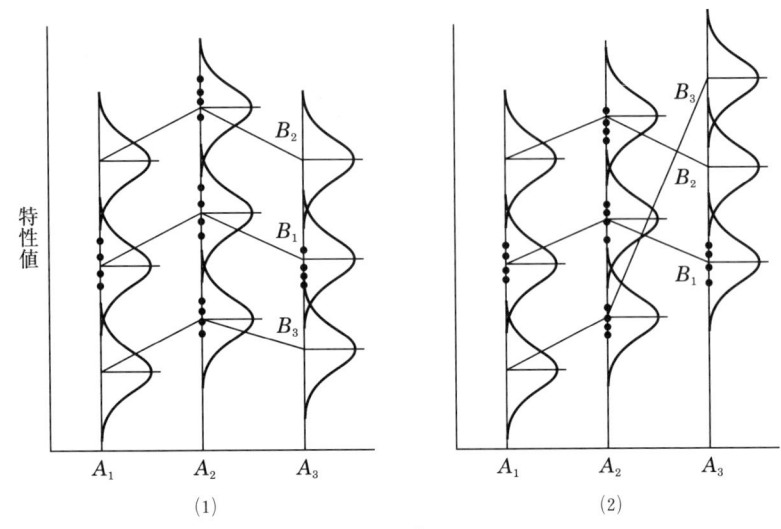

図 5.1 特性値の母集団分布の状態

(● はデータを表す)

変化のパターンが因子 B のどの水準に対しても同様であり，母平均を結んだ 3 本のグラフはほぼ平行になっている．一方，(2) の状態では，B_3 水準において A の水準を変えたときの変化のパターンが B の他の水準の場合と異なっており，グラフは平行になっていない．このような状況を「**交互作用 $A \times B$** (interaction) が存在する」と言う．交互作用は「相乗効果」や「相殺効果」を含んだより広い意味での「組合せ効果」である．

このように，「交互作用が存在するかもしれない場合」または「交互作用のないことがはっきりしていない場合」には，上で述べた例のような実験の進め方は正しくなく，本章で解説する繰返しのある 2 元配置法を用いる必要がある．

（2） データの形式とデータの構造式

特性値の母平均に影響を与える可能性のある 2 つの因子 A と B を選び，A については a 水準，B については b 水準を設定し，それぞれの水準組合せにおいて r 回の繰返し実験を行う．ここで，「繰返し」とは，1 元配置法の場合

と同様,「測定のみの繰返し」ではなく,「水準設定も含めた実験自体の繰返し」を意味する.そして,$N = a \times b \times r$ 回の実験をランダムな順序で実施する.すなわち,$A_i B_j$ 水準の組合せごとに 1 つの母集団を想定し,それぞれから r 個のデータを採取することなる(合計 $a \times b$ 個の母集団を想定する!).

得られるデータの形式は表 5.1 のようになる.

表 5.1 繰返しのある 2 元配置法のデータの形式

因子 A の水準	因子 B の水準			
	B_1	B_2	$\cdots$	B_b
A_1	x_{111} x_{112} $\vdots$ x_{11r}	x_{121} x_{122} $\vdots$ x_{12r}	$\cdots$ $\cdots$ $\cdots$ $\cdots$	x_{1b1} x_{1b2} $\vdots$ x_{1br}
A_2	x_{211} x_{212} $\vdots$ x_{21r}	x_{221} x_{222} $\vdots$ x_{22r}	$\cdots$ $\cdots$ $\cdots$ $\cdots$	x_{2b1} x_{2b2} $\vdots$ x_{2br}
$\vdots$	$\vdots$	$\vdots$	$\cdots$	$\vdots$
A_a	x_{a11} x_{a12} $\vdots$ x_{a1r}	x_{a21} x_{a22} $\vdots$ x_{a2r}	$\cdots$ $\cdots$ $\cdots$ $\cdots$	x_{ab1} x_{ab2} $\vdots$ x_{abr}

表 5.1 において,x_{ijk} は $A_i B_j$ 水準の k 番目のデータを表している.$A_i B_j$ 水準の母集団分布の母平均を μ_{ij} と表すとき,1 元配置法の場合と同様に,x_{ijk} のデータの構造式を次のように考えることができる.

$$x_{ijk} = \mu_{ij} + \varepsilon_{ijk}, \quad \varepsilon_{ijk} \sim N(0, \sigma^2) \tag{5.1}$$

ここで,式 (5.1) の μ_{ij} を各要因効果の和として表現した次式が繰返しのある 2 元配置法のデータの構造式である.

繰返しのある 2 元配置法のデータの構造式

$$x_{ijk} = \mu + a_i + b_j + (ab)_{ij} + \varepsilon_{ijk} \tag{5.2}$$

制約式: $\sum_{i=1}^{a} a_i = \sum_{j=1}^{b} b_j = \sum_{i=1}^{a} (ab)_{ij} = \sum_{j=1}^{b} (ab)_{ij} = 0 \tag{5.3}$

$$\varepsilon_{ijk} \sim N(0, \sigma^2) \tag{5.4}$$

μ は一般平均であり,ab 個の μ_{ij} の平均を表す.また,a_i と b_j は,それぞれ,因子 A と B の主効果,$(ab)_{ij}$ は交互作用 $A \times B$ の効果を表す.

繰返しのある 2 元配置法で検定の対象となる帰無仮説は以下の 3 つである.

「A の主効果はない」⇔「$a_1 = a_2 = \cdots = a_a = 0$」

「B の主効果はない」⇔「$b_1 = b_2 = \cdots = b_b = 0$」

「交互作用 $A \times B$ はない」⇔「$(ab)_{11} = (ab)_{12} = \cdots = (ab)_{ab} = 0$」

表 5.2 AB 2 元表

($T_{A_i B_j}$:$A_i B_j$ 水準のデータ和,$\bar{x}_{A_i B_j}$:$A_i B_j$ 水準の平均)

因子 A の水準	因子 B の水準				A_i 水準のデータ和 A_i 水準の平均
	B_1	B_2	$\cdots$	B_b	
A_1	$T_{A_1 B_1}$	$T_{A_1 B_2}$	$\cdots$	$T_{A_1 B_b}$	T_{A_1}
	$\bar{x}_{A_1 B_1}$	$\bar{x}_{A_1 B_2}$	$\cdots$	$\bar{x}_{A_1 B_b}$	$\bar{x}_{A_1}$
A_2	$T_{A_2 B_1}$	$T_{A_2 B_2}$	$\cdots$	$T_{A_2 B_b}$	T_{A_2}
	$\bar{x}_{A_2 B_1}$	$\bar{x}_{A_2 B_2}$	$\cdots$	$\bar{x}_{A_2 B_b}$	$\bar{x}_{A_2}$
$\vdots$	$\vdots$	$\vdots$	$\cdots$	$\vdots$	$\vdots$
A_a	$T_{A_a B_1}$	$T_{A_a B_2}$	$\cdots$	$T_{A_a B_b}$	T_{A_a}
	$\bar{x}_{A_a B_1}$	$\bar{x}_{A_a B_2}$	$\cdots$	$\bar{x}_{A_a B_b}$	$\bar{x}_{A_a}$
B_j 水準のデータ和 B_j 水準の平均	T_{B_1} $\bar{x}_{B_1}$	T_{B_2} $\bar{x}_{B_2}$	$\cdots$	T_{B_b} $\bar{x}_{B_b}$	総計 T 総平均 $\bar{\bar{x}}$

（3） 解析方法

繰返しのある 2 元配置法では，第（2）項の最後に述べた帰無仮説を分散分析表で検定するためにそれぞれの要因の平方和を求める．それに先だって AB 2 元表を作成する必要がある．

繰返しのある 2 元配置法における平方和の計算

$$CT = \frac{(\text{データの総計})^2}{\text{総データ数}} = \frac{T^2}{N} \quad (\text{修正項}) \tag{5.5}$$

$$S_T = (\text{個々のデータの 2 乗和}) - CT$$

$$= \sum_{i=1}^{a}\sum_{j=1}^{b}\sum_{k=1}^{r} x_{ijk}^2 - CT \tag{5.6}$$

$$S_A = \sum_{i=1}^{a} \frac{(A_i \text{ 水準のデータ和})^2}{A_i \text{ 水準のデータ数}} - CT$$

$$= \sum_{i=1}^{a} \frac{T_{A_i}^2}{N_{A_i}} - CT \tag{5.7}$$

$$S_B = \sum_{j=1}^{b} \frac{(B_j \text{ 水準のデータ和})^2}{B_j \text{ 水準のデータ数}} - CT$$

$$= \sum_{j=1}^{b} \frac{T_{B_j}^2}{N_{B_j}} - CT \tag{5.8}$$

$$S_{AB} = \sum_{i=1}^{a}\sum_{j=1}^{b} \frac{(A_i B_j \text{ 水準のデータ和})^2}{A_i B_j \text{ 水準のデータ数}} - CT$$

$$= \sum_{i=1}^{a}\sum_{j=1}^{b} \frac{T_{A_i B_j}^2}{N_{A_i B_j}} - CT \tag{5.9}$$

$$S_{A \times B} = S_{AB} - S_A - S_B \tag{5.10}$$

$$S_E = S_T - (S_A + S_B + S_{A \times B}) \ (= S_T - S_{AB}) \tag{5.11}$$

式 (5.9) の AB 間平方和 S_{AB} は交互作用の平方和 $S_{A \times B}$ を求めるために

途中段階で計算する必要があるが,分散分析表には表示しない.

上記の平方和の1つ1つに自由度が1つずつ対応する.

繰返しのある 2 元配置法における自由度の計算

$$\phi_T = (総データ数) - 1 = N - 1 \tag{5.12}$$

$$\phi_A = (A \text{ の水準数}) - 1 = a - 1 \tag{5.13}$$

$$\phi_B = (B \text{ の水準数}) - 1 = b - 1 \tag{5.14}$$

$$\phi_{A \times B} = \phi_A \times \phi_B \tag{5.15}$$

$$\phi_E = \phi_T - (\phi_A + \phi_B + \phi_{A \times B}) \tag{5.16}$$

平方和と自由度の分解を図 5.2 に示す.

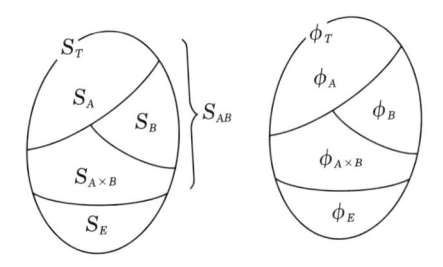

図 5.2 平方和と自由度の分解

これらを分散分析表にまとめることにより,A と B の主効果および交互作用 $A \times B$ を検定する.

分散分析表の作成
表 5.3 の形式の分散分析表を作成する.

5.1 繰返しのある2元配置法とは

表 5.3　分散分析表（1）

要因	S	ϕ	V	F_0	$E(V)$
A	S_A	ϕ_A	$V_A = S_A/\phi_A$	V_A/V_E	$\sigma^2 + br\sigma_A^2$
B	S_B	ϕ_B	$V_B = S_B/\phi_B$	V_B/V_E	$\sigma^2 + ar\sigma_B^2$
$A \times B$	$S_{A\times B}$	$\phi_{A\times B}$	$V_{A\times B} = S_{A\times B}/\phi_{A\times B}$	$V_{A\times B}/V_E$	$\sigma^2 + r\sigma_{A\times B}^2$
E	S_E	ϕ_E	$V_E = S_E/\phi_E$		σ^2
T	S_T	ϕ_T			

分散分析表において，それぞれの要因効果について $F_0 = V_{要因}/V_E \geq F(\phi_{要因}, \phi_E; \alpha)$ $(\alpha = 0.05, 0.01)$ であるかどうかにより検定する．

$E(V)$ の表現において，σ^2 は式 (5.4) の誤差の母分散であり，

$$\sigma_A^2 = \frac{\sum_{i=1}^{a} a_i^2}{\phi_A}, \quad \sigma_B^2 = \frac{\sum_{j=1}^{b} b_j^2}{\phi_B}, \quad \sigma_{A\times B}^2 = \frac{\sum_{i=1}^{a}\sum_{j=1}^{b} (ab)_{ij}^2}{\phi_{A\times B}} \tag{5.17}$$

である（第（2）項の最後に述べた帰無仮説の内容が，それぞれ，「$\sigma_A^2 = 0$」「$\sigma_B^2 = 0$」「$\sigma_{A\times B}^2 = 0$」に対応することに注意！）．

繰返しのある2元配置法では，2.2節の第（3）項で述べた考え方に基づいて，交互作用をプールできるかどうかを検討する．

プーリング

分散分析表（1）の $A \times B$ について「F_0 値が2以下」または「有意水準20％程度で有意でない」なら，固有技術的な側面も勘案した上で，$A \times B$ を誤差へプールして分散分析表を作り直す．

表 5.4　分散分析表（2）

要因	S	ϕ	V	F_0	$E(V)$
A	S_A	ϕ_A	$V_A = S_A/\phi_A$	$V_A/V_{E'}$	$\sigma^2 + br\sigma_A^2$
B	S_B	ϕ_B	$V_B = S_B/\phi_B$	$V_B/V_{E'}$	$\sigma^2 + ar\sigma_B^2$
E'	$S_{E'}$	$\phi_{E'}$	$V_{E'} = S_{E'}/\phi_{E'}$		σ^2
T	S_T	ϕ_T			

ここで,
$$S_{E'} = S_E + S_{A \times B}, \quad \phi_{E'} = \phi_E + \phi_{A \times B} \tag{5.18}$$
である.

分散分析表(2)では,新たな誤差分散 $V_{E'}$ と誤差自由度 $\phi_{E'}$ を用いて検定をやり直す.

最適水準の決定や分散分析後の推定と予測の方法はプーリングを行ったかどうかで異なってくる.

$A \times B$ を無視しない(プールしない)場合の推定と予測
データの構造式: $x_{ijk} = \mu + a_i + b_j + (ab)_{ij} + \varepsilon_{ijk}$ $\tag{5.19}$
最適水準の決定: $A_i B_j$ 水準の平均値 $\bar{x}_{A_i B_j}$ を見比べて決定する.

母平均の点推定: $\hat{\mu}(A_i B_j) = \widehat{\mu + a_i + b_j + (ab)_{ij}} = \bar{x}_{A_i B_j}$ $\tag{5.20}$
母平均の区間推定: 信頼率を $1 - \alpha$(通常は $1 - \alpha = 0.95$)とする.
$$\hat{\mu}(A_i B_j) \pm t(\phi_E, \alpha) \sqrt{\frac{V_E}{N_{A_i B_j}}} \tag{5.21}$$

点予測: $\hat{x} = \hat{\mu}(A_i B_j) = \bar{x}_{A_i B_j}$ $\tag{5.22}$
予測区間: 信頼率を $1 - \alpha$(通常は $1 - \alpha = 0.95$)とする.
$$\hat{x} \pm t(\phi_E, \alpha) \sqrt{\left(1 + \frac{1}{N_{A_i B_j}}\right) V_E} \tag{5.23}$$

2つの母平均の差の点推定:
$$\hat{\mu}(A_i B_j) - \hat{\mu}(A_k B_l) = \bar{x}_{A_i B_j} - \bar{x}_{A_k B_l} \tag{5.24}$$

2つの母平均の差の区間推定: 信頼率を $1-\alpha$(通常は $1-\alpha = 0.95$)とする.
$$\hat{\mu}(A_i B_j) - \hat{\mu}(A_k B_l) \pm t(\phi_E, \alpha) \sqrt{\left(\frac{1}{N_{A_i B_j}} + \frac{1}{N_{A_k B_l}}\right) V_E} \tag{5.25}$$

$A \times B$ を無視する（プールする）場合の推定と予測

データの構造式： $x_{ijk} = \mu + a_i + b_j + \varepsilon_{ijk}$ (5.26)

最適水準の決定： A については $\bar{x}_{A_i}$ を，B については $\bar{x}_{B_j}$ を見比べて最適水準を決定する（母平均の点推定の式 (5.27) を参照）．

母平均の点推定：

$$\hat{\mu}(A_iB_j) = \widehat{\mu + a_i + b_j} = \widehat{\mu + a_i} + \widehat{\mu + b_j} - \hat{\mu}$$
$$= \bar{x}_{A_i} + \bar{x}_{B_j} - \bar{\bar{x}} \tag{5.27}$$

母平均の区間推定： 信頼率を $1 - \alpha$（通常は $1 - \alpha = 0.95$）とする．

$$\hat{\mu}(A_iB_j) \pm t(\phi_{E'}, \alpha)\sqrt{\frac{V_{E'}}{n_e}} \tag{5.28}$$

ここで，n_e は有効反復数であり，2.3 節の式 (2.34) または式 (2.35) を用いて次のようになる．

$$\frac{1}{n_e} = \frac{a+b-1}{N} \quad \left(= \frac{1}{ar} + \frac{1}{br} - \frac{1}{N},\ N = abr\right) \tag{5.29}$$

点予測： $\hat{x} = \hat{\mu}(A_iB_j) = \bar{x}_{A_i} + \bar{x}_{B_j} - \bar{\bar{x}}$ (5.30)

予測区間： 信頼率を $1-\alpha$（通常は $1-\alpha = 0.95$）とする．

$$\hat{x} \pm t(\phi_{E'}, \alpha)\sqrt{\left(1 + \frac{1}{n_e}\right)V_{E'}} \tag{5.31}$$

2 つの母平均の差の点推定：

$$\hat{\mu}(A_iB_j) - \hat{\mu}(A_kB_l) = (\bar{x}_{A_i} + \bar{x}_{B_j} - \bar{\bar{x}}) - (\bar{x}_{A_k} + \bar{x}_{B_l} - \bar{\bar{x}}) \tag{5.32}$$

2 つの母平均の差の区間推定： i と k が等しい場合・等しくない場合，j と l が等しい場合・等しくない場合などによってパターンが異なる．2.3 節の第 (3) 項の手順を再度記載しておこう．

信頼率を $1 - \alpha$（通常は $1 - \alpha = 0.95$）とする．

$$(\text{点推定量の差}) \pm t(\text{誤差自由度}, \alpha)\sqrt{\frac{\text{誤差分散}}{n_d}} \tag{5.33}$$

ここで，n_d は次のように求める．

(1) $\hat{\mu}(A_iB_j) = \bar{x}_{A_i} + \bar{x}_{B_j} - \bar{\bar{x}},\ \hat{\mu}(A_kB_l) = \bar{x}_{A_k} + \bar{x}_{B_l} - \bar{\bar{x}}$

(2) 共通の平均を消去する．
(3) それぞれの推定式において残った平均について式 (2.35) の伊奈の式を適用し，それぞれの有効反復数 n_{e_1} と n_{e_2} を求める．
(4) 次式により n_d を求める．

$$\frac{1}{n_d} = \frac{1}{n_{e_1}} + \frac{1}{n_{e_2}} \tag{5.34}$$

（注 5.1） $A \times B$ を無視する場合には，信頼区間を求める式において，プールした誤差分散 $V_{E'}$ と誤差自由度 $\phi_{E'}$ を用いる．□

（注 5.2） $A \times B$ を無視する場合の母平均の点推定の計算式 (5.27) が式 (5.20) と比べて不自然に見えるかも知れない．この点については 5.2 節の第（3）項で解説する．□

5.2 繰返しのある 2 元配置法の理論

（1） データの構造式

$A_i B_j$ 水準に対応する特性値の母集団分布を正規分布 $N(\mu_{ij}, \sigma^2)$ と仮定すると，$A_i B_j$ 水準で得られるデータ x_{ijk} は

$$x_{ijk} = \mu_{ij} + \varepsilon_{ijk}, \quad \varepsilon_{ijk} \sim N(0, \sigma^2) \tag{5.35}$$

と記述することができる．ここで，

$$\mu = \frac{1}{ab} \sum_{i=1}^{a} \sum_{j=1}^{b} \mu_{ij}, \quad \mu_{i\cdot} = \frac{1}{b} \sum_{j=1}^{b} \mu_{ij}, \quad \mu_{\cdot j} = \frac{1}{a} \sum_{i=1}^{a} \mu_{ij} \tag{5.36}$$

と定義する．μ を一般平均と呼ぶ．次に，

$$a_i = \mu_{i\cdot} - \mu \tag{5.37}$$

$$b_j = \mu_{\cdot j} - \mu \tag{5.38}$$

$$(ab)_{ij} = \mu_{ij} - (\mu + a_i + b_j) = \mu_{ij} - \mu_{i\cdot} - \mu_{\cdot j} + \mu \tag{5.39}$$

と定義する．a_i は因子 A の主効果，b_j は因子 B の主効果，$(ab)_{ij}$ は交互作用 $A \times B$ の効果を表す．式 (5.39) では，$A_i B_j$ 水準における母平均 μ_{ij} から

一般平均 μ, A の主効果 a_i, B の主効果 b_j を引き去っている．これらを引き去った後がゼロになれば「交互作用はない」ということである．一方，ゼロにならないならば，それは「ある種の組合せ効果」，すなわち「交互作用」だと考える．これらについてはQ 14 で具体的な数値を用いて例示する．

式 (5.39) より，式 (5.35) を

$$x_{ijk} = \mu + a_i + b_j + (ab)_{ij} + \varepsilon_{ijk}, \quad \varepsilon_{ijk} \sim N(0, \sigma^2) \tag{5.40}$$

と表現できる．また，式 (5.36)〜(5.39) より，次式が成り立つ．

$$\sum_{i=1}^{a} a_i = 0, \ \sum_{j=1}^{b} b_j = 0, \ \sum_{i=1}^{a} (ab)_{ij} = \sum_{j=1}^{b} (ab)_{ij} = 0 \tag{5.41}$$

以上より，5.1 節で示したデータの構造式の表現を得る．

式 (5.40) と制約式 (5.41) より，各種平均を次のように表現できる．

$$\bar{x}_{A_i B_j} = \mu + a_i + b_j + (ab)_{ij} + \bar{\varepsilon}_{ij\cdot} \tag{5.42}$$

$$\bar{x}_{A_i} = \mu + a_i + \bar{\varepsilon}_{i\cdot\cdot} \tag{5.43}$$

$$\bar{x}_{B_j} = \mu + b_j + \bar{\varepsilon}_{\cdot j \cdot} \tag{5.44}$$

$$\bar{\bar{x}} = \mu + \bar{\bar{\varepsilon}} \tag{5.45}$$

これらに基づいて，次のような推定式を得る．

$$\widehat{\mu + a_i + b_j + (ab)_{ij}} = \bar{x}_{A_i B_j} \tag{5.46}$$

$$\widehat{\mu + a_i} = \bar{x}_{A_i} \tag{5.47}$$

$$\widehat{\mu + b_j} = \bar{x}_{B_j} \tag{5.48}$$

$$\hat{\mu} = \bar{\bar{x}} \tag{5.49}$$

（2） 平方和の分解

表 5.1 のデータ表を次のように書き直してみよう．

$A_i B_j$ 水準の組合せを 1 つの因子の水準だと考えれば，表 5.5 は ab 水準で

表 5.5 表 5.1 のデータ表の書き直し

水準組合せ	データ				A_iB_j 水準のデータ和	A_iB_j 水準の平均
A_1B_1	x_{111}	x_{112}	$\cdots$	x_{11r}	$T_{A_1B_1}$	$\bar{x}_{A_1B_1}$
A_1B_2	x_{121}	x_{122}	$\cdots$	x_{12r}	$T_{A_1B_2}$	$\bar{x}_{A_1B_2}$
$\vdots$	$\vdots$	$\vdots$	$\cdots$	$\vdots$	$\vdots$	$\vdots$
A_aB_b	x_{ab1}	x_{ab2}	$\cdots$	x_{abr}	$T_{A_aB_b}$	$\bar{x}_{A_aB_b}$
					総計 T	総平均 $\bar{\bar{x}}$

繰返し数が r の 1 元配置法のデータ形式と同じである(表 3.1 を参照).そこで,総平方和 S_T に 1 元配置法の平方和の分解を適用する.

$$S_T = \sum_{i=1}^{a}\sum_{j=1}^{b}\sum_{k=1}^{r}(x_{ijk}-\bar{\bar{x}})^2$$

$$= \sum_{i=1}^{a}\sum_{j=1}^{b}\sum_{k=1}^{r}(\bar{x}_{A_iB_j}-\bar{\bar{x}})^2 + \sum_{i=1}^{a}\sum_{j=1}^{b}\sum_{k=1}^{r}(x_{ijk}-\bar{x}_{A_iB_j})^2$$

$$= S_{AB} + S_E \tag{5.50}$$

ここで,

$$S_{AB} = \sum_{i=1}^{a}\sum_{j=1}^{b}\sum_{k=1}^{r}(\bar{x}_{A_iB_j}-\bar{\bar{x}})^2 = \sum_{i=1}^{a}\sum_{j=1}^{b}\frac{T_{A_iB_j}^2}{N_{A_iB_j}} - CT \tag{5.51}$$

$$S_E = \sum_{i=1}^{a}\sum_{j=1}^{b}\sum_{k=1}^{r}(x_{ijk}-\bar{x}_{A_iB_j})^2 = S_T - S_{AB} \tag{5.52}$$

である.S_{AB} は表 5.5 を 1 元配置法のデータ形式と考えた上で求めた平方和だから,これに対応する自由度は

$$\phi_{AB} = (A \text{ と } B \text{ の水準組合せ数}) - 1 = ab - 1 \tag{5.53}$$

である.

次に,S_{AB} をさらに分解することができる.

$$S_{AB} = \sum_{i=1}^{a}\sum_{j=1}^{b}\sum_{k=1}^{r}(\bar{x}_{A_iB_j}-\bar{\bar{x}})^2$$

$$
\begin{aligned}
&= \sum\sum\sum (\{\bar{x}_{A_i} - \bar{\bar{x}}\} + \{\bar{x}_{B_j} - \bar{\bar{x}}\} + \{\bar{x}_{A_i B_j} - \bar{x}_{A_i} - \bar{x}_{B_j} + \bar{\bar{x}}\})^2 \\
&= \sum\sum\sum (\bar{x}_{A_i} - \bar{\bar{x}})^2 + \sum\sum\sum (\bar{x}_{B_j} - \bar{\bar{x}})^2 \\
&\quad + \sum\sum\sum (\bar{x}_{A_i B_j} - \bar{x}_{A_i} - \bar{x}_{B_j} + \bar{\bar{x}})^2 \\
&= S_A + S_B + S_{A \times B} \quad (5.54)
\end{aligned}
$$

ここで，$\sum\sum\sum (\bar{x}_{A_i} - \bar{\bar{x}})(\bar{x}_{B_j} - \bar{\bar{x}})$, $\sum\sum\sum (\bar{x}_{A_i} - \bar{\bar{x}})(\bar{x}_{A_i B_j} - \bar{x}_{A_i} - \bar{x}_{B_j} + \bar{\bar{x}})$, $\sum\sum\sum (\bar{x}_{B_j} - \bar{\bar{x}})(\bar{x}_{A_i B_j} - \bar{x}_{A_i} - \bar{x}_{B_j} + \bar{\bar{x}})$ はすべてゼロになる．また，

$$
S_A = \sum_{i=1}^{a}\sum_{j=1}^{b}\sum_{k=1}^{r} (\bar{x}_{A_i} - \bar{\bar{x}})^2 = \sum_{i=1}^{a} \frac{T_{A_i}^2}{N_{A_i}} - CT \quad (5.55)
$$

$$
S_B = \sum_{i=1}^{a}\sum_{j=1}^{b}\sum_{k=1}^{r} (\bar{x}_{B_j} - \bar{\bar{x}})^2 = \sum_{j=1}^{b} \frac{T_{B_j}^2}{N_{B_j}} - CT \quad (5.56)
$$

$$
S_{A \times B} = \sum_{i=1}^{a}\sum_{j=1}^{b}\sum_{k=1}^{r} (\bar{x}_{A_i B_j} - \bar{x}_{A_i} - \bar{x}_{B_j} + \bar{\bar{x}})^2 = S_{AB} - S_A - S_B \quad (5.57)
$$

である．

式 (5.53) を用いて，式 (5.57) の平方和の計算に自由度を対応させると，

$$
\begin{aligned}
\phi_{A \times B} &= \phi_{AB} - \phi_A - \phi_B = (ab - 1) - (a - 1) - (b - 1) \\
&= ab - a - b + 1 = (a - 1)(b - 1) = \phi_A \times \phi_B \quad (5.58)
\end{aligned}
$$

となって式 (5.15) を得る．

各平方和の式 (5.51), (5.52), (5.55)〜(5.57) において，その中央の表現式に式 (5.42)〜(5.45) の各種の平均の表現を代入すると次のようになる．

$$
S_{AB} = \sum_{i=1}^{a}\sum_{j=1}^{b}\sum_{k=1}^{r} (a_i + b_j + (ab)_{ij} + \bar{\varepsilon}_{ij\cdot} - \bar{\bar{\varepsilon}})^2 \quad (5.59)
$$

$$
S_E = \sum_{i=1}^{a}\sum_{j=1}^{b}\sum_{k=1}^{r} (\varepsilon_{ijk} - \bar{\varepsilon}_{ij\cdot})^2 \quad (5.60)
$$

$$S_A = \sum_{i=1}^{a}\sum_{j=1}^{b}\sum_{k=1}^{r}(a_i + \bar{\varepsilon}_{i\cdot\cdot} - \bar{\bar{\varepsilon}})^2 \tag{5.61}$$

$$S_B = \sum_{i=1}^{a}\sum_{j=1}^{b}\sum_{k=1}^{r}(b_j + \bar{\varepsilon}_{\cdot j\cdot} - \bar{\bar{\varepsilon}})^2 \tag{5.62}$$

$$S_{A\times B} = \sum_{i=1}^{a}\sum_{j=1}^{b}\sum_{k=1}^{r}((ab)_{ij} + \bar{\varepsilon}_{ij\cdot} - \bar{\varepsilon}_{i\cdot\cdot} - \bar{\varepsilon}_{\cdot j\cdot} + \bar{\bar{\varepsilon}})^2 \tag{5.63}$$

上の表現より,それぞれの平方和がそれぞれの要因効果の大きさ(+誤差)を測る尺度になっていることが確認できる.これらに基づいて,4.1節と同様にして $E(V)$ を計算すると,表 5.3 に示したように

$$E(V_A) = \sigma^2 + br\sigma_A^2 \tag{5.64}$$

$$E(V_B) = \sigma^2 + ar\sigma_B^2 \tag{5.65}$$

$$E(V_{A\times B}) = \sigma^2 + r\sigma_{A\times B}^2 \tag{5.66}$$

$$E(V_E) = \sigma^2 \tag{5.67}$$

を得る.

(3) 推定と予測

交互作用 $A \times B$ を無視(プール)しない場合,データの構造式は

$$x_{ijk} = \mu + a_i + b_j + (ab)_{ij} + \varepsilon_{ijk} \tag{5.68}$$

である.推定の対象は A_iB_j 水準の母平均 $\mu_{ij} = \mu + a_i + b_j + (ab)_{ij}$ である.この点推定には,式 (5.42) ないしは式 (5.46) より,$\bar{x}_{A_iB_j}$ を用いればよい.

また,信頼区間や予測区間の計算公式は 1 元配置法の場合と同じ形になる.その理由は,第(2)項で示したように,AB の組合せを 1 つの因子と考えれば,ab 水準で繰返し数が r の 1 元配置法のデータ形式になっている.実際に,「式 (3.14) vs 式 (5.21)」「式 (3.16) vs 式 (5.23)」「式 (3.18) vs 式 (5.25)」をそれぞれ比較してほしい.

次に,交互作用 $A \times B$ を無視(プール)する場合,データの構造式は $(ab)_{ij}$

の項を削除して,

$$x_{ijk} = \mu + a_i + b_j + \varepsilon_{ijk} \tag{5.69}$$

となる．推定の対象は，"$A \times B$ を無視しない場合" と同様，A_iB_j 水準の母平均 μ_{ij} であるが，式 (5.69) より $\mu_{ij} = \mu + a_i + b_j$ と表現できる．

ここで，$(ab)_{ij} = 0$ と考えているのだから，上の場合と同様に，$\bar{x}_{A_iB_j}$ を点推定に用いてもよさそうなものである．それにもかかわらず，

$$\hat{\mu}_{ij} = \widehat{\mu + a_i + b_j} = \widehat{\mu + a_i} + \widehat{\mu + b_j} - \hat{\mu} = \bar{x}_{A_i} + \bar{x}_{B_j} - \bar{\bar{x}} \tag{5.70}$$

と推定する．その理由は信頼区間の幅の比較にある．$\bar{x}_{A_iB_j}$ を点推定値とする場合には，2.3 節の式 (2.34) を適用し，$N = abr$ に注意して，

$$\frac{1}{n_e} = \frac{1 + (\phi_A + \phi_B + \phi_{A \times B})}{N} = \frac{ab}{N} = \frac{1}{r} \quad \left(= \frac{1}{N_{A_iB_j}} \right) \tag{5.71}$$

となる（または，$\bar{x}_{A_iB_j}$ が $N_{A_iB_j} = r$ 個のデータの平均であるので，$n_e = r$ であると考えてもよい）．式 (5.70) を用いた場合の $1/n_e = (a+b-1)/N$（式 (5.29)）と式 (5.71) とを比較すると，

$$\frac{1}{r} - \frac{a+b-1}{N} = \frac{ab-a-b+1}{N} = \frac{(a-1)(b-1)}{N} > 0 \tag{5.72}$$

が成り立つ．すなわち，式 (5.70) を点推定に用いた場合の方が信頼区間の幅が狭くなる．同じ信頼率ならば信頼区間幅の狭い方が望ましいから，やや不自然には見えても式 (5.70) を用いる方がよい．

2 つの母平均の差の区間推定においては，$\bar{x}_{A_i} + \bar{x}_{B_j} - \bar{\bar{x}}$ と $\bar{x}_{A_k} + \bar{x}_{B_l} - \bar{\bar{x}}$ は互いに独立ではない．したがって，式 (5.25) のような簡単な形にはならず，2.3 節の第（3）項で述べた手順を踏む必要が生じる．

5.3 適 用 例

以下では，繰返しのある 2 元配置法の適用例を 2 つ述べる．交互作用が有意になる場合と無視できる場合である．

第5章 繰返しのある2元配置法

[例 5.1] 開発中の化学生成物の濃度を高めるため，因子として触媒の種類 A を2水準，反応温度 B を3水準設定し，繰返し2回の2元配置実験を行った．$2 \times 3 \times 2 = 12$ 回の実験はランダムな順序で実施した．

手順1　実験順序とデータの採取

表 5.6 に示した実験順序により実験を実施し，データを取った結果，表 5.7 に示す結果が得られた．

表 5.6　実 験 順 序

因子 A の水準	因子 B の水準		
	B_1	B_2	B_3
A_1	7	1	5
	12	8	11
A_2	6	2	3
	9	4	10

表 5.7　デ　ー　タ

因子 A の水準	因子 B の水準		
	B_1	B_2	B_3
A_1	77	79	78
	75	80	76
A_2	83	81	81
	82	79	79

手順2　データの構造式の設定

$$x_{ijk} = \mu + a_i + b_j + (ab)_{ij} + \varepsilon_{ijk}$$

$$\sum_{i=1}^{2} a_i = 0, \quad \sum_{j=1}^{3} b_j = 0, \quad \sum_{i=1}^{2}(ab)_{ij} = \sum_{j=1}^{3}(ab)_{ij} = 0$$

$$\varepsilon_{ijk} \sim N(0, \sigma^2)$$

手順3　AB 2元表の作成

グラフ化や平方和の計算に先だって表 5.8 に示す AB 2元表を作成する．

手順4　データのグラフ化

データおよび各平均値をグラフにプロットして図 5.3 を作成する．図 5.3 より，特に異常値はなさそうである．平行性が大きくくずれているので交互作用はありそうである．

表 5.8 AB 2元表

($T_{A_iB_j}$：A_iB_j 水準のデータ和；$\bar{x}_{A_iB_j}$：A_iB_j 水準の平均)

因子 A の水準	因子 B の水準			A_i 水準のデータ和 A_i 水準の平均
	B_1	B_2	B_3	
A_1	$T_{A_1B_1}=152$ $\bar{x}_{A_1B_1}=76.0$	$T_{A_1B_2}=159$ $\bar{x}_{A_1B_2}=79.5$	$T_{A_1B_3}=154$ $\bar{x}_{A_1B_3}=77.0$	$T_{A_1}=465$ $\bar{x}_{A_1}=77.5$
A_2	$T_{A_2B_1}=165$ $\bar{x}_{A_2B_1}=82.5$	$T_{A_2B_2}=160$ $\bar{x}_{A_2B_2}=80.0$	$T_{A_2B_3}=160$ $\bar{x}_{A_2B_3}=80.0$	$T_{A_2}=485$ $\bar{x}_{A_2}=80.8$
B_j 水準のデータ和 B_j 水準の平均	$T_{B_1}=317$ $\bar{x}_{B_1}=79.3$	$T_{B_2}=319$ $\bar{x}_{B_2}=79.8$	$T_{B_3}=314$ $\bar{x}_{B_3}=78.5$	総計 $T=950$ 総平均 $\bar{\bar{x}}=79.2$

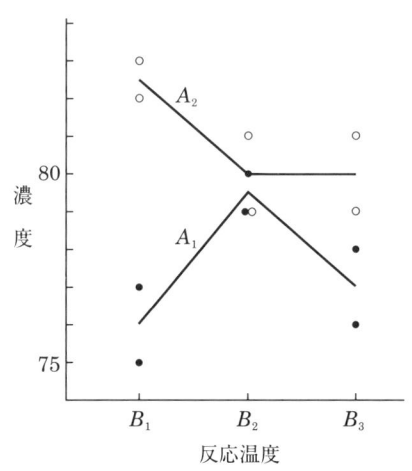

図 5.3 データと平均値のグラフ

手順 5 平方和と自由度の計算

表 5.7 および表 5.8 に基づいて平方和および各自由度を計算する．

$$CT = \frac{(\text{データの総計})^2}{\text{総データ数}} = \frac{T^2}{N} = \frac{950^2}{12} = 75208.33$$

$$S_T = (個々のデータの2乗和) - CT = \sum_{i=1}^{2}\sum_{j=1}^{3}\sum_{k=1}^{2} x_{ijk}^2 - CT$$

$$= (77^2 + 75^2 + 79^2 + \cdots + 81^2 + 79^2) - 75208.33 = 63.67$$

$$S_A = \sum_{i=1}^{2} \frac{(A_i \text{ 水準のデータ和})^2}{A_i \text{ 水準のデータ数}} - CT = \sum_{i=1}^{2} \frac{T_{A_i}^2}{N_{A_i}} - CT$$

$$= \frac{465^2}{6} + \frac{485^2}{6} - 75208.33 = 33.34$$

$$S_B = \sum_{j=1}^{3} \frac{(B_j \text{ 水準のデータ和})^2}{B_j \text{ 水準のデータ数}} - CT = \sum_{j=1}^{3} \frac{T_{B_j}^2}{N_{B_j}} - CT$$

$$= \frac{317^2}{4} + \frac{319^2}{4} + \frac{314^2}{4} - 75208.33 = 3.17$$

$$S_{AB} = \sum_{i=1}^{2}\sum_{j=1}^{3} \frac{(A_i B_j \text{ 水準のデータ和})^2}{A_i B_j \text{ 水準のデータ数}} - CT = \sum_{i=1}^{2}\sum_{j=1}^{3} \frac{T_{A_i B_j}^2}{N_{A_i B_j}} - CT$$

$$= \frac{152^2}{2} + \frac{159^2}{2} + \frac{154^2}{2} + \cdots + \frac{160^2}{2} - 75208.33 = 54.67$$

$$S_{A \times B} = S_{AB} - S_A - S_B = 54.67 - 33.34 - 3.17 = 18.16$$

$$S_E = S_T - (S_A + S_B + S_{A \times B})$$

$$= 63.67 - (33.34 + 3.17 + 18.16) = 9.00$$

$$\phi_T = (データの総数) - 1 = N - 1 = 12 - 1 = 11$$

$$\phi_A = (A \text{ の水準数}) - 1 = a - 1 = 2 - 1 = 1$$

$$\phi_B = (B \text{ の水準数}) - 1 = b - 1 = 3 - 1 = 2$$

$$\phi_{A \times B} = \phi_A \times \phi_B = 1 \times 2 = 2$$

$$\phi_E = \phi_T - (\phi_A + \phi_B + \phi_{A \times B}) = 11 - (1 + 2 + 2) = 6$$

手順6 分散分析表の作成

手順5の結果に基づいて分散分析表を作成する．

主効果 A は高度に有意であり，主効果 B は有意でない．交互作用 $A \times B$ は有意である．

表 5.9　分散分析表（1）

要因	S	ϕ	V	F_0	$E(V)$
A	33.34	1	33.34	22.2**	$\sigma^2 + 6\sigma_A^2$
B	3.17	2	1.585	1.06	$\sigma^2 + 4\sigma_B^2$
$A \times B$	18.16	2	9.080	6.05*	$\sigma^2 + 2\sigma_{A \times B}^2$
E	9.00	6	1.500		σ^2
T	63.67	11			

$F(1,6;0.05) = 5.99, \quad F(1,6;0.01) = 13.7$
$F(2,6;0.05) = 5.14, \quad F(2,6;0.01) = 10.9$

A_1 水準のデータ数は 6 個だから，$E(V)$ の欄の σ_A^2 には 6 が掛けられている．B_1 水準のデータ数は 4 個だから，σ_B^2 には 4 が掛けられている．また，A_1B_1 の水準組合せにおけるデータ数は 2 個だから，$\sigma_{A \times B}^2$ には 2 が掛けられている．

手順 7　分散分析後のデータの構造式

表 5.9 より，次のようにデータの構造式を考える．

$$x_{ijk} = \mu + a_i + b_j + (ab)_{ij} + \varepsilon_{ijk}$$

$$\varepsilon_{ijk} \sim N(0, \sigma^2)$$

手順 8　最適水準の決定

手順 7 のデータの構造式より A_iB_j の水準組合せの母平均を

$$\hat{\mu}(A_iB_j) = \widehat{\mu + a_i + b_j + (ab)_{ij}} = \bar{x}_{A_iB_j}$$

と推定する．表 5.8 より $\bar{x}_{A_iB_j}$ の一番大きくなる A_2B_1 水準を最適水準とする．

手順 9　母平均の点推定

手順 8 より次のようになる．

$$\hat{\mu}(A_2B_1) = \bar{x}_{A_2B_1} = 82.5$$

手順 10　母平均の区間推定（信頼率：95%）

$$\hat{\mu}(A_2B_1) \pm t(\phi_E, 0.05)\sqrt{\frac{V_E}{N_{A_2B_1}}} = 82.5 \pm t(6, 0.05)\sqrt{\frac{1.500}{2}}$$

$$= 82.5 \pm 2.447\sqrt{\frac{1.500}{2}} = 82.5 \pm 2.1 = 80.4,\ 84.6$$

手順11　データの予測

A_2B_1 水準において将来新たにデータを取るとき，どのような値になるのかを予測する．点予測値は手順9と同じで，

$$\hat{x} = \hat{\mu}(A_2B_1) = 82.5$$

となる．また，予測区間（信頼率：95%）は次のようになる．

$$\hat{x} \pm t(\phi_E, 0.05)\sqrt{\left(1 + \frac{1}{N_{A_2B_1}}\right)V_E}$$

$$= 82.5 \pm t(6, 0.05)\sqrt{\left(1 + \frac{1}{2}\right) \times 1.500}$$

$$= 82.5 \pm 2.447\sqrt{\left(1 + \frac{1}{2}\right) \times 1.500} = 82.5 \pm 3.7 = 78.8,\ 86.2$$

手順12　2つの母平均の差の推定

例えば，$\mu(A_1B_1)$ と $\mu(A_2B_1)$ の差の推定を行う．点推定値は

$$\hat{\mu}(A_1B_1) - \hat{\mu}(A_2B_1) = \bar{x}_{A_1B_1} - \bar{x}_{A_2B_1} = 76.0 - 82.5 = -6.5$$

となる．また，信頼区間（信頼率：95%）は

$$\hat{\mu}(A_1B_1) - \hat{\mu}(A_2B_1) \pm t(\phi_E, 0.05)\sqrt{\left(\frac{1}{N_{A_1B_1}} + \frac{1}{N_{A_2B_1}}\right)V_E}$$

$$= -6.5 \pm t(6, 0.05)\sqrt{\frac{2}{2} \times 1.500} = -6.5 \pm 2.447\sqrt{\frac{2}{2} \times 1.500}$$

$$= -6.5 \pm 3.0 = -9.5,\ -3.5$$

となる．□

[例 5.2] ある合板の接着力を高めるため，因子として接着剤の種類 A を3水

準，前処理の方法 B を 3 水準設定し，繰返し 3 回の 2 元配置実験を行った．$3 \times 3 \times 3 = 27$ 回の実験はランダムな順序で実施した．

手順 1　実験順序とデータの採取

表 5.10 に示した実験順序により実験を実施し，データを取った結果，表 5.11 に示す結果が得られた．

表 5.10　実験順序

因子 A の水準	因子 B の水準		
	B_1	B_2	B_3
A_1	1	3	8
	5	4	17
	20	12	23
A_2	14	2	6
	21	10	16
	27	25	22
A_3	11	7	13
	15	9	19
	26	18	24

表 5.11　データ

因子 A の水準	因子 B の水準		
	B_1	B_2	B_3
A_1	31	35	35
	35	40	30
	31	35	35
A_2	50	60	45
	40	50	45
	40	55	50
A_3	40	45	42
	39	46	39
	34	40	36

手順 2　データの構造式の設定

$$x_{ijk} = \mu + a_i + b_j + (ab)_{ij} + \varepsilon_{ijk}$$

$$\sum_{i=1}^{3} a_i = 0, \quad \sum_{j=1}^{3} b_j = 0, \quad \sum_{i=1}^{3} (ab)_{ij} = \sum_{j=1}^{3} (ab)_{ij} = 0$$

$$\varepsilon_{ijk} \sim N(0, \sigma^2)$$

手順 3　AB 2 元表の作成

グラフ化や平方和の計算に先だって表 5.12 に示す AB 2 元表を作成する．

手順 4　データのグラフ化

データおよび各平均値をグラフにプロットして図 5.4 を作成する．図 5.4 より，特に異常値はなさそうである．グラフはほぼ平行になっているので交互作用はなさそうである．また，A と B の主効果はともにありそうである．

表 5.12 AB 2元表
($T_{A_iB_j}$：A_iB_j 水準のデータ和；$\bar{x}_{A_iB_j}$：A_iB_j 水準の平均)

因子 A の水準	因子 B の水準			A_i 水準のデータ和 A_i 水準の平均
	B_1	B_2	B_3	
A_1	$T_{A_1B_1} = 97$ $\bar{x}_{A_1B_1} = 32.3$	$T_{A_1B_2} = 110$ $\bar{x}_{A_1B_2} = 36.7$	$T_{A_1B_3} = 100$ $\bar{x}_{A_1B_3} = 33.3$	$T_{A_1} = 307$ $\bar{x}_{A_1} = 34.1$
A_2	$T_{A_2B_1} = 130$ $\bar{x}_{A_2B_1} = 43.3$	$T_{A_2B_2} = 165$ $\bar{x}_{A_2B_2} = 55.0$	$T_{A_2B_3} = 140$ $\bar{x}_{A_2B_3} = 46.7$	$T_{A_2} = 435$ $\bar{x}_{A_2} = 48.3$
A_3	$T_{A_3B_1} = 113$ $\bar{x}_{A_3B_1} = 37.7$	$T_{A_3B_2} = 131$ $\bar{x}_{A_3B_2} = 43.7$	$T_{A_3B_3} = 117$ $\bar{x}_{A_3B_3} = 39.0$	$T_{A_3} = 361$ $\bar{x}_{A_3} = 40.1$
B_j 水準のデータ和 B_j 水準の平均	$T_{B_1} = 340$ $\bar{x}_{B_1} = 37.8$	$T_{B_2} = 406$ $\bar{x}_{B_2} = 45.1$	$T_{B_3} = 357$ $\bar{x}_{B_3} = 39.7$	総計 $T = 1103$ 総平均 $\bar{\bar{x}} = 40.9$

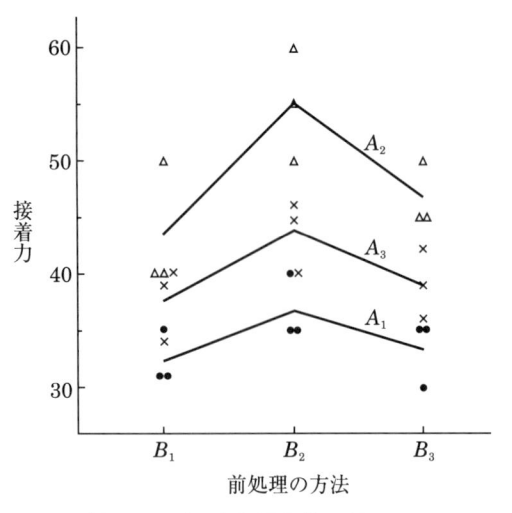

図 5.4 データと平均値のグラフ

手順5　平方和と自由度の計算

表 5.11 および表 5.12 に基づいて平方和および各自由度を計算する．

$$CT = \frac{(データの総計)^2}{総データ数} = \frac{T^2}{N} = \frac{1103^2}{27} = 45059.6$$

$$S_T = (個々のデータの2乗和) - CT = \sum_{i=1}^{3}\sum_{j=1}^{3}\sum_{k=1}^{3} x_{ijk}^2 - CT$$

$$= (31^2 + 35^2 + 31^2 + \cdots + 39^2 + 36^2) - 45059.6 = 1461.4$$

$$S_A = \sum_{i=1}^{3} \frac{(A_i\ 水準のデータ和)^2}{A_i\ 水準のデータ数} - CT = \sum_{i=1}^{3} \frac{T_{A_i}^2}{N_{A_i}} - CT$$

$$= \frac{307^2}{9} + \frac{435^2}{9} + \frac{361^2}{9} - 45059.6 = 917.6$$

$$S_B = \sum_{j=1}^{3} \frac{(B_j\ 水準のデータ和)^2}{B_j\ 水準のデータ数} - CT = \sum_{j=1}^{3} \frac{T_{B_j}^2}{N_{B_j}} - CT$$

$$= \frac{340^2}{9} + \frac{406^2}{9} + \frac{357^2}{9} - 45059.6 = 261.0$$

$$S_{AB} = \sum_{i=1}^{3}\sum_{j=1}^{3} \frac{(A_iB_j\ 水準のデータ和)^2}{A_iB_j\ 水準のデータ数} - CT = \sum_{i=1}^{3}\sum_{j=1}^{3} \frac{T_{A_iB_j}^2}{N_{A_iB_j}} - CT$$

$$= \frac{97^2}{3} + \frac{110^2}{3} + \frac{100^2}{3} + \cdots + \frac{131^2}{3} + \frac{117^2}{3} - 45059.6 = 1224.7$$

$$S_{A \times B} = S_{AB} - S_A - S_B = 1224.7 - 917.6 - 261.0 = 46.1$$

$$S_E = S_T - (S_A + S_B + S_{A \times B})$$

$$= 1461.4 - (917.6 + 261.0 + 46.1) = 236.7$$

$$\phi_T = (データの総数) - 1 = N - 1 = 27 - 1 = 26$$

$$\phi_A = (A\ の水準数) - 1 = a - 1 = 3 - 1 = 2$$

$$\phi_B = (B\ の水準数) - 1 = b - 1 = 3 - 1 = 2$$

$$\phi_{A \times B} = \phi_A \times \phi_B = 2 \times 2 = 4$$

$$\phi_E = \phi_T - (\phi_A + \phi_B + \phi_{A \times B}) = 26 - (2 + 2 + 4) = 18$$

手順6　分散分析表の作成

手順5の結果に基づいて分散分析表を作成する．

表5.13　分散分析表（1）

要因	S	ϕ	V	F_0	$E(V)$
A	917.6	2	458.8	34.9**	$\sigma^2 + 9\sigma_A^2$
B	261.0	2	130.5	9.92**	$\sigma^2 + 9\sigma_B^2$
$A \times B$	46.1	4	11.53	0.877	$\sigma^2 + 3\sigma_{A \times B}^2$
E	236.7	18	13.15		σ^2
T	1461.4	26			

$F(2, 18; 0.05) = 3.55, \quad F(2, 18; 0.01) = 6.01$
$F(4, 18; 0.05) = 2.93, \quad F(4, 18; 0.01) = 4.58$

主効果 A と B は高度に有意である．交互作用 $A \times B$ は有意でなく，F_0 値も小さいので，プーリングを行い，分散分析表（2）を作成する．

表5.14　分散分析表（2）

要因	S	ϕ	V	F_0	$E(V)$
A	917.6	2	458.8	35.7**	$\sigma^2 + 9\sigma_A^2$
B	261.0	2	130.5	10.2**	$\sigma^2 + 9\sigma_B^2$
E'	282.8	22	12.85		σ^2
T	1461.4	26			

$F(2, 22; 0.05) = 3.44, \quad F(2, 22; 0.01) = 5.72$

手順7　分散分析後のデータの構造式

表5.14より，次のようにデータの構造式を考える．

$$x_{ijk} = \mu + a_i + b_j + \varepsilon_{ijk}$$

$$\varepsilon_{ijk} \sim N(0, \sigma^2)$$

手順8　最適水準の決定

手順7のデータの構造式より $A_i B_j$ の水準組合せの母平均を

$$\hat{\mu}(A_i B_j) = \widehat{\mu + a_i + b_j} = \widehat{\mu + a_i} + \widehat{\mu + b_j} - \hat{\mu} = \bar{x}_{A_i} + \bar{x}_{B_j} - \bar{\bar{x}}$$

と推定する．表5.12より，A は $\bar{x}_{A_i}$ の一番大きくなる A_2 水準，B は $\bar{x}_{B_j}$ の一番大きくなる B_2 水準とする．

手順9　母平均の点推定

手順8より次のようになる．

$$\hat{\mu}(A_2B_2) = \bar{x}_{A_2} + \bar{x}_{B_2} - \bar{\bar{x}} = 48.3 + 45.1 - 40.9 = 52.5$$

手順10　母平均の区間推定（信頼率：95%）

$$\frac{1}{n_e} = \frac{a+b-1}{N} = \frac{3+3-1}{27} = \frac{5}{27}$$

$$\hat{\mu}(A_2B_2) \pm t(\phi_{E'}, 0.05)\sqrt{\frac{V_{E'}}{n_e}} = 52.5 \pm t(22, 0.05)\sqrt{\frac{5 \times 12.85}{27}}$$

$$= 52.5 \pm 2.074\sqrt{\frac{5 \times 12.85}{27}} = 52.5 \pm 3.2 = 49.3,\ 55.7$$

手順11　データの予測

A_2B_2 水準において将来新たにデータを取るとき，どのような値になるのかを予測する．点予測値は手順9と同じで，

$$\hat{x} = \hat{\mu}(A_2B_2) = 52.5$$

となる．また，予測区間（信頼率：95%）は次のようになる．

$$\hat{x} \pm t(\phi_{E'}, 0.05)\sqrt{\left(1 + \frac{1}{n_e}\right)V_{E'}}$$

$$= 52.5 \pm t(22, 0.05)\sqrt{\left(1 + \frac{5}{27}\right) \times 12.85}$$

$$= 52.5 \pm 2.074\sqrt{\left(1 + \frac{5}{27}\right) \times 12.85}$$

$$= 52.5 \pm 8.1 = 44.4,\ 60.6$$

手順12　2つの母平均の差の推定

例えば，$\mu(A_1B_1)$ と $\mu(A_2B_2)$ の差の推定を行う．

点推定値は次の通りである．

$$\hat{\mu}(A_1B_1) - \hat{\mu}(A_2B_2) = (\bar{x}_{A_1} + \bar{x}_{B_1} - \bar{\bar{x}}) - (\bar{x}_{A_2} + \bar{x}_{B_2} - \bar{\bar{x}})$$

$$= (34.1 + 37.8 - 40.9) - (48.3 + 45.1 - 40.9) = -21.5$$

また，信頼区間（信頼率：95%）を次のように計算する．$\hat{\mu}(A_1B_1) = \bar{x}_{A_1} + \bar{x}_{B_1} - \bar{\bar{x}}$ と $\hat{\mu}(A_2B_2) = \bar{x}_{A_2} + \bar{x}_{B_2} - \bar{\bar{x}}$ から共通の平均 $\bar{\bar{x}}$ を消去し，それぞれに伊奈の式を適用する．

$$\bar{x}_{A_1} + \bar{x}_{B_1} = \frac{T_{A_1}}{9} + \frac{T_{B_1}}{9} \rightarrow \frac{1}{n_{e_1}} = \frac{1}{9} + \frac{1}{9} = \frac{2}{9}$$

$$\bar{x}_{A_2} + \bar{x}_{B_2} = \frac{T_{A_2}}{9} + \frac{T_{B_2}}{9} \rightarrow \frac{1}{n_{e_2}} = \frac{1}{9} + \frac{1}{9} = \frac{2}{9}$$

これより，

$$\frac{1}{n_d} = \frac{1}{n_{e_1}} + \frac{1}{n_{e_2}} = \frac{2}{9} + \frac{2}{9} = \frac{4}{9}$$

が得られる．したがって，信頼区間は

$$\hat{\mu}(A_1B_1) - \hat{\mu}(A_2B_2) \pm t(\phi_{E'}, 0.05)\sqrt{\frac{V_{E'}}{n_d}}$$

$$= -21.5 \pm t(22, 0.05)\sqrt{\frac{4}{9} \times 12.85}$$

$$= -21.5 \pm 2.074\sqrt{\frac{4}{9} \times 12.85}$$

$$= -21.5 \pm 5.0 = -26.5,\ -16.5$$

となる．□

第 6 章
繰返しのない 2 元配置法

　繰返しのない 2 元配置法では，同時に因子を 2 つ取り上げて，それぞれの因子についていくつかの水準を設定し，すべての水準組合せにおいて 1 回だけ実験を行う．つまり，繰返し数が 1 である．そのため，交互作用を検定できないという弱点がある．したがって，繰返しのない 2 元配置法は「交互作用がない」という前提の下で用いる手法である．最初に，「繰返しのない 2 元配置法ではなぜ交互作用を検定できないのか」を説明する．解析方法は第 5 章の内容と類似しているので適用例の中で説明する．

6.1　繰返しのない 2 元配置法とは

（1）　データの形式とデータの構造式

　特性値の母平均に影響を与える可能性のある 2 つの因子 A と B を選び，A については a 水準，B については b 水準を設定する．それぞれの水準組合せにおいて 1 回だけ実験を行う．$N = a \times b$ 回の実験はランダムな順序で実施する．

　得られるデータの形式を表 6.1 に示す．

　表 6.1 において，x_{ij} は A_iB_j 水準のデータを表している．A_iB_j 水準と決まれば，そこには 1 個しかデータは存在しないので，繰返しのある場合（第 5 章）のように 3 番目の添え字は必要ない．

　繰返しのない 2 元配置法では交互作用を検定することができない．その理由を考えてみよう．A を 3 水準，B を 2 水準として表 6.2 のデータが得られたとする．このデータをグラフ化すると図 6.1 となり，グラフは平行でないから交互作用の存在を示唆している．しかし，A_3B_2 のデータの値 3.5 がもう

表 6.1 繰返しのない 2 元配置法のデータの形式

因子 A の水準	因子 B の水準				A_i 水準のデータ和 A_i 水準の平均
	B_1	B_2	$\cdots$	B_b	
A_1	x_{11}	x_{12}	$\cdots$	x_{1b}	T_{A_1} $\bar{x}_{A_1}$
A_2	x_{21}	x_{22}	$\cdots$	x_{2b}	T_{A_2} $\bar{x}_{A_2}$
$\vdots$	$\vdots$	$\vdots$	$\cdots$	$\vdots$	$\vdots$
A_a	x_{a1}	x_{a2}	$\cdots$	x_{ab}	T_{A_a} $\bar{x}_{A_a}$
B_j 水準のデータ和 B_j 水準の平均	T_{B_1} $\bar{x}_{B_1}$	T_{B_2} $\bar{x}_{B_2}$	$\cdots$	T_{B_b} $\bar{x}_{B_b}$	総計 T 総平均 $\bar{\bar{x}}$

少し大きいか,または A_3B_1 のデータの値 4.0 がもう少し小さいなら,グラフはほぼ平行になって,交互作用は存在しないことになる.つまり,2 本のグラフが実験誤差の範囲内で交わっているなら交互作用は存在しない.ところが,各水準組合せで繰返しデータを採取していないから,純粋な実験誤差の大きさは不明である.したがって,図 6.1 のグラフの交わりは「実験誤差の範囲内であるのか」「交互作用によるものなのか」を判定することはできない.(Q 12 で数値例を用いてより詳しく解説する.)

表 6.2 データ

	B_1	B_2
A_1	1.0	2.0
A_2	3.0	4.0
A_3	4.0	3.5

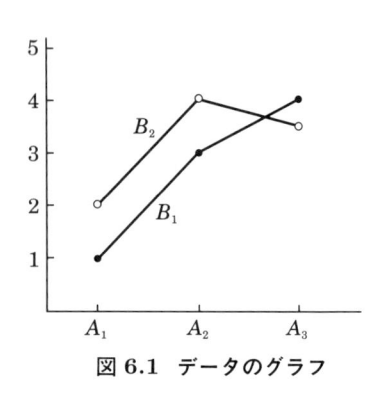

図 6.1 データのグラフ

交互作用と誤差とを区別できず,その結果,平方和を対応する2つの平方和に分解できないことを「交互作用と誤差とが**交絡**(こうらく)**する**」と言う.

交互作用が存在するときに繰返しのない2元配置法を適用すると,交互作用を検定できないばかりか,交絡によって誤差が過大評価されるので主効果の検定も適切にできなくなる.したがって,**「繰返しのない2元配置法は交互作用の存在しないことがはっきりしている場合だけに用いる」**ことが原則である.

そこで,x_{ij} のデータの構造式を次のように想定する.

繰返しのない2元配置法のデータの構造式

$$x_{ij} = \mu + a_i + b_j + \varepsilon_{ij} \tag{6.1}$$

制約式: $\displaystyle\sum_{i=1}^{a} a_i = 0,\ \sum_{j=1}^{b} b_j = 0$ (6.2)

$$\varepsilon_{ij} \sim N(0, \sigma^2) \tag{6.3}$$

(注 6.1) データの構造式を

$$x_{ij} = \mu + a_i + b_j + \underbrace{(ab)_{ij} + \varepsilon_{ij}}_{\text{交絡}} \tag{6.4}$$

といったん表記して,「$(ab)_{ij}$ と ε_{ij} の添え字が同じだから,交互作用と誤差との区別ができない」と説明することもある.□

(2) 解 析 方 法

繰返しのない2元配置法では,これまでと同じ求め方により S_T, S_A, S_B を求め,誤差平方和を

$$S_E = S_T - (S_A + S_B) \tag{6.5}$$

と求める.繰返しのある2元配置法の場合と同様に形式的に AB 2元表を作成して S_{AB} を求めようとしても,これは S_T に一致してしまう(注6.2を参照).言い換えると,「交互作用がないことを前提とした上で,交互作用平方

和に対応するものを誤差平方和と読み替えている」ことになる．これは自由度の求め方を見ても確認することができる．誤差平方和の求め方（式 (6.5)）に対応させると，$N=ab$ に注意して，誤差の自由度は次のようになる．

$$\phi_E = \phi_T - (\phi_A + \phi_B) = (N-1) - (a-1) - (b-1)$$
$$= ab - a - b + 1 = (a-1)(b-1) = \phi_A \times \phi_B \tag{6.6}$$

この誤差自由度は交互作用の自由度の求め方と同じである．

分散分析後の推定・予測の方法は，データの構造式 (6.1) が繰返しのある2元配置法において交互作用をプールした形と同じだから，その場合の方法をそのまま（$r=1$ として）適用すればよい．

（注 6.2） $T_{A_iB_j} = x_{ij}$，$N_{A_iB_j} = 1$ だから，形式的に考えてみても AB 2元表は表 6.1 に他ならない．また，式 (5.9) を形式的に適用して S_{AB} を求めても，

$$S_{AB} = \sum_{i=1}^{a}\sum_{j=1}^{b} \frac{T_{A_iB_j}^2}{N_{A_iB_j}} - CT = \sum_{i=1}^{a}\sum_{j=1}^{b} \frac{x_{ij}^2}{1} - CT = S_T \tag{6.7}$$

となり，S_T に一致する．繰返しのある2元配置法の場合には，S_T とは異なる S_{AB} を求めることができて，この差 $S_E = S_T - S_{AB}$ を純粋な誤差として考えることができた．これに対して，繰返しのない2元配置法では，S_T と S_{AB} は一致するので，誤差を $S_T (= S_{AB})$ と S_A および S_B の違いに求めるしかない．このとき，「交互作用がない」という前提が必要である．□

6.2 適 用 例

[例 6.1] ある鋼板の衝撃特性を向上させるため，因子として圧延回数 A を 4 水準，圧延時の加熱温度 B を 3 水準設定した．技術的に交互作用はないと考えられるので，繰返しのない2元配置実験を行った．$4 \times 3 = 12$ 回の実験はランダムな順序で実施した．

手順 1　実験順序とデータの採取

表 6.3 に示した実験順序により実験を実施し，データを取った結果，表 6.4 に示す結果が得られた．

表 6.3 実験順序

因子 A の水準	因子 B の水準		
	B_1	B_2	B_3
A_1	10	3	2
A_2	1	9	6
A_3	5	12	8
A_4	11	7	4

表 6.4 データと集計

因子 A の水準	因子 B の水準			A_i 水準のデータ和 A_i 水準の平均
	B_1	B_2	B_3	
A_1	21.0	19.7	21.8	$T_{A_1} = 62.5$ $\bar{x}_{A_1} = 20.83$
A_2	23.5	22.7	23.3	$T_{A_2} = 69.5$ $\bar{x}_{A_2} = 23.17$
A_3	24.4	23.1	24.7	$T_{A_3} = 72.2$ $\bar{x}_{A_3} = 24.07$
A_4	21.5	20.3	22.6	$T_{A_4} = 64.4$ $\bar{x}_{A_4} = 21.47$
B_j 水準のデータ和 B_j 水準の平均	$T_{B_1} = 90.4$ $\bar{x}_{B_1} = 22.60$	$T_{B_2} = 85.8$ $\bar{x}_{B_2} = 21.45$	$T_{B_3} = 92.4$ $\bar{x}_{B_3} = 23.10$	総計 $T = 268.6$ 総平均 $\bar{\bar{x}} = 22.38$

手順2　データの構造式の設定

$$x_{ij} = \mu + a_i + b_j + \varepsilon_{ij}$$

$$\sum_{i=1}^{4} a_i = 0, \quad \sum_{j=1}^{3} b_j = 0, \quad \varepsilon_{ij} \sim N(0, \sigma^2)$$

手順3　データのグラフ化

データをグラフにプロットして図 6.2 を作成する．図 6.2 より，グラフはほぼ平行になっている．A と B の主効果はともにありそうである．

第6章 繰返しのない2元配置法

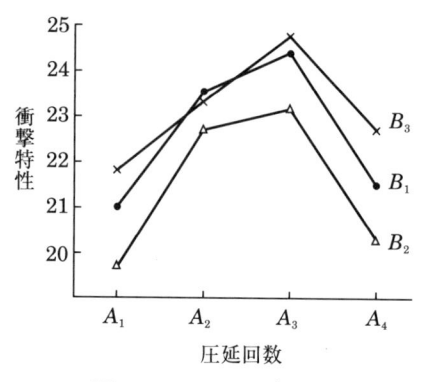

図6.2 データのグラフ

手順4　平方和と自由度の計算

表 6.4 に基づいて平方和および各自由度を計算する．

$$CT = \frac{(データの総計)^2}{総データ数} = \frac{T^2}{N} = \frac{268.6^2}{12} = 6012.163$$

$$S_T = (個々のデータの2乗和) - CT = \sum_{i=1}^{4}\sum_{j=1}^{3} x_{ij}^2 - CT$$

$$= (21.0^2 + 19.7^2 + 21.8^2 + \cdots + 20.3^2 + 22.6^2) - 6012.163 = 26.757$$

$$S_A = \sum_{i=1}^{4} \frac{(A_i \text{ 水準のデータ和})^2}{A_i \text{ 水準のデータ数}} - CT = \sum_{i=1}^{4} \frac{T_{A_i}^2}{N_{A_i}} - CT$$

$$= \frac{62.5^2}{3} + \frac{69.5^2}{3} + \frac{72.2^2}{3} + \frac{64.4^2}{3} - 6012.163 = 20.070$$

$$S_B = \sum_{j=1}^{3} \frac{(B_j \text{ 水準のデータ和})^2}{B_j \text{ 水準のデータ数}} - CT = \sum_{j=1}^{3} \frac{T_{B_j}^2}{N_{B_j}} - CT$$

$$= \frac{90.4^2}{4} + \frac{85.8^2}{4} + \frac{92.4^2}{4} - 6012.163 = 5.727$$

$$S_E = S_T - (S_A + S_B) = 26.757 - (20.070 + 5.727) = 0.960$$

$$\phi_T = (データの総数) - 1 = N - 1 = 12 - 1 = 11$$

$$\phi_A = (A \text{ の水準数}) - 1 = a - 1 = 4 - 1 = 3$$

$$\phi_B = (B \text{ の水準数}) - 1 = b - 1 = 3 - 1 = 2$$
$$\phi_E = \phi_T - (\phi_A + \phi_B) = 11 - (3 + 2) = 6$$

手順 5　分散分析表の作成

手順 4 の結果に基づいて分散分析表を作成する．

表 **6.5**　分散分析表

要因	S	ϕ	V	F_0	$E(V)$
A	20.070	3	6.690	41.8**	$\sigma^2 + 3\sigma_A^2$
B	5.727	2	2.864	17.9**	$\sigma^2 + 4\sigma_B^2$
E	0.960	6	0.160		σ^2
T	26.757	11			

$$F(2, 6; 0.05) = 5.14, \quad F(2, 6; 0.01) = 10.9$$
$$F(3, 6; 0.05) = 4.76, \quad F(3, 6; 0.01) = 9.78$$

主効果 A と B は高度に有意である．

手順 6　分散分析後のデータの構造式

表 6.5 より，次のようにデータの構造式を考える．

$$x_{ij} = \mu + a_i + b_j + \varepsilon_{ij}$$
$$\varepsilon_{ij} \sim N(0, \sigma^2)$$

手順 7　最適水準の決定

手順 6 のデータの構造式より $A_i B_j$ 水準組合せの母平均を

$$\hat{\mu}(A_i B_j) = \widehat{\mu + a_i + b_j} = \widehat{\mu + a_i} + \widehat{\mu + b_j} - \hat{\mu} = \bar{x}_{A_i} + \bar{x}_{B_j} - \bar{\bar{x}}$$

と推定する．表 6.4 より，A は $\bar{x}_{A_i}$ の一番大きくなる A_3 水準，B は $\bar{x}_{B_j}$ の一番大きくなる B_3 水準とする．

手順 8　母平均の点推定

手順 7 より次のようになる．

$$\hat{\mu}(A_3 B_3) = \bar{x}_{A_3} + \bar{x}_{B_3} - \bar{\bar{x}} = 24.07 + 23.10 - 22.38 = 24.79$$

手順9　母平均の区間推定（信頼率：95%）

$$\frac{1}{n_e} = \frac{a+b-1}{N} = \frac{4+3-1}{12} = \frac{1}{2}$$

$$\hat{\mu}(A_3B_3) \pm t(\phi_E, 0.05)\sqrt{\frac{V_E}{n_e}} = 24.79 \pm t(6, 0.05)\sqrt{\frac{1 \times 0.160}{2}}$$

$$= 24.79 \pm 2.447\sqrt{\frac{1 \times 0.160}{2}}$$

$$= 24.79 \pm 0.69 = 24.10,\ 25.48$$

手順10　データの予測

A_3B_3 水準において将来新たにデータを取るとき，どのような値になるのかを予測する．点予測値は手順8と同じで，

$$\hat{x} = \hat{\mu}(A_3B_3) = 24.79$$

となる．また，予測区間（信頼率：95%）は次のようになる．

$$\hat{x} \pm t(\phi_E, 0.05)\sqrt{\left(1+\frac{1}{n_e}\right)V_E}$$

$$= 24.79 \pm t(6, 0.05)\sqrt{\left(1+\frac{1}{2}\right) \times 0.160}$$

$$= 24.79 \pm 2.447\sqrt{\left(1+\frac{1}{2}\right) \times 0.160}$$

$$= 24.79 \pm 1.20 = 23.59,\ 25.99$$

手順11　2つの母平均の差の推定

例えば，$\mu(A_1B_3)$ と $\mu(A_3B_3)$ の差の推定を行う．

点推定値は次の通りである．

$$\hat{\mu}(A_1B_3) - \hat{\mu}(A_3B_3) = (\bar{x}_{A_1} + \bar{x}_{B_3} - \bar{\bar{x}}) - (\bar{x}_{A_3} + \bar{x}_{B_3} - \bar{\bar{x}})$$

$$= (20.83 + 23.10 - 22.38) - (24.07 + 23.10 - 22.38) = -3.24$$

また，信頼区間（信頼率：95%）を次のように計算する．$\hat{\mu}(A_1B_3) = \bar{x}_{A_1} + \bar{x}_{B_3} - \bar{\bar{x}}$ と $\hat{\mu}(A_3B_3) = \bar{x}_{A_3} + \bar{x}_{B_3} - \bar{\bar{x}}$ から共通の平均 $\bar{x}_{B_3}$ と $\bar{\bar{x}}$ を消去し，

それぞれに伊奈の式を適用する.
$$\bar{x}_{A_1} = \frac{T_{A_1}}{3} \rightarrow \frac{1}{n_{e_1}} = \frac{1}{3}$$
$$\bar{x}_{A_3} = \frac{T_{A_3}}{3} \rightarrow \frac{1}{n_{e_2}} = \frac{1}{3}$$

これより,
$$\frac{1}{n_d} = \frac{1}{n_{e_1}} + \frac{1}{n_{e_2}} = \frac{1}{3} + \frac{1}{3} = \frac{2}{3}$$

が得られる. したがって, 信頼区間は
$$\hat{\mu}(A_1B_3) - \hat{\mu}(A_3B_3) \pm t(\phi_E, 0.05)\sqrt{\frac{V_E}{n_d}}$$
$$= -3.24 \pm t(6, 0.05)\sqrt{\frac{2}{3} \times 0.160}$$
$$= -3.24 \pm 2.447\sqrt{\frac{2}{3} \times 0.160}$$
$$= -3.24 \pm 0.80 = -4.04, \ -2.44$$

となる. □

第 7 章
多 元 配 置 法

　同時に3つの因子を取り上げてすべての水準組合せにおいて実験をランダムな順序で行う手法を3元配置法，同時に4つの因子を取り上げて同様に実験を行う手法を4元配置法と呼ぶ．そして，3元配置法・4元配置法 … をまとめて多元配置法と呼ぶ．取り上げる因子数が増えてくると非常に多数の実験を実施しなければならないので，多くの因子を取り上げた多元配置法の実施は難しくなる．そこで，本章では，現実的に実施可能な「繰返しのある3元配置法の解析方法」を例示する．

7.1　繰返しのある3元配置法とは

（1）　データの形式とデータの構造式

　特性値の母平均に影響を与える可能性のある3つの因子 A, B, C を選び，A については a 水準，B については b 水準，C については c 水準を設定する．そして，それぞれの水準組合せにおいて r 回の実験を行う．$N = a \times b \times c \times r$ 回の実験はランダムな順序で実施する．

　得られるデータの形式を表 7.1 に示す．

　表 7.1 において，x_{ijkl} は $A_i B_j C_k$ 水準の l 番目のデータを表している．

　繰返しのある3元配置法では，$A \times B$, $A \times C$, $B \times C$ の3種類の **2因子交互作用** の他に **3因子交互作用** $A \times B \times C$ を検定することができる．

　3因子交互作用とは，文字通り，3つの因子のある組合せによる効果を表す．しかし，3因子交互作用は技術的に解釈することが困難なので，あまり重視されないことが多い．3因子交互作用を考慮する必要がないのなら，「繰返しのない3元配置法」を適用すればよい．以下では「繰返しのある3元配置法」に

表 7.1 繰返しのある 3 元配置法のデータの形式

因子 A の水準	因子 C の水準	因子 B の水準		
		B_1	$\cdots$	B_b
A_1	C_1	x_{1111} $\vdots$ x_{111r}	$\cdots$ $\vdots$ $\cdots$	x_{1b11} $\vdots$ x_{1b1r}
	$\vdots$	$\vdots$	$\vdots$	$\vdots$
	C_c	x_{11c1} $\vdots$ x_{11cr}	$\cdots$ $\vdots$ $\cdots$	x_{1bc1} $\vdots$ x_{1bcr}
$\vdots$	$\vdots$	$\vdots$	$\vdots$	$\vdots$
A_a	C_1	x_{a111} $\vdots$ x_{a11r}	$\cdots$ $\vdots$ $\cdots$	x_{ab11} $\vdots$ x_{ab1r}
	$\vdots$	$\vdots$	$\vdots$	$\vdots$
	C_c	x_{a1c1} $\vdots$ x_{a1cr}	$\cdots$ $\vdots$ $\cdots$	x_{abc1} $\vdots$ x_{abcr}

ついて解説する．この解析パターンを理解すれば，「繰返しの ない 3 元配置法」や「4 元配置法」などについても容易に理解することができるであろう．

x_{ijkl} のデータの構造式を次のように想定する．

繰返しのある 3 元配置法のデータの構造式

$$x_{ijkl} = \mu + a_i + b_j + c_k + (ab)_{ij} + (ac)_{ik}$$
$$+ (bc)_{jk} + (abc)_{ijk} + \varepsilon_{ijkl} \quad (7.1)$$

制約式： $\sum_{i=1}^{a} a_i = 0, \quad \sum_{j=1}^{b} b_j = 0, \quad \sum_{k=1}^{c} c_k = 0,$

$$\sum_{i=1}^{a}(ab)_{ij} = \sum_{j=1}^{b}(ab)_{ij} = 0,$$

$$\sum_{i=1}^{a}(ac)_{ik} = \sum_{k=1}^{c}(ac)_{ik} = 0, \qquad (7.2)$$

$$\sum_{j=1}^{b}(bc)_{jk} = \sum_{k=1}^{c}(bc)_{jk} = 0,$$

$$\sum_{i=1}^{a}(abc)_{ijk} = \sum_{j=1}^{b}(abc)_{ijk} = \sum_{k=1}^{c}(abc)_{ijk} = 0$$

$$\varepsilon_{ijkl} \sim N(0, \sigma^2) \qquad (7.3)$$

（注 7.1）　「繰返しの ない 3元配置法」の場合には，$A_i B_j C_k$ 水準においてデータが1個しか存在しないから，4番目の添え字は表示されない．第6章「繰返しのない2元配置法」の注 6.1 と同様に考えて，データの構造式を

$$x_{ijk} = \mu + a_i + b_j + c_k + (ab)_{ij} + (ac)_{ik} + (bc)_{jk} + \underbrace{(abc)_{ijk} + \varepsilon_{ijk}}_{\text{交絡}} \qquad (7.4)$$

といったん表記して，「繰返しの ない 3元配置法」では，$(abc)_{ijk}$ と ε_{ijk} の添え字が同じなので，3因子交互作用 $A \times B \times C$ と誤差との区別ができず，3因子交互作用を検定することができない」と説明することができる．□

（2）　解析方法

　繰返しのある3元配置法では，総平方和 S_T のほかに，データの構造式 (7.1) の右辺に列挙されている（一般平均 μ 以外の）要因の平方和 S_A, S_B, S_C, $S_{A \times B}$, $S_{A \times C}$, $S_{B \times C}$, $S_{A \times B \times C}$, S_E を求める．3因子交互作用の平方和 $S_{A \times B \times C}$ 以外の平方和については，繰返しのある2元配置法の場合と同様のパターンで計算すればよい（詳しくは適用例を参照）．$S_{A \times B \times C}$ は次のように求める．

$$S_{ABC} = \sum_{i=1}^{a}\sum_{j=1}^{b}\sum_{k=1}^{c} \frac{(A_i B_j C_k \text{ 水準のデータ和})^2}{A_i B_j C_k \text{ 水準のデータ数}} - CT$$

$$= \sum_{i=1}^{a} \sum_{j=1}^{b} \sum_{k=1}^{c} \frac{T_{A_i B_j C_k}^2}{N_{A_i B_j C_k}} - CT \tag{7.5}$$

$$S_{A \times B \times C} = S_{ABC} - S_A - S_B - S_C - S_{A \times B} - S_{A \times C} - S_{B \times C} \tag{7.6}$$

また，$S_{A \times B \times C}$ に対応する自由度は次のようになる（注 7.2 を参照）．

$$\phi_{A \times B \times C} = \phi_A \times \phi_B \times \phi_C \tag{7.7}$$

分散分析後の点推定の方法は，プーリングのやり方によって様々なパターンが考えられる．1つのパターンについては適用例の中で説明する．他の様々なパターンについては，第2部で説明するそれぞれの手法の適用例の中で順次理解していくとよい．

（注 7.2） 5.2 節の第（2）項で説明した内容と同様の考え方を用いて式 (7.7) が成り立つことを説明しておこう．S_{ABC} は，$A_i B_j C_k$ を因子の1つの水準と考えれば，abc 水準で繰返し数が r の1元配置法における平方和である．したがって，対応する自由度は $\phi_{ABC} = abc - 1$ となる．これより，式 (7.6) に各自由度を対応させると

$$\begin{aligned}
\phi_{A \times B \times C} &= \phi_{ABC} - \phi_A - \phi_B - \phi_C - \phi_{A \times B} - \phi_{A \times C} - \phi_{B \times C} \\
&= (abc - 1) - (a - 1) - (b - 1) - (c - 1) \\
&\quad - (a - 1)(b - 1) - (a - 1)(c - 1) - (b - 1)(c - 1) \\
&= (a - 1)(b - 1)(c - 1) = \phi_A \times \phi_B \times \phi_C
\end{aligned} \tag{7.8}$$

を得る．□

7.2 適 用 例

[例 7.1] ある電子部品の特性を向上させるため，因子として焼成時間 A を3水準，主原料の納入メーカー B を2水準，添加物の種類 C を2水準設定して，繰返し数が2の繰返しのある3元配置実験を行った．$3 \times 2 \times 2 \times 2 = 24$ 回の実験はランダムな順序で実施した．

手順 1　実験順序とデータの採取

表 7.2 に示した実験順序により実験を実施し，データを取った結果，表 7.3

表 7.2 実験順序

因子 A の水準	因子 C の水準	因子 B の水準	
		B_1	B_2
A_1	C_1	6	18
		10	24
	C_2	1	15
		23	21
A_2	C_1	14	3
		22	11
	C_2	4	2
		12	8
A_3	C_1	5	16
		9	20
	C_2	13	7
		19	17

表 7.3 データ

因子 A の水準	因子 C の水準	因子 B の水準	
		B_1	B_2
A_1	C_1	10	25
		14	21
	C_2	12	29
		16	25
A_2	C_1	11	13
		15	17
	C_2	17	24
		13	20
A_3	C_1	16	18
		12	14
	C_2	14	21
		18	25

手順 2 データの構造式の設定

$$x_{ijkl} = \mu + a_i + b_j + c_k + (ab)_{ij} + (ac)_{ik} + (bc)_{jk} + (abc)_{ijk} + \varepsilon_{ijkl}$$

$$\varepsilon_{ijkl} \sim N(0, \sigma^2) \quad (制約式は省略)$$

手順 3 3元表と 2 元表の作成

グラフ化や平方和の計算に先だって，ABC 3元表，AB 2元表，AC 2元表，BC 2元表を作成する．

手順 4 データのグラフ化

データおよび平均値をグラフにプロットして図 7.1 を作成する．図 7.1 より，特に異常なデータはなさそうである．交互作用については $A \times B$ が他よりも大きそうである．また，B の主効果がありそうである．

手順 5 平方和と自由度の計算

表 7.3～表 7.7 より

$$CT = \frac{(データの総計)^2}{総データ数} = \frac{T^2}{N} = \frac{420^2}{24} = 7350$$

表 7.4 ABC 3 元表

($T_{A_iB_jC_k}$：$A_iB_jC_k$ 水準のデータ和；$\bar{x}_{A_iB_jC_k}$：$A_iB_jC_k$ 水準の平均)

因子 A の水準	因子 C の水準	因子 B の水準	
		B_1	B_2
A_1	C_1	$T_{A_1B_1C_1} = 24$	$T_{A_1B_2C_1} = 46$
		$\bar{x}_{A_1B_1C_1} = 12.0$	$\bar{x}_{A_1B_2C_1} = 23.0$
	C_2	$T_{A_1B_1C_2} = 28$	$T_{A_1B_2C_2} = 54$
		$\bar{x}_{A_1B_1C_2} = 14.0$	$\bar{x}_{A_1B_2C_2} = 27.0$
A_2	C_1	$T_{A_2B_1C_1} = 26$	$T_{A_2B_2C_1} = 30$
		$\bar{x}_{A_2B_1C_1} = 13.0$	$\bar{x}_{A_2B_2C_1} = 15.0$
	C_2	$T_{A_2B_1C_2} = 30$	$T_{A_2B_2C_2} = 44$
		$\bar{x}_{A_2B_1C_2} = 15.0$	$\bar{x}_{A_2B_2C_2} = 22.0$
A_3	C_1	$T_{A_3B_1C_1} = 28$	$T_{A_3B_2C_1} = 32$
		$\bar{x}_{A_3B_1C_1} = 14.0$	$\bar{x}_{A_3B_2C_1} = 16.0$
	C_2	$T_{A_3B_1C_2} = 32$	$T_{A_3B_2C_2} = 46$
		$\bar{x}_{A_3B_1C_2} = 16.0$	$\bar{x}_{A_3B_2C_2} = 23.0$

表 7.5 AB 2 元表

($T_{A_iB_j}$：A_iB_j 水準のデータ和；$\bar{x}_{A_iB_j}$：A_iB_j 水準の平均)

因子 A の水準	因子 B の水準		A_i 水準のデータ和
	B_1	B_2	A_i 水準の平均
A_1	$T_{A_1B_1} = 52$	$T_{A_1B_2} = 100$	$T_{A_1} = 152$
	$\bar{x}_{A_1B_1} = 13.0$	$\bar{x}_{A_1B_2} = 25.0$	$\bar{x}_{A_1} = 19.0$
A_2	$T_{A_2B_1} = 56$	$T_{A_2B_2} = 74$	$T_{A_2} = 130$
	$\bar{x}_{A_2B_1} = 14.0$	$\bar{x}_{A_2B_2} = 18.5$	$\bar{x}_{A_2} = 16.3$
A_3	$T_{A_3B_1} = 60$	$T_{A_3B_2} = 78$	$T_{A_3} = 138$
	$\bar{x}_{A_3B_1} = 15.0$	$\bar{x}_{A_3B_2} = 19.5$	$\bar{x}_{A_3} = 17.3$
B_j 水準のデータ和	$T_{B_1} = 168$	$T_{B_2} = 252$	$T = 420$
B_j 水準の平均	$\bar{x}_{B_1} = 14.0$	$\bar{x}_{B_2} = 21.0$	$\bar{\bar{x}} = 17.5$

表 7.6 AC 2元表

($T_{A_iC_k}$：A_iC_k 水準のデータ和；$\bar{x}_{A_iC_k}$：A_iC_k 水準の平均)

因子 A の水準	因子 C の水準	
	C_1	C_2
A_1	$T_{A_1C_1} = 70$ $\bar{x}_{A_1C_1} = 17.5$	$T_{A_1C_2} = 82$ $\bar{x}_{A_1C_2} = 20.5$
A_2	$T_{A_2C_1} = 56$ $\bar{x}_{A_2C_1} = 14.0$	$T_{A_2C_2} = 74$ $\bar{x}_{A_2C_2} = 18.5$
A_3	$T_{A_3C_1} = 60$ $\bar{x}_{A_3C_1} = 15.0$	$T_{A_3C_2} = 78$ $\bar{x}_{A_3C_2} = 19.5$
C_k 水準のデータ和 C_k 水準の平均	$T_{C_1} = 186$ $\bar{x}_{C_1} = 15.5$	$T_{C_2} = 234$ $\bar{x}_{C_2} = 19.5$

表 7.7 BC 2元表

($T_{B_jC_k}$：B_jC_k 水準のデータ和；$\bar{x}_{B_jC_k}$：B_jC_k 水準の平均)

因子 B の水準	因子 C の水準	
	C_1	C_2
B_1	$T_{B_1C_1} = 78$ $\bar{x}_{B_1C_1} = 13.0$	$T_{B_1C_2} = 90$ $\bar{x}_{B_1C_2} = 15.0$
B_2	$T_{B_2C_1} = 108$ $\bar{x}_{B_2C_1} = 18.0$	$T_{B_2C_2} = 144$ $\bar{x}_{B_2C_2} = 24.0$

$$S_T = (個々のデータの 2 乗和) - CT = \sum_{i=1}^{3}\sum_{j=1}^{2}\sum_{k=1}^{2}\sum_{l=1}^{2} x_{ijkl}^2 - CT$$

$$= (10^2 + 14^2 + 25^2 + \cdots + 21^2 + 25^2) - 7350 = 622$$

$$S_A = \sum_{i=1}^{3} \frac{(A_i \text{ 水準のデータ和})^2}{A_i \text{ 水準のデータ数}} - CT = \sum_{i=1}^{3} \frac{T_{A_i}^2}{N_{A_i}} - CT$$

$$= \frac{152^2}{8} + \frac{130^2}{8} + \frac{138^2}{8} - 7350 = 31$$

7.2 適用例

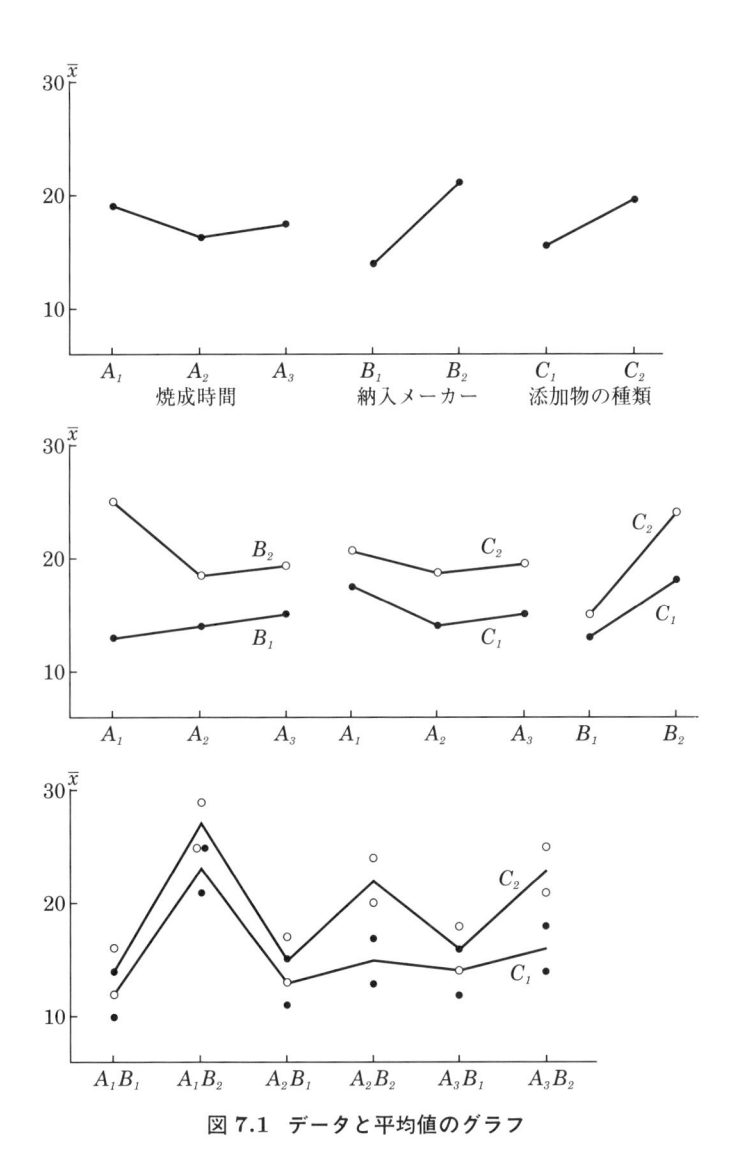

図 7.1 データと平均値のグラフ

$$S_B = \sum_{j=1}^{2} \frac{(B_j \text{ 水準のデータ和})^2}{B_j \text{ 水準のデータ数}} - CT = \sum_{j=1}^{2} \frac{T_{B_j}^2}{N_{B_j}} - CT$$

$$= \frac{168^2}{12} + \frac{252^2}{12} - 7350 = 294$$

$$S_C = \sum_{k=1}^{2} \frac{(C_k \text{ 水準のデータ和})^2}{C_k \text{ 水準のデータ数}} - CT = \sum_{k=1}^{2} \frac{T_{C_k}^2}{N_{C_k}} - CT$$

$$= \frac{186^2}{12} + \frac{234^2}{12} - 7350 = 96$$

$$S_{AB} = \sum_{i=1}^{3}\sum_{j=1}^{2} \frac{(A_iB_j \text{ 水準のデータ和})^2}{A_iB_j \text{ 水準のデータ数}} - CT = \sum_{i=1}^{3}\sum_{j=1}^{2} \frac{T_{A_iB_j}^2}{N_{A_iB_j}} - CT$$

$$= \frac{52^2}{4} + \frac{100^2}{4} + \frac{56^2}{4} + \frac{74^2}{4} + \frac{60^2}{4} + \frac{78^2}{4} - 7350 = 400$$

$$S_{AC} = \sum_{i=1}^{3}\sum_{k=1}^{2} \frac{(A_iC_k \text{ 水準のデータ和})^2}{A_iC_k \text{ 水準のデータ数}} - CT = \sum_{i=1}^{3}\sum_{k=1}^{2} \frac{T_{A_iC_k}^2}{N_{A_iC_k}} - CT$$

$$= \frac{70^2}{4} + \frac{82^2}{4} + \frac{56^2}{4} + \frac{74^2}{4} + \frac{60^2}{4} + \frac{78^2}{4} - 7350 = 130$$

$$S_{BC} = \sum_{j=1}^{2}\sum_{k=1}^{2} \frac{(B_jC_k \text{ 水準のデータ和})^2}{B_jC_k \text{ 水準のデータ数}} - CT = \sum_{j=1}^{2}\sum_{k=1}^{2} \frac{T_{B_jC_k}^2}{N_{B_jC_k}} - CT$$

$$= \frac{78^2}{6} + \frac{90^2}{6} + \frac{108^2}{6} + \frac{144^2}{6} - 7350 = 414$$

$$S_{A\times B} = S_{AB} - S_A - S_B = 400 - 31 - 294 = 75$$

$$S_{A\times C} = S_{AC} - S_A - S_C = 130 - 31 - 96 = 3$$

$$S_{B\times C} = S_{BC} - S_B - S_C = 414 - 294 - 96 = 24$$

$$S_{ABC} = \sum_{i=1}^{3}\sum_{j=1}^{2}\sum_{k=1}^{2} \frac{(A_iB_jC_k \text{ 水準のデータ和})^2}{A_iB_jC_k \text{ 水準のデータ数}} - CT$$

$$= \sum_{i=1}^{3}\sum_{j=1}^{2}\sum_{k=1}^{2} \frac{T_{A_iB_jC_k}^2}{N_{A_iB_jC_k}} - CT$$

$$= \frac{24^2}{2} + \frac{46^2}{2} + \frac{28^2}{2} + \cdots + \frac{32^2}{2} + \frac{46^2}{2} - 7350 = 526$$

$$S_{A \times B \times C} = S_{ABC} - S_A - S_B - S_C - S_{A \times B} - S_{A \times C} - S_{B \times C}$$

$$= 526 - 31 - 294 - 96 - 75 - 3 - 24 = 3$$

$$S_E = S_T - (S_A + S_B + S_C + S_{A \times B} + S_{A \times C} + S_{B \times C} + S_{A \times B \times C})$$

$$= 622 - (31 + 294 + 96 + 75 + 3 + 24 + 3) = 96$$

$$\phi_T = (データの総数) - 1 = N - 1 = 24 - 1 = 23$$

$$\phi_A = (A の水準数) - 1 = a - 1 = 3 - 1 = 2$$

$$\phi_B = (B の水準数) - 1 = b - 1 = 2 - 1 = 1$$

$$\phi_C = (C の水準数) - 1 = c - 1 = 2 - 1 = 1$$

$$\phi_{A \times B} = \phi_A \times \phi_B = 2 \times 1 = 2$$

$$\phi_{A \times C} = \phi_A \times \phi_C = 2 \times 1 = 2$$

$$\phi_{B \times C} = \phi_B \times \phi_C = 1 \times 1 = 1$$

$$\phi_{A \times B \times C} = \phi_A \times \phi_B \times \phi_C = 2 \times 1 \times 1 = 2$$

$$\phi_E = \phi_T - (\phi_A + \phi_B + \phi_C + \phi_{A \times B} + \phi_{A \times C} + \phi_{B \times C} + \phi_{A \times B \times C})$$

$$= 23 - (2 + 1 + 1 + 2 + 2 + 1 + 2) = 12$$

手順6　分散分析表の作成

手順5の結果に基づいて分散分析表を作成する．

主効果 B と C は高度に有意であり，交互作用 $A \times B$ は有意である．

$A_1 B_1 C_1$ の水準組合せにおけるデータの個数は2個だから，$E(V)$ の欄の $\sigma^2_{A \times B \times C}$ には2が掛けられている．その他の係数はこれまでと同様に求めることができる．

$A \times C$ と $A \times B \times C$ をプールして分散分析表 (2) を作成する．主効果 A については，有意でなく F_0 値も小さいが，$A \times B$ を無視しないのでプールしない．

表 7.8 分散分析表（1）

要因	S	ϕ	V	F_0	$E(V)$
A	31	2	15.5	1.94	$\sigma^2 + 8\sigma_A^2$
B	294	1	294	36.8**	$\sigma^2 + 12\sigma_B^2$
C	96	1	96	12.0**	$\sigma^2 + 12\sigma_C^2$
$A \times B$	75	2	37.5	4.69*	$\sigma^2 + 4\sigma_{A \times B}^2$
$A \times C$	3	2	1.5	0.188	$\sigma^2 + 4\sigma_{A \times C}^2$
$B \times C$	24	1	24	3.00	$\sigma^2 + 6\sigma_{B \times C}^2$
$A \times B \times C$	3	2	1.5	0.188	$\sigma^2 + 2\sigma_{A \times B \times C}^2$
E	96	12	8		σ^2
T	622	23			

$F(1, 12; 0.05) = 4.75, \quad F(1, 12; 0.01) = 9.33$
$F(2, 12; 0.05) = 3.89, \quad F(2, 12; 0.01) = 6.93$

表 7.9 分散分析表（2）

要因	S	ϕ	V	F_0	$E(V)$
A	31	2	15.5	2.43	$\sigma^2 + 8\sigma_A^2$
B	294	1	294	46.1**	$\sigma^2 + 12\sigma_B^2$
C	96	1	96	15.0**	$\sigma^2 + 12\sigma_C^2$
$A \times B$	75	2	37.5	5.88*	$\sigma^2 + 4\sigma_{A \times B}^2$
$B \times C$	24	1	24	3.76	$\sigma^2 + 6\sigma_{B \times C}^2$
E'	102	16	6.38		σ^2
T	622	23			

$F(1, 16; 0.05) = 4.49, \quad F(1, 16; 0.01) = 8.53$
$F(2, 16; 0.05) = 3.63, \quad F(2, 16; 0.01) = 6.23$

手順 7　分散分析後のデータの構造式

表 7.9 より，次のようにデータの構造式を考える．

$$x_{ijkl} = \mu + a_i + b_j + c_k + (ab)_{ij} + (bc)_{jk} + \varepsilon_{ijkl}$$

$$\varepsilon_{ijkl} \sim N(0, \sigma^2)$$

手順 8 最適水準の決定

手順 7 のデータの構造式より，

$$\hat{\mu}(A_iB_jC_k) = \overbrace{\mu + a_i + b_j + c_k + (ab)_{ij} + (bc)_{jk}}$$
$$= \overbrace{\mu + a_i + b_j + (ab)_{ij}} + \overbrace{\mu + b_j + c_k + (bc)_{jk}} - \overbrace{\mu + b_j}$$
$$= \bar{x}_{A_iB_j} + \bar{x}_{B_jC_k} - \bar{x}_{B_j}$$

と推定する．この推定式に基づいて最適水準を定める．推定式の形より，$\bar{x}_{A_iB_j}$ と $\bar{x}_{B_jC_k}$ の <u>大きさ</u> だけでなく，$\bar{x}_{B_j}$ の <u>小ささ</u> も考慮しなければならない．そこで，B_1，B_2 ごとに考える．

- B_1 水準の場合：表 7.5 より $\bar{x}_{A_iB_1}$ を比較して A_3 水準を選び，表 7.7 より $\bar{x}_{B_1C_k}$ を比較して C_2 水準を選ぶ．

$$\hat{\mu}(A_3B_1C_2) = \bar{x}_{A_3B_1} + \bar{x}_{B_1C_2} - \bar{x}_{B_1} = \frac{T_{A_3B_1}}{4} + \frac{T_{B_1C_2}}{6} - \frac{T_{B_1}}{12}$$
$$= 15.0 + 15.0 - 14.0 = 16.0$$

- B_2 水準の場合：表 7.5 より $\bar{x}_{A_iB_2}$ を比較して A_1 水準を選び，表 7.7 より $\bar{x}_{B_2C_k}$ を比較して C_2 水準を選ぶ．

$$\hat{\mu}(A_1B_2C_2) = \bar{x}_{A_1B_2} + \bar{x}_{B_2C_2} - \bar{x}_{B_2} = \frac{T_{A_1B_2}}{4} + \frac{T_{B_2C_2}}{6} - \frac{T_{B_2}}{12}$$
$$= 25.0 + 24.0 - 21.0 = 28.0$$

以上より，$A_1B_2C_2$ 水準の組み合わせが最適である．

手順 9 母平均の点推定

手順 8 より次のようになる．

$$\hat{\mu}(A_1B_2C_2) = 28.0$$

手順 10 母平均の区間推定（信頼率：95%）

まず，有効反復数を求める．ここでは，田口の式を用いた場合と伊奈の式を用いた場合の両方を示しておこう．

$$\frac{1}{n_e} = \frac{1 + (点推定に用いた要因の自由度の和)}{総データ数}$$

$$= \frac{1 + (\phi_A + \phi_B + \phi_C + \phi_{A\times B} + \phi_{B\times C})}{N}$$

$$= \frac{1 + (2+1+1+2+1)}{24} = \frac{1}{3} \quad (田口の式)$$

または，

$$\frac{1}{n_e} = (点推定の式に用いられている平均の係数の和)$$

$$= \frac{1}{4} + \frac{1}{6} - \frac{1}{12} = \frac{1}{3} \quad (伊奈の式)$$

となる．これより，信頼区間は次のようなる．

$$\hat{\mu}(A_1B_2C_2) \pm t(\phi_{E'}, 0.05)\sqrt{\frac{V_{E'}}{n_e}} = 28.0 \pm t(16, 0.05)\sqrt{\frac{6.38}{3}}$$

$$= 28.0 \pm 2.120\sqrt{\frac{6.38}{3}} = 28.0 \pm 3.1 = 24.9,\ 31.1$$

手順11　データの予測

最適水準の組合せ $A_1B_2C_2$ 水準においてもう一度新たにデータを取るとき，その点予測は，点推定と同じで，

$$\hat{x} = \hat{\mu}(A_1B_2C_2) = 28.0$$

である．また，予測区間は次のようになる．

$$\hat{x} \pm t(\phi_{E'}, 0.05)\sqrt{\left(1 + \frac{1}{n_e}\right)V_{E'}}$$

$$= 28.0 \pm t(16, 0.05)\sqrt{\left(1 + \frac{1}{3}\right) \times 6.38}$$

$$= 28.0 \pm 2.120\sqrt{\left(1 + \frac{1}{3}\right) \times 6.38}$$

$$= 28.0 \pm 6.2 = 21.8,\ 34.2$$

手順12　2つの母平均の差の推定

例えば，$\mu(A_1B_1C_1)$ と $\mu(A_1B_2C_2)$ の差の推定を行う．

点推定値は次の通りである．

$$\hat{\mu}(A_1B_1C_1) - \hat{\mu}(A_1B_2C_2)$$

$$= (\bar{x}_{A_1B_1} + \bar{x}_{B_1C_1} - \bar{x}_{B_1}) - (\bar{x}_{A_1B_2} + \bar{x}_{B_2C_2} - \bar{x}_{B_2})$$
$$= (13.0 + 13.0 - 14.0) - (25.0 + 24.0 - 21.0) = -16.0$$

また，信頼区間を次にように計算する．$\hat{\mu}(A_1B_1C_1) = \bar{x}_{A_1B_1} + \bar{x}_{B_1C_1} - \bar{x}_{B_1}$ と $\hat{\mu}(A_1B_2C_2) = \bar{x}_{A_1B_2} + \bar{x}_{B_2C_2} - \bar{x}_{B_2}$ には共通の平均はない．それぞれに伊奈の式を適用する．

$$\bar{x}_{A_1B_1} + \bar{x}_{B_1C_1} - \bar{x}_{B_1} = \frac{T_{A_1B_1}}{4} + \frac{T_{B_1C_1}}{6} - \frac{T_{B_1}}{12}$$
$$\rightarrow \frac{1}{n_{e_1}} = \frac{1}{4} + \frac{1}{6} - \frac{1}{12} = \frac{1}{3}$$
$$\bar{x}_{A_1B_2} + \bar{x}_{B_2C_2} - \bar{x}_{B_2} = \frac{T_{A_1B_2}}{4} + \frac{T_{B_2C_2}}{6} - \frac{T_{B_2}}{12}$$
$$\rightarrow \frac{1}{n_{e_2}} = \frac{1}{4} + \frac{1}{6} - \frac{1}{12} = \frac{1}{3}$$

これより，
$$\frac{1}{n_d} = \frac{1}{n_{e_1}} + \frac{1}{n_{e_2}} = \frac{1}{3} + \frac{1}{3} = \frac{2}{3}$$

が得られる．したがって，信頼区間は，

$$\hat{\mu}(A_1B_1C_1) - \hat{\mu}(A_1B_2C_2) \pm t(\phi_{E'}, 0.05)\sqrt{\frac{V_{E'}}{n_d}}$$
$$= -16.0 \pm t(16, 0.05)\sqrt{\frac{2}{3} \times 6.38}$$
$$= -16.0 \pm 2.120\sqrt{\frac{2}{3} \times 6.38}$$
$$= -16.0 \pm 4.4 = -20.4,\ -11.6$$

となる．□

第 2 部　実験計画法　応用編

　第2部では，直交配列表実験（第8章〜第10章），乱塊法（第11章），分割法（第12章），直交配列表を用いた分割法（第13章），そして測定の繰返し（第14章）について解説する．

　これらの手法では，「実験回数を減らすための工夫」や「ランダムな順序で実験することの緩和についての工夫」が施されている．これらの工夫にともなって，実験の実施方法が異なり，解析方法も異なってくる．しかし，データの構造式を明記して分散分析表を作成し，分散分析後のデータの構造式に基づいて推定・予測を行うという解析のストーリーは第1部の場合と同様である．また，多くの計算手順は第1部の場合と類似している．第2章の内容を参照しながら，計算手順が異なってくる部分に着目してほしい．

第 8 章
2 水準系直交配列表実験

　直交配列表実験は，少ない実験回数で多くの要因効果を検定することのできる手法である．本章では，2 水準の因子ばかりを取り扱う"2 水準系直交配列表"を取り扱う．直交配列表実験は便利な手法である．しかし，「交互作用について，ある程度の判断が事前に必要である」「誤差自由度が小さくなる」「水準数が少ない」などの弱点もある．これらの点について認識しながら学習することが大切である．

8.1　2 水準系直交配列表とは

（1）直交配列表実験の特徴
　多くの因子を同時に取り上げるのは問題解決の初期段階に多い．どの要因が特性値に効果があるのかよくわからないから，多くの要因を取り上げて効果のある要因を探索する．したがって，このような状況では，最初から多くの水準を設定するのではなく，まず，2 水準ないしは 3 水準くらいを設定して，各要因効果の有無を判断していくのがよい．多くの水準を設定して最適水準を検討するのは因子を絞り込んだ次の段階で行う．
　2 水準の因子を 8 個同時に取り上げた場合を具体的に考えよう．多元配置法を行うのなら $2^8 = 256$ 回の実験を実施する必要がある．このような多数の実験結果よりどのような情報をつかめるだろうか．この実験における総自由度は $\phi_T = N - 1 = 256 - 1 = 255$ であり，主効果・交互作用への自由度の配分を考えると表 8.1 のようになる．256 回の実験を実施して得られたデータより，8 個の主効果の平方和，28 個の 2 因子交互作用の平方和，56 個の 3 因子交互作用の平方和，… を計算することができる（すべての因子は 2 水準だから，主

効果や交互作用の自由度はすべて 1 である)．

しかし，現実的には 3 因子以上の交互作用は存在しないことが多く，仮に存在するとしても，その解釈は容易ではない．そこで，3 因子以上の交互作用を誤差と考える（プールする）ことにすると，誤差自由度は $56+70+56+28+8+1=219$ となる．この誤差自由度は不必要なほど大きい．このような過度に大きな誤差自由度を得るために多くの回数の実験を実施することは不経済である．誤差自由度として 5 程度を見積もるならば，主効果と 2 因子交互作用と誤差の自由度の合計，すなわち，総自由度は $8+28+5=41$ となり，総実験回数は 42 回でよいことになる．

表 8.1 自由度の内訳

要　因	要因の種類	自由度の計
主効果	$_8C_1=8$	8
2 因子交互作用	$_8C_2=28$	28
3 因子交互作用	$_8C_3=56$	56
4 因子交互作用	$_8C_4=70$	70
5 因子交互作用	$_8C_5=56$	56
6 因子交互作用	$_8C_6=28$	28
7 因子交互作用	$_8C_7=8$	8
8 因子交互作用	$_8C_8=1$	1
総自由度 ϕ_T		255

さらに，2 因子交互作用についても必ずしもすべてを検討しなくてよいかもしれない．技術的に存在しないと考えられる 2 因子交互作用を明らかにしておくことによって，その分の自由度を総自由度から差し引くことができる．どの 2 因子交互作用を検討に含め，どの 2 因子交互作用を検討からはずすのかを事前に明確にすることは必ずしも簡単ではない．しかし，そこは問題解決の初期段階だと割り切って，大胆に（しかし，慎重に）区別することによって，より少ない回数の実験で解析を進めることが可能になる．例えば，8 つの主効果を取り上げ，4 つの 2 因子交互作用に絞り込み，誤差自由度として 3 を確保するなら，直交配列表を用いた 16 回 $((8+4+3)+1=16)$ の実験の実施により取り

上げた要因効果を検定することが可能になる．

2水準の8個の因子の水準組合せは全部で256通りある．多元配置法では，このすべての水準組合せの下で実験を実施する．それに対して，上で述べたように16回しか実験しないのであれば，8個の因子の水準組合せのうちのごく一部の組合せだけで実験することになる．この一部の水準組合せをいい加減に選んでも得られたデータを適切に解析することはできない．どのような水準組合せを選んで実験すればよいのかを教えてくれる道具が直交配列表である．

上述した直交配列表実験の特徴をまとめておこう．

直交配列表実験の特徴
(1) 多くの因子を同時に取り上げても実験回数はさほど増えない．
(2) 取り上げた因子の主効果と交互作用の有無を検定できる．
(3) 2因子交互作用を「検討すべきもの」と「無視できるもの」にあらかじめ区分する必要がある．
(4) どの水準組合せで実験すればよいのか直交配列表よりわかる．

（2） 2水準系直交配列表とは

2水準系直交配列表にはいくつかの種類がある．その1つとして表8.2に $L_8(2^7)$ 直交配列表を示す．その他については付録を参照せよ．

直交配列表の説明を読む際には，"**行**"（row）と"**列**"（column）を明確に区別してほしい．数学の世界では，"行"は「横向き」，"列"は「縦向き」を意味する．本書では，その区別を明確にするため列番号は $[k]$ と表記する．

$L_8(2^7)$ において，L は直交配列表のもとになったラテン方格配置（Latin-square design）の"L"を表しているが，この意味は特に重要ではない．その他の数字については重要なので，それらの意味と直交配列表の構成要素について以下に列記する．

表 8.2　$L_8(2^7)$ 直交配列表

No.	[1]	[2]	[3]	[4]	[5]	[6]	[7]
1	1	1	1	1	1	1	1
2	1	1	1	2	2	2	2
3	1	2	2	1	1	2	2
4	1	2	2	2	2	1	1
5	2	1	2	1	2	1	2
6	2	1	2	2	1	2	1
7	2	2	1	1	2	2	1
8	2	2	1	2	1	1	2
成分	a	b	a b	c	a c	b c	a b c

2 水準系直交配列表の構成要素

(1) $L_8(2^7)$ において，"8" は行の数を表す．また，"7" は列の数を表し，取り上げることのできる要因（誤差も含む）の最大数である．そして，"2" は 2 水準系であることを意味する．

(2) 表中の数字 "1" と "2" はその列の水準番号を表す．

(3) 成分は交互作用の現れる列（後述）を見いだすために用いる．

(4) 2 水準系直交配列表には $L_4(2^3)$，$L_8(2^7)$，$L_{16}(2^{15})$，$L_{32}(2^{31})$，$L_{64}(2^{63})$，… がある．これらを，簡便に L_4，L_8，L_{16}，L_{32}，L_{64}，… と記述することが多い．

表 8.2 から読みとれる 2 水準系直交配列表の特徴は次の通りである．

2 水準系直交配列表の特徴

(1) どの列も "1" と "2" の数字が同数回ずつある

(2) 任意の 2 列を選んだとき，$(1,1)$，$(1,2)$，$(2,1)$，$(2,2)$ の組合せが同数回ずつある

8.2 2水準系直交配列表への因子の割り付け

(1) 交互作用を考えない場合の因子の割り付け

直交配列表の利用において最も基本的なことは「直交配列表への因子の割り付け」の方法である．本項では交互作用を考慮しない場合について説明する．

それぞれの因子を直交配列表の1つの列に別々に対応させることを「**因子を割り付ける**」と呼ぶ．これは「直交配列表の列番号の上に因子名を書き込むこと」だと考えておけばよい．例えば，4つの2水準の因子 A, B, C, D（すべて2水準）を取り上げるとしよう．このとき，表8.2の L_8 直交配列表にこれらの因子を割り付けた一例が表8.3である．

表 8.3 $L_8(2^7)$ 直交配列表への因子の割り付けと水準組合せ

割り付け No.	A [1]	B [2]	[3]	C [4]	D [5]	[6]	[7]	水準組合せ	データ
1	1	1	1	1	1	1	1	$A_1B_1C_1D_1$	x_1
2	1	1	1	2	2	2	2	$A_1B_1C_2D_2$	x_2
3	1	2	2	1	1	2	2	$A_1B_2C_1D_1$	x_3
4	1	2	2	2	2	1	1	$A_1B_2C_2D_2$	x_4
5	2	1	2	1	2	1	2	$A_2B_1C_1D_2$	x_5
6	2	1	2	2	1	2	1	$A_2B_1C_2D_1$	x_6
7	2	2	1	1	2	2	1	$A_2B_2C_1D_2$	x_7
8	2	2	1	2	1	1	2	$A_2B_2C_2D_1$	x_8
成分	a	b	a b	c	a c	b c	a b c		

因子を割り付けると，割り付けた列の水準番号（"1"または"2"）から実験する際の水準組合せが定まる．表8.3では，それぞれの行（No.）に対して因子の水準組合せが定まっている．そこで，No.1からNo.8までの実験をランダムな順序で行って，データ $x_1, x_2, \cdots, x_8$ を得る．

2水準の4つの因子に対して多元配置法を適用するなら $2^4 = 16$ 通りの水準組合せが存在するから，16回の実験を実施する必要がある．それに対して，

表 8.3 では 8 通りの水準組合せで実験されている．どの水準組合せで実験すればよいのかを直交配列表が示している．因子の割り付け方を変更すれば，実施する水準組合せも異なったものになるが，そのような組合せで実験を実施しても構わない（分散分析表や推定などの解析結果は誤差の範囲でしか異ならない）．

交互作用を一切考えない場合の要点は，「取り上げた因子数よりも多い列数をもつ直交配列表を準備して，任意の列にそれぞれの因子を割り付ける」ということである．

（2） 交互作用を考慮する場合の因子の割り付け

直交配列表実験では，考慮する交互作用は 2 因子交互作用のみであり，それ以上の高次の交互作用はふつう考慮しない．しかし，多くの因子を取り上げると，2 因子交互作用の個数も多くなる．そこで，**「考慮すべき 2 因子交互作用」と「無視してもよい 2 因子交互作用」を大胆に，かつ慎重に，あらかじめ明確に区別する必要がある．**

直交配列表実験では，2 つの因子間の交互作用は "あるルール"（次項で説明）に基づいて 1 つの列に "現れる"．例えば，表 8.3 に示した割り付けを行ったとき，"あるルール" に基づいて，交互作用 $A \times B$ は第 [3] 列に "現れ"，交互作用 $A \times C$ は第 [5] 列に "現れ"，交互作用 $B \times C$ は第 [6] 列に "現れる"．ここで，「交互作用が第 $[k]$ 列に "現れる"」とは，交互作用の効果がその列の水準の違いに反映されるということであり，その交互作用平方和が「第 $[k]$ 列の列平方和（後述）」として求めることができるという意味である（より詳しい説明については Q 17 を参照）．第 [3] 列と第 [6] 列は因子を割り付けていない列だったから，この列に交互作用の効果が反映されることは問題ない．それに対して，第 [5] 列は因子 D を割り付けているので，第 [5] 列には交互作用 $A \times C$ と主効果 D の 2 つの効果が同時に現れる．つまり，交絡する．したがって，$A \times C$ を検討したい場合には，D を第 [5] 列に割り付けることを避けて，例えば第 [7] 列に割り付ける必要がある．

このように，**考慮する交互作用がどの列に "現れる" のかを把握して，主**

効果と交絡しないように割り付けの工夫を行わなければならない．

（3） 交互作用の現れ方のルール

2つの因子 Y と Z を2つの列に割り付けたときの交互作用 $Y \times Z$ が現れる列の見いだし方として2通りの方法がある．

1つ目の方法は，それぞれの直交配列表に応じて"**交互作用を求める表**"が用意されているので，それを参照すればよい．例えば，L_8 直交配列表に対して表 8.4 に示す"交互作用列を求める表"が用意されている．

表 8.4 交互作用列を求める表（L_8 用）

列番	[1]	[2]	[3]	[4]	[5]	[6]	[7]
[1]		3	2	5	4	7	6
[2]			1	6	7	4	5
[3]				7	6	5	4
[4]					1	2	3
[5]						3	2
[6]							1

表 8.4 より，2つの因子を第 [1] 列と第 [2] 列に割り付けたとき交互作用は第 [3] 列に，第 [1] 列と第 [4] 列に割り付けたとき交互作用は第 [5] 列に，第 [2] 列と第 [4] 列に割り付けたとき交互作用は第 [6] 列に現れることがわかる．

2つ目の方法は，直交配列表の"成分"記号を利用するものである．

成分記号を用いた交互作用列の見いだし方

因子 Y と Z を割り付けた列のそれぞれの成分記号が p, q であるとき，交互作用 $Y \times Z$ は成分記号が $p \times q$ の列に現れる．ただし，$a^2 = b^2 = c^2 = \cdots = 1$ と考える．

成分記号が p, q, pq の関係にある3つの列を"**互いに主効果と交互作用の関係にある列**"と呼ぶ．

8.2 2水準系直交配列表への因子の割り付け

[例 8.1] 表 8.2 に示した L_8 直交配列表において考えよう．
(1) Y を第 [1] 列（成分：a），Z を第 [2] 列（成分：b）に割り付ける．
　⇒ $a \times b = ab$：第 [3] 列．つまり，$Y \times Z$ は第 [3] 列に現れる．
(2) Y を第 [1] 列（成分：a），Z を第 [3] 列（成分：ab）に割り付ける．
　⇒ $a \times ab = a^2 b = b$：第 [2] 列．つまり，$Y \times Z$ は第 [2] 列に現れる．
(3) Y を第 [5] 列（成分：ac），Z を第 [6] 列（成分：bc）に割り付ける．
　⇒ $ac \times bc = abc^2 = ab$：第 [3] 列．つまり，$Y \times Z$ は第 [3] 列に現れる．
□

(4) 割り付けの実際

因子の総数と考慮する交互作用の総数の和（自由度の合計）よりも多い列をもつ直交配列表を選ぶ．ただし，そのように選んだ直交配列表を用いても，いつも望む割り付けが可能であるとは限らない．割り付けがうまくいかない場合には，もう 1 段階大きな直交配列表を用いる必要がある．

[例 8.2] 4 つの 2 水準の因子 A，B，C，D を取り上げて，交互作用 $A \times B$ と $B \times C$ を考慮したい．

自由度の合計は 6（主効果の自由度はすべて 1，したがって，交互作用の自由度もすべて 1 である！）だから L_8 直交配列表を選択する．

A と B を第 [1] 列と第 [2] 列に割り付けると，交互作用 $A \times B$ は第 [3] 列に現れる．そこで，C を第 [4] 列に割り付けると，交互作用 $B \times C$ は第 [6] 列に現れる．最後に，D を残っている第 [5] 列または第 [7] 列のどちらか，例え

表 8.5　L_8 直交配列表への因子の割り付け（例 8.2）

割り付け	A	B	$A \times B$	C	誤差	$B \times C$	D
列番号	[1]	[2]	[3]	[4]	[5]	[6]	[7]
成分	a	b	ab	c	ac	bc	abc

ば第 [7] 列に割り付ける．割り付けの結果を表 8.5 に示す．□

　上の例のように因子の個数が少ない場合は，試行錯誤的に割り付けを行うことは困難ではない．しかし，取り上げる因子の個数が多かったり，考慮する交互作用の個数が多い場合には，もっとシステマティックな方法が必要になる．そのためには**線点図**（linear graph）の利用が便利である．

　線点図とは，因子（主効果）を点で表し，2 点を結んだ線分を交互作用に対応させたグラフである．つまり，線点図において，1 つの線分とその両端の点で表現される 3 つの列は「互いに主効果と交互作用の関係にある列」を表す．

　取り上げた因子と考慮する交互作用を表現したものを「**必要な線点図**」とか「**要求される線点図**」と呼ぶ．一方，それぞれの直交配列表に応じて，あらかじめ「**用意されている線点図**」が作成されている．例えば，L_8 直交配列表に対しては図 8.1 に示した線点図が用意されている．その他の直交配列表に対する線点図は付録を参照されたい．

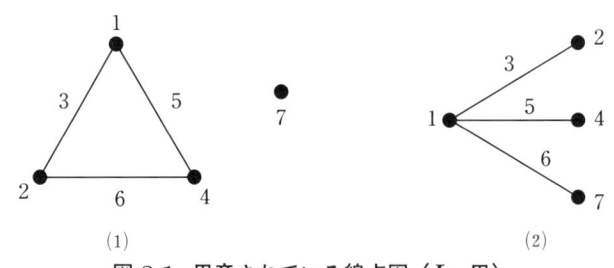

図 8.1　用意されている線点図（L_8 用）

　用意されている線点図に記載されている数字は列番号を表す．例えば，図 8.1(1) を用いて因子 Y を第 [1] 列に，因子 Z を第 [2] 列に割り付けると，交互作用 $Y \times Z$ は第 [3] 列に現れることがわかる．

　線点図を利用した割り付け手順では，「必要な線点図」を作成して，それを「用意されている線点図」に組み込むことにより，因子を割り付ける列番号や交互作用の現れる列を見いだす．交互作用に関係しない因子は空いている列に割り付ければよい（点でも線でもよい）．

[**例 8.3**] 例 8.2 と同じ例を考える．すなわち，4 つの 2 水準の因子 A, B, C, D を取り上げて，交互作用 $A \times B$ と $B \times C$ を考慮したい．

自由度の合計は 6 だから，L_8 直交配列表を選択する．

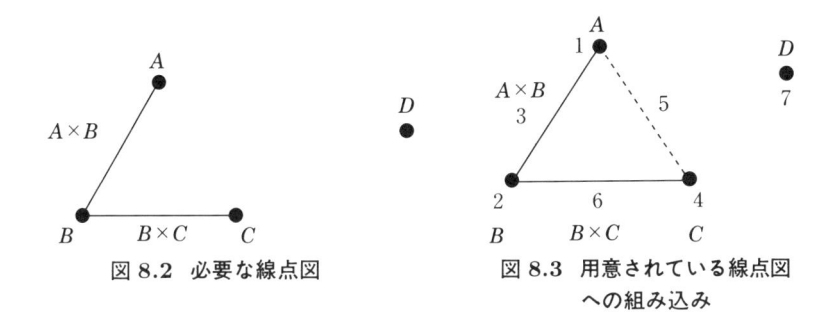

図 8.2 必要な線点図

図 8.3 用意されている線点図
への組み込み

必要な線点図は図 8.2 となる．これを図 8.1 の用意されている線点図 (1) に組み込むと図 8.3 のようになる．図 8.3 より因子の割り付けと交互作用列は表 8.5 に示したものと同じになる．これ以外の割り付けも存在する．□

[**例 8.4**] 8 つの 2 水準の因子 A, B, C, D, F, G, H, I （アルファベット E は誤差に用いる）を取り上げて，交互作用 $A \times B$, $A \times C$, $A \times D$, $A \times F$, $B \times C$, $G \times H$ を考慮したい．

自由度の合計は 14 だから，L_{16} 直交配列表を選択する．

必要な線点図は図 8.4 となる．これを付録の図 A.3 の用意されている線点図 (3) に組み込むと図 8.5 のようになる．図 8.5 より因子の割り付けと交互作用列は表 8.6 となる（これ以外の割り付けも存在する）．□

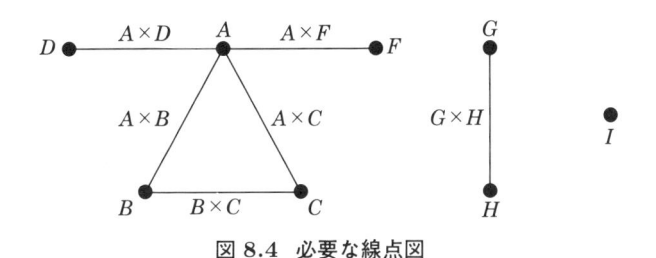

図 8.4 必要な線点図

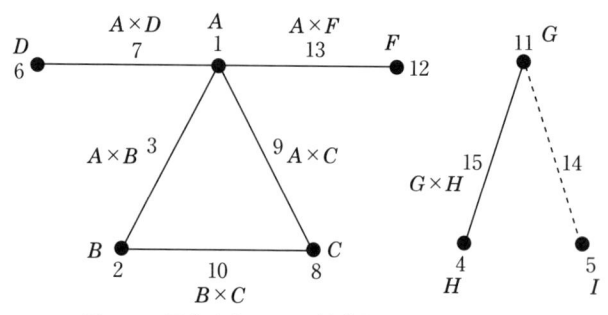

図 8.5 用意されている線点図への組み込み

表 8.6 L_{16} 直交配列表への因子の割り付け(例 8.4)

割り付け	A	B	A×B	H	I	D	A×D	C	A×C	B×C	G	F	A×F	誤差	G×H
列番号	[1]	[2]	[3]	[4]	[5]	[6]	[7]	[8]	[9]	[10]	[11]	[12]	[13]	[14]	[15]
成分	a	a	a	a	a	a	a	a	a	a	a	a	a	a	a
	b	b				b	b			b	b			b	b
			c	c	c			c	c			c	c	c	c
						d	d	d	d	d	d	d	d	d	d

　主効果と考慮する交互作用を割り付けた後に,どの要因も割り付けられていない列を**誤差列**と呼ぶ.次節で述べるように,誤差列から誤差平方和を求めて分散分析表を作成する.したがって,すべての列に要因を割り付けてしまうと誤差列がなくなってしまい誤差平方和を求めることができなくなるので,通常は誤差列をいくつか確保できるように配慮する.

8.3　解　析　方　法

(1) 平方和と自由度の計算

　因子間に交互作用がないものとすると,表 8.3 で得られるデータに対して,そのデータの構造式は表 8.7 に示したものとなる.

8.3 解析方法

表 8.7 水準組合せとデータの構造式（表 8.3 の割り付け）

No.	水準組合せ	データの構造式
1	$A_1B_1C_1D_1$	$x_1 = \mu + a_1 + b_1 + c_1 + d_1 + \varepsilon_1$
2	$A_1B_1C_2D_2$	$x_2 = \mu + a_1 + b_1 + c_2 + d_2 + \varepsilon_2$
3	$A_1B_2C_1D_1$	$x_3 = \mu + a_1 + b_2 + c_1 + d_1 + \varepsilon_3$
4	$A_1B_2C_2D_2$	$x_4 = \mu + a_1 + b_2 + c_2 + d_2 + \varepsilon_4$
5	$A_2B_1C_1D_2$	$x_5 = \mu + a_2 + b_1 + c_1 + d_2 + \varepsilon_5$
6	$A_2B_1C_2D_1$	$x_6 = \mu + a_2 + b_1 + c_2 + d_1 + \varepsilon_6$
7	$A_2B_2C_1D_2$	$x_7 = \mu + a_2 + b_2 + c_1 + d_2 + \varepsilon_7$
8	$A_2B_2C_2D_1$	$x_8 = \mu + a_2 + b_2 + c_2 + d_1 + \varepsilon_8$

表 8.7 に示したデータの構造式でも制約式（$\sum a_i = a_1 + a_2 = 0$ など）が課せられている．また，ε_i は独立に $N(0, \sigma^2)$ に従う誤差である．

表 8.7 に基づいて，例えば，T_{A_i} $(i=1, 2)$ を求めてみよう．制約式（$b_1 + b_2 = 0$, $c_1 + c_2 = 0$, $d_1 + d_2 = 0$）に注意すれば，

$$(A_1 \text{水準のデータ和}) = T_{A_1} = x_1 + x_2 + x_3 + x_4$$
$$= 4(\mu + a_1) + 2(b_1 + b_2 + c_1 + c_2 + d_1 + d_2) + \varepsilon_1 + \varepsilon_2 + \varepsilon_3 + \varepsilon_4$$
$$= 4(\mu + a_1) + \varepsilon_1 + \varepsilon_2 + \varepsilon_3 + \varepsilon_4 \tag{8.1}$$

$$(A_2 \text{水準のデータ和}) = T_{A_2} = x_5 + x_6 + x_7 + x_8$$
$$= 4(\mu + a_2) + 2(b_1 + b_2 + c_1 + c_2 + d_1 + d_2) + \varepsilon_5 + \varepsilon_6 + \varepsilon_7 + \varepsilon_8$$
$$= 4(\mu + a_2) + \varepsilon_5 + \varepsilon_6 + \varepsilon_7 + \varepsilon_8 \tag{8.2}$$

となり，A 以外の他の因子の効果は相殺することがわかる．同様に，

$$(B_1 \text{水準のデータ和}) = T_{B_1} = 4(\mu + b_1) + (\text{誤差}) \tag{8.3}$$

$$(B_2 \text{水準のデータ和}) = T_{B_2} = 4(\mu + b_2) + (\text{誤差}) \tag{8.4}$$

$$(C_1 \text{水準のデータ和}) = T_{C_1} = 4(\mu + c_1) + (\text{誤差}) \tag{8.5}$$

$$(C_2 \text{水準のデータ和}) = T_{C_2} = 4(\mu + c_2) + (\text{誤差}) \tag{8.6}$$

$$(D_1 \text{水準のデータ和}) = T_{D_1} = 4(\mu + d_1) + (\text{誤差}) \tag{8.7}$$

$$(D_2 \text{水準のデータ和}) = T_{D_2} = 4(\mu + d_2) + (\text{誤差}) \tag{8.8}$$

となる．これらは，2水準系直交配列表の特徴の「任意の2列を選んだとき，(1,1), (1,2), (2,1), (2,2) の組合せが同数回ずつある」より成り立つ．

これらの式より分散分析表の作成や母平均の推定が可能になる．**平方和はこれまでと全く同様に計算することができるが，2水準系の場合にはより簡便な形で計算することができる．** $N_{A_1} = N_{A_2} = N/2$, $T = T_{A_1} + T_{A_2}$ に注意して，

$$\begin{aligned}
S_A &= \sum_{i=1}^{2} \frac{(A_i \text{水準のデータ和})^2}{A_i \text{水準のデータ数}} - CT \\
&= \frac{T_{A_1}^2}{N_{A_1}} + \frac{T_{A_2}^2}{N_{A_2}} - \frac{(T_{A_1} + T_{A_2})^2}{N} \\
&= \frac{2T_{A_1}^2 + 2T_{A_2}^2 - T_{A_1}^2 - 2T_{A_1}T_{A_2} - T_{A_2}^2}{N} \\
&= \frac{(T_{A_1} - T_{A_2})^2}{N}
\end{aligned} \tag{8.9}$$

が成り立つ．上式に式 (8.1) と式 (8.2) を代入すると，

$$S_A = \frac{(T_{A_1} - T_{A_2})^2}{N} = \frac{\{4(a_1 - a_2) + (\text{誤差})\}^2}{N} \tag{8.10}$$

となる．S_A は因子 A の効果の大きさを誤差とともに評価する量になっており，他の因子の効果が交絡していない．

因子 A は2水準だから自由度は $\phi_A = 2 - 1 = 1$ である．

直交配列表実験の解析では，特有の **"列平方和"** や **"列自由度"** を求める．そのために次の記号を定義しておく．

記号の定義

(1) $T_{[k]_i}$ ⋯ 第 $[k]$ 列が第 i 水準のデータ和

(2) $N_{[k]_i}$ ⋯ 第 $[k]$ 列が第 i 水準のデータ数

(3) $\bar{x}_{[k]_i}$ ⋯ 第 $[k]$ 列が第 i 水準のデータの平均 $(= T_{[k]_i}/N_{[k]_i})$

まず，"列平方和"について説明しよう．第 $[k]$ 列に対して列平方和を，式 (8.9) と同様に，

$$(第 [k] 列の列平方和) = S_{[k]} = \frac{(T_{[k]_1} - T_{[k]_2})^2}{N} \tag{8.11}$$

と定義する．

表 8.3 では，因子 A を第 1 列に割り付けているから $T_{A_1} = T_{[1]_1}$, $T_{A_2} = T_{[1]_2}$ であり，式 (8.9) と式 (8.11) より $S_A = S_{[1]}$ となる．すなわち，直交配列表の解析では，**それぞれの列に対して列平方和をあらかじめ計算しておき，要因の平方和は，その要因を割り付けた列の列平方和を対応させればよい．**

また，列平方和に対応して"列自由度"を考えることができる．それぞれの列には 2 水準が設定されているから，

$$(第 [k] 列の列自由度) = \phi_{[k]} = 2 - 1 = 1 \tag{8.12}$$

とする．

本節では 2 水準の因子のみを考えており，それぞれの主効果の自由度は 1 である．したがって，交互作用の自由度は $1 \times 1 = 1$ である．一方，それぞれの列自由度も 1 だから，1 つの交互作用の平方和が 1 つの列平方和に対応することは自由度の勘定から矛盾しないことに注意しよう．

ここで，さらにいくつかの基本事項を付け加えてまとめておく．

---

2 水準系直交配列表を利用する際の基本的な考え方

(1) 「因子を割り付ける」とは直交配列表の列番号の上に因子名を書き込むことである．

(2) 因子を割り付けると実験を実施するときの水準組合せが定まる．

(3) 検討すべき交互作用は主効果に交絡しないように割り付ける．

(4) 因子が割り付けられておらず，検討すべき交互作用が現れない列を誤差列と呼ぶ．

(5) それぞれの列平方和 $S_{[k]}$ を式 (8.11) を用いて計算する．また，列自由度は $\phi_{[k]} = 1$ である．

(6) 因子の主効果の平方和はその因子を割り付けた列平方和に等しい．

因子の主効果の自由度はその列の列自由度に等しい．
(7) 交互作用の平方和は交互作用が現れる列の列平方和に等しい．交互作用の自由度はその列の列自由度に等しい．
(8) 誤差平方和 S_E は誤差列の列平方和の <u>和</u> であり，誤差自由度 ϕ_E は誤差列の列自由度の <u>和</u> である．
(9) 総平方和 S_T はすべての列平方和の <u>和</u> に等しい．総自由度 ϕ_T はすべての列自由度の <u>和</u> に等しい．

表8.3 に基づいて上の要点を補足する．L_8 直交配列表では，

$$S_T = S_{[1]} + S_{[2]} + S_{[3]} + S_{[4]} + S_{[5]} + S_{[6]} + S_{[7]} \tag{8.13}$$

$$\phi_T = \phi_{[1]} + \phi_{[2]} + \phi_{[3]} + \phi_{[4]} + \phi_{[5]} + \phi_{[6]} + \phi_{[7]} = 7 \tag{8.14}$$

が成り立つ．このことが上の (9) の内容である．つまり，2水準系直交配列表では，総平方和 S_T を自由度が1ずつの平方和に分解している．表8.3 では，因子 A，B，C，D がそれぞれ第 [1] 列，第 [2] 列，第 [4] 列，第 [5] 列に割り付けられているから，

$$S_A = S_{[1]},\ S_B = S_{[2]},\ S_C = S_{[4]},\ S_D = S_{[5]} \tag{8.15}$$

となる．表8.3 は交互作用を考慮していないから，式 (8.13) と式 (8.15) より

$$S_E = S_T - (S_A + S_B + S_C + S_D) = S_{[3]} + S_{[6]} + S_{[7]} \tag{8.16}$$

となる．このことが，上の基本的な考え方の (4) と (8) の内容である．

（2） 分散分析表の作成と母平均の推定および予測

主効果や交互作用の平方和を列平方和に対応させて求めること以外の一連の解析方法，すなわち，データの構造式の設定の仕方，分散分析表の作成の仕方，$E(V)$ の求め方などは第2章で述べた内容と同じである．具体的な内容は適用例の中で説明する．

直交配列表実験では，誤差自由度が小さいので検出力が低くなっていることが多い．また，直交配列表実験は「多くの要因を取り上げた中で，どの要因に効果があるのかを見いだす」という探索的な立場から用いられることが多く，

プーリングに関しては，2.2 節に述べたプーリングの目安の (4) を考慮しながら行うのがよい．

分散分析後のデータの構造式の設定，最適水準の定め方，点推定・区間推定および予測の方法についても，2.3 節で述べた内容と同じである（8.4 節の適用例を参照）．しかし，次の 2 点には特に注意する必要がある．ここでは特性値は大きい方が望ましいと想定して説明する．

- 多くの要因を取り上げて，それぞれの最適水準を選んでいくと，実際の母平均を過大推定してしまうことが知られている．要因の数が増加するにともなって，過大推定の程度は大きくなる．したがって，選ばれた水準組合せの下で実機による操業を行っても，期待するほどの結果を得られない場合がある．
- 2 水準しか設定していないから，よい方の水準を選んでも，その延長線上やその他にもっとよい水準が存在するかもしれない．

以下の適用例では分散分析後の推定なども記述する．しかし，「直交配列表実験は多くの因子の中から効果のありそうな因子を絞り込む探索的な実験である」という点を再度認識してほしい．そして，最適水準の決定やその下での母平均の推定と予測については，さらなる実験を積み上げて，その効果を把握していくことが望ましい．

8.4 適 用 例

[例 8.5] ある材料の強度を高める要因を見いだす目的で，7 つの因子 A, B, C, D, F, G, H を取り上げ，それぞれ 2 水準を設定した．考慮する交互作用としては，$A \times B$, $A \times C$, $B \times C$, $C \times D$, $D \times F$ の 5 つとした．

手順 1　因子の割り付け

主効果の自由度の合計は 7，考慮する交互作用の自由度の合計は 5，併せて 12 なので，L_{16} 直交配列表を用いることにする．必要な線点図は図 8.6 のようになる．これを付録の図 A.3 の用意されている線点図 (2) に組み込むと図 8.7 となる．図 8.7 より因子の割り付けと交互作用列および誤差列を表 8.8 に

第 8 章　2 水準系直交配列表実験

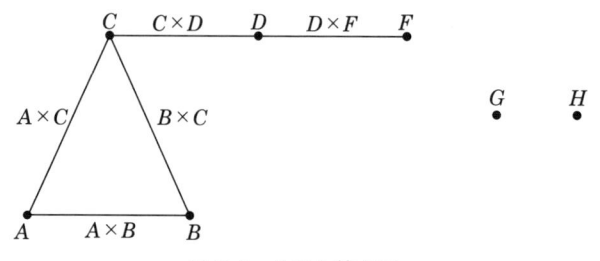

図 8.6　必要な線点図

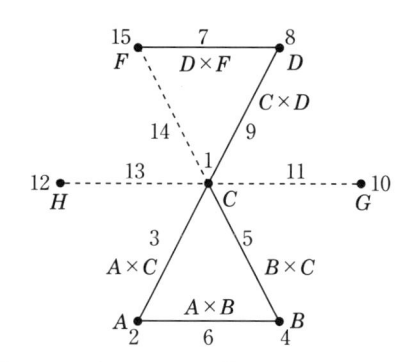

図 8.7　用意されている線点図への組み込み

示す．

手順 2　実験順序とデータの採取

表 8.8 に示した割り付けより，No.1 から No.16 までの実験における因子の水準組合せが定まる．そして，No.1 から No.16 までの実験をランダムな順序で行い，データを採取する．水準組合せと実験順序を表 8.9 に示す．また，得られたデータを表 8.8 に示す．

手順 3　データの構造式の設定

$$x = \mu + a + b + c + d + f + g + h + (ab) + (ac) + (bc) + (cd) + (df) + \varepsilon$$
$$\varepsilon \sim N(0, \sigma^2) \quad \text{（制約式は省略）}$$

8.4 適用例

表 8.8 L_{16} 直交配列表への因子の割り付けとデータ（例 8.5）

割り付け \ 列番 No.	C [1]	A [2]	$A \times C$ [3]	B [4]	$B \times C$ [5]	$A \times B$ [6]	D [7]	$D \times F$ [8]	C [9]	$C \times D$ [10]	G [11]	誤差 [12]	H [13]	誤差 [14]	誤差 F [15]	データ x	x^2
1	1	1	1	1	1	1	1	1	1	1	1	1	1	1	1	16	256
2	1	1	1	1	1	1	1	2	2	2	2	2	2	2	2	38	1444
3	1	1	1	2	2	2	2	1	1	1	1	2	2	2	2	38	1444
4	1	1	1	2	2	2	2	2	2	2	2	1	1	1	1	58	3364
5	1	2	2	1	1	2	2	1	1	2	2	1	1	2	2	19	361
6	1	2	2	1	1	2	2	2	2	1	1	2	2	1	1	27	729
7	1	2	2	2	2	1	1	1	1	2	2	2	2	1	1	5	25
8	1	2	2	2	2	1	1	2	2	1	1	1	1	2	2	41	1681
9	2	1	2	1	2	1	2	1	2	1	2	1	2	1	2	41	1681
10	2	1	2	1	2	1	2	2	1	2	1	2	1	2	1	25	625
11	2	1	2	2	1	2	1	1	2	1	2	2	1	2	1	43	1849
12	2	1	2	2	1	2	1	2	1	2	1	1	2	1	2	45	2025
13	2	2	1	1	2	2	1	1	2	2	1	1	2	2	1	22	484
14	2	2	1	1	2	2	1	2	1	1	2	2	1	1	2	38	1444
15	2	2	1	2	1	1	2	1	2	2	1	2	1	1	2	32	1024
16	2	2	1	2	1	1	2	2	1	1	2	1	2	2	1	28	784
成分	a	a b	a b	a b c	a c	a b c	b c d	d	a c d	b d	a b c d	c d	a c d	b c d	a b c d	$\sum x_i$ = 516	$\sum x_i^2$ = 19220

表 8.9 水準組合せと実験順序

No.	水準組合せ	実験順序	No.	水準組合せ	実験順序
1	$A_1B_1C_1D_1F_1G_1H_1$	6	9	$A_1B_1C_2D_1F_2G_1H_2$	2
2	$A_1B_1C_1D_2F_2G_2H_2$	13	10	$A_1B_1C_2D_2F_1G_2H_1$	5
3	$A_1B_2C_1D_1F_2G_1H_2$	1	11	$A_1B_2C_2D_1F_1G_1H_2$	11
4	$A_1B_2C_1D_2F_1G_2H_1$	9	12	$A_1B_2C_2D_2F_2G_2H_1$	4
5	$A_2B_1C_1D_1F_2G_2H_1$	10	13	$A_2B_1C_2D_1F_1G_2H_1$	15
6	$A_2B_1C_1D_2F_1G_1H_2$	16	14	$A_2B_1C_2D_2F_2G_1H_2$	8
7	$A_2B_2C_1D_1F_1G_2H_2$	7	15	$A_2B_2C_2D_1F_2G_2H_2$	3
8	$A_2B_2C_1D_2F_2G_1H_1$	12	16	$A_2B_2C_2D_2F_1G_1H_1$	14

手順 4　計算補助表の作成

グラフ化や平方和の計算に先だって表 8.10 に示す計算補助表や各 2 元表（表 8.11 から表 8.15）を作成する．

表 8.10 の作成において，「$T_{[k]_1}$ は第 $[k]$ 列の水準番号が 1 のデータ和」「$T_{[k]_2}$ は第 $[k]$ 列の水準番号が 2 のデータ和」なので，表 8.8 より，例えば，

$$T_{[1]_1} = 16 + 38 + 38 + 58 + 19 + 27 + 5 + 41 = 242$$

$$T_{[1]_2} = 41 + 25 + 43 + 45 + 22 + 38 + 32 + 28 = 274$$

$$T_{[2]_1} = 16 + 38 + 38 + 58 + 41 + 25 + 43 + 45 = 304$$

$$T_{[2]_2} = 19 + 27 + 5 + 41 + 22 + 38 + 32 + 28 = 212$$

と計算する．また，列平方和は式 (8.11)，すなわち，

$$S_{[k]} = \frac{(T_{[k]_1} - T_{[k]_2})^2}{N} \qquad (\text{この例では } N = 16)$$

を用いて計算する．

次に，表 8.11 の作成において，「$T_{A_i B_j}$ は $A_i B_j$ 水準のデータ和」なので A を割り付けた第 [2] 列と B を割り付けた第 [4] 列に着目する．例えば，$T_{A_1 B_1}$ は「第 [2] 列の水準番号が 1 で第 [4] 列の水準番号が 1 のデータ和」，$T_{A_1 B_2}$ は「第 [2] 列の水準番号が 1 で第 [4] 列の水準番号が 2 のデータ和」であり，

$$T_{A_1 B_1} = 16 + 38 + 41 + 25 = 120$$

$$T_{A_1 B_2} = 38 + 58 + 43 + 45 = 184$$

と計算する．他の 2 元表についても同様に計算する．

手順 5　データのグラフ化

手順 4 で求めた計算補助表や各 2 元表の平均値に基づいてグラフを作成し，各要因効果の概略を把握する．図 8.8 より，主効果については A，B，D，F が他より大きく，交互作用については $A \times B$ と $C \times D$ が他より大きそうである．

8.4 適用例

表 8.10 計算補助表

割り付け	列	第1水準のデータ和 / 第1水準の平均	第2水準のデータ和 / 第2水準の平均	列平方和 ($S_{[k]}$)
C	[1]	$T_{[1]_1} = 242$ / $\bar{x}_{[1]_1} = 30.3$	$T_{[1]_2} = 274$ / $\bar{x}_{[1]_2} = 34.3$	64.0
A	[2]	$T_{[2]_1} = 304$ / $\bar{x}_{[2]_1} = 38.0$	$T_{[2]_2} = 212$ / $\bar{x}_{[2]_2} = 26.5$	529.0
$A \times C$	[3]	$T_{[3]_1} = 270$ / $\bar{x}_{[3]_1} = 33.8$	$T_{[3]_2} = 246$ / $\bar{x}_{[3]_2} = 30.8$	36.0
B	[4]	$T_{[4]_1} = 226$ / $\bar{x}_{[4]_1} = 28.3$	$T_{[4]_2} = 290$ / $\bar{x}_{[4]_2} = 36.3$	256.0
$B \times C$	[5]	$T_{[5]_1} = 248$ / $\bar{x}_{[5]_1} = 31.0$	$T_{[5]_2} = 268$ / $\bar{x}_{[5]_2} = 33.5$	25.0
$A \times B$	[6]	$T_{[6]_1} = 226$ / $\bar{x}_{[6]_1} = 28.3$	$T_{[6]_2} = 290$ / $\bar{x}_{[6]_2} = 36.3$	256.0
$D \times F$	[7]	$T_{[7]_1} = 248$ / $\bar{x}_{[7]_1} = 31.0$	$T_{[7]_2} = 268$ / $\bar{x}_{[7]_2} = 33.5$	25.0
D	[8]	$T_{[8]_1} = 216$ / $\bar{x}_{[8]_1} = 27.0$	$T_{[8]_2} = 300$ / $\bar{x}_{[8]_2} = 37.5$	441.0
$C \times D$	[9]	$T_{[9]_1} = 214$ / $\bar{x}_{[9]_1} = 26.8$	$T_{[9]_2} = 302$ / $\bar{x}_{[9]_2} = 37.8$	484.0
G	[10]	$T_{[10]_1} = 272$ / $\bar{x}_{[10]_1} = 34.0$	$T_{[10]_2} = 244$ / $\bar{x}_{[10]_2} = 30.5$	49.0
誤差	[11]	$T_{[11]_1} = 246$ / $\bar{x}_{[11]_1} = 30.8$	$T_{[11]_2} = 270$ / $\bar{x}_{[11]_2} = 33.8$	36.0
H	[12]	$T_{[12]_1} = 270$ / $\bar{x}_{[12]_1} = 33.8$	$T_{[12]_2} = 246$ / $\bar{x}_{[12]_2} = 30.8$	36.0
誤差	[13]	$T_{[13]_1} = 272$ / $\bar{x}_{[13]_1} = 34.0$	$T_{[13]_2} = 244$ / $\bar{x}_{[13]_2} = 30.5$	49.0
誤差	[14]	$T_{[14]_1} = 262$ / $\bar{x}_{[14]_1} = 32.8$	$T_{[14]_2} = 254$ / $\bar{x}_{[14]_2} = 31.8$	4.0
F	[15]	$T_{[15]_1} = 224$ / $\bar{x}_{[15]_1} = 28.0$	$T_{[15]_2} = 292$ / $\bar{x}_{[15]_2} = 36.5$	289.0

表 8.11　AB 2元表

	B_1	B_2
A_1	$T_{A_1B_1}=120$	$T_{A_1B_2}=184$
	$\bar{x}_{A_1B_1}=30.0$	$\bar{x}_{A_1B_2}=46.0$
A_2	$T_{A_2B_1}=106$	$T_{A_2B_2}=106$
	$\bar{x}_{A_2B_1}=26.5$	$\bar{x}_{A_2B_2}=26.5$

表 8.12　AC 2元表

	C_1	C_2
A_1	$T_{A_1C_1}=150$	$T_{A_1C_2}=154$
	$\bar{x}_{A_1C_1}=37.5$	$\bar{x}_{A_1C_2}=38.5$
A_2	$T_{A_2C_1}=92$	$T_{A_2C_2}=120$
	$\bar{x}_{A_2C_1}=23.0$	$\bar{x}_{A_2C_2}=30.0$

表 8.13　BC 2元表

	C_1	C_2
B_1	$T_{B_1C_1}=100$	$T_{B_1C_2}=126$
	$\bar{x}_{B_1C_1}=25.0$	$\bar{x}_{B_1C_2}=31.5$
B_2	$T_{B_2C_1}=142$	$T_{B_2C_2}=148$
	$\bar{x}_{B_2C_1}=35.5$	$\bar{x}_{B_2C_2}=37.0$

表 8.14　CD 2元表

	D_1	D_2
C_1	$T_{C_1D_1}=78$	$T_{C_1D_2}=164$
	$\bar{x}_{C_1D_1}=19.5$	$\bar{x}_{C_1D_2}=41.0$
C_2	$T_{C_2D_1}=138$	$T_{C_2D_2}=136$
	$\bar{x}_{C_2D_1}=34.5$	$\bar{x}_{C_2D_2}=34.0$

表 8.15　DF 2元表

	F_1	F_2
D_1	$T_{D_1F_1}=86$	$T_{D_1F_2}=130$
	$\bar{x}_{D_1F_1}=21.5$	$\bar{x}_{D_1F_2}=32.5$
D_2	$T_{D_2F_1}=138$	$T_{D_2F_2}=162$
	$\bar{x}_{D_2F_1}=34.5$	$\bar{x}_{D_2F_2}=40.5$

手順6　平方和と自由度の計算

表 8.8 より修正項と総平方和を計算すると

$$CT = \frac{(\text{データの総計})^2}{\text{総データ数}} = \frac{T^2}{N} = \frac{516^2}{16} = 16641$$

$$S_T = (\text{個々のデータの2乗和}) - CT = \sum_{i=1}^{16} x_i^2 - CT$$

$$= 19220 - 16641 = 2579$$

となり，この値は表 8.10 に示した各列の平方和 $S_{[k]}$ の和に一致する．すな

図 8.8 各要因効果のグラフ

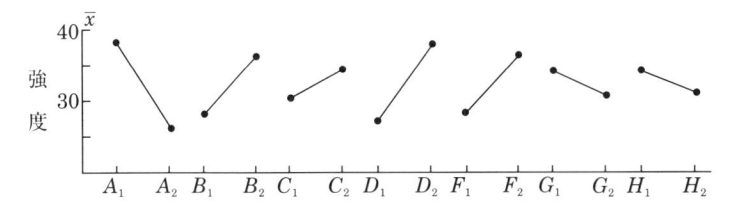

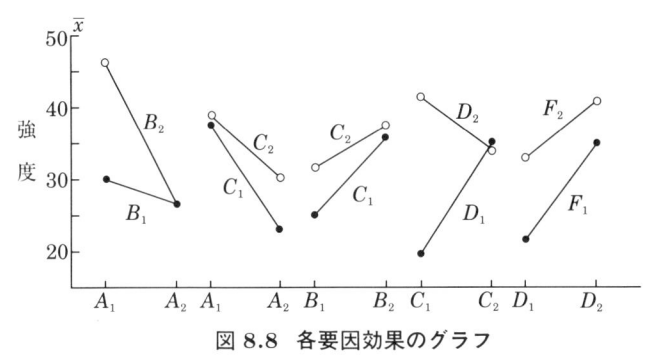

わち,

$$S_T = \sum_{k=1}^{15} S_{[k]} = 2579.0$$

となる.また,総自由度は $\phi_T = N - 1 = 16 - 1 = 15$ である.

各要因効果の平方和は,その要因を割り付けた列の列平方和に一致し,その値は表 8.10 で計算されている.また,誤差平方和と自由度は要因が割り付けられていない列の列平方和の和と列自由度の和であり,表 8.10 より

$$S_E = S_{[11]} + S_{[13]} + S_{[14]} = 36.0 + 49.0 + 4.0 = 89.0$$

$$\phi_E = \phi_{[11]} + \phi_{[13]} + \phi_{[14]} = 1 + 1 + 1 = 3$$

と求まる.

手順 7　分散分析表の作成

手順 6 の結果に基づいて表 8.16 の分散分析表(1)を作成する.

主効果 A, D と交互作用 $C \times D$ が有意である.F_0 値の小さな G, H, $A \times C$, $B \times C$, $D \times F$ をプールして分散分析表(2)を作成する.主効果

表 8.16 分散分析表（1）

要因	S	ϕ	V	F_0	$E(V)$
A	529.0	1	529.0	17.8*	$\sigma^2 + 8\sigma_A^2$
B	256.0	1	256.0	8.63	$\sigma^2 + 8\sigma_B^2$
C	64.0	1	64.0	2.16	$\sigma^2 + 8\sigma_C^2$
D	441.0	1	441.0	14.9*	$\sigma^2 + 8\sigma_D^2$
F	289.0	1	289.0	9.74	$\sigma^2 + 8\sigma_F^2$
G	49.0	1	49.0	1.65	$\sigma^2 + 8\sigma_G^2$
H	36.0	1	36.0	1.21	$\sigma^2 + 8\sigma_H^2$
$A \times B$	256.0	1	256.0	8.63	$\sigma^2 + 4\sigma_{A \times B}^2$
$A \times C$	36.0	1	36.0	1.21	$\sigma^2 + 4\sigma_{A \times C}^2$
$B \times C$	25.0	1	25.0	0.843	$\sigma^2 + 4\sigma_{B \times C}^2$
$C \times D$	484.0	1	484.0	16.3*	$\sigma^2 + 4\sigma_{C \times D}^2$
$D \times F$	25.0	1	25.0	0.843	$\sigma^2 + 4\sigma_{D \times F}^2$
E	89.0	3	29.67		σ^2
T	2579.0	15			

$F(1, 3; 0.05) = 10.1, \quad F(1, 3; 0.01) = 34.1$

表 8.17 分散分析表（2）

要因	S	ϕ	V	F_0	$E(V)$
A	529.0	1	529.0	16.3**	$\sigma^2 + 8\sigma_A^2$
B	256.0	1	256.0	7.88*	$\sigma^2 + 8\sigma_B^2$
C	64.0	1	64.0	1.97	$\sigma^2 + 8\sigma_C^2$
D	441.0	1	441.0	13.6**	$\sigma^2 + 8\sigma_D^2$
F	289.0	1	289.0	8.89*	$\sigma^2 + 8\sigma_F^2$
$A \times B$	256.0	1	256.0	7.88*	$\sigma^2 + 4\sigma_{A \times B}^2$
$C \times D$	484.0	1	484.0	14.9**	$\sigma^2 + 4\sigma_{C \times D}^2$
E'	260.0	8	32.50		σ^2
T	2579.0	15			

$F(1, 8; 0.05) = 5.32, \quad F(1, 8; 0.01) = 11.3$

C の F_0 値は微妙な大きさだが，$C \times D$ を無視しないのでプールしない．

なお，$E(V)$ の欄において，例えば，A_1 水準のデータの個数は 8 個だから σ_A^2 には 8 が掛けられており，A_1B_1 の水準組合せのデータの個数は 4 個だから $\sigma_{A \times B}^2$ には 4 が掛けられている．その他の係数も同様に求めることができる．

分散分析表（2）では，主効果 A，D と交互作用 $C \times D$ が高度に有意になり，主効果 B，F と交互作用 $A \times B$ が有意になった．

手順 8　分散分析後のデータの構造式

表 8.17 より，次のようにデータの構造式を考えることにする．

$$x = \mu + a + b + c + d + f + (ab) + (cd) + \varepsilon$$
$$\varepsilon \sim N(0, \sigma^2)$$

手順 9　最適水準の決定

手順 8 のデータの構造式より，$ABCDF$ の水準組合せの下で次のように母平均を推定する．

$$\hat{\mu}(ABCDF) = \widehat{\mu + a + b + c + d + f + (ab) + (cd)}$$
$$= \widehat{\mu + a + b + (ab)} + \widehat{\mu + c + d + (cd)} + \widehat{\mu + f} - 2\hat{\mu}$$
$$= \bar{x}_{AB} + \bar{x}_{CD} + \bar{x}_F - 2\bar{\bar{x}}$$

上式を最大にする因子の水準は，A と B は表 8.11 の AB 2 元表より A_1B_2，C と D は表 8.14 の CD 2 元表より C_1D_2，F は表 8.10 の第 [15] 列より F_2 水準である．

手順 1 0　母平均の点推定

手順 9 より次のようになる．

$$\begin{aligned}\hat{\mu}(A_1B_2C_1D_2F_2) &= \bar{x}_{A_1B_2} + \bar{x}_{C_1D_2} + \bar{x}_{F_2} - 2\bar{\bar{x}} \\ &= \frac{T_{A_1B_2}}{4} + \frac{T_{C_1D_2}}{4} + \frac{T_{F_2}}{8} - 2 \times \frac{T}{16} \\ &= 46.0 + 41.0 + 36.5 - 2 \times \frac{516}{16} = 59.0\end{aligned}$$

手順11　母平均の区間推定（信頼率：95％）

有効反復数は

$$\frac{1}{n_e} = \frac{1+(\text{点推定に用いた要因の自由度の和})}{\text{総データ数}}$$

$$= \frac{1+(\phi_A+\phi_B+\phi_C+\phi_D+\phi_F+\phi_{A\times B}+\phi_{C\times D})}{N}$$

$$= \frac{1+(1+1+1+1+1+1+1)}{16} = \frac{8}{16} = \frac{1}{2} \quad (\text{田口の式})$$

または，

$$\frac{1}{n_e} = (\text{点推定に用いられている平均の係数の和})$$

$$= \frac{1}{4} + \frac{1}{4} + \frac{1}{8} - 2 \times \frac{1}{16} = \frac{1}{2} \quad (\text{伊奈の式})$$

となるから，信頼区間は次のようになる．

$$\hat{\mu}(A_1B_2C_1D_2F_2) \pm t(\phi_{E'}, 0.05)\sqrt{\frac{V_{E'}}{n_e}} = 59.0 \pm t(8, 0.05)\sqrt{\frac{32.50}{2}}$$

$$= 59.0 \pm 2.306\sqrt{\frac{32.50}{2}} = 59.0 \pm 9.3 = 49.7,\ 68.3$$

手順12　データの予測

$A_1B_2C_1D_2F_2$ の水準組合せにおいて将来新たにデータを取るとき，どのような値が得られるのかを予測する．点予測は手順10の母平均の点推定と同じで，

$$\hat{x} = \hat{\mu}(A_1B_2C_1D_2F_2) = 59.0$$

である．また，信頼率95％の予測区間は次の通りである．

$$\hat{x} \pm t(\phi_{E'}, 0.05)\sqrt{\left(1+\frac{1}{n_e}\right)V_{E'}} = 59.0 \pm t(8, 0.05)\sqrt{\left(1+\frac{1}{2}\right) \times 32.50}$$

$$= 59.0 \pm 2.306\sqrt{\left(1+\frac{1}{2}\right) \times 32.50} = 59.0 \pm 16.1 = 42.9,\ 75.1$$

手順13　2つの母平均の差の推定

例えば，$\mu(A_1B_1C_1D_1F_1)$ と $\mu(A_1B_2C_1D_2F_2)$ の差の推定を行う．

点推定値は次の通りである．

$$\hat{\mu}(A_1B_1C_1D_1F_1) - \hat{\mu}(A_1B_2C_1D_2F_2)$$
$$= (\bar{x}_{A_1B_1} + \bar{x}_{C_1D_1} + \bar{x}_{F_1} - 2\bar{\bar{x}}) - (\bar{x}_{A_1B_2} + \bar{x}_{C_1D_2} + \bar{x}_{F_2} - 2\bar{\bar{x}})$$
$$= (30.0 + 19.5 + 28.0 - 2 \times 32.3) - (46.0 + 41.0 + 36.5 - 2 \times 32.3)$$
$$= -46.0$$

次に，信頼区間を求める．$\hat{\mu}(A_1B_1C_1D_1F_1)$ と $\hat{\mu}(A_1B_2C_1D_2F_2)$ から共通の平均 $2\bar{\bar{x}}$ を消去し，それぞれに伊奈の式を適用する．

$$\bar{x}_{A_1B_1} + \bar{x}_{C_1D_1} + \bar{x}_{F_1} = \frac{T_{A_1B_1}}{4} + \frac{T_{C_1D_1}}{4} + \frac{T_{F_1}}{8}$$
$$\rightarrow \frac{1}{n_{e_1}} = \frac{1}{4} + \frac{1}{4} + \frac{1}{8} = \frac{5}{8}$$

$$\bar{x}_{A_1B_2} + \bar{x}_{C_1D_2} + \bar{x}_{F_2} = \frac{T_{A_1B_2}}{4} + \frac{T_{C_1D_2}}{4} + \frac{T_{F_2}}{8}$$
$$\rightarrow \frac{1}{n_{e_2}} = \frac{1}{4} + \frac{1}{4} + \frac{1}{8} = \frac{5}{8}$$

これより，

$$\frac{1}{n_d} = \frac{1}{n_{e_1}} + \frac{1}{n_{e_2}} = \frac{5}{8} + \frac{5}{8} = \frac{5}{4}$$

が得られる．したがって，信頼区間は，

$$\hat{\mu}(A_1B_1C_1D_1F_1) - \hat{\mu}(A_1B_2C_1D_2F_2) \pm t(\phi_{E'}, 0.05)\sqrt{\frac{V_{E'}}{n_d}}$$
$$= -46.0 \pm t(8, 0.05)\sqrt{\frac{5}{4} \times 32.50} = -46.0 \pm 2.306\sqrt{\frac{5}{4} \times 32.50}$$
$$= -46.0 \pm 14.7 = -60.7,\ -31.3$$

となる．□

第 9 章
3 水準系直交配列表実験

主に 3 水準の因子だけを取り扱う場合には 3 水準系直交配列表実験を利用する．その利用方法や解析方法は 2 水準系直交配列表の場合とほぼ同じである．2 水準因子の場合には主効果も交互作用も自由度はともに 1 だったのに対して，3 水準因子の場合には主効果の自由度は 2 であり，交互作用の自由度は 4 となる．このことより，3 水準系直交配列表実験では交互作用が 2 つの列にまたがって現れる．

9.1　3 水準系直交配列表実験とは

（1）　3 水準系直交配列表とは

3 水準系直交配列表にもいくつかの種類がある．その 1 つとして，表 9.1 に $L_{27}(3^{13})$ 直交配列表を示す．これより小さな 3 水準系直交配列表は $L_9(3^4)$ であり，付録に記載している．一方，$L_{27}(3^{13})$ よりさらに大きな 3 水準系直交配列表として $L_{81}(3^{40})$ がある．

$L_{27}(3^{13})$ における数字の意味は 2 水準系の場合と同様である．それらの意味と直交配列表の構成要素について列記しておこう．

---

3 水準直交配列表の構成要素

(1)　$L_{27}(3^{13})$ において，"27" は行の数を表す．また，"13" は列の数を表す．そして，"3" は 3 水準系であることを意味する．

(2)　表中の数字 "1"，"2"，"3" はその列の水準番号を表す．

(3)　成分は交互作用の現れる列を見いだすために用いる．

(4)　3 水準系直交配列表には $L_9(3^4)$，$L_{27}(3^{13})$，$L_{81}(3^{40})$，… があ

る．これらを，簡便に L_9, L_{27}, L_{81}, … と記述することが多い．

表 9.1 $L_{27}(3^{13})$ 直交配列表

列番 No.	[1]	[2]	[3]	[4]	[5]	[6]	[7]	[8]	[9]	[10]	[11]	[12]	[13]
1	1	1	1	1	1	1	1	1	1	1	1	1	1
2	1	1	1	1	2	2	2	2	2	2	2	2	2
3	1	1	1	1	3	3	3	3	3	3	3	3	3
4	1	2	2	2	1	1	1	2	2	2	3	3	3
5	1	2	2	2	2	2	2	3	3	3	1	1	1
6	1	2	2	2	3	3	3	1	1	1	2	2	2
7	1	3	3	3	1	1	1	3	3	3	2	2	2
8	1	3	3	3	2	2	2	1	1	1	3	3	3
9	1	3	3	3	3	3	3	2	2	2	1	1	1
10	2	1	2	3	1	2	3	1	2	3	1	2	3
11	2	1	2	3	2	3	1	2	3	1	2	3	1
12	2	1	2	3	3	1	2	3	1	2	3	1	2
13	2	2	3	1	1	2	3	2	3	1	3	1	2
14	2	2	3	1	2	3	1	3	1	2	1	2	3
15	2	2	3	1	3	1	2	1	2	3	2	3	1
16	2	3	1	2	1	2	3	3	1	2	2	3	1
17	2	3	1	2	2	3	1	1	2	3	3	1	2
18	2	3	1	2	3	1	2	2	3	1	1	2	3
19	3	1	3	2	1	3	2	1	3	2	1	3	2
20	3	1	3	2	2	1	3	2	1	3	2	1	3
21	3	1	3	2	3	2	1	3	2	1	3	2	1
22	3	2	1	3	1	3	2	2	1	3	3	2	1
23	3	2	1	3	2	1	3	3	2	1	1	3	2
24	3	2	1	3	3	2	1	1	3	2	2	1	3
25	3	3	2	1	1	3	2	3	2	1	2	1	3
26	3	3	2	1	2	1	3	1	3	2	3	2	1
27	3	3	2	1	3	2	1	2	1	3	1	3	2
成分	a	b	a b	a b^2	c	a c	a c^2	b c	a b c	a b^2 c^2	b c^2	a b^2 c	a b c^2
	1群	2群			3群								

表 9.1 から読みとれる 3 水準系直交配列表の特徴は次の通りである．

> **3 水準系直交配列表の特徴**
> (1) どの列も "1", "2", "3" の数字が同数回ずつある
> (2) 任意の 2 列を選んだとき，(1,1), (1,2), (1,3), (2,1), (2,2), (2,3), (3,1), (3,2), (3,3) の組合せが同数回ずつある

3 水準系直交配列表では，1 つの列の水準数は 3 だから列自由度は $3-1=2$ である．$L_{27}(3^{13})$ 直交配列表には全部で 13 列あるから，列自由度の合計は $2 \times 13 = 26$ である．一方，総実験回数は 27 回なので総自由度は $27-1=26$ であり，これは列自由度の合計に等しい．すなわち，行数と列数のあいだの勘定が合う．

（2） 3 水準系直交配列表への因子の割り付け

3 水準系直交配列表を用いる場合にも「考慮すべき 2 因子交互作用」と「無視してもよい 2 因子交互作用」をあらかじめ明確に区別する必要がある．考慮する交互作用がどの列に "現れる" のかを把握して，主効果と交絡しないように因子の割り付けを工夫しなければならない．

3 水準系直交配列表の場合には，主効果の自由度が $3-1=2$ なので，交互作用の自由度は $2 \times 2 = 4$ となる．列自由度は 2 だから交互作用には 2 つの列が対応する．つまり，**「主効果は 1 つの列に割り付けるが，交互作用は 2 列にまたがって現れる」**という点が 2 水準系直交配列表の場合と顕著に異なる．

2 つの因子 Y と Z を 2 つの列に割り付けたときの交互作用 $Y \times Z$ が現れる列の見いだし方には，2 水準系直交配列表の場合と同様に 2 通りの方法がある．

1 つ目の方法は "交互作用を求める表" を参照するものである．例えば，L_{27} 直交配列表に対して表 9.2 に示す "交互作用列を求める表" が用意されている．表 9.2 より，2 つの因子を第 [1] 列と第 [2] 列に割り付けたとき交互作用は第 [3] 列と第 [4] 列の 2 つの列に，第 [1] 列と第 [4] 列に割り付けたとき交互作用は第 [2] 列と第 [3] 列の 2 つの列に現れることがわかる．

9.1 3水準系直交配列表実験とは

表 9.2 交互作用列を求める表（L_{27} 用）

列＼列	[1]	[2]	[3]	[4]	[5]	[6]	[7]	[8]	[9]	[10]	[11]	[12]	[13]
[1]		3 4	2 4	2 3	6 7	5 7	5 6	9 10	8 10	8 9	12 13	11 13	11 12
[2]			1 4	1 3	8 11	9 12	10 13	5 11	6 12	7 13	5 8	6 9	7 10
[3]				1 2	9 13	10 11	8 12	7 12	5 13	6 11	6 10	7 8	5 9
[4]					10 12	8 13	9 11	6 13	7 11	5 12	7 9	5 10	6 8
[5]						1 7	1 6	2 11	3 13	4 12	2 8	4 10	3 9
[6]							1 5	4 13	2 12	3 11	3 10	2 9	4 8
[7]								3 12	4 11	2 13	4 9	3 8	2 10
[8]									1 10	1 9	2 5	3 7	4 6
[9]										1 8	4 7	2 6	3 5
[10]											3 6	4 5	2 7
[11]												1 13	1 12
[12]													1 11

2つ目の方法は，直交配列表の "成分" 記号を利用するものである．

成分記号を用いた交互作用列の見いだし方

因子 Y と Z を割り付けた列のそれぞれの成分記号が p, q であるとき，交互作用 $Y \times Z$ は成分記号が $p \times q$ および $p \times q^2$ の2つの列

に現れる．ただし，$a^3 = b^3 = c^3 = \cdots = 1$と考える．

この手順で該当する列が見つからない場合には，得られた成分を2乗した$(pq)^2$ないしは$(pq^2)^2$を再び展開してみるとよい．

成分記号がp，q，pq，pq^2の関係にある4つの列を"**互いに主効果と交互作用の関係にある列**"と呼ぶ．

[**例9.1**] 表9.1に示したL_{27}直交配列表において考えよう．
(1) Yを第[1]列（成分：a），Zを第[2]列（成分：b）に割り付ける．
　　$\Rightarrow a \times b = ab$：第[3]列
　　　$a \times b^2 = ab^2$：第[4]列
つまり，$Y \times Z$は第[3]列と第[4]列の2つの列に現れる．
(2) Yを第[1]列（成分：a），Zを第[11]列（成分：bc^2）に割り付ける．
　　$\Rightarrow a \times bc^2 = abc^2$：第[13]列
　　　$a \times (bc^2)^2 = ab^2c^4 = ab^2c$：第[12]列
つまり，$Y \times Z$は第[12]列と第[13]列の2つの列に現れる．
(3) Yを第[3]列（成分：ab），Zを第[7]列（成分：ac^2）に割り付ける．
　　$\Rightarrow ab \times ac^2 = a^2bc^2 = (a^2bc^2)^2 = a^4b^2c^4 = ab^2c$：第[12]列
　　　$ab \times (ac^2)^2 = a^3bc^4 = bc$：第[8]列
つまり，$Y \times Z$は第[8]列と第[12]列の2つの列に現れる．□

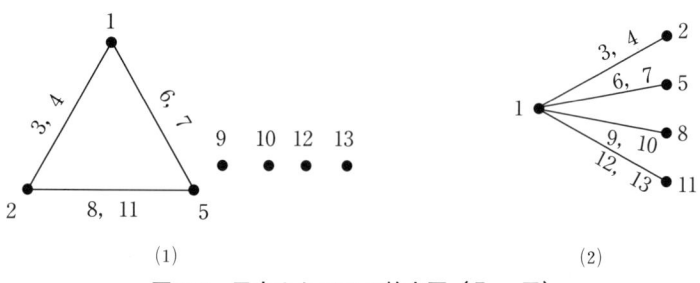

図 9.1 用意されている線点図（L_{27}用）

9.1 3水準系直交配列表実験とは

3水準系直交配列表の場合にも線点図が用意されている．L_{27} 直交配列表に対しては，図 9.1 に示した「用意されている線点図」が作成されている．

[**例 9.2**] 4つの3水準の因子 A, B, C, D を取り上げて，交互作用 $A \times B$, $A \times C$, $A \times D$ を考慮したい．

主効果の自由度の合計は $2 \times 4 = 8$，交互作用の自由度の合計は $4 \times 3 = 12$ であり，自由度の合計は $8 + 12 = 20$ なので，L_{27} 直交配列表を選択する．

必要な線点図は図 9.2 となる．これを図 9.1 の用意されている線点図 (2) に組み込むと図 9.3 のようになる．図 9.3 より因子の割り付けと交互作用列および誤差列を表 9.3 に示す．もちろん，これ以外の割り付けも存在する．□

図 9.2 必要な線点図

図 9.3 用意されている線点図への組み込み

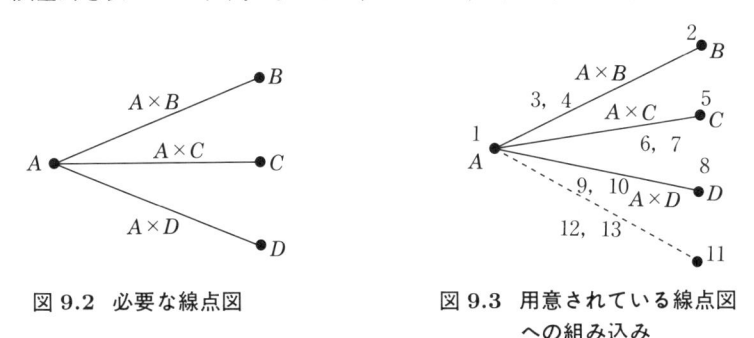

表 9.3 L_{27} 直交配列表への因子の割り付け（例 9.2）

割り付け	A	B	A $\times$ B	A $\times$ B	C	A $\times$ C	A $\times$ C	D	A $\times$ D	A $\times$ D	誤差	誤差	誤差
列番号	[1]	[2]	[3]	[4]	[5]	[6]	[7]	[8]	[9]	[10]	[11]	[12]	[13]
成分	a	b	a b	a b^2	c	a c	a c^2	d (↦ c?)	a b c	a b c^2	a b^2 c	a b^2 c	a b c^2

（3） 解析方法

データの構造式の設定の仕方，分散分析表の作成の仕方，$E(V)$ の求め方，母平均の推定などの一連の解析方法は 2 水準系直交配列表の場合と同じである．交互作用が 2 列にまたがって現れるので，交互作用の平方和を求めるときは，その 2 列の列平方和と列自由度をそれぞれ加えることに注意する．

3 水準系直交配列表では，3 水準を設定しているから，2 水準の場合よりも最適水準として適切な水準を選ぶことのできる可能性が高い．しかし，一方で，図 9.1 に示した用意されている線点図を観察すればわかるように，L_{27} を用いた程度ではあまり多くの交互作用を考慮することができないという弱点もある．

列平方和の求め方について述べておこう．3 水準なので，2 水準の場合のように簡便な平方和の式を用いることができず，第 2 章で述べた平方和の計算式をそのまま用いる必要がある．すなわち，主効果 A の平方和は，

$$S_A = \sum_{i=1}^{3} \frac{(A_i \text{ 水準のデータ和})^2}{A_i \text{ 水準のデータ数}} - CT$$

$$= \frac{T_{A_1}^2}{N_{A_1}} + \frac{T_{A_2}^2}{N_{A_2}} + \frac{T_{A_3}^2}{N_{A_3}} - CT \tag{9.1}$$

と計算する．因子 A は 3 水準だから，その自由度は $\phi_A = 3 - 1 = 2$ である．

列平方和については，第 $[k]$ 列に対して，式 (9.1) と同様に，

$$(\text{第 } [k] \text{ 列の列平方和}) = S_{[k]} = \frac{T_{[k]_1}^2}{N_{[k]_1}} + \frac{T_{[k]_2}^2}{N_{[k]_2}} + \frac{T_{[k]_3}^2}{N_{[k]_3}} - CT \tag{9.2}$$

と求める．

因子 A を第 1 列に割り付けるなら，$T_{A_1} = T_{[1]_1}$，$T_{A_2} = T_{[1]_2}$，$T_{A_3} = T_{[1]_3}$ だから，式 (9.1) と式 (9.2) より $S_A = S_{[1]}$ となる．つまり，3 水準系直交配列表の解析においても，それぞれの列に対して列平方和をあらかじめ計算しておき，因子の平方和はその因子を割り付けた列の列平方和を対応させればよい．

列自由度は，それぞれの列に 3 水準設定されているから，

$$(\text{第 } [k] \text{ 列の列自由度}) = \phi_{[k]} = 3 - 1 = 2 \tag{9.3}$$

とする.

2 水準系直交配列表の際に述べた内容と重複する点が多いが,上で述べた内容も含めて 3 水準系直交配列表を用いる際の基本的な考え方をまとめておく.

---

3 水準系直交配列表を用いる際の基本的な考え方

(1) 「因子を割り付ける」とは直交配列表の列番号の上に因子名を書き込むことである.
(2) 因子を割り付けると実験を実施するときの水準組合せが定まる.
(3) 検討すべき交互作用は主効果に交絡しないように割り付ける.
(4) 因子が割り付けられておらず,検討すべき交互作用が現れない列を誤差列と呼ぶ.
(5) それぞれの列平方和 $S_{[k]}$ を式 (9.2) を用いて計算する.また,列自由度は $\phi_{[k]} = 2$ である.
(6) 因子の主効果の平方和はその因子を割り付けた列平方和に等しい.因子の主効果の自由度はその列の列自由度に等しい.
(7) 交互作用の平方和は交互作用が現れる 2 つの列の列平方和の <u>和</u> に等しい.交互作用の自由度はその 2 列の列自由度の <u>和</u>,すなわち 4 に等しい.
(8) 誤差平方和 S_E は誤差列の列平方和の <u>和</u> であり,誤差自由度 ϕ_E は誤差列の列自由度の <u>和</u> である.
(9) 総平方和 S_T はすべての列平方和の <u>和</u> に等しい.総自由度 ϕ_T はすべての列自由度の <u>和</u> に等しい.

9.2 適 用 例

[例 9.3] ある化学物質の粘度を高める要因を見いだす目的で,5 つの因子 A, B, C, D, F を取り上げ,それぞれ 3 水準を設定した.考慮する交互作用としては,$A \times B$,$A \times C$,$B \times C$ の 3 つとした.

手順1　因子の割り付け

主効果の自由度の合計は $2 \times 5 = 10$，考慮する交互作用の自由度の合計は $4 \times 3 = 12$，併せて 22 なので，L_{27} 直交配列表を用いる．必要な線点図は図 9.4 である．これを付録の図 A.6 の用意されている線点図 (1) に組み込むと図 9.5 となる．これより因子の割り付けと交互作用列および誤差列を表 9.4 に示す．

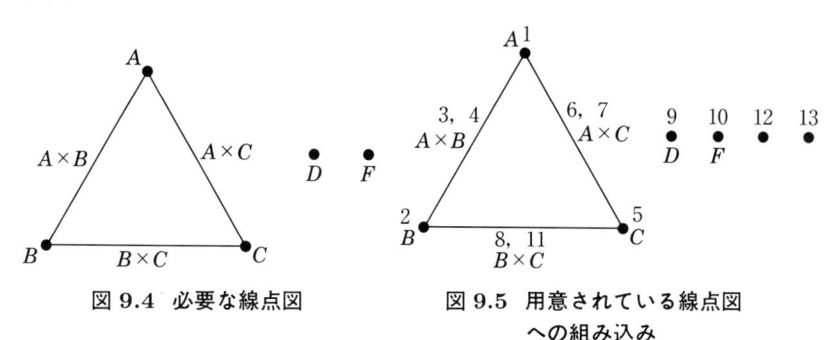

図 9.4　必要な線点図

図 9.5　用意されている線点図への組み込み

手順2　実験順序とデータの採取

表 9.4 に示した割り付けより，No.1 から No.27 までの実験における因子の水準組合せが定まる．No.1 から No.27 までの実験をランダムな順序で行い，データを採取する．水準組合せと実験順序を表 9.5 に示す．また，得られたデータを表 9.4 に示す．

手順3　データの構造式の設定

$$x = \mu + a + b + c + d + f + (ab) + (ac) + (bc) + \varepsilon$$

$\varepsilon \sim N(0, \sigma^2)$　（制約式は省略）

手順4　計算補助表の作成

グラフ化や平方和の計算に先だって表 9.6 に示す計算補助表や各 2 元表（表 9.7 から表 9.9）を作成する．

表 9.6 の作成において，「$T_{[k]_1}$ は第 $[k]$ 列の水準番号が 1 のデータ和」「$T_{[k]_2}$ は第 $[k]$ 列の水準番号が 2 のデータ和」「$T_{[k]_3}$ は第 $[k]$ 列の水準番号が 3 のデー

9.2 適用例

表 9.4 L_{27} 直交配列表への因子の割り付けとデータ（例 9.3）

割り付け No.列番	A [1]	B [2]	A $\times$ B [3]	A $\times$ B [4]	C [5]	A $\times$ C [6]	A $\times$ C [7]	B $\times$ C [8]	D [9]	F [10]	B $\times$ C [11]	誤 差 [12]	誤 差 [13]	データ x	x^2
1	1	1	1	1	1	1	1	1	1	1	1	1	1	10	100
2	1	1	1	1	2	2	2	2	2	2	2	2	2	29	841
3	1	1	1	1	3	3	3	3	3	3	3	3	3	31	961
4	1	2	2	2	1	1	1	2	2	2	3	3	3	37	1369
5	1	2	2	2	2	2	2	3	3	3	1	1	1	39	1521
6	1	2	2	2	3	3	3	1	1	1	2	2	2	40	1600
7	1	3	3	3	1	1	1	3	3	3	2	2	2	29	841
8	1	3	3	3	2	2	2	1	1	1	3	3	3	33	1089
9	1	3	3	3	3	3	3	2	2	2	1	1	1	44	1936
10	2	1	2	3	1	2	3	1	2	3	1	2	3	35	1225
11	2	1	2	3	2	3	1	2	3	1	2	3	1	24	576
12	2	1	2	3	3	1	2	3	1	2	3	1	2	25	625
13	2	2	3	1	1	2	3	2	3	1	3	1	2	34	1156
14	2	2	3	1	2	3	1	3	1	2	1	2	3	31	961
15	2	2	3	1	3	1	2	1	2	3	2	3	1	34	1156
16	2	3	1	2	1	2	3	3	1	2	2	3	1	29	841
17	2	3	1	2	2	3	1	1	2	3	3	1	2	25	625
18	2	3	1	2	3	1	2	2	3	1	1	2	3	23	529
19	3	1	3	2	1	3	2	1	3	2	1	3	2	21	441
20	3	1	3	2	2	1	3	2	1	3	2	1	3	28	784
21	3	1	3	2	3	2	1	3	2	1	3	2	1	30	900
22	3	2	1	3	1	3	2	2	1	3	3	2	1	25	625
23	3	2	1	3	2	1	3	3	2	1	1	3	2	33	1089
24	3	2	1	3	3	2	1	1	3	2	2	1	3	31	961
25	3	3	2	1	1	3	2	3	2	1	2	1	3	28	784
26	3	3	2	1	2	1	3	1	3	2	3	2	1	25	625
27	3	3	2	1	3	2	1	2	1	3	1	3	2	18	324
成分	a	b	a b	a b^2	c	a c	a c^2	b c	b c	b c^2	a b c^2	a b^2 c	a b c	$\sum x_i$ $=791$	$\sum x_i^2$ $=24485$

タ和」なので，表 9.4 より，例えば，

$$T_{[1]_1} = 10 + 29 + 31 + 37 + 39 + 40 + 29 + 33 + 44 = 292$$

$$T_{[1]_2} = 35 + 24 + 25 + 34 + 31 + 34 + 29 + 25 + 23 = 260$$

$$T_{[1]_3} = 21 + 28 + 30 + 25 + 33 + 31 + 28 + 25 + 18 = 239$$

表 9.5 水準組合せと実験順序

No.	水準組合せ	実験順序	No.	水準組合せ	実験順序
1	$A_1B_1C_1D_1F_1$	19	15	$A_2B_2C_3D_2F_3$	27
2	$A_1B_1C_2D_2F_2$	21	16	$A_2B_3C_1D_1F_2$	11
3	$A_1B_1C_3D_3F_3$	8	17	$A_2B_3C_2D_2F_3$	24
4	$A_1B_2C_1D_2F_2$	4	18	$A_2B_3C_3D_3F_1$	26
5	$A_1B_2C_2D_3F_3$	13	19	$A_3B_1C_1D_3F_2$	15
6	$A_1B_2C_3D_1F_1$	3	20	$A_3B_1C_2D_1F_3$	2
7	$A_1B_3C_1D_3F_3$	18	21	$A_3B_1C_3D_2F_1$	23
8	$A_1B_3C_2D_1F_1$	7	22	$A_3B_2C_1D_1F_3$	17
9	$A_1B_3C_3D_2F_2$	9	23	$A_3B_2C_2D_2F_1$	6
10	$A_2B_1C_1D_2F_3$	25	24	$A_3B_2C_3D_3F_2$	10
11	$A_2B_1C_2D_3F_1$	12	25	$A_3B_3C_1D_2F_1$	5
12	$A_2B_1C_3D_1F_2$	20	26	$A_3B_3C_2D_3F_2$	22
13	$A_2B_2C_1D_3F_1$	1	27	$A_3B_3C_3D_1F_3$	16
14	$A_2B_2C_2D_1F_2$	14			

と計算する.また,列平方和は式 (9.2),すなわち,

$$S_{[k]} = \frac{T_{[k]_1}^2}{N_{[k]_1}} + \frac{T_{[k]_2}^2}{N_{[k]_2}} + \frac{T_{[k]_3}^2}{N_{[k]_3}} - CT$$

(この例では $N_{[k]_1} = N_{[k]_2} = N_{[k]_3} = 9$)

$$CT = \frac{T^2}{N} = \frac{791^2}{27} = 23173.37$$

を用いて計算する.

表 9.7 の作成において,「$T_{A_iB_j}$ は A_iB_j 水準のデータ和」なので,A を割り付けた第 [1] 列と B を割り付けた第 [2] 列に着目する.例えば,$T_{A_1B_1}$ は「第 [1] 列の水準番号が 1 で第 [2] 列の水準番号が 1 のデータ和」であり,$T_{A_1B_2}$ は「第 [1] 列の水準番号が 1 で第 [2] 列の水準番号が 2 のデータ和」である.すなわち,

$$T_{A_1B_1} = 10 + 29 + 31 = 70$$
$$T_{A_1B_2} = 37 + 39 + 40 = 116$$

表 9.6 計算補助表

割り付け	列	$T_{[k]_1}$ $\bar{x}_{[k]_1}$	$T_{[k]_2}$ $\bar{x}_{[k]_2}$	$T_{[k]_3}$ $\bar{x}_{[k]_3}$	列平方和 $(S_{[k]})$
A	[1]	$T_{[1]_1} = 292$ $\bar{x}_{[1]_1} = 32.4$	$T_{[1]_2} = 260$ $\bar{x}_{[1]_2} = 28.9$	$T_{[1]_3} = 239$ $\bar{x}_{[1]_3} = 26.6$	158.30
B	[2]	$T_{[2]_1} = 233$ $\bar{x}_{[2]_1} = 25.9$	$T_{[2]_2} = 304$ $\bar{x}_{[2]_2} = 33.8$	$T_{[2]_3} = 254$ $\bar{x}_{[2]_3} = 28.2$	295.63
$A \times B$	[3]	$T_{[3]_1} = 236$ $\bar{x}_{[3]_1} = 26.2$	$T_{[3]_2} = 271$ $\bar{x}_{[3]_2} = 30.1$	$T_{[3]_3} = 284$ $\bar{x}_{[3]_3} = 31.6$	136.96
$A \times B$	[4]	$T_{[4]_1} = 240$ $\bar{x}_{[4]_1} = 26.7$	$T_{[4]_2} = 272$ $\bar{x}_{[4]_2} = 30.2$	$T_{[4]_3} = 279$ $\bar{x}_{[4]_3} = 31.0$	96.07
C	[5]	$T_{[5]_1} = 248$ $\bar{x}_{[5]_1} = 27.6$	$T_{[5]_2} = 267$ $\bar{x}_{[5]_2} = 29.7$	$T_{[5]_3} = 276$ $\bar{x}_{[5]_3} = 30.7$	45.41
$A \times C$	[6]	$T_{[6]_1} = 244$ $\bar{x}_{[6]_1} = 27.1$	$T_{[6]_2} = 278$ $\bar{x}_{[6]_2} = 30.9$	$T_{[6]_3} = 269$ $\bar{x}_{[6]_3} = 29.9$	68.96
$A \times C$	[7]	$T_{[7]_1} = 235$ $\bar{x}_{[7]_1} = 26.1$	$T_{[7]_2} = 257$ $\bar{x}_{[7]_2} = 28.6$	$T_{[7]_3} = 299$ $\bar{x}_{[7]_3} = 33.2$	234.96
$B \times C$	[8]	$T_{[8]_1} = 254$ $\bar{x}_{[8]_1} = 28.2$	$T_{[8]_2} = 262$ $\bar{x}_{[8]_2} = 29.1$	$T_{[8]_3} = 275$ $\bar{x}_{[8]_3} = 30.6$	24.96
D	[9]	$T_{[9]_1} = 239$ $\bar{x}_{[9]_1} = 26.6$	$T_{[9]_2} = 295$ $\bar{x}_{[9]_2} = 32.8$	$T_{[9]_3} = 257$ $\bar{x}_{[9]_3} = 28.6$	181.63
F	[10]	$T_{[10]_1} = 255$ $\bar{x}_{[10]_1} = 28.3$	$T_{[10]_2} = 272$ $\bar{x}_{[10]_2} = 30.2$	$T_{[10]_3} = 264$ $\bar{x}_{[10]_3} = 29.3$	16.07
$B \times C$	[11]	$T_{[11]_1} = 254$ $\bar{x}_{[11]_1} = 28.2$	$T_{[11]_2} = 272$ $\bar{x}_{[11]_2} = 30.2$	$T_{[11]_3} = 265$ $\bar{x}_{[11]_3} = 29.4$	18.30
誤差	[12]	$T_{[12]_1} = 264$ $\bar{x}_{[12]_1} = 29.3$	$T_{[12]_2} = 267$ $\bar{x}_{[12]_2} = 29.7$	$T_{[12]_3} = 260$ $\bar{x}_{[12]_3} = 28.9$	2.74
誤差	[13]	$T_{[13]_1} = 260$ $\bar{x}_{[13]_1} = 28.9$	$T_{[13]_2} = 254$ $\bar{x}_{[13]_2} = 28.2$	$T_{[13]_3} = 277$ $\bar{x}_{[13]_3} = 30.8$	31.63

と計算する．他の2元表についても同様に計算する．

手順5　データのグラフ化

手順4で求めた計算補助表や各2元表における平均値に基づいてグラフを作

表 9.7 AB 2元表

	B_1	B_2	B_3
A_1	$T_{A_1B_1}=70$	$T_{A_1B_2}=116$	$T_{A_1B_3}=106$
	$\bar{x}_{A_1B_1}=23.3$	$\bar{x}_{A_1B_2}=38.7$	$\bar{x}_{A_1B_3}=35.3$
A_2	$T_{A_2B_1}=84$	$T_{A_2B_2}=99$	$T_{A_2B_3}=77$
	$\bar{x}_{A_2B_1}=28.0$	$\bar{x}_{A_2B_2}=33.0$	$\bar{x}_{A_2B_3}=25.7$
A_3	$T_{A_3B_1}=79$	$T_{A_3B_2}=89$	$T_{A_3B_3}=71$
	$\bar{x}_{A_3B_1}=26.3$	$\bar{x}_{A_3B_2}=29.7$	$\bar{x}_{A_3B_3}=23.7$

表 9.8 AC 2元表

	C_1	C_2	C_3
A_1	$T_{A_1C_1}=76$	$T_{A_1C_2}=101$	$T_{A_1C_3}=115$
	$\bar{x}_{A_1C_1}=25.3$	$\bar{x}_{A_1C_2}=33.7$	$\bar{x}_{A_1C_3}=38.3$
A_2	$T_{A_2C_1}=98$	$T_{A_2C_2}=80$	$T_{A_2C_3}=82$
	$\bar{x}_{A_2C_1}=32.7$	$\bar{x}_{A_2C_2}=26.7$	$\bar{x}_{A_2C_3}=27.3$
A_3	$T_{A_3C_1}=74$	$T_{A_3C_2}=86$	$T_{A_3C_3}=79$
	$\bar{x}_{A_3C_1}=24.7$	$\bar{x}_{A_3C_2}=28.7$	$\bar{x}_{A_3C_3}=26.3$

表 9.9 BC 2元表

	C_1	C_2	C_3
B_1	$T_{B_1C_1}=66$	$T_{B_1C_2}=81$	$T_{B_1C_3}=86$
	$\bar{x}_{B_1C_1}=22.0$	$\bar{x}_{B_1C_2}=27.0$	$\bar{x}_{B_1C_3}=28.7$
B_2	$T_{B_2C_1}=96$	$T_{B_2C_2}=103$	$T_{B_2C_3}=105$
	$\bar{x}_{B_2C_1}=32.0$	$\bar{x}_{B_2C_2}=34.3$	$\bar{x}_{B_2C_3}=35.0$
B_3	$T_{B_3C_1}=86$	$T_{B_3C_2}=83$	$T_{B_3C_3}=85$
	$\bar{x}_{B_3C_1}=28.7$	$\bar{x}_{B_3C_2}=27.7$	$\bar{x}_{B_3C_3}=28.3$

成し，各要因効果の概略を把握する．図 9.6 より，主効果については A, B, D が他より大きく，交互作用については $A \times B$ と $A \times C$ が他より大きそうである．

図 9.6 各要因効果のグラフ

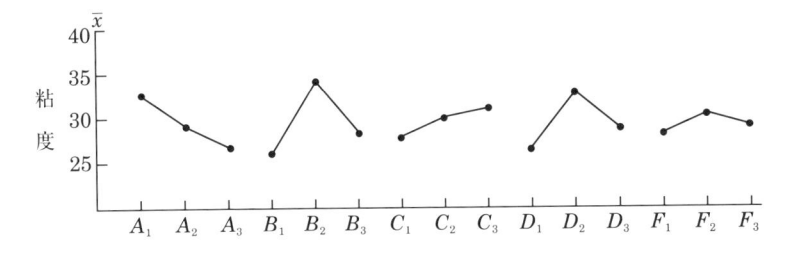

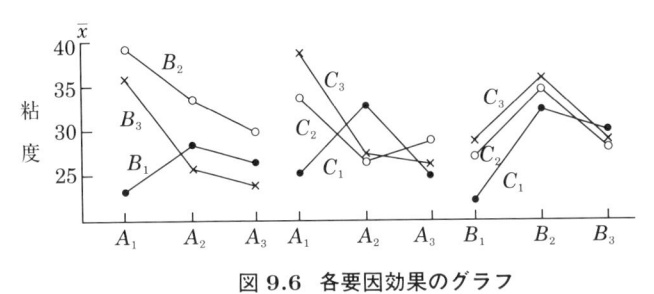

手順6　平方和と自由度の計算

表 9.4 より修正項と総平方和を計算すると

$$S_T = (個々のデータの2乗和) - CT = \sum_{i=1}^{27} x_i^2 - CT$$

$$= 24485 - 23173.37 = 1311.63$$

となり，この値は表 9.6 に示した各列の平方和 $S_{[k]}$ の和に丸めの誤差の範囲内で一致する．すなわち，

$$S_T = \sum_{k=1}^{13} S_{[k]} = 1311.62$$

となる．また，総自由度は $\phi_T = N - 1 = 27 - 1 = 26$ である．

主効果の平方和はその因子を割り付けた列の列平方和に一致する．また，交互作用の平方和と自由度は，それが現れる2つの列の列平方和の和と列自由度の和であるので，表 9.6 より

$$S_{A \times B} = S_{[3]} + S_{[4]} = 136.96 + 96.07 = 233.03 \quad (\phi_{[3]} + \phi_{[4]} = 2 + 2 = 4)$$

$S_{A \times C} = S_{[6]} + S_{[7]} = 68.96 + 234.96 = 303.92 \quad (\phi_{[6]} + \phi_{[7]} = 2 + 2 = 4)$

$S_{B \times C} = S_{[8]} + S_{[11]} = 24.96 + 18.30 = 43.26 \quad (\phi_{[8]} + \phi_{[11]} = 2 + 2 = 4)$

となる．さらに，誤差平方和と自由度は，要因が割り付けられていない列の列平方和の和と列自由度の和であり，表9.6より次のようになる．

$S_E = S_{[12]} + S_{[13]} = 2.74 + 31.63 = 34.37 \quad (\phi_E = \phi_{[12]} + \phi_{[13]} = 2 + 2 = 4)$

手順7　分散分析表の作成

手順6の結果に基づいて表9.10の分散分析表（1）を作成する．

表9.10　分散分析表（1）

要因	S	ϕ	V	F_0	$E(V)$
A	158.30	2	79.15	9.21*	$\sigma^2 + 9\sigma_A^2$
B	295.63	2	147.8	17.2*	$\sigma^2 + 9\sigma_B^2$
C	45.41	2	22.71	2.64	$\sigma^2 + 9\sigma_C^2$
D	181.63	2	90.82	10.6*	$\sigma^2 + 9\sigma_D^2$
F	16.07	2	8.035	0.935	$\sigma^2 + 9\sigma_F^2$
$A \times B$	233.03	4	58.26	6.78*	$\sigma^2 + 3\sigma_{A \times B}^2$
$A \times C$	303.92	4	75.98	8.84*	$\sigma^2 + 3\sigma_{A \times C}^2$
$B \times C$	43.26	4	10.82	1.26	$\sigma^2 + 3\sigma_{B \times C}^2$
E	34.37	4	8.593		σ^2
T	1311.62	26			

$F(2, 4; 0.05) = 6.94, \quad F(2, 4; 0.01) = 18.0$
$F(4, 4; 0.05) = 6.39, \quad F(4, 4; 0.01) = 16.0$

主効果 A, B, D と交互作用 $A \times B$, $A \times C$ が有意である．F_0 値の小さな F, $B \times C$ をプールして分散分析表（2）を作成する．C の F_0 値は微妙な大きさであるが，$A \times C$ を無視しないのでプールしない．

なお，$E(V)$ の欄において，例えば，A_1 水準のデータの個数は9個だから σ_A^2 には9が掛けられており，$A_1 B_1$ の水準組合せのデータの個数は3個だから $\sigma_{A \times B}^2$ には3が掛けられている．

分散分析表（2）では，主効果 A, B, D と交互作用 $A \times B$, $A \times C$ が高度に有意になった．

表 9.11 分散分析表(2)

要因	S	ϕ	V	F_0	$E(V)$
A	158.30	2	79.15	8.45**	$\sigma^2 + 9\sigma_A^2$
B	295.63	2	147.8	15.8**	$\sigma^2 + 9\sigma_B^2$
C	45.41	2	22.71	2.42	$\sigma^2 + 9\sigma_C^2$
D	181.63	2	90.82	9.69**	$\sigma^2 + 9\sigma_D^2$
$A \times B$	233.03	4	58.26	6.22**	$\sigma^2 + 3\sigma_{A \times B}^2$
$A \times C$	303.92	4	75.98	8.11**	$\sigma^2 + 3\sigma_{A \times C}^2$
E'	93.70	10	9.370		σ^2
T	1311.62	26			

$F(2, 10; 0.05) = 4.10$, $F(2, 10; 0.01) = 7.56$
$F(4, 10; 0.05) = 3.48$, $F(4, 10; 0.01) = 5.99$

手順 8 分散分析後のデータの構造式

表 9.11 より,次のようにデータの構造式を考えることにする.

$$x = \mu + a + b + c + d + (ab) + (ac) + \varepsilon$$

$$\varepsilon \sim N(0, \sigma^2)$$

手順 9 最適水準の決定

手順 8 のデータの構造式より,$ABCD$ の水準組合せの下で次のように母平均を推定する.

$$\begin{aligned}
\hat{\mu}(ABCD) &= \widehat{\mu + a + b + c + d + (ab) + (ac)} \\
&= \widehat{\mu + a + b + (ab)} + \widehat{\mu + a + c + (ac)} + \widehat{\mu + d} - \widehat{\mu + a} - \hat{\mu} \\
&= \bar{x}_{AB} + \bar{x}_{AC} + \bar{x}_D - \bar{x}_A - \bar{\bar{x}}
\end{aligned}$$

上式を最大にする因子の水準は,因子 A の水準の影響が $\bar{x}_{AB}$ と $\bar{x}_{AC}$ の 2 つに入っていること,および $\bar{x}_A$ を引き算していることを考慮して決定しなければならない.すなわち,A_1, A_2, A_3 ごとに他の因子の最適水準を定めた上で A の最適水準を決める.ただし,D は表 9.6 から D_2 水準と定まる.

- A_1 水準の場合：表 9.7 の AB 2元表より B_2 水準，表 9.8 の AC 2元表より C_3 水準を選ぶ．

$$\hat{\mu}(A_1B_2C_3D_2) = \bar{x}_{A_1B_2} + \bar{x}_{A_1C_3} + \bar{x}_{D_2} - \bar{x}_{A_1} - \bar{\bar{x}}$$
$$= \frac{T_{A_1B_2}}{3} + \frac{T_{A_1C_3}}{3} + \frac{T_{D_2}}{9} - \frac{T_{A_1}}{9} - \frac{T}{27}$$
$$= 38.7 + 38.3 + 32.8 - 32.4 - \frac{791}{27} = 48.1$$

- A_2 水準の場合：表 9.7 の AB 2元表より B_2 水準，表 9.8 の AC 2元表より C_1 水準を選ぶ．

$$\hat{\mu}(A_2B_2C_1D_2) = \bar{x}_{A_2B_2} + \bar{x}_{A_2C_1} + \bar{x}_{D_2} - \bar{x}_{A_2} - \bar{\bar{x}}$$
$$= 33.0 + 32.7 + 32.8 - 28.9 - \frac{791}{27} = 40.3$$

- A_3 水準の場合：表 9.7 の AB 2元表より B_2 水準，表 9.8 の AC 2元表より C_2 水準を選ぶ．

$$\hat{\mu}(A_3B_2C_2D_2) = \bar{x}_{A_3B_2} + \bar{x}_{A_3C_2} + \bar{x}_{D_2} - \bar{x}_{A_3} - \bar{\bar{x}}$$
$$= 29.7 + 28.7 + 32.8 - 26.6 - \frac{791}{27} = 35.3$$

これらより，最適な水準組合せは $A_1B_2C_3D_2$ である．

手順１０　母平均の点推定

手順 9 より次の通りである．

$$\hat{\mu}(A_1B_2C_3D_2) = 48.1$$

手順１１　母平均の区間推定（信頼率：95%）

有効反復数は

$$\frac{1}{n_e} = \frac{1 + (\text{点推定に用いた要因の自由度の和})}{(\text{総データ数})}$$
$$= \frac{1 + (\phi_A + \phi_B + \phi_C + \phi_D + \phi_{A \times B} + \phi_{A \times C})}{N}$$
$$= \frac{1 + (2 + 2 + 2 + 2 + 4 + 4)}{27} = \frac{17}{27} \quad (\text{田口の式})$$

または,
$$\frac{1}{n_e} = (点推定に用いられている平均の係数の和)$$
$$= \frac{1}{3} + \frac{1}{3} + \frac{1}{9} - \frac{1}{9} - \frac{1}{27} = \frac{17}{27} \quad (伊奈の式)$$

であるから,信頼区間は次のようになる.

$$\hat{\mu}(A_1B_2C_3D_2) \pm t(\phi_{E'}, 0.05)\sqrt{\frac{V_{E'}}{n_e}} = 48.1 \pm t(10, 0.05)\sqrt{\frac{17}{27} \times 9.370}$$

$$= 48.1 \pm 2.228\sqrt{\frac{17}{27} \times 9.370} = 48.1 \pm 5.4 = 42.7,\ 53.5$$

手順12 データの予測

$A_1B_2C_3D_2$ の水準組合せにおいて将来新たにデータを取るとき,どのような値が得られるのかを予測する.点予測は手順10の母平均の点推定と同じで,

$$\hat{x} = \hat{\mu}(A_1B_2C_3D_2) = 48.1$$

である.また,信頼率95%の予測区間は次の通りである.

$$\hat{x} \pm t(\phi_{E'}, 0.05)\sqrt{\left(1 + \frac{1}{n_e}\right)V_{E'}} = 48.1 \pm t(10, 0.05)\sqrt{\left(1 + \frac{17}{27}\right) \times 9.370}$$

$$= 48.1 \pm 2.228\sqrt{\left(1 + \frac{17}{27}\right) \times 9.370} = 48.1 \pm 8.7 = 39.4,\ 56.8$$

手順13 2つの母平均の差の推定

例えば,$\mu(A_1B_1C_1D_1)$ と $\mu(A_1B_2C_3D_2)$ の差の推定を行う.

点推定値は次の通りである.

$$\hat{\mu}(A_1B_1C_1D_1) - \hat{\mu}(A_1B_2C_3D_2) = (\bar{x}_{A_1B_1} + \bar{x}_{A_1C_1} + \bar{x}_{D_1} - \bar{x}_{A_1} - \bar{\bar{x}})$$
$$- (\bar{x}_{A_1B_2} + \bar{x}_{A_1C_3} + \bar{x}_{D_2} - \bar{x}_{A_1} - \bar{\bar{x}})$$
$$= (23.3 + 25.3 + 26.6 - 32.4 - 29.3)$$
$$- (38.7 + 38.3 + 32.8 - 32.4 - 29.3)$$
$$= -34.6$$

次に,信頼区間を求める.$\hat{\mu}(A_1B_1C_1D_1)$ と $\hat{\mu}(A_1B_2C_3D_2)$ から共通の平均

$\bar{x}_{A_1}$ と $\bar{\bar{x}}$ を消去し,それぞれに伊奈の式を適用する.

$$\bar{x}_{A_1B_1} + \bar{x}_{A_1C_1} + \bar{x}_{D_1} = \frac{T_{A_1B_1}}{3} + \frac{T_{A_1C_1}}{3} + \frac{T_{D_1}}{9}$$

$$\to \frac{1}{n_{e_1}} = \frac{1}{3} + \frac{1}{3} + \frac{1}{9} = \frac{7}{9}$$

$$\bar{x}_{A_1B_2} + \bar{x}_{A_1C_3} + \bar{x}_{D_2} = \frac{T_{A_1B_2}}{3} + \frac{T_{A_1C_3}}{3} + \frac{T_{D_2}}{9}$$

$$\to \frac{1}{n_{e_2}} = \frac{1}{3} + \frac{1}{3} + \frac{1}{9} = \frac{7}{9}$$

これより,

$$\frac{1}{n_d} = \frac{1}{n_{e_1}} + \frac{1}{n_{e_2}} = \frac{7}{9} + \frac{7}{9} = \frac{14}{9}$$

が得られる.したがって,信頼区間は,

$$\hat{\mu}(A_1B_1C_1D_1) - \hat{\mu}(A_1B_2C_3D_2) \pm t(\phi_{E'}, 0.05)\sqrt{\frac{V_{E'}}{n_d}}$$

$$= -34.6 \pm t(10, 0.05)\sqrt{\frac{14}{9} \times 9.370} = -34.6 \pm 2.228\sqrt{\frac{14}{9} \times 9.370}$$

$$= -34.6 \pm 8.5 = -43.1,\ -26.1$$

となる.□

(**注 9.1**) 例 9.3 の数値を用いて交互作用の平方和について確認しておこう.例えば,交互作用 $A \times B$ の平方和 $S_{A \times B}$ を通常の方法で計算する.表 9.7 より

$$S_{AB} = \sum_{i=1}^{3}\sum_{j=1}^{3}\frac{(A_iB_j\ 水準のデータ和)^2}{A_iB_j\ 水準のデータ数} - CT = \sum_{i=1}^{3}\sum_{j=1}^{3}\frac{T_{A_iB_j}^2}{N_{A_iB_j}} - CT$$

$$= \frac{70^2}{3} + \frac{116^2}{3} + \frac{106^2}{3} + \cdots + \frac{89^2}{3} + \frac{71^2}{3} - 23173.37 = 686.96$$

となる.これより,

$$S_{A \times B} = S_{AB} - S_A - S_B = 686.96 - 158.30 - 295.63 = 233.03$$

となり,これは確かに $S_{[3]} + S_{[4]}$ の値に等しい.□

第10章
直交配列表を用いた多水準法と擬水準法

　ほとんどの因子は2水準でよいが，ある因子については3水準ないしは4水準を設定したい場合がある．また，ほとんどの因子は3水準としたいが，ある因子は2水準しか存在しない場合もある．このように，どの因子の水準もすべて2水準またはすべて3水準と統一できない場合がある．本章では，異なる水準数の因子が存在する場合に対する直交配列表の利用方法を説明する．まず，2水準系直交配列表に4水準の因子を含めて実験する場合を説明する．次に，2水準系直交配列表に3水準の因子を含めて実験する場合，および3水準系直交配列表に2水準の因子を含めて実験する場合について説明する．

10.1　直交配列表を用いた多水準法

（1）　2水準系直交配列表を用いた多水準法の要点

　2水準系直交配列表に4水準の因子を割り付ける方法を**多水準法**と呼ぶ．

　4水準の因子を割り付けるためには，「**互いに主効果と交互作用の関係にある3つの列**」を利用する．そのような3つの列は，線点図を描いたとき「2つの頂点とそれを結ぶ線分に対応する列」だった．例えば，表10.1に示したL_8直交配列表において，第[1]列，第[2]列，第[3]列は「互いに主効果と交互作用の関係にある3つの列」である．

　2水準系直交配列表から任意に3列を選ぶと水準番号の組合せは$2\times2\times2=8$通りある．しかし，「互いに主効果と交互作用の関係にある3つの列」を選んだ場合には水準番号の組合せは常に$(1,1,1), (1,2,2), (2,1,2), (2,2,1)$の4通りしかない．表10.1において第[1]列，第[2]列，第[3]列を眺めてみると，このことを確認できる．この関係にある他の3つの列，例えば，第[1]列，第

[4] 列, 第 [5] 列においても同様である. このような性質を用いて, 4 水準の因子を「互いに主効果と交互作用の関係のある 3 つの列」に割り付け (3 つの列の上に因子名を書き込む), これらの 4 通りの水準番号の組合せのそれぞれに 4 つの水準を対応させることにより, それぞれの実験 No. で設定する水準を定めることができる.

例えば, 4 水準の因子 A と 2 水準の因子 B, C を取り上げて, 交互作用を一切考慮しないとすると, 表 10.1 のように割り付けることができる. そして, 4 水準の因子 A については表 10.2 のように水準を決めればよい. したがって, それぞれの実験 No. における各因子の水準組合せは表 10.1 のようになり, これらの 8 回の実験をランダムな順序で実施してデータ $x_1 \sim x_8$ を取る.

4 水準の因子の主効果の平方和は, 因子を割り付けた「互いに主効果と交互作用の関係にある 3 つの列」の列平方和の和に一致する. 4 水準の因子の主効果の自由度は $4 - 1 = 3$ であり, 3 つの列の列自由度の和は 3 だから, 自由度の観点からも勘定が合う. 例えば, 表 10.1 の割り付けの場合には, $S_A = S_{[1]} + S_{[2]} + S_{[3]}$, $\phi_A = \phi_{[1]} + \phi_{[2]} + \phi_{[3]} = 3$ となる. その他の要因や誤差の平方和および自由度はこれまでと同様であり, 表 10.1 の

表 10.1　L_8 直交配列表

割り付け	A	A	A	B	C			水準組合せ	データ
No.	[1]	[2]	[3]	[4]	[5]	[6]	[7]		
1	1	1	1	1	1	1	1	$A_1B_1C_1$	x_1
2	1	1	1	2	2	2	2	$A_1B_2C_2$	x_2
3	1	2	2	1	1	2	2	$A_2B_1C_1$	x_3
4	1	2	2	2	2	1	1	$A_2B_2C_2$	x_4
5	2	1	2	1	2	1	2	$A_3B_1C_2$	x_5
6	2	1	2	2	1	2	1	$A_3B_2C_1$	x_6
7	2	2	1	1	2	2	1	$A_4B_1C_2$	x_7
8	2	2	1	2	1	1	2	$A_4B_2C_1$	x_8
成分	a	a b	a b c	c	a c	b c	a b c		

10.1 直交配列表を用いた多水準法

表 10.2 4 水準因子 A の水準の決め方

No.	[1]	[2]	[3]	因子 A の水準
1	1	1	1	1
2	1	1	1	1
3	1	2	2	2
4	1	2	2	2
5	2	1	2	3
6	2	1	2	3
7	2	2	1	4
8	2	2	1	4

割り付けでは，$S_B = S_{[4]}$, $\phi_B = \phi_{[4]} = 1$, $S_C = S_{[5]}$, $\phi_C = \phi_{[5]} = 1$, $S_E = S_{[6]} + S_{[7]}$, $\phi_E = \phi_{[6]} + \phi_{[7]} = 2$ である．

次に，4 水準因子と 2 水準因子との交互作用を考える場合にも注意が必要である．因子 A を 4 水準，因子 B を 2 水準として，交互作用 $A \times B$ を考慮するものとしよう．自由度の観点から $\phi_{A \times B} = \phi_A \times \phi_B = 3 \times 1 = 3$ となるから，**$A \times B$ に対して 3 つの列を確保する必要がある**．実際，因子 A を割り付けた 3 つの列のそれぞれと因子 B を割り付けた列の交互作用列が $A \times B$ の現れる 3 つの列となる．例えば，表 10.1 の割り付けを考えると，第 [1] 列と第 [4] 列，第 [2] 列と第 [4] 列，第 [3] 列と第 [4] 列のそれぞれの交互作用列は第 [5] 列，第 [6] 列，第 [7] 列だから，$A \times B$ はこれら 3 つの列に現れる．したがって，交互作用の平方和は $S_{A \times B} = S_{[5]} + S_{[6]} + S_{[7]}$ と求めることができ，自由度は $\phi_{A \times B} = \phi_{[5]} + \phi_{[6]} + \phi_{[7]} = 3$ となる．ただし，表 10.1 の割り付けでは $A \times B$ が因子 C と交絡する．また，仮に因子 C を取り上げないとしても，誤差列が確保できないから，L_8 直交配列表を用いることは望ましくない．

「互いに主効果と交互作用の関係にある 3 つの列」は線点図の「線分とその両端の頂点」に対応する．これより，線点図を用いた割り付けを行う場合には，4 水準因子の割り付けに用いる 3 つの列を表す「線分とその両端の点」をひとかたまりとして考える．さらに，その 4 水準因子との交互作用を考える場合には，ひとかたまりとした「線分とその両端の点」のそれぞれとの交互作用

を考慮する．例えば，4 水準因子 A と 2 水準因子 B を取り上げて交互作用 $A \times B$ を考えるなら，必要な線点図は図 10.1 となる．この線点図そのものを用意されている線点図に組み込むことはできないから，用意されている線点図を必要な線点図に変形する．図 10.1 に対しては図 8.1(1) を図 10.2 のように変形すればよい．

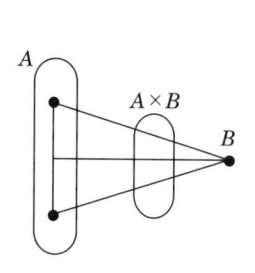

図 10.1 必要な線点図

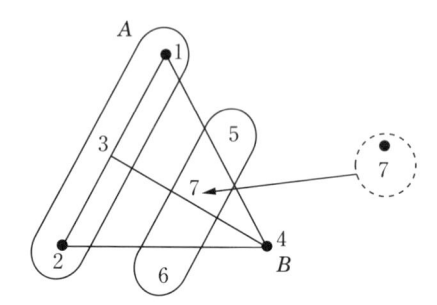

図 10.2 用意されている線点図への組み込み

以下に要点をまとめておく．

---

2 水準系直交配列表を用いた多水準法の要点

(1) 4 水準因子は「互いに主効果と交互作用の関係にある 3 つの列」に割り付けて，その水準を定める．

(2) 「互いに主効果と交互作用の関係にある 3 つの列」は線点図において「1 つの線分とその両端の点」に対応するので，線点図の作成では，それをひとかたまりと考える．

(3) 4 水準因子の平方和は割り付けた 3 つの列の列平方和の 和 に等しい．その自由度は割り付けた 3 つの列の列自由度の 和（すなわち，$4 - 1 = 3$）に等しい．

(4) 4 水準因子と 2 水準因子との交互作用は 4 水準因子を割り付けた 3 つの列と 2 水準因子を割り付けた列のあいだの 3 つの交互作用列に現れる．平方和と自由度はそれぞれ 3 つの交互作用列の列平方和の 和 と列自由度の 和（すなわち，$3 \times 1 = 3$）になる．

10.1 直交配列表を用いた多水準法

上に述べた以外の分散分析の手順は第 8 章で述べた内容と同じである．推定や予測の手順も同じである．4 水準の因子および関係する交互作用の自由度と各水準におけるデータの個数の違いなどに注意すればよい．

（2） 適用例

以下に，L_{16} 直交配列表を用いた多水準法の解析例を示す．

［例 10.1］ ある材料の硬度を高める要因を見いだす目的で，4 つの因子 A，B，C，D を取り上げた．因子 A は原料の納入メーカーであり，4 社あるので 4 水準とした．その他の 3 つの因子はそれぞれ 2 水準を設定した．また，考慮する交互作用としては $A \times B$，$A \times C$，$B \times C$ の 3 つとした．

手順 1 因子の割り付け

主効果の自由度の合計は $3+1+1+1=6$，考慮する交互作用の自由度の合計は $3+3+1=7$，併せて 13 なので，L_{16} 直交配列表を用いることにする．必要な線点図は図 10.3 のようになる．因子 A については「1 つの線分とその両端の点」をひとかたまりとしていること，このひとかたまりと B や C との交互作用列を考慮していることに注意する．これを付録の図 A.3 の用意

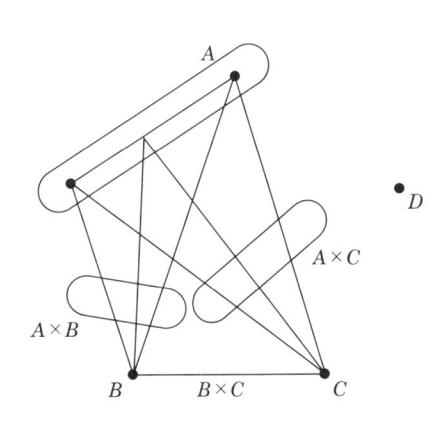

図 10.3 必要な線点図

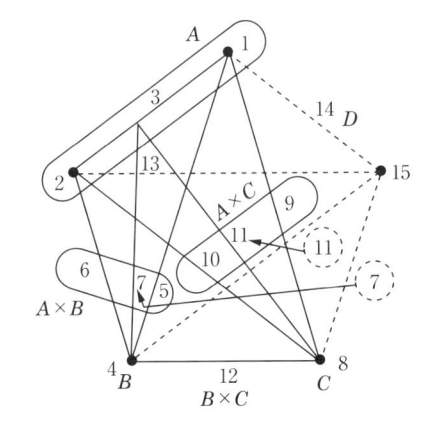

図 10.4 用意されている線点図への組み込み

表 10.3 L_{16} 直交配列表への因子の割り付けとデータ（例 10.1）

割り付け	A	A	A	B	A×B	A×B	A×B	C	A×C	A×C	A×C	B×C	誤差	D	誤差	データ x	x^2
No. 列番	[1]	[2]	[3]	[4]	[5]	[6]	[7]	[8]	[9]	[10]	[11]	[12]	[13]	[14]	[15]		
1	1	1	1	1	1	1	1	1	1	1	1	1	1	1	1	9	81
2	1	1	1	1	1	1	1	2	2	2	2	2	2	2	2	22	484
3	1	1	1	2	2	2	2	1	1	1	1	2	2	2	2	23	529
4	1	1	1	2	2	2	2	2	2	2	2	1	1	1	1	28	784
5	1	2	2	1	1	2	2	1	1	2	2	1	1	2	2	15	225
6	1	2	2	1	1	2	2	2	2	1	1	2	2	1	1	17	289
7	1	2	2	2	2	1	1	1	1	2	2	2	2	1	1	20	400
8	1	2	2	2	2	1	1	2	2	1	1	1	1	2	2	27	729
9	2	1	2	1	2	1	2	1	2	1	2	1	2	1	2	27	729
10	2	1	2	1	2	1	2	2	1	2	1	2	1	2	1	31	961
11	2	1	2	2	1	2	1	1	2	1	2	2	1	2	1	22	484
12	2	1	2	2	1	2	1	2	1	2	1	1	2	1	2	25	625
13	2	2	1	1	2	2	1	1	2	2	1	1	2	2	1	9	81
14	2	2	1	1	2	2	1	2	1	1	2	2	1	1	2	12	144
15	2	2	1	2	1	1	2	1	2	2	1	2	1	1	2	23	529
16	2	2	1	2	1	1	2	2	1	1	2	1	2	2	1	24	576
成分	a	a	a		a	a	a		a	a	a			a		Σx_i = 334	Σx_i^2 = 7650
		b	b	b	b				b	b			b	b			
				c	c	c	c					c	c	c	c		
								d	d	d	d	d	d	d	d		

されている線点図 (1) に組み込むと図 10.4 になる．図 10.4 より因子の割り付けと交互作用列および誤差列を表 10.3 に示す．

手順 2　実験順序とデータの採取

表 10.3 に示した割り付けより，No.1 から No.16 までの実験における因子の水準組合せが定まる．そして，No.1 から No.16 までの実験をランダムな順序で行い，データを採取する．水準組合せと実験順序を表 10.4 に示す．また，得られたデータを表 10.3 に示す．

手順 3　データの構造式の設定

$$x = \mu + a + b + c + d + (ab) + (ac) + (bc) + \varepsilon$$

$$\varepsilon \sim N(0, \sigma^2) \quad \text{（制約式は省略）}$$

10.1 直交配列表を用いた多水準法

表 10.4 水準組合せと実験順序

No.	水準組合せ	実験順序	No.	水準組合せ	実験順序
1	$A_1B_1C_1D_1$	3	9	$A_3B_1C_1D_1$	13
2	$A_1B_1C_2D_2$	12	10	$A_3B_1C_2D_2$	1
3	$A_1B_2C_1D_2$	16	11	$A_3B_2C_1D_2$	9
4	$A_1B_2C_2D_1$	11	12	$A_3B_2C_2D_1$	7
5	$A_2B_1C_1D_2$	2	13	$A_4B_1C_1D_2$	4
6	$A_2B_1C_2D_1$	5	14	$A_4B_1C_2D_1$	14
7	$A_2B_2C_1D_1$	8	15	$A_4B_2C_1D_1$	10
8	$A_2B_2C_2D_2$	15	16	$A_4B_2C_2D_2$	6

手順 4　計算補助表の作成

グラフ化や平方和の計算に先だって表 10.5 に示す計算補助表，AB 2 元表（表 10.6），AC 2 元表（表 10.7），BC 2 元表（表 10.8）を作成する．

手順 5　データのグラフ化

手順 4 で求めた計算補助表や各 2 元表における平均値に基づいてグラフを作成し，各要因効果の概略を把握する．図 10.5 より，主効果については A, B, C が他より大きく，交互作用については $A \times B$ が他より大きそうである．

手順 6　平方和と自由度の計算

表 10.3 より修正項と総平方和を計算すると

$$CT = \frac{(データの総計)^2}{総データ数} = \frac{T^2}{N} = \frac{334^2}{16} = 6972.25$$

$$S_T = (個々のデータの2乗和) - CT = \sum_{i=1}^{16} x_i^2 - CT$$

$$= 7650 - 6972.25 = 677.75$$

となり，この値は表 10.5 に示した各列の平方和 $S_{[k]}$ の和に一致する．すなわち，

$$S_T = \sum_{k=1}^{15} S_{[k]} = 677.75$$

表 10.5 計算補助表

割り付け	列	第1水準のデータ和 第1水準の平均	第2水準のデータ和 第2水準の平均	列平方和 ($S_{[k]}$)
A	[1]	$T_{[1]_1} = 161$ $\bar{x}_{[1]_1} = 20.1$	$T_{[1]_2} = 173$ $\bar{x}_{[1]_2} = 21.6$	9.00
A	[2]	$T_{[2]_1} = 187$ $\bar{x}_{[2]_1} = 23.4$	$T_{[2]_2} = 147$ $\bar{x}_{[2]_2} = 18.4$	100.00
A	[3]	$T_{[3]_1} = 150$ $\bar{x}_{[3]_1} = 18.8$	$T_{[3]_2} = 184$ $\bar{x}_{[3]_2} = 23.0$	72.25
B	[4]	$T_{[4]_1} = 142$ $\bar{x}_{[4]_1} = 17.8$	$T_{[4]_2} = 192$ $\bar{x}_{[4]_2} = 24.0$	156.25
$A \times B$	[5]	$T_{[5]_1} = 157$ $\bar{x}_{[5]_1} = 19.6$	$T_{[5]_2} = 177$ $\bar{x}_{[5]_2} = 22.1$	25.00
$A \times B$	[6]	$T_{[6]_1} = 183$ $\bar{x}_{[6]_1} = 22.9$	$T_{[6]_2} = 151$ $\bar{x}_{[6]_2} = 18.9$	64.00
$A \times B$	[7]	$T_{[7]_1} = 146$ $\bar{x}_{[7]_1} = 18.3$	$T_{[7]_2} = 188$ $\bar{x}_{[7]_2} = 23.5$	110.25
C	[8]	$T_{[8]_1} = 148$ $\bar{x}_{[8]_1} = 18.5$	$T_{[8]_2} = 186$ $\bar{x}_{[8]_2} = 23.3$	90.25
$A \times C$	[9]	$T_{[9]_1} = 159$ $\bar{x}_{[9]_1} = 19.9$	$T_{[9]_2} = 175$ $\bar{x}_{[9]_2} = 21.9$	16.00
$A \times C$	[10]	$T_{[10]_1} = 161$ $\bar{x}_{[10]_1} = 20.1$	$T_{[10]_2} = 173$ $\bar{x}_{[10]_2} = 21.6$	9.00
$A \times C$	[11]	$T_{[11]_1} = 164$ $\bar{x}_{[11]_1} = 20.5$	$T_{[11]_2} = 170$ $\bar{x}_{[11]_2} = 21.3$	2.25
$B \times C$	[12]	$T_{[12]_1} = 164$ $\bar{x}_{[12]_1} = 20.5$	$T_{[12]_2} = 170$ $\bar{x}_{[12]_2} = 21.3$	2.25
誤差	[13]	$T_{[13]_1} = 167$ $\bar{x}_{[13]_1} = 20.9$	$T_{[13]_2} = 167$ $\bar{x}_{[13]_2} = 20.9$	0.00
D	[14]	$T_{[14]_1} = 161$ $\bar{x}_{[14]_1} = 20.1$	$T_{[14]_2} = 173$ $\bar{x}_{[14]_2} = 21.6$	9.00
誤差	[15]	$T_{[15]_1} = 160$ $\bar{x}_{[15]_1} = 20.0$	$T_{[15]_2} = 174$ $\bar{x}_{[15]_2} = 21.8$	12.25

表 10.6 AB 2元表

	B_1	B_2	A_i 水準のデータ和 A_i 水準の平均
A_1	$T_{A_1 B_1} = 31$ $\bar{x}_{A_1 B_1} = 15.5$	$T_{A_1 B_2} = 51$ $\bar{x}_{A_1 B_2} = 25.5$	$T_{A_1} = 82$ $\bar{x}_{A_1} = 20.5$
A_2	$T_{A_2 B_1} = 32$ $\bar{x}_{A_2 B_1} = 16.0$	$T_{A_2 B_2} = 47$ $\bar{x}_{A_2 B_2} = 23.5$	$T_{A_2} = 79$ $\bar{x}_{A_2} = 19.8$
A_3	$T_{A_3 B_1} = 58$ $\bar{x}_{A_3 B_1} = 29.0$	$T_{A_3 B_2} = 47$ $\bar{x}_{A_3 B_2} = 23.5$	$T_{A_3} = 105$ $\bar{x}_{A_3} = 26.3$
A_4	$T_{A_4 B_1} = 21$ $\bar{x}_{A_4 B_1} = 10.5$	$T_{A_4 B_2} = 47$ $\bar{x}_{A_4 B_2} = 23.5$	$T_{A_4} = 68$ $\bar{x}_{A_4} = 17.0$

表 10.7 AC 2元表

	C_1	C_2
A_1	$T_{A_1 C_1} = 32$ $\bar{x}_{A_1 C_1} = 16.0$	$T_{A_1 C_2} = 50$ $\bar{x}_{A_1 C_2} = 25.0$
A_2	$T_{A_2 C_1} = 35$ $\bar{x}_{A_2 C_1} = 17.5$	$T_{A_2 C_2} = 44$ $\bar{x}_{A_2 C_2} = 22.0$
A_3	$T_{A_3 C_1} = 49$ $\bar{x}_{A_3 C_1} = 24.5$	$T_{A_3 C_2} = 56$ $\bar{x}_{A_3 C_2} = 28.0$
A_4	$T_{A_4 C_1} = 32$ $\bar{x}_{A_4 C_1} = 16.0$	$T_{A_4 C_2} = 36$ $\bar{x}_{A_4 C_2} = 18.0$

表 10.8 BC 2元表

	C_1	C_2
B_1	$T_{B_1 C_1} = 60$ $\bar{x}_{B_1 C_1} = 15.0$	$T_{B_1 C_2} = 82$ $\bar{x}_{B_1 C_2} = 20.5$
B_2	$T_{B_2 C_1} = 88$ $\bar{x}_{B_2 C_1} = 22.0$	$T_{B_2 C_2} = 104$ $\bar{x}_{B_2 C_2} = 26.0$

となる.また,総自由度は $\phi_T = N - 1 = 16 - 1 = 15$ である.

各要因効果の平方和は,その要因を割り付けた列の列平方和ないしはそれらの和に一致する.また,誤差平方和は要因が割り付けられていない列の列平方和の和である.表 10.5 より次のようになる.

$$S_A = S_{[1]} + S_{[2]} + S_{[3]} = 9.00 + 100.00 + 72.25 = 181.25$$

$$S_B = S_{[4]} = 156.25$$

$$S_C = S_{[8]} = 90.25$$

$$S_D = S_{[14]} = 9.00$$

図 10.5 各要因効果のグラフ

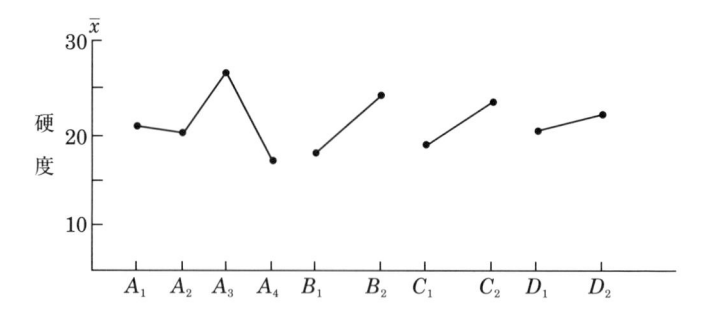

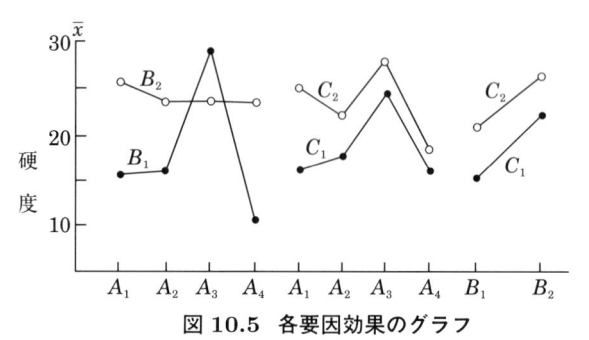

$$S_{A \times B} = S_{[5]} + S_{[6]} + S_{[7]} = 25.00 + 64.00 + 110.25 = 199.25$$

$$S_{A \times C} = S_{[9]} + S_{[10]} + S_{[11]} = 16.00 + 9.00 + 2.25 = 27.25$$

$$S_{B \times C} = S_{[12]} = 2.25$$

$$S_E = S_{[13]} + S_{[15]} = 0 + 12.25 = 12.25$$

自由度についても同様である．

$$\phi_A = \phi_{[1]} + \phi_{[2]} + \phi_{[3]} = 1 + 1 + 1 = 3 \ (= 4 - 1)$$

$$\phi_B = \phi_{[4]} = 1 \ (= 2 - 1)$$

$$\phi_C = \phi_{[8]} = 1 \ (= 2 - 1)$$

$$\phi_D = \phi_{[14]} = 1 \ (= 2 - 1)$$

$$\phi_{A \times B} = \phi_{[5]} + \phi_{[6]} + \phi_{[7]} = 1 + 1 + 1 = 3 \ (= \phi_A \times \phi_B = 3 \times 1)$$

$$\phi_{A \times C} = \phi_{[9]} + \phi_{[10]} + \phi_{[11]} = 1 + 1 + 1 = 3 \ (= \phi_A \times \phi_C = 3 \times 1)$$

$$\phi_{B\times C} = \phi_{[12]} = 1 \ (= \phi_B \times \phi_C = 1 \times 1)$$
$$\phi_E = \phi_{[13]} + \phi_{[15]} = 1 + 1 = 2$$
$$(= \phi_T - (\phi_A + \phi_B + \phi_C + \phi_D + \phi_{A\times B} + \phi_{A\times C} + \phi_{B\times C}))$$

手順7　分散分析表の作成

手順6の結果に基づいて表10.9の分散分析表（1）を作成する．

表 10.9　分散分析表（1）

要因	S	ϕ	V	F_0	$E(V)$
A	181.25	3	60.42	9.86	$\sigma^2 + 4\sigma_A^2$
B	156.25	1	156.25	25.5*	$\sigma^2 + 8\sigma_B^2$
C	90.25	1	90.25	14.7	$\sigma^2 + 8\sigma_C^2$
D	9.00	1	9.00	1.47	$\sigma^2 + 8\sigma_D^2$
$A\times B$	199.25	3	66.42	10.8	$\sigma^2 + 2\sigma_{A\times B}^2$
$A\times C$	27.25	3	9.08	1.48	$\sigma^2 + 2\sigma_{A\times C}^2$
$B\times C$	2.25	1	2.25	0.367	$\sigma^2 + 4\sigma_{B\times C}^2$
E	12.25	2	6.13		σ^2
T	677.75	15			

$F(1,2;0.05) = 18.5, \quad F(1,2;0.01) = 98.5$
$F(3,2;0.05) = 19.2, \quad F(3,2;0.01) = 99.2$

主効果 B だけが有意である．F_0 値の小さな D，$A\times C$，$B\times C$ をプールして分散分析表（2）を作成する．

なお，$E(V)$ の欄において，例えば，A_1 水準のデータの個数は4個だから σ_A^2 には4が掛けられており，A_1B_1 の水準組合せのデータの個数は2個だから $\sigma_{A\times B}^2$ には2が掛けられている．その他の係数も同様に求めることができる．

分散分析表（2）では，主効果 B，C と交互作用 $A\times B$ が高度に有意になり，主効果 A が有意になった．

手順8　分散分析後のデータの構造式

表10.10より，次のようにデータの構造式を考えることにする．

$$x = \mu + a + b + c + (ab) + \varepsilon$$

表 10.10 分散分析表(2)

要因	S	ϕ	V	F_0	$E(V)$
A	181.25	3	60.42	8.33*	$\sigma^2 + 4\sigma_A^2$
B	156.25	1	156.25	21.6**	$\sigma^2 + 8\sigma_B^2$
C	90.25	1	90.25	12.4**	$\sigma^2 + 8\sigma_C^2$
$A \times B$	199.25	3	66.42	9.16**	$\sigma^2 + 2\sigma_{A \times B}^2$
E'	50.75	7	7.25		σ^2
T	677.75	15			

$F(1,7;0.05) = 5.59, \quad F(1,7;0.01) = 12.2$
$F(3,7;0.05) = 4.35, \quad F(3,7;0.01) = 8.45$

$$\varepsilon \sim N(0,\sigma^2)$$

手順9　最適水準の決定

手順8のデータの構造式より，ABC の水準組合せの下で次のように母平均を推定する．

$$\hat{\mu}(ABC) = \widehat{\mu + a + b + c + (ab)} = \widehat{\mu + a + b + (ab)} + \widehat{\mu + c} - \hat{\mu}$$
$$= \bar{x}_{AB} + \bar{x}_C - \bar{\bar{x}}$$

上式を最大にする因子の水準は，A と B は表 10.6 の AB 2元表より A_3B_1，C は表 10.5 の第 [8] 列より C_2 水準である．

手順10　母平均の点推定

手順9より次のようになる．

$$\hat{\mu}(A_3B_1C_2) = \bar{x}_{A_3B_1} + \bar{x}_{C_2} - \bar{\bar{x}} = \frac{T_{A_3B_1}}{2} + \frac{T_{C_2}}{8} - \frac{T}{16}$$
$$= 29.0 + 23.3 - \frac{334}{16} = 31.4$$

手順11　母平均の区間推定（信頼率：95%）

有効反復数は

$$\frac{1}{n_e} = \frac{1 + (\text{点推定に用いた要因の自由度の和})}{(\text{総データ数})}$$

$$= \frac{1+(\phi_A+\phi_B+\phi_C+\phi_{A\times B})}{N}$$

$$= \frac{1+(3+1+1+3)}{16} = \frac{9}{16} \quad (\text{田口の式})$$

または,

$$\frac{1}{n_e} = (\text{点推定に用いられている平均の係数の和})$$

$$= \frac{1}{2} + \frac{1}{8} - \frac{1}{16} = \frac{9}{16} \quad (\text{伊奈の式})$$

となるから,信頼区間は次のようになる.

$$\hat{\mu}(A_3B_1C_2) \pm t(\phi_{E'}, 0.05)\sqrt{\frac{V_{E'}}{n_e}} = 31.4 \pm t(7, 0.05)\sqrt{\frac{9}{16} \times 7.25}$$

$$= 31.4 \pm 2.365\sqrt{\frac{9}{16} \times 7.25} = 31.4 \pm 4.8 = 26.6,\ 36.2$$

手順１２　データの予測

$A_3B_1C_2$ の水準組合せにおいて将来新たにデータを取るとき,どのような値が得られるのかを予測する.点予測は手順10の母平均の点推定と同じで,

$$\hat{x} = \hat{\mu}(A_3B_1C_2) = 31.4$$

である.また,信頼率 95% の予測区間は次の通りである.

$$\hat{x} \pm t(\phi_{E'}, 0.05)\sqrt{\left(1+\frac{1}{n_e}\right)V_{E'}} = 31.4 \pm t(7, 0.05)\sqrt{\left(1+\frac{9}{16}\right) \times 7.25}$$

$$= 31.4 \pm 2.365\sqrt{\left(1+\frac{9}{16}\right) \times 7.25} = 31.4 \pm 8.0 = 23.4,\ 39.4$$

手順１３　2つの母平均の差の推定

例えば,$\mu(A_1B_2C_2)$ と $\mu(A_3B_1C_2)$ の差の推定を行う.

点推定値は次の通りである.

$$\hat{\mu}(A_1B_2C_2) - \hat{\mu}(A_3B_1C_2) = (\bar{x}_{A_1B_2} + \bar{x}_{C_2} - \bar{\bar{x}}) - (\bar{x}_{A_3B_1} + \bar{x}_{C_2} - \bar{\bar{x}})$$

$$= (25.5 + 23.3 - 20.9) - (29.0 + 23.3 - 20.9) = -3.5$$

次に,信頼区間を求める.$\hat{\mu}(A_1B_2C_2)$ と $\hat{\mu}(A_3B_1C_2)$ から共通の平均 $\bar{x}_{C_2}$ と

$\bar{x}$ を消去し,それぞれに伊奈の式を適用する.

$$\bar{x}_{A_1B_2} = \frac{T_{A_1B_2}}{2} \ \to \ \frac{1}{n_{e_1}} = \frac{1}{2}$$

$$\bar{x}_{A_3B_1} = \frac{T_{A_3B_1}}{2} \ \to \ \frac{1}{n_{e_2}} = \frac{1}{2}$$

これより,

$$\frac{1}{n_d} = \frac{1}{n_{e_1}} + \frac{1}{n_{e_2}} = \frac{1}{2} + \frac{1}{2} = 1$$

が得られる.したがって,信頼区間は,

$$\hat{\mu}(A_1B_2C_2) - \hat{\mu}(A_3B_1C_2) \pm t(\phi_{E'}, 0.05)\sqrt{\frac{V_{E'}}{n_d}}$$

$$= -3.5 \pm t(7, 0.05)\sqrt{1 \times 7.25} = -3.5 \pm 2.365\sqrt{1 \times 7.25}$$

$$= -3.5 \pm 6.4 = -9.9, \ 2.9$$

となる.□

(**注 10.1**) 例 10.1 の数値を用いて主効果 A と交互作用 $A \times B$ の平方和について確認しておこう.主効果 A の平方和 S_A を通常の方法で計算する.表 10.6 より

$$S_A = \sum_{i=1}^{4} \frac{(A_i \text{ 水準のデータ和})^2}{A_i \text{ 水準のデータ数}} - CT = \sum_{i=1}^{4} \frac{T_{A_i}^2}{N_{A_i}} - CT$$

$$= \frac{82^2}{4} + \frac{79^2}{4} + \frac{105^2}{4} + \frac{68^2}{4} - 6972.25 = 181.25$$

となる.この値は,第 [1] 列,第 [2] 列,第 [3] 列の列平方和の和(手順 6 で求めた値)に等しい.次に,交互作用 $A \times B$ の平方和 $S_{A \times B}$ を通常の方法で計算する.表 10.6 より

$$S_{AB} = \sum_{i=1}^{4}\sum_{j=1}^{2} \frac{(A_iB_j \text{ 水準のデータ和})^2}{A_iB_j \text{ 水準のデータ数}} - CT = \sum_{i=1}^{4}\sum_{j=1}^{2} \frac{T_{A_iB_j}^2}{N_{A_iB_j}} - CT$$

$$= \frac{31^2}{2} + \frac{51^2}{2} + \frac{32^2}{2} + \cdots + \frac{21^2}{2} + \frac{47^2}{2} - 6972.25 = 536.75$$

となる.これより,

$$S_{A \times B} = S_{AB} - S_A - S_B = 536.75 - 181.25 - 156.25 = 199.25$$

となり，これは $S_{[5]} + S_{[6]} + S_{[7]}$ （手順6で求めた値）に等しい． □

10.2　直交配列表を用いた擬水準法

（1）　2水準系直交配列表を用いた擬水準法の要点

2水準系直交配列表に3水準の因子を割り付ける方法を**擬水準法**と呼ぶ．

3水準の因子を割り付けるためには，まず，3水準のうち「重要な水準」ないしは「実験しやすい水準」を1つ選び，その水準を4番目の水準として水増しして，形式的に4水準の因子 P を準備する．例えば，3水準の因子 A を取り上げ，3つの水準のうち A_1 水準が重要と考えるならば，表10.11に示すような4水準因子 P を形式的に準備する．P_4 水準では A_1 水準で実験するので，実質的には P_1 水準と同じだが，形式的に4番目の水準とみなす．P_4 を**擬水準**と呼ぶ．この形式的な4水準因子 P を10.1節で説明した多水準法を用いて割り付ける．例えば，L_8 直交配列表を用いて，表10.12に示したように，因子 P を第 [1] 列から第 [3] 列に割り付ける．

表 10.11　形式的な 4 水準因子 P の準備

形式的な4水準因子 P の水準	本来の3水準因子 A の水準
P_1	A_1
P_2	A_2
P_3	A_3
P_4	A_1

擬水準法の解析において注意しなければならないのは次の点である．因子 P の平方和 S_P はそれを割り付けた「主効果と交互作用の関係にある3つの列」の列平方和の和（表10.12なら，$S_{[1]} + S_{[2]} + S_{[3]}$）として求めることができる．しかし，これが因子 A の平方和 S_A には一致しない．因子 A は3水準であり，その自由度は $\phi_A = 3 - 1 = 2$ であるのに対して，4水準因子 P の自由度は $\phi_P = 4 - 1 = 3$ だからである．自由度の大きさの考察からわかる

第10章 直交配列表を用いた多水準法と擬水準法

表 10.12 L_8 直交配列表

割り付け No.	P [1]	P [2]	P [3]	B [4]	$P \times B$ [5]	$P \times B$ [6]	$P \times B$ [7]	水準組合せ	データ
1	1	1	1	1	1	1	1	$A_1 B_1$	x_1
2	1	1	1	2	2	2	2	$A_1 B_2$	x_2
3	1	2	2	1	1	2	2	$A_2 B_1$	x_3
4	1	2	2	2	2	1	1	$A_2 B_2$	x_4
5	2	1	2	1	2	1	2	$A_3 B_1$	x_5
6	2	1	2	2	1	2	1	$A_3 B_2$	x_6
7	2	2	1	1	2	2	1	$A_1 B_1$	x_7
8	2	2	1	2	1	1	2	$A_1 B_2$	x_8
成分	a	b	a b	c	a c	b c	a b c		

ように,

$$S_P \geqq S_A \tag{10.1}$$

となる.擬水準法における要点は,3 水準因子 A の平方和 S_A をどのように求めるのかという点と,式 (10.1) より $S_P - S_A$ は何の要因効果を表すのかという点である.

まず,3 水準因子 A の平方和 S_A は第 2 章の式 (2.6) を用いて

$$S_A = \sum_{i=1}^{3} \frac{(A_i \text{ 水準のデータ和})^2}{A_i \text{ 水準のデータ数}} - CT$$

$$= \frac{T_{A_1}^2}{N_{A_1}} + \frac{T_{A_2}^2}{N_{A_2}} + \frac{T_{A_3}^2}{N_{A_3}} - CT \tag{10.2}$$

と求める.表 10.12 に示した割り付けに基づいて具体的に表記すると

$$S_A = \frac{(x_1 + x_2 + x_7 + x_8)^2}{4} + \frac{(x_3 + x_4)^2}{2} + \frac{(x_5 + x_6)^2}{2} - CT \tag{10.3}$$

となる($N_{A_1} = 4$,$N_{A_2} = 2$,$N_{A_3} = 2$ に注意!).

次に,S_P と S_A の差(表 10.12 なら,$S_P - S_A = S_{[1]} + S_{[2]} + S_{[3]} - S_A$)

は誤差を表す．$S_P - S_A$ の自由度は $\phi_P - \phi_A = 3 - 2 = 1$ である．

3水準因子 A と2水準因子 B の交互作用を考慮したい場合もある．このときも，前項の多水準法に基づいて，4水準因子 P を割り付けるのに使用した3つの列と因子 B との交互作用列をまず確保する．表 10.12 の割り付けなら，第 [5] 列，第 [6] 列，第 [7] 列に $P \times B$ が現れる（$S_{P \times B} = S_{[5]} + S_{[6]} + S_{[7]}$ となる）ので，この3つの列に他の因子を割り付けないようにする．この場合も自由度を考えると，

$$\phi_{P \times B} = \phi_P \times \phi_B = 3 \times 1 = 3 \tag{10.4}$$

$$\phi_{A \times B} = \phi_A \times \phi_B = 2 \times 1 = 2 \tag{10.5}$$

となり，平方和について次式が成り立つ．

$$S_{P \times B} \geq S_{A \times B} \tag{10.6}$$

ここで，$S_{A \times B}$ も第2章で述べたように求める．すなわち，

$$S_{AB} = \sum_{i=1}^{3} \sum_{j=1}^{2} \frac{(A_i B_j \text{ 水準のデータ和})^2}{A_i B_j \text{ 水準のデータ数}} - CT$$

$$= \frac{T_{A_1 B_1}^2}{N_{A_1 B_1}} + \frac{T_{A_1 B_2}^2}{N_{A_1 B_2}} + \cdots + \frac{T_{A_3 B_2}^2}{N_{A_3 B_2}} - CT \tag{10.7}$$

$$S_{A \times B} = S_{AB} - S_A - S_B \tag{10.8}$$

と求める．

表 10.12 に示した割り付けに基づいて S_{AB} を具体的に表記すると

$$S_{AB} = \frac{(x_1 + x_7)^2}{2} + \frac{(x_2 + x_8)^2}{2} + \frac{x_3^2}{1} + \frac{x_4^2}{1} + \frac{x_5^2}{1} + \frac{x_6^2}{1} - CT \tag{10.9}$$

となる．

また，$S_{P \times B} - S_{A \times B}$ および $\phi_{P \times B} - \phi_{A \times B} = 3 - 2 = 1$ は誤差平方和と誤差自由度の一部となる．

2水準因子の主効果の平方和や，2水準の因子間の交互作用の平方和は，これまでと同様に，対応する列平方和から求めればよい．誤差平方和は，どの要因も割り付けられていない列の列平方和に上に述べた $S_P - S_A$ や $S_{P \times B} - S_{A \times B}$ などを加えて求める．誤差自由度についても同様である．

以下に要点をまとめておく．

---

2 水準系直交配列表を用いた擬水準法の要点

(1) 3 水準因子 A の 1 つの水準を擬水準とした 4 水準因子 P を考えて，因子 P を多水準法（10.1 節）を用いて割り付ける．

(2) 3 水準因子 A の平方和 S_A は，式 (10.2) を用いて求める．自由度は $\phi_A = 3 - 1 = 2$ である．

(3) $S_P - S_A$（自由度は $\phi_P - \phi_A = 1$）は誤差平方和の一部になる．

(4) 3 水準因子 A と 2 水準因子 B との交互作用は，4 水準因子 P と B との 3 つの交互作用列の一部となって現れる．その平方和 $S_{A \times B}$ は式 (10.7) と式 (10.8) を用いて求める．自由度は $\phi_{A \times B} = \phi_A \times \phi_B = 2 \times 1 = 2$ である．

(5) $S_{P \times B} - S_{A \times B}$（自由度は $\phi = \phi_{P \times B} - \phi_{A \times B} = 1$）は誤差平方和の一部になる．

(6) 分散分析表において，3 水準因子 A の主効果や因子 A の関係する交互作用の $E(V)$ はこれまでと異なる（注 10.2 を参照）．

(7) 推定や予測において，有効反復数 n_e は伊奈の式を用いて求める．**擬水準法において第 2 章の式 (2.34) に示した形の田口の式を用いることはできない**（Q 23 を参照）．

上に述べた以外の分散分析，推定や予測の手順はこれまで述べた内容と同じである．

（注 10.2） 3 水準の因子 A の主効果と交互作用の $E(V)$ は次のようになる．

$$E(V_A) = \sigma^2 + \frac{\sum N_{A_i} a_i^2}{\phi_A} \tag{10.10}$$

$$E(V_{A \times B}) = \sigma^2 + \frac{\sum \sum N_{A_i B_j} (ab)_{ij}^2}{\phi_{A \times B}} \tag{10.11}$$

ただし，データの構造式において，

$$\sum_{i=1}^{3} N_{A_i} a_i = 0, \quad \sum_{i=1}^{3} N_{A_i B_j}(ab)_{ij} = 0, \quad \sum_{j=1}^{2} N_{A_i B_j}(ab)_{ij} = 0 \qquad (10.12)$$

という制約式を仮定する．□

（2） 3水準系直交配列表を用いた擬水準法の要点

3水準系直交配列表に2水準の因子を割り付ける擬水準法を説明する．多くの因子は3水準を設定できるが，ある因子は2水準しか存在しない場合がある．

まず，2水準のうち「重要な水準」または「実験しやすい水準」を1つ選び，その水準を3番目の水準として水増しして，形式的に3水準の因子 P を用意する．例えば，2水準の因子 A を取り上げ，2つの水準のうち A_1 水準が重要であると考えるならば，表10.13に示すように3水準因子 P を形式的に準備する．P_3 水準では A_1 水準で実験を実施するので実質的には P_1 水準と同じであるが，形式的に3番目の水準とみなす．前項と同様に，P_3 を擬水準と呼ぶ．

表 10.13 形式的な3水準因子 P の準備

形式的な3水準因子 P の水準	本来の2水準因子 A の水準
P_1	A_1
P_2	A_2
P_3	A_1

この形式的な3水準因子 P を第9章で説明したように3水準系直交配列表に通常通り割り付ける．この後の考え方は前項の内容と同様である．形式的な3水準因子 P の平方和 S_P は，それを割り付けた列平方和と一致するが，本来の2水準の因子 A の平方和 S_A には一致しない．因子 A は2水準であり，その自由度は $\phi_A = 2 - 1 = 1$ であるのに対して，3水準因子 P の自由度は $\phi_P = 3 - 1 = 2$ となるからである．この場合も，

$$S_P \geqq S_A \qquad (10.13)$$

となる．前項と同様に，因子 A の平方和 S_A は第2章の式 (2.6) から

$$S_A = \sum_{i=1}^{2} \frac{(A_i \text{ 水準のデータ和})^2}{A_i \text{ 水準のデータ数}} - CT = \frac{T_{A_1}^2}{N_{A_1}} + \frac{T_{A_2}^2}{N_{A_2}} - CT \quad (10.14)$$

と求める．2水準であるが，$N_{A_1} \neq N_{A_2}$ なので，第8章で述べた平方和を求める式 $S_A = (T_{A_1} - T_{A_2})^2/N$ を用いることはできない．また，$S_P - S_A$ の差は誤差の一部となる．この自由度は $\phi_P - \phi_A = 2 - 1 = 1$ である．

2水準因子 A と3水準因子 B の交互作用を考慮したい場合もこれまでと同様である．3水準因子 P を割り付けた列と因子 B との2つの交互作用列をまず確保する．この2つの列の列平方和の和が $S_{P \times B}$ に一致するが，自由度を考えると，

$$\phi_{P \times B} = \phi_P \times \phi_B = 2 \times 2 = 4 \quad (10.15)$$

$$\phi_{A \times B} = \phi_A \times \phi_B = 1 \times 2 = 2 \quad (10.16)$$

となり，

$$S_{P \times B} \geqq S_{A \times B} \quad (10.17)$$

が成り立つ．$S_{A \times B}$ は，

$$S_{AB} = \sum_{i=1}^{2} \sum_{j=1}^{3} \frac{(A_i B_j \text{ 水準のデータ和})^2}{A_i B_j \text{ 水準のデータ数}} - CT$$

$$= \frac{T_{A_1 B_1}^2}{N_{A_1 B_1}} + \frac{T_{A_1 B_2}^2}{N_{A_1 B_2}} + \cdots + \frac{T_{A_2 B_3}^2}{N_{A_2 B_3}} - CT \quad (10.18)$$

$$S_{A \times B} = S_{AB} - S_A - S_B \quad (10.19)$$

と求める．$S_{P \times B} - S_{A \times B}$ および $\phi_{P \times B} - \phi_{A \times B} = 4 - 2 = 2$ は誤差平方和と誤差自由度の一部となる．

3水準因子の主効果の平方和や，3水準の因子同士の交互作用の平方和は，これまでと同様に，対応する列平方和（交互作用の場合は列平方和の和）から求めればよい．誤差平方和は，どの要因も割り付けられていない列の列平方和に上に述べた $S_P - S_A$ や $S_{P \times B} - S_{A \times B}$ などを加えて求める．また，誤差自由度についても同様である．

以下に要点をまとめておく．

---

3 水準系直交配列表を用いた擬水準法の要点

(1) 2 水準因子 A の 1 つの水準を擬水準とした 3 水準因子 P を考えて，因子 P を通常通り（第 9 章を参照）割り付ける．

(2) 2 水準因子 A の平方和 S_A は，式 (10.14) を用いて求める．自由度は $\phi_A = 2 - 1 = 1$ である．

(3) $S_P - S_A$（自由度は $\phi_P - \phi_A = 1$）は誤差平方和の一部になる．

(4) 2 水準因子 A と 3 水準因子 B との交互作用は，3 水準因子 P と B との 2 つの交互作用列の一部となって現れる．その平方和 $S_{A \times B}$ は式 (10.18) と式 (10.19) を用いて求める．自由度は $\phi_{A \times B} = \phi_A \times \phi_B = 1 \times 2 = 2$ である．

(5) $S_{P \times B} - S_{A \times B}$（自由度は $\phi = \phi_{P \times B} - \phi_{A \times B} = 2$）は誤差平方和の一部になる．

(6) 分散分析において，2 水準因子 A の主効果や因子 A の関係する交互作用の $E(V)$ はこれまでとは異なる（注 10.2 を参照）．

(7) 推定や予測において，有効反復数 n_e は伊奈の式を用いて求める．**式 (2.34) に示した田口の式を用いることはできない**（Q 23 を参照）．

上に述べた以外の分散分析，推定や予測の手順はこれまで述べた内容と同じである．

（3）適用例

以下に，L_8 直交配列表を用いた擬水準法の解析例を示す．

[例 10.2] ある農薬の合成工程における収率を高める要因を見いだす目的で，2 つの因子 A と B を取り上げた．因子 A は触媒の種類であり，3 種類あるので 3 水準とした．因子 B は反応時間であり，2 水準を設定した．また，$A \times B$ を考慮する．

手順1　因子の割り付け

主効果の自由度の合計は $2+1=3$，考慮する交互作用の自由度は 2，併せて 5 なので，L_8 直交配列表を用いる．因子 A の 3 つの水準のうち，A_1 を重要な水準と考えて，形式的な 4 水準因子 P の第 4 水準と考える．

形式的な 4 水準因子 P を第 [1] 列，第 [2] 列，第 [3] 列に割り付け，因子 B を第 [4] 列に割り付ける．交互作用 $P \times B$ は第 [5] 列，第 [6] 列，第 [7] 列に現れる．これらをまとめた割り付けを表 10.14 に示す．

表 10.14　L_8 直交配列表への因子の割り付けとデータ（例 10.2）

割り付け No.	P [1]	P [2]	P [3]	B [4]	$P \times B$ [5]	$P \times B$ [6]	$P \times B$ [7]	データ x	x^2
1	1	1	1	1	1	1	1	83	6889
2	1	1	1	2	2	2	2	88	7744
3	1	2	2	1	1	2	2	79	6241
4	1	2	2	2	2	1	1	85	7225
5	2	1	2	1	2	1	2	75	5625
6	2	1	2	2	1	2	1	80	6400
7	2	2	1	1	2	2	1	83	6889
8	2	2	1	2	1	1	2	83	6889
成分	a	b	a b	a c	b c	a b c	a c	$\sum x_i$ $=656$	$\sum x_i^2$ $=53902$

手順2　実験順序とデータの採取

表 10.14 に示した割り付けより，No.1 から No.8 までの実験における因子の水準組合せが定まる．特に，形式的な 4 水準因子 P の水準を第 [1] 列から第 [3] 列より定め，P_4 では A_1 水準で実施する．そして，No.1 から No.8 までの実験をランダムな順序で行い，データを採取する．水準組合せと実験順序を表 10.15 に示す．得られたデータを表 10.14 に示す．

手順3　データの構造式の設定

$$x = \mu + a + b + (ab) + \varepsilon$$

表 10.15 水準組合せと実験順序

No.	[1]	[2]	[3]		P の水準	水準組合せ	実験順序
1	1	1	1	$\longrightarrow$	P_1	A_1B_1	4
2	1	1	1	$\longrightarrow$	P_1	A_1B_2	1
3	1	2	2	$\longrightarrow$	P_2	A_2B_1	7
4	1	2	2	$\longrightarrow$	P_2	A_2B_2	3
5	2	1	2	$\longrightarrow$	P_3	A_3B_1	5
6	2	1	2	$\longrightarrow$	P_3	A_3B_2	2
7	2	2	1	$\longrightarrow$	P_4	A_1B_1	8
8	2	2	1	$\longrightarrow$	P_4	A_1B_2	6

$\varepsilon \sim N(0, \sigma^2)$ （制約式は省略）

手順 4　計算補助表の作成

グラフ化や平方和の計算に先だって表 10.16 に示す計算補助表，AB 2 元表（表 10.17）を作成する．

手順 5　データのグラフ化

手順 4 で求めた計算補助表と AB 2 元表における平均値に基づいてグラフを作成し，各要因効果の概略を把握する．図 10.6 より，主効果については A が他より大きそうである．交互作用 $A \times B$ については判然としない．

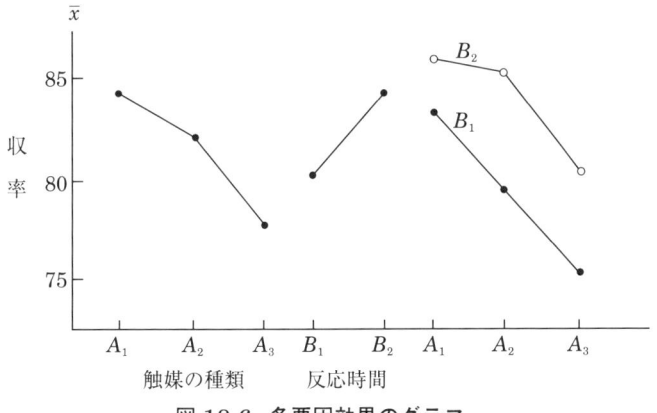

図 10.6　各要因効果のグラフ

表 10.16 計算補助表

割り付け	列	第1水準のデータ和 第1水準の平均	第2水準のデータ和 第2水準の平均	列平方和 ($S_{[k]}$)
P	[1]	$T_{[1]_1} = 335$ $\bar{x}_{[1]_1} = 83.8$	$T_{[1]_2} = 321$ $\bar{x}_{[1]_2} = 80.3$	24.5
P	[2]	$T_{[2]_1} = 326$ $\bar{x}_{[2]_1} = 81.5$	$T_{[2]_2} = 330$ $\bar{x}_{[2]_2} = 82.5$	2.0
P	[3]	$T_{[3]_1} = 337$ $\bar{x}_{[3]_1} = 84.3$	$T_{[3]_2} = 319$ $\bar{x}_{[3]_2} = 79.8$	40.5
B	[4]	$T_{[4]_1} = 320$ $\bar{x}_{[4]_1} = 80.0$	$T_{[4]_2} = 336$ $\bar{x}_{[4]_2} = 84.0$	32.0
$P \times B$	[5]	$T_{[5]_1} = 325$ $\bar{x}_{[5]_1} = 81.3$	$T_{[5]_2} = 331$ $\bar{x}_{[5]_2} = 82.8$	4.5
$P \times B$	[6]	$T_{[6]_1} = 326$ $\bar{x}_{[6]_1} = 81.5$	$T_{[6]_2} = 330$ $\bar{x}_{[6]_2} = 82.5$	2.0
$P \times B$	[7]	$T_{[7]_1} = 331$ $\bar{x}_{[7]_1} = 82.8$	$T_{[7]_2} = 325$ $\bar{x}_{[7]_2} = 81.3$	4.5

表 10.17 AB 2元表

	B_1	B_2	A_i 水準のデータ和 A_i 水準の平均
A_1	$T_{A_1 B_1} = 166$ $\bar{x}_{A_1 B_1} = 83.0$	$T_{A_1 B_2} = 171$ $\bar{x}_{A_1 B_2} = 85.5$	$T_{A_1} = 337$ $\bar{x}_{A_1} = 84.3$
A_2	$T_{A_2 B_1} = 79$ $\bar{x}_{A_2 B_1} = 79.0$	$T_{A_2 B_2} = 85$ $\bar{x}_{A_2 B_2} = 85.0$	$T_{A_2} = 164$ $\bar{x}_{A_2} = 82.0$
A_3	$T_{A_3 B_1} = 75$ $\bar{x}_{A_3 B_1} = 75.0$	$T_{A_3 B_2} = 80$ $\bar{x}_{A_3 B_2} = 80.0$	$T_{A_3} = 155$ $\bar{x}_{A_3} = 77.5$

手順6 平方和と自由度の計算

表 10.14 より修正項と総平方和を計算すると

$$CT = \frac{(データの総計)^2}{総データ数} = \frac{T^2}{N} = \frac{656^2}{8} = 53792$$

10.2 直交配列表を用いた擬水準法

$$S_T = (\text{個々のデータの 2 乗和}) - CT = \sum_{i=1}^{8} x_i^2 - CT$$

$$= 53902 - 53792 = 110$$

となり,この値は表 10.16 に示した各列の平方和 $S_{[k]}$ の和に一致する.すなわち,

$$S_T = \sum_{k=1}^{7} S_{[k]} = 110.0$$

となる.また,総自由度は $\phi_T = N - 1 = 8 - 1 = 7$ である.

表 10.16 より次のようになる.

$$S_P = S_{[1]} + S_{[2]} + S_{[3]} = 24.5 + 2.0 + 40.5 = 67.0$$

$$S_B = S_{[4]} = 32.0$$

$$S_{P \times B} = S_{[5]} + S_{[6]} + S_{[7]} = 4.5 + 2.0 + 4.5 = 11.0$$

次に,表 10.17 の AB 2 元表より,

$$S_A = \sum_{i=1}^{3} \frac{(A_i \text{ 水準のデータ和})^2}{A_i \text{ 水準のデータ数}} - CT = \sum_{i=1}^{3} \frac{T_{A_i}^2}{N_{A_i}} - CT$$

$$= \frac{337^2}{4} + \frac{164^2}{2} + \frac{155^2}{2} - 53792 = 60.75$$

$$S_{AB} = \sum_{i=1}^{3}\sum_{j=1}^{2} \frac{(A_i B_j \text{ 水準のデータ和})^2}{A_i B_j \text{ 水準のデータ数}} - CT = \sum_{i=1}^{3}\sum_{j=1}^{2} \frac{T_{A_i B_j}^2}{N_{A_i B_j}} - CT$$

$$= \frac{166^2}{2} + \frac{171^2}{2} + \frac{79^2}{1} + \frac{85^2}{1} + \frac{75^2}{1} + \frac{80^2}{1} - 53792 = 97.50$$

が求まる.これらより,

$$S_{A \times B} = S_{AB} - S_A - S_B = 97.50 - 60.75 - 32.0 = 4.75$$

$$S_E = (S_P - S_A) + (S_{P \times B} - S_{A \times B})$$

$$= (67.0 - 60.75) + (11.0 - 4.75) = 12.50$$

$$(S_E = S_T - (S_A + S_B + S_{A \times B}) = 110.0 - (60.75 + 32.0 + 4.75) = 12.50)$$

となる．また，自由度は以下のようになる．

$$\phi_P = \phi_{[1]} + \phi_{[2]} + \phi_{[3]} = 3$$

$$\phi_A = 3 - 1 = 2$$

$$\phi_B = \phi_{[4]} = 1 \ (= 2 - 1)$$

$$\phi_{P \times B} = \phi_{[5]} + \phi_{[6]} + \phi_{[7]} = 3$$

$$\phi_{A \times B} = \phi_A \times \phi_B = 2 \times 1 = 2$$

$$\phi_E = (\phi_P - \phi_A) + (\phi_{P \times B} - \phi_{A \times B}) = (3-2) + (3-2) = 2$$

$$(\phi_E = \phi_T - (\phi_A + \phi_B + \phi_{A \times B}) = 7 - (2+1+2) = 2)$$

手順7　分散分析表の作成

手順6の結果に基づいて表10.18の分散分析表（1）を作成する．

表 10.18　分散分析表（1）

要因	S	ϕ	V	F_0	$E(V)$
A	60.75	2	30.38	4.86	$\sigma^2 + \sum N_{A_i} a_i^2 / \phi_A$
B	32.00	1	32.00	5.12	$\sigma^2 + 4\sigma_B^2$
$A \times B$	4.75	2	2.38	0.381	$\sigma^2 + \sum\sum N_{A_i B_j} (ab)_{ij}^2 / \phi_{A \times B}$
E	12.50	2	6.25		σ^2
T	110.00	7			

$F(1, 2; 0.05) = 18.5, \quad F(1, 2; 0.01) = 98.5$
$F(2, 2; 0.05) = 19.0, \quad F(2, 2; 0.01) = 99.0$

有意な要因はない．F_0 値の小さな $A \times B$ をプールして分散分析表（2）を作成する．

なお，先に述べたように，因子 A の実験回数が水準により異なるので $E(V_A)$ や $E(V_{A \times B})$ は第8章の場合と少し異なる形になっている（注10.2を参照）．

分散分析表（2）では主効果 A が有意になった．

手順8　分散分析後のデータの構造式

表10.19より，次のようにデータの構造式を考えることにする．

$$x = \mu + a + b + \varepsilon$$

10.2 直交配列表を用いた擬水準法

表 10.19 分散分析表 (2)

要因	S	ϕ	V	F_0	$E(V)$
A	60.75	2	30.38	7.05*	$\sigma^2 + \sum N_{A_i} a_i^2 / \phi_A$
B	32.00	1	32.00	7.42	$\sigma^2 + 4\sigma_B^2$
E'	17.25	4	4.31		σ^2
T	110.00	7			

$F(1, 4; 0.05) = 7.71, \quad F(1, 4; 0.01) = 21.2$
$F(2, 4; 0.05) = 6.94, \quad F(2, 4; 0.01) = 18.0$

$\varepsilon \sim N(0, \sigma^2)$

手順 9　最適水準の決定

手順 8 のデータの構造式より，AB の水準組合せの下で次のように母平均を推定する．

$$\hat{\mu}(AB) = \widehat{\mu + a + b} = \widehat{\mu + a} + \widehat{\mu + b} - \hat{\mu} = \bar{x}_A + \bar{x}_B - \bar{\bar{x}}$$

上式を最大にする因子の水準は，A は表 10.17 より A_1 水準，B は表 10.16 より B_2 水準である．

手順１０　母平均の点推定

手順 9 より次のようになる．

$$\hat{\mu}(A_1 B_2) = \bar{x}_{A_1} + \bar{x}_{B_2} - \bar{\bar{x}} = \frac{T_{A_1}}{4} + \frac{T_{B_2}}{4} - \frac{T}{8}$$

$$= 84.3 + 84.0 - \frac{656}{8} = 86.3$$

手順１１　母平均の区間推定（信頼率：95％）

有効反復数は伊奈の式を用いて

$$\frac{1}{n_e} = (\text{点推定に用いられている平均の係数の和})$$

$$= \frac{1}{4} + \frac{1}{4} - \frac{1}{8} = \frac{3}{8} \quad (\text{伊奈の式})$$

となるから（擬水準法では田口の式を用いることができない），信頼区間は次

のようになる．

$$\hat{\mu}(A_1B_2) \pm t(\phi_{E'}, 0.05)\sqrt{\frac{V_{E'}}{n_e}} = 86.3 \pm t(4, 0.05)\sqrt{\frac{3}{8} \times 4.31}$$

$$= 86.3 \pm 2.776\sqrt{\frac{3}{8} \times 4.31} = 86.3 \pm 3.5 = 82.8,\ 89.8$$

手順12 データの予測

A_1B_2 の水準組合せにおいて将来新たにデータを取るとき，どのような値が得られるのかを予測する．点予測は手順10の母平均の点推定と同じで，

$$\hat{x} = \hat{\mu}(A_1B_2) = 86.3$$

である．また，信頼率 95% の予測区間は次の通りである．

$$\hat{x} \pm t(\phi_{E'}, 0.05)\sqrt{\left(1 + \frac{1}{n_e}\right)V_{E'}} = 86.3 \pm t(4, 0.05)\sqrt{\left(1 + \frac{3}{8}\right) \times 4.31}$$

$$= 86.3 \pm 2.776\sqrt{\left(1 + \frac{3}{8}\right) \times 4.31} = 86.3 \pm 6.8 = 79.5,\ 93.1$$

手順13 2つの母平均の差の推定

例えば，$\mu(A_2B_1)$ と $\mu(A_1B_2)$ の差の推定を行う．

点推定値は次の通りである．

$$\hat{\mu}(A_2B_1) - \hat{\mu}(A_1B_2) = (\bar{x}_{A_2} + \bar{x}_{B_1} - \bar{\bar{x}}) - (\bar{x}_{A_1} + \bar{x}_{B_2} - \bar{\bar{x}})$$

$$= (82.0 + 80.0 - 82.0) - (84.3 + 84.0 - 82.0) = -6.3$$

次に，信頼区間を求める．$\hat{\mu}(A_2B_1)$ と $\hat{\mu}(A_1B_2)$ から共通の平均 $\bar{\bar{x}}$ を消去し，それぞれに伊奈の式を適用する．

$$\bar{x}_{A_2} + \bar{x}_{B_1} = \frac{T_{A_2}}{2} + \frac{T_{B_1}}{4} \quad \rightarrow \quad \frac{1}{n_{e_1}} = \frac{1}{2} + \frac{1}{4} = \frac{3}{4}$$

$$\bar{x}_{A_1} + \bar{x}_{B_2} = \frac{T_{A_1}}{4} + \frac{T_{B_2}}{4} \quad \rightarrow \quad \frac{1}{n_{e_2}} = \frac{1}{4} + \frac{1}{4} = \frac{1}{2}$$

$\bar{x}_{A_2}$ は2個のデータの平均であることに注意する（$N_{A_2} = 2$）．これより，

$$\frac{1}{n_d} = \frac{1}{n_{e_1}} + \frac{1}{n_{e_2}} = \frac{3}{4} + \frac{1}{2} = \frac{5}{4}$$

となる．したがって，信頼区間は，

$$\hat{\mu}(A_2B_1) - \hat{\mu}(A_1B_2) \pm t(\phi_{E'}, 0.05)\sqrt{\frac{V_{E'}}{n_d}}$$

$$= -6.3 \pm t(4, 0.05)\sqrt{\frac{5}{4} \times 4.31}$$

$$= -6.3 \pm 2.776\sqrt{\frac{5}{4} \times 4.31}$$

$$= -6.3 \pm 6.4 = -12.7,\ 0.1$$

となる．□

(**注 10.3**) 例 10.2 の手順 11 で田口の式を用いて有効反復数を計算すると

$$\frac{1}{n_e} = \frac{1 + (点推定に用いた要因の自由度の和)}{(総データ数)}$$

$$= \frac{1 + (\phi_A + \phi_B)}{N} = \frac{1 + (2+1)}{8} = \frac{4}{8} = \frac{1}{2} \qquad (田口の式)$$

となる．擬水準法の場合は，このように伊奈の式と田口の式の計算結果は一致せず，伊奈の式が正しい値を与える（Q 23 を参照）．□

第11章
乱 塊 法

　本章では，乱塊法と呼ばれる実験の実施方法と解析方法を説明する．これは，ブロック因子を導入し，それぞれのブロックごとで一通りの水準組合せの実験を行い，ブロックの数だけ実験を繰り返すものである．これまで説明してきた「繰返し」とは異なることを意識しながら，実験方法，特に実験順序の決め方とブロック因子の導入による解析方法の違いに着目してほしい．

11.1　乱塊法とは

（１）　データの取り方とブロック因子

　因子 A について4水準を設定し，繰り返し3回の1元配置実験を考える．乱数表などに基づいて2通りの実験順序をランダムに定めた結果，表11.1および表11.2のようになったとする．

　ここで，この実験は1日に4回しか実施できないものとしよう．合計12回の実験なら3日で実施することができる．表11.1と表11.2の実験順序を3日のスケジュールに表すと，それぞれ表11.3と表11.4のようになる．どちらも乱数表から定めた順序だからランダムに決めたことには変わりはないが，その

表 11.1　ランダムな実験順序の例1

因子の水準	繰返し
A_1	2　5　10
A_2	3　7　11
A_3	4　8　12
A_4	1　6　9

表 11.2　ランダムな実験順序の例2

因子の水準	繰返し
A_1	2　4　7
A_2	1　5　8
A_3	3　10　12
A_4	6　9　11

パターンは少し異なっている．表 11.3 では，偶然にも各日に因子 A の 4 通りの水準のそれぞれを実験する．一方，表 11.4 では，A_1 と A_2 水準は第 1 日目と第 2 日目だけで実験するというように，いくつかの水準が実験されていない日がある．実験日が異なることにより実験結果への影響がほとんどないならば，どちらのパターンで行っても実験結果に違いはない．しかし，実験日が異なることにより，天候などの環境条件や作業者などが異なり，その違いが実験結果に影響を与える可能性があるなら，両者のパターンによって結果が異なってくるかもしれない．

さらに，実験日が異なることによって特性値が変化するのかどうかを確認しておきたいニーズもあるだろう．つまり，日の違いを要因と考えて，その効果を検定することにより，その効果が無視できる程度なら「今後，そのようなことを考慮する必要はない」という情報が得られる．一方，その効果を無視できないのなら「日の違いの中になんらかの本質的な要因の潜んでいる可能性が高い」ということになり，改善活動の次のステップへのヒントになるかもしれない．

表 11.3 3 日間の実験順序（例 1）

日	実施水準
第 1 日	A_4 A_1 A_2 A_3
第 2 日	A_1 A_4 A_2 A_3
第 3 日	A_4 A_1 A_2 A_3

表 11.4 3 日間の実験順序（例 2）

日	実施水準
第 1 日	A_2 A_1 A_3 A_1
第 2 日	A_2 A_4 A_1 A_2
第 3 日	A_4 A_3 A_4 A_3

表 11.5 乱塊法における実験順序

因子の水準	R_1 第 1 日目	R_2 第 2 日目	R_3 第 3 日目
A_1	2	5	12
A_2	1	7	11
A_3	4	6	9
A_4	3	8	10

そこで，日の違いを新たに因子 R と考えて，各水準 R_j (つまり，各実験日) ごとに因子 A のすべての水準をランダムな順序で一揃い実験するという方法を考えることにしよう．表 11.5 に示した実験順序を考える．この実験から得られるデータは，形式的には，繰返しのない2元配置法と同じである．実際，平方和の計算や分散分析表の作成手順はそれと同じである．しかし，いくつかの基本的な考え方の違いがあり，それが分散分析後の推定手順に反映される．

繰返しのない2元配置法との最も顕著な違いは「**因子 R の水準設定には再現性がない**」という点である．したがって，**因子 R について最適水準を選ぶことには意味がない**．これまで考えてきたすべての因子には「水準設定に再現性があり，最適水準を選ぶことに意味がある」ことを暗黙に仮定していた．このような因子を**制御因子**と呼ぶ．それに対して，本節で登場した新たな因子 R を**ブロック因子**と呼ぶ．ブロック因子は，「誤差からその効果を取り除く」ために導入され，同時に「そのばらつきの大きさがどれくらいあるのかを検討する」という性格の因子である．

データの構造式に基づいて説明する．表 11.5 から得られる $A_i R_j$ 水準のデータを x_{ij} と表すとき，データの構造式や制約式を以下のように考える．

$$x_{ij} = \mu + a_i + r_j + \varepsilon_{ij} \tag{11.1}$$

$$\sum_{i=1}^{4} a_i = a_1 + a_2 + a_3 + a_4 = 0 \tag{11.2}$$

$$r_j \sim N(0, \sigma_R^2) \tag{11.3}$$

$$\varepsilon_{ij} \sim N(0, \sigma^2) \tag{11.4}$$

繰返しのない2元配置法との違いは式 (11.3) である (その他はすべて同じである)．因子 R には水準設定の再現性がないので，r_j は**変量** (確率変数) であると想定し，その変動が誤差 ε_{ij} と同じように正規分布に従うと仮定する．因子 R の効果がないということは，r_j が変動しないことであり，それは $\sigma_R^2 = 0$ を意味する．σ_R^2 はブロック因子 R の変動の大きさを表す量であり，**ブロック間変動**または**ブロック因子の分散成分**と呼ばれる．

因子 A は制御因子であり，水準設定の再現性がある．したがって，各水準ごとの効果 a_i は固定された定数（ただし未知）であり，式 (11.2) に示した制約式を想定する．因子 A を**母数因子**，因子 R を**変量因子**と呼ぶ．

表 11.5 のデータの取り方では，R_1 の中でランダムな順序で実験が実施されている．そして，R_2, R_3 と繰返されている．このことから，因子 R を**反復**と呼ぶこともある．「繰返し」と「反復」とはよく似た言葉だが，上述してきたようにその意味する内容は異なっている．表 11.5 のように，日をブロック因子として複数日にわたって実験する（つまり，反復する）ことによって，「繰返し」の場合には検討することのできなかった日間変動を考慮できる．このような方法が**乱塊法** (randomized block design) である．

ブロック因子は日間の違いだけではない．一般に，「水準設定の再現性が困難な要因」で，1 つのブロック内で制御因子の水準（ないしは水準組合せ）の一揃いの実験を実施できる程度の大きさがあり，そのブロック内では制御因子の水準の違い以外はできるだけ均質にできるようなものであればよい．古くは，農作物の収量という特性値に対して，農作物の品種（制御因子），土壌の条件（ブロック因子）という設定で実験が実施された．広い農場全体にわたって土壌の条件が同じであることはありえない．そこで，農場をいくつかの区画（ブロック）に分割し，同じ区画の中では土壌の条件がほぼ均質であると考えて，各区画に比較したい一揃いの品種を栽培してその収量を比較した．

以下に，乱塊法の考え方の要点をまとめておこう．

乱塊法の考え方の要点

(1) 乱塊法は，ブロック因子を導入し，ブロック内で制御因子の一揃いの水準（ないしは水準組合せ）で実験を実施し，複数のブロックにわたって実験を反復する方法である．

(2) 各ブロック内では，制御因子の水準の違い以外はできるだけ均質であるようにする．

(3) 各ブロックでは，ランダムな順序で実験を実施する．

(4) ブロック因子には水準設定の再現性がないので，最適水準を決め

(5) ブロック因子 R は $N(0, \sigma_R^2)$ に従う変量と考える．σ_R^2 をブロック間変動と呼ぶ．

(**注11.1**) 母数因子には，制御因子の他に，**標示因子**と呼ばれるものもある．これは，製品の使用条件などのように，水準設定の再現性はあるが使用者がどのような条件の下で使うのか不明なので，最適条件を一定に設定することができない因子である．この場合には，標示因子と制御因子の交互作用の検討が対象になる．□

（2） 解 析 方 法

乱塊法では変量因子が登場するが，分散分析表の作成方法と検定方法はこれまでと同じである．

一方，分散分析後の推定手順は，ブロック因子 R を無視できないなら，これまでの方法と異なってくる．例えば，データの構造式 (11.1) に基づいた分散分析表において要因 R を無視しない場合には，分散分析後のデータの構造式は式 (11.1) のままであり，これに基づいて推定を行う．要因 R はブロック因子であり，その水準の指定には意味がないから，制御因子 A のみの最適水準を決定する．推定する母数は $\mu + a_i$ であり，この推定にはこれまでと同様に $\bar{x}_{A_i}$ を用いればよい．つまり，点推定は1元配置法の場合と同じである．しかし，式 (11.1) に基づくと，

$$\bar{x}_{A_i} = \mu + a_i + \bar{r}_{\cdot} + \bar{\varepsilon}_{i\cdot} \sim N\left(\mu + a_i, \frac{\sigma_R^2}{3} + \frac{\sigma^2}{3}\right) \tag{11.5}$$

となるので（分散を割っている3は A_i 水準のデータ数（反復回数）），点推定量の分散がこれまでとは異なり，区間推定の方法が異なってくる．$E(V)$ の形を考慮して σ^2 や σ_R^2 の推定量を求め，**サタースウェイト** (Satterthwaite) **の方法**を用いて**等価自由度**を求める必要がある．

これに対して，分散分析表において要因 R を無視（プール）できるのなら，分散分析後のデータの構造式は

$$x_{ij} = \mu + a_i + \varepsilon_{ij} \tag{11.6}$$

となり，推定は第3章で述べた1元配置法の方法に帰着する．

一方，2つの母平均の差の推定は第3章で述べた方法と同じになる．例えば，2つの母平均 $\mu(A_1) = \mu + a_1$ と $\mu(A_2) = \mu + a_2$ の差の推定を考えよう．R を無視しない場合でも，式 (11.5) より，

$$\bar{x}_{A_1} - \bar{x}_{A_2} = (\mu + a_1 + \bar{r}_. + \bar{\varepsilon}_{1.}) - (\mu + a_2 + \bar{r}_. + \bar{\varepsilon}_{2.})$$
$$= (a_1 - a_2) + (\bar{\varepsilon}_{1.} - \bar{\varepsilon}_{2.}) \tag{11.7}$$

となって，R の効果が消去される．この式は R が無視できる場合に式 (11.6) から求めたものと同じである．

以上の要点，並びに点推定量の分散の求め方を以下にまとめておこう．

乱塊法の解析方法の要点

(1) 平方和や自由度の求め方および分散分析表の作成方法はこれまで（第2章の内容）と同じである．

(2) ブロック間変動 σ_R^2 を分散分析表の $E(V)$ に基づいて推定する．

(3) 分散分析後の区間推定手順は，ブロック因子が変量であることより，これまでの方法とは異なる．区間推定には次式を用いる．

$$(点推定量) \pm t(\phi, \alpha)\sqrt{\hat{V}(点推定量)} \tag{11.8}$$

ここで，$\hat{V}(点推定量)$ は次のように求める（注 11.5 も参照）．

反復を無視（プール）しない場合：

$$\hat{V}(点推定量) = \frac{V_R}{総データ数} + \frac{V_E}{n_e} \tag{11.9}$$

反復を無視（プール）する場合：

$$\hat{V}(点推定量) = \frac{V_{E'}}{総データ数} + \frac{V_{E'}}{n_e} \tag{11.10}$$

有効反復数 n_e は次のように求める．

$$\frac{1}{n_e} = \frac{点推定に用いた要因（R は除く）の自由度の和}{総データ数}$$

（田口の式）　(11.11)

式 (11.9) を用いたときは，$\phi = \phi^*$ をサタースウェイトの方法（後述）より求める．式 (11.10) を用いたときは $\phi = \phi_{E'}$ である．

(4) 点予測は点推定と同じである．予測区間の作成に当たっては，反復を無視しない場合は点推定量の分散に $\sigma_R^2 + \sigma^2$ を加えて，分散を推定する．反復を無視する場合には，点推定量の分散に σ^2 を加えて分散を推定する．適用例の中および注 11.6 で解説する．

(5) 2 つの母平均の差の推定は，差をとることによって R の効果が消去されるので第 2 章の内容と同じになる．

(**注 11.2**) 式 (11.11) の田口の式の分子が第 2 章の式 (2.34) の田口の式の分子と異なっていることに注意せよ．式 (11.10) を用いる場合には第 2 章の内容と同じになるが，式 (11.9) を用いる場合を考慮して，式 (11.11) の分子の形式に表現している．また，式 (11.9) と式 (11.10) の右辺の第 1 項の分子が異なることにも注意せよ．□

2 つ以上の標本分散から分散 $\hat{V}$ を合成したとき，その分散 $\hat{V}$ の自由度 ϕ^* を求める方法がサタースウェイト (Satterthwaite：人の名前) の方法である (この方法の理論的な根拠については Q 27 を参照)．

サタースウェイトの方法

標本分散 $V_1, V_2, \cdots, V_k$ (それぞれの自由度を $\phi_1, \phi_2, \cdots, \phi_k$ とする) が互いに独立で，$c_1, c_2, \cdots, c_k$ を定数とするとき，

$$\hat{V} = c_1 V_1 + c_2 V_2 + \cdots + c_k V_k \tag{11.12}$$

と合成された分散 $\hat{V}$ の自由度 ϕ^* は次のように求める．

$$\phi^* = \frac{(c_1 V_1 + c_2 V_2 + \cdots + c_k V_k)^2}{\dfrac{(c_1 V_1)^2}{\phi_1} + \dfrac{(c_2 V_2)^2}{\phi_2} + \cdots + \dfrac{(c_k V_k)^2}{\phi_k}} \tag{11.13}$$

このようにして求めた ϕ^* を**等価自由度**と呼ぶ．

11.2 適　用　例

　本節では，**乱塊法の1因子実験と2因子実験**について適用例を説明する．

　乱塊法の1因子実験とは，1つの制御因子 A を取り上げて，さらにブロック因子 R を導入して行う実験であり，11.1節で例示した内容と同じである．取り上げる制御因子は1つであり，その効果の把握と最適水準の設定およびその下での推定が実験の目的である．つまり，実験の目的自体は第3章で述べた1元配置法の場合と同じである．しかし，ブロック因子を導入して，「繰返し」ではなく複数のブロックで「反復」を行い，ブロックの効果を考慮しながら検討していく点が通常の1元配置法とは異なる．データは形式的には繰返しのない2元配置法と同じ形である．解析手順は，分散分析表の作成までは繰返しのない2元配置法と同じであるが，推定の方法はこれまでとは大きく異なるので注意が必要である．

[**例 11.1**] ある化学製品の収量を大きくする目的で，反応温度 A を取り上げ，4水準を設定した．この実験は1日に4回しか実施できないので，実験日をブロック因子とし，ランダムに3日を選んで，合計12回の実験を実施することにした．各日では $A_1 \sim A_4$ 水準を一揃いランダムな順序で実験を実施する．

手順1　実験順序とデータの採取

　表11.6に示した実験順序により実験を実施し，データを採取したところ，表11.7に示すデータが得られた．

表 11.6　実 験 順 序

因子の水準	R_1 第1日目	R_2 第2日目	R_3 第3日目
A_1	2	5	9
A_2	3	6	11
A_3	1	8	10
A_4	4	7	12

表 11.7 データと集計

因子 A の水準	因子 R の水準			A_i 水準のデータ和 A_i 水準の平均
	R_1	R_2	R_3	
A_1	75	71	74	$T_{A_1}=220$ $\bar{x}_{A_1}=73.3$
A_2	77	73	76	$T_{A_2}=226$ $\bar{x}_{A_2}=75.3$
A_3	82	81	84	$T_{A_3}=247$ $\bar{x}_{A_3}=82.3$
A_4	78	77	81	$T_{A_4}=236$ $\bar{x}_{A_4}=78.7$
R_j 水準のデータ和 R_j 水準の平均	$T_{R_1}=312$ $\bar{x}_{R_1}=78.0$	$T_{R_2}=302$ $\bar{x}_{R_2}=75.5$	$T_{R_3}=315$ $\bar{x}_{R_3}=78.8$	$T=929$ $\bar{\bar{x}}=77.4$

手順 2　データの構造式の設定

$$x_{ij}=\mu+a_i+r_j+\varepsilon_{ij}$$

$$\sum_{i=1}^{4}a_i=0,\quad r_j\sim N(0,\sigma_R^2),\quad \varepsilon_{ij}\sim N(0,\sigma^2)$$

手順 3　データのグラフ化

表 11.7 の各平均値に基づいてグラフを作成し，各要因効果の概略を把握する．図 11.1 より，主効果 A が大きそうである．

手順 4　平方和と自由度の計算

表 11.7 に基づいて各平方和および各自由度を計算する．

$$CT=\frac{(\text{データの総計})^2}{\text{総データ数}}=\frac{T^2}{N}=\frac{929^2}{12}=71920.083$$

$$S_T=(\text{個々のデータの 2 乗和})-CT=\sum_{i=1}^{4}\sum_{j=1}^{3}x_{ij}^2-CT$$

$$=(75^2+71^2+74^2+\cdots+77^2+81^2)-71920.083=170.917$$

11.2 適用例

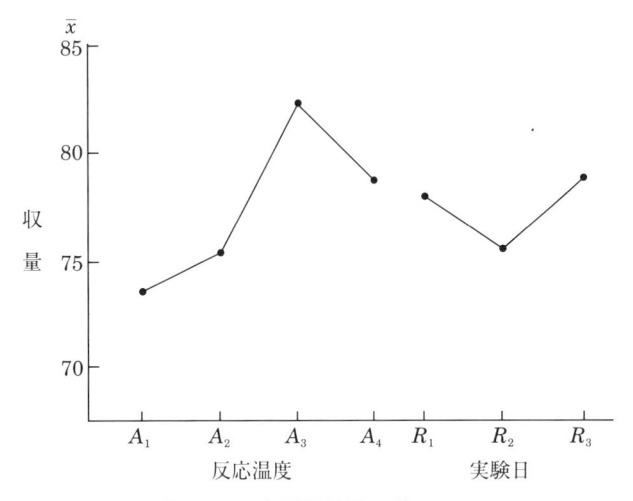

図 11.1 各要因効果のグラフ

$$S_A = \sum_{i=1}^{4} \frac{(A_i \text{ 水準のデータ和})^2}{A_i \text{ 水準のデータ数}} - CT = \sum_{i=1}^{4} \frac{T_{A_i}^2}{N_{A_i}} - CT$$

$$= \frac{220^2}{3} + \frac{226^2}{3} + \frac{247^2}{3} + \frac{236^2}{3} - 71920.083 = 140.250$$

$$S_R = \sum_{j=1}^{3} \frac{(R_j \text{ 水準のデータ和})^2}{R_j \text{ 水準のデータ数}} - CT = \sum_{j=1}^{3} \frac{T_{R_j}^2}{N_{R_j}} - CT$$

$$= \frac{312^2}{4} + \frac{302^2}{4} + \frac{315^2}{4} - 71920.083 = 23.167$$

$$S_E = S_T - (S_A + S_R) = 170.917 - (140.250 + 23.167) = 7.500$$

$$\phi_T = (\text{データの総数}) - 1 = N - 1 = 12 - 1 = 11$$

$$\phi_A = (A \text{ の水準数}) - 1 = a - 1 = 4 - 1 = 3$$

$$\phi_R = (R \text{ の水準数}) - 1 = r - 1 = 3 - 1 = 2$$

$$\phi_E = \phi_T - (\phi_A + \phi_R) = 11 - (3 + 2) = 6$$

手順 5　分散分析表の作成

手順 4 の結果に基づいて表 11.8 の分散分析表を作成する．

表 11.8　分散分析表

要因	S	ϕ	V	F_0	$E(V)$
A	140.250	3	46.75	37.4**	$\sigma^2 + 3\sigma_A^2$
R	23.167	2	11.58	9.26*	$\sigma^2 + 4\sigma_R^2$
E	7.500	6	1.250		σ^2
T	170.917	11			

$F(2,6;0.05) = 5.14, \quad F(2,6;0.01) = 10.9$
$F(3,6;0.05) = 4.76, \quad F(3,6;0.01) = 9.78$

因子 A は高度に有意であり，ブロック因子 R も有意になった．

A_1 水準のデータ数は 3 個だから，$E(V)$ の欄の σ_A^2 には 3 が掛けられている．同様に，R_1 水準のデータ数は 4 個だから，$E(V)$ の欄の σ_R^2 には 4 が掛けられている．ここで，A は母数因子だから $\sigma_A^2 = \sum a_i^2 / \phi_A$ という定義（これまでと同じ）であるのに対して，R は変量因子であり，σ_R^2 は手順 2 に示された r_j の母分散（ブロック間変動）である．同様に，σ^2 は誤差 ε_{ij} の母分散である．

手順 6　分散分析後のデータの構造式

表 11.8 より，次のようにデータの構造式を考えることにする．

$$x_{ij} = \mu + a_i + r_j + \varepsilon_{ij}$$

$$\sum_{i=1}^{4} a_i = 0, \quad r_j \sim N(0, \sigma_R^2), \quad \varepsilon_{ij} \sim N(0, \sigma^2)$$

手順 7　ブロック間変動（日間変動）　σ_R^2 の推定

分散分析表の $E(V)$ の欄より，$\widehat{\sigma^2 + 4\sigma_R^2} = V_R$，$\hat{\sigma}^2 = V_E$ である．これより，ブロック間変動（日間変動）　σ_R^2 の点推定値は次のようになる．

$$\hat{\sigma}_R^2 = \frac{V_R - V_E}{4} = \frac{11.58 - 1.250}{4} = 2.583$$

手順8 最適水準の決定

因子 R はブロック因子だから最適水準を設定することには意味がない．制御因子 A の各水準の母平均について，

$$\hat{\mu}(A_i) = \widehat{\mu + a_i} = \bar{x}_{A_i}$$

と推定する．上式を最大にするのは表 11.7 より A_3 水準である．

手順9 母平均の点推定

手順8より次のようになる．

$$\hat{\mu}(A_3) = \bar{x}_{A_3} = 82.3$$

手順10 母平均の区間推定（信頼率：95%）

式 (11.11) を用いて有効反復数を求める．

$$\frac{1}{n_e} = \frac{\text{点推定に用いた要因（R は除く）の自由度の和}}{\text{総データ数}} = \frac{\phi_A}{N} = \frac{3}{12} = \frac{1}{4}$$

$\hat{\mu}(A_3)$ の母分散の推定値は，式 (11.9) を用いて

$$\hat{V}(\hat{\mu}(A_3)) = \frac{V_R}{N} + \frac{V_E}{n_e} = \frac{V_R}{12} + \frac{V_E}{4} = \frac{11.58}{12} + \frac{1.250}{4} = 1.278$$

サタースウェイトの方法を用いて自由度 ϕ^* を求める．

$$\phi^* = \frac{\left(\frac{1}{12}V_R + \frac{1}{4}V_E\right)^2}{\left(\frac{1}{12}V_R\right)^2 \bigg/ \phi_R + \left(\frac{1}{4}V_E\right)^2 \bigg/ \phi_E}$$

$$= \frac{\left(\frac{1}{12} \times 11.58 + \frac{1}{4} \times 1.250\right)^2}{\left(\frac{1}{12} \times 11.58\right)^2 \bigg/ 2 + \left(\frac{1}{4} \times 1.250\right)^2 \bigg/ 6} = 3.4$$

線形補間法により

$$t(\phi^*, 0.05) = t(3.4, 0.05) = (1 - 0.4) \times t(3, 0.05) + 0.4 \times t(4, 0.05)$$
$$= 0.6 \times 3.182 + 0.4 \times 2.776 = 3.020$$

となる．これらより，信頼区間は次のようになる（注 11.5 を参照）．

$$\hat{\mu}(A_3) \pm t(\phi^*, 0.05)\sqrt{\hat{V}(\hat{\mu}(A_3))} = 82.3 \pm 3.020\sqrt{1.278}$$
$$= 82.3 \pm 3.4 = 78.9,\ 85.7$$

手順11　データの予測

A_3 水準において将来新たにデータを取るとき，どのような値が得られるのかを予測する．点予測は手順 9 の母平均の点推定と同じで，

$$\hat{x} = \hat{\mu}(A_3) = 82.3$$

である．信頼率 95% の予測区間を求める際には，新たに得られるデータの構造式に含まれる変量 $r+\varepsilon$ の母分散 $\sigma_R^2 + \sigma^2$ を手順 10 で求めた分散の値に追加して考慮しなければならない（注 11.6 を参照）．つまり，分散の推定値は，

$$\hat{V} = \left(\frac{V_R}{12} + \frac{V_E}{4}\right) + (\hat{\sigma}_R^2 + \hat{\sigma}^2) = \left(\frac{V_R}{12} + \frac{V_E}{4}\right) + \left(\frac{V_R - V_E}{4} + V_E\right)$$
$$= \frac{1}{3}V_R + V_E = \frac{1}{3} \times 11.58 + 1.250 = 5.110$$

サタースウェイトの方法を用いて

$$\phi^* = \frac{\left(\frac{1}{3}V_R + V_E\right)^2}{\left(\frac{1}{3}V_R\right)^2 \bigg/ \phi_R + V_E^2/\phi_E}$$

$$= \frac{\left(\frac{1}{3} \times 11.58 + 1.250\right)^2}{\left(\frac{1}{3} \times 11.58\right)^2 \bigg/ 2 + 1.250^2/6} = 3.4$$

が得られる（$\hat{V}$ は手順 10 の $\hat{V}(\hat{\mu}(A_3))$ の場合と同様に 2 つの分散を $1:3$ の割合で合成しているのでサタースウェイトの方法で求める自由度は手順 10 で求めた結果と等しくなる）．以上より，予測区間は次の通りとなる．

$$\hat{x} \pm t(\phi^*, 0.05)\sqrt{\hat{V}} = 82.3 \pm 3.020\sqrt{5.110}$$
$$= 82.3 \pm 6.8 = 75.5,\ 89.1$$

手順12　2つの母平均の差の推定

例えば，$\mu(A_1)$ と $\mu(A_3)$ の差の推定を行う．

点推定値は次の通りである．
$$\hat{\mu}(A_1) - \hat{\mu}(A_3) = \bar{x}_{A_1} - \bar{x}_{A_3} = 73.3 - 82.3 = -9.0$$

信頼区間を求める．$\hat{\mu}(A_1)$ と $\hat{\mu}(A_3)$ には共通の平均はない．それぞれに伊奈の式を適用する．

$$\bar{x}_{A_1} = \frac{T_{A_1}}{3} \rightarrow \frac{1}{n_{e_1}} = \frac{1}{3}$$

$$\bar{x}_{A_3} = \frac{T_{A_3}}{3} \rightarrow \frac{1}{n_{e_2}} = \frac{1}{3}$$

これより，
$$\frac{1}{n_d} = \frac{1}{n_{e_1}} + \frac{1}{n_{e_2}} = \frac{1}{3} + \frac{1}{3} = \frac{2}{3}$$

が得られる．したがって，信頼区間は，

$$\hat{\mu}(A_1) - \hat{\mu}(A_3) \pm t(\phi_E, 0.05)\sqrt{\frac{V_E}{n_d}} = -9.0 \pm t(6, 0.05)\sqrt{\frac{2}{3} \times 1.250}$$

$$= -9.0 \pm 2.447\sqrt{\frac{2}{3} \times 1.250} = -9.0 \pm 2.2 = -11.2, \ -6.8$$

となる．□

（注 11.3） 繰返しのない2元配置法は交互作用が存在しないという前提の下で用いることができる．交互作用が存在すると誤差に交絡してしまうからである．1因子の乱塊法実験では，分散分析表の作成までの解析手順は形式的に繰返しのない2元配置法と同じであり，やはり A と R の交互作用が存在しないことを前提としている．通常，乱塊法を用いる場合には，制御因子とブロック因子との交互作用は考慮しないことが多い．しかし，ブロック因子の内容を特定できないから便宜的に交互作用を考慮しないことにしているという側面もある．□

（注 11.4） 例 11.1 のデータを因子 A の繰返し3回の通常の1元配置法のデータだと考えて解析すると表 11.9 の分散分析表が得られる．

この分散分析表は，表 11.8 において要因 R を誤差にプールした結果となっている．乱塊法では，ブロック因子 R を誤差から取り出すことにより，誤差平方和が小さくなるとともに，ブロック因子自体の効果の検定を行うことも可能となっている．

表 11.9 分散分析表

要因	S	ϕ	V	F_0	$E(V)$
A	140.250	3	46.75	12.2**	$\sigma^2 + 3\sigma_A^2$
E	30.667	8	3.833		σ^2
T	170.917	11			

$F(3, 8; 0.05) = 4.07, \quad F(3, 8; 0.01) = 7.59$

□

(**注 11.5**) 母平均の区間推定の式 (11.8) と (11.9) について上の例題にそって具体的に説明する．手順 6 のデータの構造式より A_3 水準だけのデータを考えると

$$x_{3j} = \mu + a_3 + r_j + \varepsilon_{3j} \sim N(\mu + a_3, \sigma_R^2 + \sigma^2) \quad (j = 1, 2, 3) \tag{11.14}$$

である．正規分布の基本的な性質より，

$$\bar{x}_{A_3} = \mu + a_3 + \bar{r}_{\cdot} + \bar{\varepsilon}_{3\cdot} \sim N\left(\mu + a_3, \frac{\sigma_R^2}{3} + \frac{\sigma^2}{3}\right) \tag{11.15}$$

となる．$\bar{x}_{A_3}$ は 3 個のデータの平均だから，式 (11.15) で 2 つの母分散 σ_R^2 と σ^2 をそれぞれ 3 で割っている．式 (11.15) の母分散を

$$V(\hat{\mu}(A_3)) = \frac{\sigma_R^2}{3} + \frac{\sigma^2}{3} \tag{11.16}$$

とおいて，式 (11.15) を標準化することにより，

$$u = \frac{\bar{x}_{A_3} - (\mu + a_3)}{\sqrt{V(\hat{\mu}(A_3))}} \sim N(0, 1^2) \tag{11.17}$$

となる．一方，式 (11.16) の $V(\hat{\mu}(A_3))$ は手順 7 を用いて次のように推定することができる．

$$\hat{V}(\hat{\mu}(A_3)) = \frac{\hat{\sigma}_R^2}{3} + \frac{\hat{\sigma}^2}{3} = \frac{1}{3}\left(\frac{V_R - V_E}{4}\right) + \frac{V_E}{3} = \frac{V_R}{12} + \frac{V_E}{4} \tag{11.18}$$

式 (11.18) は手順 10 で求めているものであり，式 (11.9) に対応する．この自由度 ϕ^* はサタースウェイトの方法を用いて求める必要がある．式 (11.17) の $V(\hat{\mu}(A_3))$ をその推定量 $\hat{V}(\hat{\mu}(A_3))$ で置き換えることによって，近似的に

$$t = \frac{\bar{x}_{A_3} - (\mu + a_3)}{\sqrt{\hat{V}(\hat{\mu}(A_3))}} \sim \text{自由度 } \phi^* \text{ の } t \text{ 分布} \tag{11.19}$$

が成り立つ．これより，

$$0.95 = Pr\{-t(\phi^*, 0.05) < t < t(\phi^*, 0.05)\}$$
$$= Pr\left\{-t(\phi^*, 0.05) < \frac{\bar{x}_{A_3} - (\mu + a_3)}{\sqrt{\hat{V}(\hat{\mu}(A_3))}} < t(\phi^*, 0.05)\right\}$$
$$= Pr\{\bar{x}_{A_3} - t(\phi^*, 0.05)\sqrt{\hat{V}(\hat{\mu}(A_3))}$$
$$< \mu + a_3 < \bar{x}_{A_3} + t(\phi^*, 0.05)\sqrt{\hat{V}(\hat{\mu}(A_3))}\,\} \qquad (11.20)$$

が得られる．上の Pr の内部は信頼率 95% の $\mu + a_3$ の信頼区間を表している．□

(注 11.6) 予測区間の求め方についてその考え方を説明する．上の例題において A_3 水準で新たにデータを取るとき，そのデータの構造式は

$$x = \mu + a_3 + r + \varepsilon \sim N(\mu + a_3, \sigma_R^2 + \sigma^2) \qquad (11.21)$$

と考えることができる．この x の値を予測する．母平均 $\mu + a_3$ に変量 $r + \varepsilon$ が付随したものを当てるということが推定とは異なっている．一方，実験データに基づいて式 (11.15) が成り立つ．そこで，式 (11.15) および式 (11.21) より，正規分布の基本的な性質を用いて

$$x - \bar{x}_{A_3} \sim N\left(0, \left(1 + \frac{1}{3}\right)\sigma_R^2 + \left(1 + \frac{1}{3}\right)\sigma^2\right) \qquad (11.22)$$

が成り立つ (x と $\bar{x}_{A_3}$ は互いに独立と考えられる！)．この母分散を

$$V = \left(1 + \frac{1}{3}\right)\sigma_R^2 + \left(1 + \frac{1}{3}\right)\sigma^2 \qquad (11.23)$$

とおいて，式 (11.22) を標準化することにより，

$$u = \frac{x - \bar{x}_{A_3}}{\sqrt{V}} \sim N(0, 1^2) \qquad (11.24)$$

となる．ここで，V をその推定量 $\hat{V}$ (自由度 ϕ^*) で置き換えることによって，近似的に

$$t = \frac{x - \bar{x}_{A_3}}{\sqrt{\hat{V}}} \sim 自由度\ \phi^*\ の\ t\ 分布 \qquad (11.25)$$

が成り立つ．これより，

$$0.95 = Pr\{-t(\phi^*, 0.05) < t < t(\phi^*, 0.05)\}$$

$$= Pr\left\{-t(\phi^*, 0.05) < \frac{x - \bar{x}_{A_3}}{\sqrt{\hat{V}}} < t(\phi^*, 0.05)\right\}$$

$$= Pr\{\bar{x}_{A_3} - t(\phi^*, 0.05)\sqrt{\hat{V}} < x < \bar{x}_{A_3} + t(\phi^*, 0.05)\sqrt{\hat{V}}\} \qquad (11.26)$$

が得られる．上の Pr の内部は信頼率 95% の x の予測区間を表している．□

次に，乱塊法の2因子実験の適用例を説明する．これは，2つの制御因子 A と B を取り上げ，さらにブロック因子 R を導入して行う実験である．実験の目的は第5章で述べた繰返しのある2元配置法の場合と同じである．しかし，ブロック因子を導入して，「繰返し」ではなく複数のブロックで「反復」を行い，ブロックの効果を考慮しながら検討していく点が繰返しのある2元配置法とは異なっている．データは形式的には繰返しのない3元配置法と同じである．したがって，解析手順において，分散分析表の作成までは繰返しのない3元配置法と同じである．ただし，制御因子とブロック因子 R との交互作用は，通常，誤差として取り扱う．推定の方法は前節と同様の注意が必要である．

[例 11.2] ある建築材料の変形率を小さくする目的で，添加剤1の添加量 A（3水準）と添加剤2の添加量 B（2水準）を取り上げた．変形率は原料ロットにより影響を受ける可能性があるので，原料ロット R をブロック因子と考え，ランダムに3ロットを選んで，合計18回の実験を実施することにした．各原料ロットにおいて，$A_1B_1, A_1B_2, \cdots, A_3B_2$ の6通りの水準組合せを設定して，ランダムな順序で実験を実施する．そして，3ロット分だけ反復する．

手順1　実験順序とデータの採取

表 11.10 に示した実験順序により実験を実施し，データを取った結果，表 11.11 に示すデータが得られた．

手順2　データの構造式の設定

$$x_{ijk} = \mu + a_i + b_j + r_k + (ab)_{ij} + \varepsilon_{ijk}$$

$$\sum_{i=1}^{3} a_i = 0, \quad \sum_{j=1}^{2} b_j = 0, \quad \sum_{i=1}^{3}(ab)_{ij} = \sum_{j=1}^{2}(ab)_{ij} = 0$$

表 11.10 実験順序

因子 R の水準	因子 A の水準	因子 B の水準	
		B_1	B_2
R_1	A_1	2	6
	A_2	4	1
	A_3	3	5
R_2	A_1	12	7
	A_2	8	11
	A_3	10	9
R_3	A_1	13	18
	A_2	15	17
	A_3	16	14

表 11.11 データと集計

因子 R の水準	因子 A の水準	因子 B の水準		R_k 水準のデータ和 R_k 水準の平均
		B_1	B_2	
R_1	A_1	0.38	0.53	$T_{R_1} = 3.68$
	A_2	0.58	0.63	$\bar{x}_{R_1} = 0.613$
	A_3	0.78	0.78	
R_2	A_1	0.60	0.65	$T_{R_2} = 4.25$
	A_2	0.65	0.75	$\bar{x}_{R_2} = 0.708$
	A_3	0.80	0.80	
R_3	A_1	0.44	0.59	$T_{R_3} = 3.89$
	A_2	0.64	0.74	$\bar{x}_{R_3} = 0.648$
	A_3	0.69	0.79	

$$r_k \sim N(0, \sigma_R^2), \quad \varepsilon_{ijk} \sim N(0, \sigma^2)$$

手順3　AB 2元表の作成

グラフ化や平方和の計算に先だって表 11.12 に示す AB 2元表を作成する．

手順4　データのグラフ化

表 11.11 および表 11.12 の各平均値に基づいてグラフを作成し，各要因効果

表11.12　AB 2元表

($T_{A_iB_j}$：A_iB_j 水準のデータ和；$\bar{x}_{A_iB_j}$：A_iB_j 水準の平均)

	B_1	B_2	A_i 水準のデータ和 A_i 水準の平均
A_1	$T_{A_1B_1}=1.42$ $\bar{x}_{A_1B_1}=0.473$	$T_{A_1B_2}=1.77$ $\bar{x}_{A_1B_2}=0.590$	$T_{A_1}=3.19$ $\bar{x}_{A_1}=0.532$
A_2	$T_{A_2B_1}=1.87$ $\bar{x}_{A_2B_1}=0.623$	$T_{A_2B_2}=2.12$ $\bar{x}_{A_2B_2}=0.707$	$T_{A_2}=3.99$ $\bar{x}_{A_2}=0.665$
A_3	$T_{A_3B_1}=2.27$ $\bar{x}_{A_3B_1}=0.757$	$T_{A_3B_2}=2.37$ $\bar{x}_{A_3B_2}=0.790$	$T_{A_3}=4.64$ $\bar{x}_{A_3}=0.773$
B_j 水準のデータ和 B_j 水準の平均	$T_{B_1}=5.56$ $\bar{x}_{B_1}=0.618$	$T_{B_2}=6.26$ $\bar{x}_{B_2}=0.696$	$T=11.82$ $\bar{\bar{x}}=0.657$

の概略を把握する．図 11.2 より，主効果 A が大きそうである．また，交互作用 $A \times B$ はなさそうである．

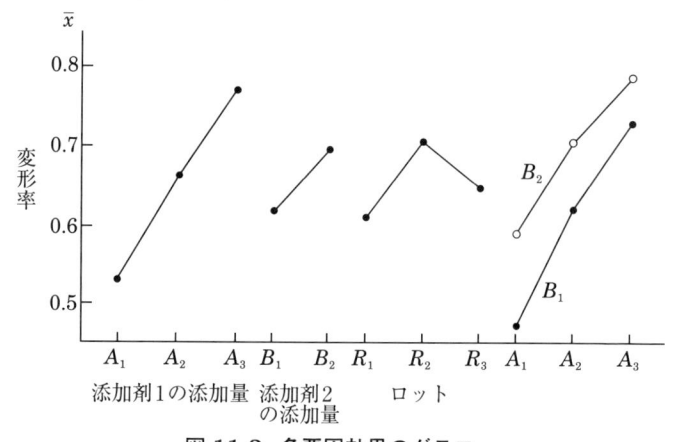

図 11.2　各要因効果のグラフ

手順 5　平方和と自由度の計算

表 11.11 および表 11.12 に基づいて各平方和および各自由度を計算する．

$$CT = \frac{(\text{データの総計})^2}{\text{総データ数}} = \frac{T^2}{N} = \frac{11.82^2}{18} = 7.7618$$

$$S_T = (個々のデータの2乗和) - CT = \sum_{i=1}^{3}\sum_{j=1}^{2}\sum_{k=1}^{3} x_{ijk}^2 - CT$$

$$= (0.38^2 + 0.53^2 + 0.58^2 + \cdots + 0.69^2 + 0.79^2) - 7.7618 = 0.2602$$

$$S_A = \sum_{i=1}^{3} \frac{(A_i \text{ 水準のデータ和})^2}{A_i \text{ 水準のデータ数}} - CT = \sum_{i=1}^{3} \frac{T_{A_i}^2}{N_{A_i}} - CT$$

$$= \frac{3.19^2}{6} + \frac{3.99^2}{6} + \frac{4.64^2}{6} - 7.7618 = 0.1758$$

$$S_B = \sum_{j=1}^{2} \frac{(B_j \text{ 水準のデータ和})^2}{B_j \text{ 水準のデータ数}} - CT = \sum_{j=1}^{2} \frac{T_{B_j}^2}{N_{B_j}} - CT$$

$$= \frac{5.56^2}{9} + \frac{6.26^2}{9} - 7.7618 = 0.0272$$

$$S_R = \sum_{k=1}^{3} \frac{(R_k \text{ 水準のデータ和})^2}{R_k \text{ 水準のデータ数}} - CT = \sum_{k=1}^{3} \frac{T_{R_k}^2}{N_{R_k}} - CT$$

$$= \frac{3.68^2}{6} + \frac{4.25^2}{6} + \frac{3.89^2}{6} - 7.7618 = 0.0277$$

$$S_{AB} = \sum_{i=1}^{3}\sum_{j=1}^{2} \frac{(A_iB_j \text{ 水準のデータ和})^2}{A_iB_j \text{ 水準のデータ数}} - CT = \sum_{i=1}^{3}\sum_{j=1}^{2} \frac{T_{A_iB_j}^2}{N_{A_iB_j}} - CT$$

$$= \frac{1.42^2}{3} + \frac{1.77^2}{3} + \frac{1.87^2}{3} + \cdots + \frac{2.37^2}{3} - 7.7618 = 0.2083$$

$$S_{A \times B} = S_{AB} - S_A - S_B = 0.2083 - 0.1758 - 0.0272 = 0.0053$$

$$S_E = S_T - (S_A + S_B + S_R + S_{A \times B})$$

$$= 0.2602 - (0.1758 + 0.0272 + 0.0277 + 0.0053) = 0.0242$$

$$\phi_T = (データの総数) - 1 = N - 1 = 18 - 1 = 17$$

$$\phi_A = (A \text{ の水準数}) - 1 = a - 1 = 3 - 1 = 2$$

$$\phi_B = (B \text{ の水準数}) - 1 = b - 1 = 2 - 1 = 1$$

$$\phi_R = (R \text{ の水準数}) - 1 = r - 1 = 3 - 1 = 2$$

$$\phi_{A \times B} = \phi_A \times \phi_B = 2 \times 1 = 2$$

$$\phi_E = \phi_T - (\phi_A + \phi_B + \phi_R + \phi_{A\times B}) = 17 - (2+1+2+2) = 10$$

手順 6　分散分析表の作成

手順 5 の結果に基づいて表 11.13 の分散分析表（1）を作成する．

表 11.13　分散分析表（1）

要因	S	ϕ	V	F_0	$E(V)$
A	0.1758	2	0.0879	36.3**	$\sigma^2 + 6\sigma_A^2$
B	0.0272	1	0.0272	11.2**	$\sigma^2 + 9\sigma_B^2$
R	0.0277	2	0.0139	5.74*	$\sigma^2 + 6\sigma_R^2$
$A \times B$	0.0053	2	0.00265	1.10	$\sigma^2 + 3\sigma_{A\times B}^2$
E	0.0242	10	0.00242		σ^2
T	0.2602	17			

$F(1,10;0.05) = 4.96, \quad F(1,10;0.01) = 10.0$
$F(2,10;0.05) = 4.10, \quad F(2,10;0.01) = 7.56$

主効果 A と B は高度に有意であり，ブロック因子 R も有意になった．交互作用 $A \times B$ は有意でなく，F_0 値も小さいので，誤差にプールして表 11.14 の分散分析表（2）を作成する．

表 11.14　分散分析表（2）

要因	S	ϕ	V	F_0	$E(V)$
A	0.1758	2	0.0879	35.7**	$\sigma^2 + 6\sigma_A^2$
B	0.0272	1	0.0272	11.1**	$\sigma^2 + 9\sigma_B^2$
R	0.0277	2	0.0139	5.65*	$\sigma^2 + 6\sigma_R^2$
E'	0.0295	12	0.00246		σ^2
T	0.2602	17			

$F(1,12;0.05) = 4.75, \quad F(1,12;0.01) = 9.33$
$F(2,12;0.05) = 3.89, \quad F(2,12;0.01) = 6.93$

手順 7　分散分析後のデータの構造式

表 11.14 より，次のようにデータの構造式を考えることにする．

$$x_{ijk} = \mu + a_i + b_j + r_k + \varepsilon_{ijk}$$

$$\sum_{i=1}^{3} a_i = 0, \quad \sum_{j=1}^{2} b_j = 0, \quad r_j \sim N(0, \sigma_R^2), \quad \varepsilon_{ijk} \sim N(0, \sigma^2)$$

手順8　ブロック間変動（ロット間変動）　σ_R^2 の推定

分散分析表（2）の $E(V)$ の欄より，$\widehat{\sigma^2 + 6\sigma_R^2} = V_R$, $\hat{\sigma}^2 = V_{E'}$ である．これより，ブロック間変動（ロット間変動）σ_R^2 の点推定値は次のようになる．

$$\hat{\sigma}_R^2 = \frac{V_R - V_{E'}}{6} = \frac{0.0139 - 0.00246}{6} = 0.00191$$

手順9　最適水準の決定

因子 R はブロック因子だから最適水準を設定することには意味がない．制御因子 A と B の各水準組合せの母平均について，

$$\hat{\mu}(A_i B_j) = \widehat{\mu + a_i + b_j} = \widehat{\mu + a_i} + \widehat{\mu + b_j} - \hat{\mu} = \bar{x}_{A_i} + \bar{x}_{B_j} - \bar{\bar{x}}$$

と推定する．上式を<u>最小</u>にするのは，表11.12より A は A_1 水準，B は B_1 水準である．

手順10　母平均の点推定

手順9より次のようになる．

$$\hat{\mu}(A_1 B_1) = \bar{x}_{A_1} + \bar{x}_{B_1} - \bar{\bar{x}} = \frac{T_{A_1}}{6} + \frac{T_{B_1}}{9} - \frac{T}{18}$$
$$= 0.532 + 0.618 - 0.657 = 0.493$$

手順11　母平均の区間推定（信頼率：95％）

式 (11.11) を用いて有効反復数を求める．

$$\frac{1}{n_e} = \frac{\text{点推定に用いた要因（R は除く）の自由度の和}}{\text{総データ数}}$$
$$= \frac{\phi_A + \phi_B}{N} = \frac{2+1}{18} = \frac{1}{6}$$

$\hat{\mu}(A_1 B_1)$ の母分散の推定値は，式 (11.9) を用いて

$$\hat{V}(\hat{\mu}(A_1 B_1)) = \frac{V_R}{N} + \frac{V_{E'}}{n_e} = \frac{V_R}{18} + \frac{V_{E'}}{6}$$
$$= \frac{0.0139}{18} + \frac{0.00246}{6} = 0.00118$$

となる.サタースウェイトの方法を用いて自由度 ϕ^* を求める.

$$\phi^* = \frac{\left(\dfrac{1}{18}V_R + \dfrac{1}{6}V_{E'}\right)^2}{\left(\dfrac{1}{18}V_R\right)^2 \bigg/ \phi_R + \left(\dfrac{1}{6}V_{E'}\right)^2 \bigg/ \phi_{E'}}$$

$$= \frac{\left(\dfrac{1}{18} \times 0.0139 + \dfrac{1}{6} \times 0.00246\right)^2}{\left(\dfrac{1}{18} \times 0.0139\right)^2 \bigg/ 2 + \left(\dfrac{1}{6} \times 0.00246\right)^2 \bigg/ 12} = 4.5$$

線形補間法により

$$t(\phi^*, 0.05) = t(4.5, 0.05) = (1-0.5) \times t(4, 0.05) + 0.5 \times t(5, 0.05)$$
$$= 0.5 \times 2.776 + 0.5 \times 2.571 = 2.674$$

となる.これらより,次のような信頼区間が得られる.

$$\hat{\mu}(A_1B_1) \pm t(\phi^*, 0.05)\sqrt{\hat{V}(\hat{\mu}(A_1B_1))} = 0.493 \pm 2.674\sqrt{0.00118}$$
$$= 0.493 \pm 0.092 = 0.401,\ 0.585$$

手順12 データの予測

A_1B_1 水準において将来新たにデータを取るとき,どのような値が得られるのかを予測する.点予測は手順11の母平均の点推定と同じで,

$$\hat{x} = \hat{\mu}(A_1B_1) = 0.493$$

である.信頼率95%の予測区間を求める際には,新たに得られるデータの構造式に含まれる変量 $r + \varepsilon$ の母分散 $\sigma_R^2 + \sigma^2$ を手順11で求めた分散の値に追加して考慮する.つまり,分散の推定値は,

$$\hat{V} = \left(\frac{V_R}{18} + \frac{V_{E'}}{6}\right) + (\hat{\sigma}_R^2 + \hat{\sigma}^2)$$
$$= \left(\frac{V_R}{18} + \frac{V_{E'}}{6}\right) + \left(\frac{V_R - V_{E'}}{6} + V_{E'}\right) = \frac{2}{9}V_R + V_{E'}$$
$$= \frac{2}{9} \times 0.0139 + 0.00246 = 0.00555$$

となる．サタースウェイトの方法を用いて

$$\phi^* = \frac{\left(\dfrac{2}{9}V_R + V_{E'}\right)^2}{\left(\dfrac{2}{9}V_R\right)^2 \Big/ \phi_R + V_{E'}^2/\phi_{E'}}$$

$$= \frac{\left(\dfrac{2}{9} \times 0.0139 + 0.00246\right)^2}{\left(\dfrac{2}{9} \times 0.0139\right)^2 \Big/ 2 + 0.00246^2/12} = 5.8$$

となり，線形補間法を用いて

$$t(\phi^*, 0.05) = t(5.8, 0.05) = (1-0.8) \times t(5, 0.05) + 0.8 \times t(6, 0.05)$$
$$= 0.2 \times 2.571 + 0.8 \times 2.447 = 2.472$$

が得られる．以上より，予測区間は次の通りとなる．

$$\hat{x} \pm t(\phi^*, 0.05)\sqrt{\hat{V}} = 0.493 \pm 2.472\sqrt{0.00555}$$
$$= 0.493 \pm 0.184 = 0.309,\ 0.677$$

手順13　2つの母平均の差の推定

例えば，$\mu(A_3B_2)$ と $\mu(A_1B_1)$ の差の推定を行う．

点推定値は次の通りである．

$$\hat{\mu}(A_3B_2) - \hat{\mu}(A_1B_1) = (\bar{x}_{A_3} + \bar{x}_{B_2} - \bar{\bar{x}}) - (\bar{x}_{A_1} + \bar{x}_{B_1} - \bar{\bar{x}})$$
$$= (0.773 + 0.696 - 0.657) - (0.532 + 0.618 - 0.657) = 0.319$$

次に，信頼区間を求める．$\hat{\mu}(A_3B_2)$ と $\hat{\mu}(A_1B_1)$ から共通の平均 $\bar{\bar{x}}$ を消去し，それぞれに伊奈の式を適用する．

$$\bar{x}_{A_3} + \bar{x}_{B_2} = \frac{T_{A_3}}{6} + \frac{T_{B_2}}{9} \ \rightarrow\ \frac{1}{n_{e_1}} = \frac{1}{6} + \frac{1}{9} = \frac{5}{18}$$

$$\bar{x}_{A_1} + \bar{x}_{B_1} = \frac{T_{A_1}}{6} + \frac{T_{B_1}}{9} \ \rightarrow\ \frac{1}{n_{e_2}} = \frac{1}{6} + \frac{1}{9} = \frac{5}{18}$$

これより，
$$\frac{1}{n_d} = \frac{1}{n_{e_1}} + \frac{1}{n_{e_2}} = \frac{5}{18} + \frac{5}{18} = \frac{5}{9}$$
が得られる．したがって，信頼区間は，

$$\hat{\mu}(A_3B_2) - \hat{\mu}(A_1B_1) \pm t(\phi_{E'}, 0.05)\sqrt{\frac{V_{E'}}{n_d}}$$
$$= 0.319 \pm t(12, 0.05)\sqrt{\frac{5}{9} \times 0.00246}$$
$$= 0.319 \pm 2.179\sqrt{\frac{5}{9} \times 0.00246}$$
$$= 0.319 \pm 0.081 = 0.238,\ 0.400$$

となる．□

(**注 11.7**) ブロック因子 R を無視（プール）できる場合は，データの構造式から r_k が削除されるので，繰返しのある2元配置法の推定と同じになる．□

第12章

分　割　法

　これまで説明してきた手法ではランダムな順序で実験することを前提としていた．しかし，ランダムな順序で実験を行うことが必ずしも容易でない場面は多い．水準変更の困難な因子については，その因子の1つの水準を設定したら，他の因子の水準を一通り変更させて実験を済ませてしまいたい．このようなニーズに応える方法が分割法である．そのような実験のやり方に伴って，誤差のデータへの混入の仕方がこれまでとは異なり，分散分析表の作成方法や推定の方法もこれまでとは異なってくる．特に，1次誤差・2次誤差などという考え方が新たに登場する．これらの意味と，解析方法におけるこれらの役割に注目しながら学習してほしい．

12.1　分割法とは

（1）　データの取り方

　反応漕の温度 A（3水準：60℃，70℃，80℃）と添加物の量 B（4水準：$1g$, $2g$, $3g$, $4g$）を取り上げた繰返し2回の2元配置実験を考える．ランダムな順序で実験するために乱数表に基づいて実験順序を定めた結果，表12.1のようになったとしよう．「繰返し」とは実験の設定自体も最初からやり直すことを意味するのだった．この意味は次の通りである．「例えば，表12.1において1回目と2回目の実験ではたまたま A_2B_2 水準で実験を行うことになっている．1回目の実験において，反応漕の温度をベースレベル（例えば室温）から A_2 水準（70℃）に設定して，B_2 水準（$2\,g$）の添加物を加えて実験する．2回目の実験では，いったん反応漕の温度をベースレベルまで戻した後，再び A_2 水準（70℃）に設定し直して，B_2 水準（$2\,g$）の添加物を加えて新たに実

験する.」これに対して,「A_2B_2 水準では,実験を 1 回だけして,その結果に対して測定を 2 回繰り返す」とか「1 回目の実験で A_2 水準(70℃)に設定されているのだから,2 回目の実験でも,引き続きその設定のまま,もう一度実験を行ってデータを取る」という考え方は正しくない.

表 12.1 ランダムな実験順序(繰返しのある 2 元配置法)

因子の水準	B_1	B_2	B_3	B_4
A_1	6	13	3	11
	24	20	18	23
A_2	5	1	9	15
	21	2	17	19
A_3	7	14	8	4
	12	22	16	10

しかし,反応漕の温度設定には時間がかかり,できれば,いったんある水準(温度)に設定したら因子 B の水準を一通り変更して実験を済ましてしまいたい場合がある.そこで,表 12.2 に示す実験順序を考えよう.

表 12.2 分割法における実験順序

因子 R の水準	因子 A の水準	因子 B の水準			
		B_1	B_2	B_3	B_4
R_1	A_1	6	5	7	8
	A_2	3	1	2	4
	A_3	12	10	11	9
R_2	A_1	19	20	17	18
	A_2	23	22	21	24
	A_3	13	15	14	16

表 12.2 の実験順序は,11.2 節の表 11.10 に示した乱塊法の 2 因子実験と類似しているように見えるかもしれない.しかし,本質的な違いがいくつかある.表 12.2 では,次のように実験順序を定めている(図 12.1 も参照せよ).

(1) 因子 A は水準変更が困難である.$A_1 \sim A_3$ のうちでどの水準から実験

12.1 分割法とは

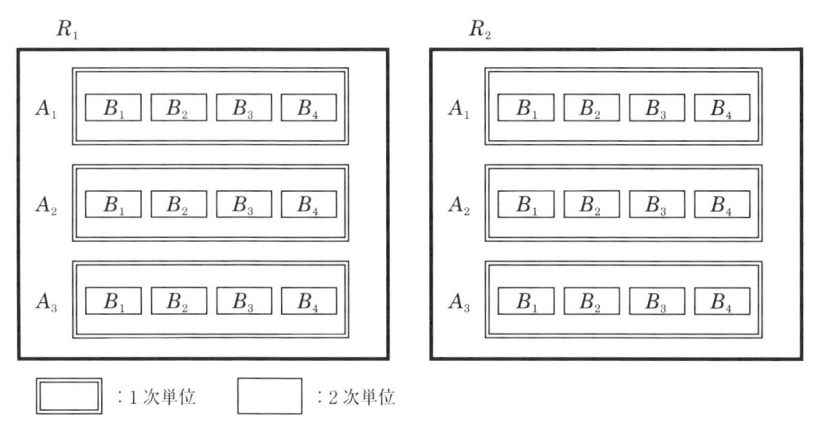

図 12.1 分割法の構造図（表 12.2）

を行うのかをランダムに定めた結果，$A_2 \to A_1 \to A_3$ となった．

(2) 反応漕を A_2 水準（70℃）に設定し，その下で $B_1 \sim B_4$ の順序をランダムに定めて実験する．この間，反応漕の温度は変更しない（「ベースレベルまで戻して再び 70℃ に設定する」という操作は行わない）．A_2 水準の 4 つのデータが得られたら，次に，(1) で定めたように A_1 水準，A_3 水準の順序で同様に実験する．

(3) (1) と (2) をもう一度反復する（上の (1) で定めた A の順序はもう一度ランダムに定める）．なお，反復を R と表す．

上の手順の中で反復を 2 回行っている点は乱塊法の 2 因子実験と同じである．これを行わなければ交互作用 $A \times B$ を検定することができない．一方，表 12.2 における本質的な部分は，上の手順の (1) と (2) にある．因子 A のように水準変更が困難な因子については，いったんある水準に設定した後は，その水準変更は行わないで他の因子の水準を一通り変更させて実験を実施してしまうという点である．このような実験順序で実験を行い，得られたデータを解析する方法を**分割法**（split-plot design）または**分割実験**と呼ぶ．この場合，因子 A を **1 次因子**，因子 B を **2 次因子**と呼ぶ．

(注 12.1) 表 12.2 は「反復 2 回」という形の実験だった.一方,「**繰返し 2 回**」という形式で実験を行うこともできる.上の例で考えると,「$A_1, A_1, A_2, A_2, A_3, A_3$ の順序をランダムに定めて,その後は表 12.2 の場合の (2) と同様に実験する」ことになる.「繰返し 2 回」の場合には,$A_1 \to A_2 \to A_1 \to A_3 \to A_2 \to A_3$ という順序も許されるところが「反復 2 回」とは異なる(反復では A の水準の一揃いを実験してから,再び A の 2 回目の水準を設定する).□

(2) データの構造式

表 12.2 に示した例では,「分割法」を用いて実験することにより,因子 A の水準設定回数は全部で 6 回になる.一方,表 12.1 に示した「繰返しのある 2 元配置法」の場合には,因子 A の水準設定回数は全部で 24 回である.因子 A の水準変更が容易でない場合には,表 12.2 に示したような分割法が有効である.

表 12.1 と表 12.2 では実験のやり方が異なるから解析方法も異なってくる.その理由をデータの構造式に基づいて説明する.

繰返しのある 2 元配置法(表 12.1)の場合:
$$x_{ijk} = \mu + a_i + b_j + (ab)_{ij} + \varepsilon_{ijk} \tag{12.1}$$

分割法(表 12.2)の場合:
$$x_{ijk} = \mu + r_k + a_i + \varepsilon_{(1)ik} + b_j + (ab)_{ij} + \varepsilon_{(2)ijk} \tag{12.2}$$

まず,式 (12.2) において r_k は第 11 章の乱塊法で述べたブロック因子 R(反復)の効果である.分割法の場合には反復の効果 r_k を一般平均 μ の次に表記する習慣がある.**式 (12.2) において重要なのは,分割法では誤差が $\varepsilon_{(1)ik}$,$\varepsilon_{(2)ijk}$ と 2 種類登場している点である**.

$\varepsilon_{(1)ik}$ は第 k 反復において A_i 水準に設定したとき発生する誤差で,$x_{i1k}, x_{i2k}, x_{i3k}, x_{i4k}$ のデータに対して共通な量であり,**1 次誤差**と呼ぶ.例えば,第 1 反復において,A_2 水準(70 ℃)に設定するとき,わずかに設定誤差が生じて 70.5 ℃ になっているものとしよう.すると,この 0.5 ℃ の違いによる影響がデータに誤差として混入する.そして,この誤差は R_1 の A_2 水準の 4 つのデータ $x_{211}, x_{221}, x_{231}, x_{241}$ へ共通に影響する.この誤差を $\varepsilon_{(1)21}$ と表記す

る．第 2 反復 (R_2) でも A_2 水準（70℃）を再度設定する．今度は，例えば，69.7℃と設定してしまうとすれば，−0.3℃に対応した 1 次誤差 $\varepsilon_{(1)22}$ が生じ，この誤差は R_2 の A_2 水準の 4 つのデータ $x_{212}, x_{222}, x_{232}, x_{242}$ に共通に影響する．

$\varepsilon_{(2)ijk}$ は第 k 反復の A_iB_j 水準の実験，すなわち，個々の実験ごとの誤差（測定誤差なども含む）である．$\varepsilon_{(2)ijk}$ は互いに独立と考えられる量であり，**2 次誤差**と呼ぶ．

繰返しのある 2 元配置法では 1 回 1 回の実験で A の水準を設定し直すので，その際に生じる設定誤差にはいくつかのデータを通した共通性はなく，これらを式 (12.1) の ε_{ijk} に含めて考えることができる．したがって，この場合には 1 次誤差や 2 次誤差の区別はない．

複数の工程があって，最初の工程で多量に作成した 1 次製品を分割する場合についても上と同様の説明を行うことができる．すなわち，表 12.2 の実験順序を次のように考える．

(1) A は第 1 工程の因子である．$A_1 \sim A_3$ のうちでどの水準から 1 次製品を作成するのかをランダムに定めた結果，$A_2 \to A_1 \to A_3$ となった．

(2) A_2 水準で 1 次製品を作成し，それを $B_1 \sim B_4$ 水準の実験のために 4 つに分割する．$B_1 \sim B_4$ の順序をランダムに定め，先に用意した 1 次製品を用いて実験する．A_2 水準の 4 つのデータが得られたら，次に，(1) で定めたように A_1 水準，A_3 水準の順序で，同様に実験を実施する．

(3) (1) と (2) をもう一度反復する（上の (1) で定めた A の順序はもう一度ランダムに定める）．

この実験で得られるデータについても，データの構造式は式 (12.2) と同じになる．この実験では，第 k 反復の A_i 水準で 1 次製品を作成するときに誤差 $\varepsilon_{(1)ik}$ の生じる可能性があり，この誤差は 4 つに分割された 1 次製品に共通に受け継がれる．したがって，この 1 次誤差 $\varepsilon_{(1)ik}$ は $x_{i1k}, x_{i2k}, x_{i3k}, x_{i4k}$ に共通に混入する．一方，$\varepsilon_{(2)ijk}$ は個々の実験ごとの特有の誤差である．

1 回のバッチ処理で 1 次製品が 10 kg 作成されるとする．このとき，上の手順で分割法を用いた場合には合計 60 kg の 1 次製品を作成する．それに対

して，繰返しのある2元配置法の場合には $240\ kg$ の1次製品を作成する必要がある．このような場合には，分割法はコスト面からも有利である．

1次誤差が共通な水準組合せの集まりを**1次単位**と呼ぶ．上に述べた例では，$A_iB_1R_k,\ A_iB_2R_k,\ A_iB_3R_k,\ A_iB_4R_k$ 水準の組合せが1次単位である．1つの1次単位内でのデータの個数を**1次単位の大きさ**と呼ぶ．上の例では，1次単位の大きさは4である．同様に，2次誤差が共通な水準組合せの集まりを**2次単位**と呼ぶ．**2次単位の大きさ**も同様に定義する．上の例では，1つ1つの水準組合せが2次単位を構成するので，2次単位の大きさは1である．

これまでの解析手順では，誤差が互いに独立であることを前提としていた．それに対して，分割法ではいくつかのデータに共通な誤差（1次誤差）が存在するので，そのことを考慮して解析しなければならない．これまでは，データの構造式の右辺に表記された一般平均 μ 以外の項（要因）に対して平方和・自由度・平均平方（分散）を求め，その効果の大きさを1種類の誤差分散に基づいて相対的に評価した．分割法でも，データの構造式の右辺に記述されている一般平均 μ 以外の項に対して，第2章で述べたのと同じように平方和・自由度・分散（平均平方）を求める．しかし，誤差が2種類（以上）あるので，どの要因をどの誤差分散で相対的に評価するのかが解析上の要点である．そういった解析の考え方と方法については次節で解説する．

以下に，本節で述べてきた分割法の要点をまとめておく．

分割法の考え方の要点

(1) 分割法は，「水準変更が困難な因子がある場合」「多量に作成した1次製品を分割して次工程で実験を行う場合」などに利用できる．

(2) 分割法を用いると，水準変更が困難な因子の水準変更回数を減少できる．また，1次製品の多量な作成を軽減できる．

(3) 水準変更が困難な因子を1次因子，水準変更が比較的容易な因子を2次因子として実験を行う．

(4) 1次因子の水準を設定する際に1次誤差が生じると考え，それが2次因子の水準を変更しても共通な誤差として混入する．

(5) 1次誤差・2次誤差のように誤差が複数個現れるので,それぞれの誤差を評価し,それを解析手順の中で使い分ける必要が生じる.

(6) 1次誤差が共通な水準組合せの集まりを 1 次単位と呼ぶ.また,2次誤差が共通な水準組合せの集まりを 2 次単位と呼ぶ.

(7) 分割法では 1 次誤差の自由度が小さくなるので(後述の適用例を参照),1次因子の効果の検出力が低くなるという弱点がある.

(**注 12.2**) 本項で説明した「一次製品を分割する実験方法」についても,「反復 2 回」の代わりに「繰返し 2 回」として実験することができる(注 12.1 を参照).「繰返し」として実験した場合には,データの構造式 (12.2) から r_k を削除する.データの構造式のその他の項は添え字も含めてそのままである.この場合,添え字 k は繰返しの番号(順番)を表す.□

(**注 12.3**) 3次因子・4次因子 … などを考えることもできる.この場合には,3次誤差・4次誤差 … などが登場する.それに対応して,3 次単位・4 次単位 … などを考えることになる.3次因子までを考えた分割法を **2 段分割法**,4次因子までを考えた分割法を **3 段分割法** と呼ぶ.□

12.2 解 析 方 法

(1) 実 験 順 序

いくつかのパターンを例示しながら分割法の実験順序について説明する.以下では,「1次製品を分割して …」という形で述べるが,「1次因子の水準設定を固定したまま …」と読み替えても同じである.

[**例 12.1**] A(3水準)を 1 次因子,B(2水準)と C(3水準)を 2 次因子として,反復 R(2回)を行う分割法を考える.この場合は次に示すように実験順序を定めて実験を行う.

(1) $A_1 \sim A_3$ のうちでどの水準から 1 次製品を作成するのかをランダムに定めた結果,$A_3 \to A_1 \to A_2$ となった.

(2) A_3 水準で 1 次製品を作成し,それを $B_1C_1, B_1C_2, \cdots, B_2C_3$ 水準での実験のために 6 つに分割する.$B_1C_1, B_1C_2, \cdots, B_2C_3$ の順序をラン

第12章 分　割　法

表 12.3　分割法における実験順序（例 12.1）

因子 R の水準	因子 A の水準	因子 B の水準	因子 C の水準		
			C_1	C_2	C_3
R_1	A_1	B_1	7	12	10
		B_2	11	8	9
	A_2	B_1	14	15	17
		B_2	16	18	13
	A_3	B_1	4	6	2
		B_2	5	1	3
R_2	A_1	B_1	20	21	23
		B_2	24	19	22
	A_2	B_1	32	34	35
		B_2	31	36	33
	A_3	B_1	25	29	28
		B_2	30	26	27

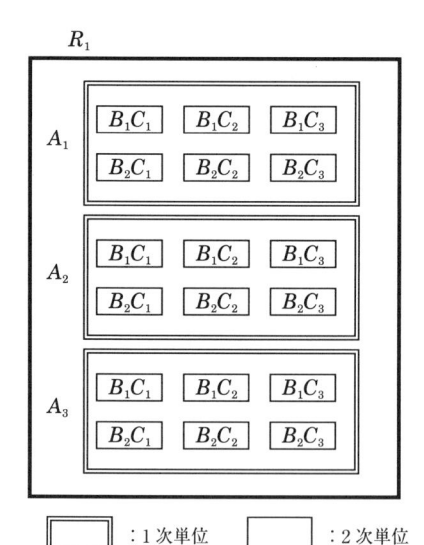

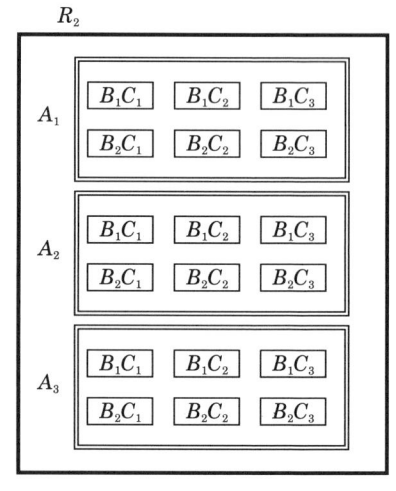

図 12.2　分割法の構造図（例 12.1）

ダムに定め,用意されている1次製品を用いて実験する.A_3 水準の 6 つの
データが得られたら,次に,(1) で定めたように A_1 水準,A_2 水準の順序
で同様に実験を行う.
(3) (1) と (2) をもう一度反復する(上の (1) で定めた A の順序はもう一度
ランダムに定める).

実験順序を示すと表 12.3 のようになる.また,図 12.2 も参照せよ.

この実験で得られるデータでは,第 l 反復 (R_l) において A_i 水準で作成した
1 次製品を 6 つに分割しているから,1 次誤差 $\varepsilon_{(1)il}$ が $x_{i11l}, x_{i12l}, \cdots, x_{i23l}$
に共通に混入する.すなわち,$A_iB_1C_1R_l, A_iB_1C_2R_l, \cdots, A_iB_2C_3R_l$ が 1
次単位であり,1 次単位の大きさは 6 である.

データの構造式は

$$x_{ijkl} = \mu + r_l + a_i + \varepsilon_{(1)il}$$
$$+ b_j + c_k + (ab)_{ij} + (ac)_{ik} + (bc)_{jk} + (abc)_{ijk} + \varepsilon_{(2)ijkl}$$

となる.□

データの構造式の右辺において,どの要因をどの位置に記述するのかは解析
において重要である.一般平均 μ および反復 r_l と 1 次誤差の間に 1 次因子,
2 次誤差の前に 2 次因子を書く.ここまでは何ら疑問はないであろう.残る要
点は交互作用をどの位置に書くかである.この点については次項で説明する.

[例 12.2] A(2 水準)と B(3 水準)を 1 次因子,C(2 水準)を 2 次因子
として,反復 R(2 回)を行う分割法を考える.この場合は次に示すように
実験順序を定めて実験を行う.
(1) $A_1B_1, A_1B_2, \cdots, A_2B_3$ の水準組合せのうちでどの水準組合せから 1
次製品を作成するのかをランダムに定めた結果,$A_2B_3 \to A_1B_2 \to A_2B_1 \to A_1B_1 \to A_1B_3 \to A_2B_2$ となった.
(2) A_2B_3 水準で 1 次製品を作成し,それを 2 つに分割する.C_1, C_2 の順
序をランダムに定めて,用意されている 1 次製品を用いて実験する.A_2B_3

第12章 分　割　法

表 12.4　分割法における実験順序（例 12.2）

因子 R の水準	AB の水準組合せ	因子 C の水準	
		C_1	C_2
R_1	A_1B_1	8	7
	A_1B_2	3	4
	A_1B_3	9	10
	A_2B_1	6	5
	A_2B_2	12	11
	A_2B_3	2	1
R_2	A_1B_1	20	19
	A_1B_2	21	22
	A_1B_3	13	14
	A_2B_1	24	23
	A_2B_2	16	15
	A_2B_3	17	18

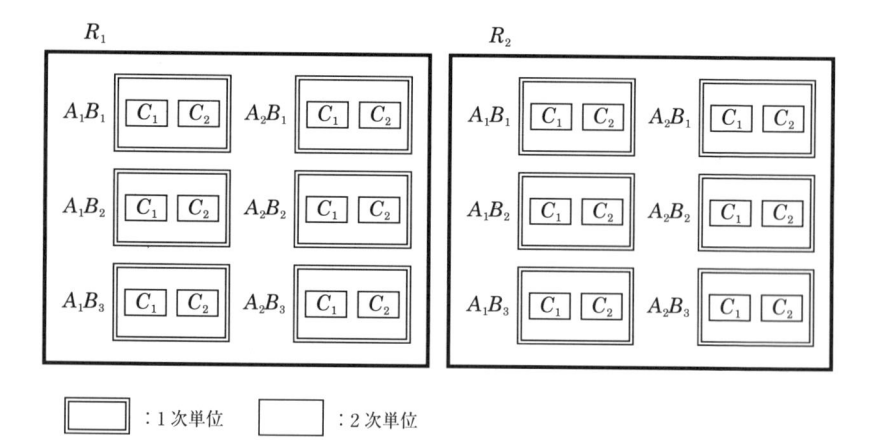

図 12.3　分割法の構造図（例 12.2）

水準の2つのデータが得られたら，次に，(1) で定めたように A_1B_2, A_2B_1, A_1B_1, A_1B_3, A_2B_2 の水準組合せの順序で同様に実験する．
(3)　(1) と (2) をもう一度反復する（上の (1) で定めた A と B の水準組合せの順序はもう一度ランダムに定める）．

実験順序を示すと表 12.4 のようになる．図 12.3 も参照せよ．

この実験で得られるデータでは，第 l 反復 (R_l) において A_iB_j 水準で作成した 1 次製品を 2 つに分割しているから，1 次誤差 $\varepsilon_{(1)ijl}$ が x_{ij1l}, x_{ij2l} に共通に混入する．すなわち，$A_iB_jC_1R_l$, $A_iB_jC_2R_l$ が 1 次単位であり，1 次単位の大きさは 2 である．データの構造式は

$$x_{ijkl} = \mu + r_l + a_i + b_j + (ab)_{ij} + \varepsilon_{(1)ijl}$$
$$+ c_k + (ac)_{ik} + (bc)_{jk} + (abc)_{ijk} + \varepsilon_{(2)ijkl}$$

となる．□

[例 12.3] A（3 水準）を 1 次因子，B（2 水準）を 2 次因子，C（3 水準）を 3 次因子として，反復 R（2 回）を行う分割法（2 段分割法）を考える．この場合は次に示すように実験順序を定めて実験を行う．

(1) A_1, A_2, A_3 のうち，どの水準から 1 次製品を作成するのかをランダムに定めた結果，$A_2 \to A_3 \to A_1$ となった．

(2) A_2 水準で 1 次製品を作成し，2 つに分割する．B_1, B_2 の順序をランダムに定めた結果，$B_2 \to B_1$ となった．そこで，用意されている 1 次製品を用いて B_2 水準で中間処理を施して 2 次製品を作成する．これをさらに 3 つに分割する．次に，C_1, C_2, C_3 の順序をランダムに定めた結果，$C_2 \to C_1 \to C_3$ となった．作成しておいた 2 次製品を用いて C_2 水準で処理を施しデータを取る．引き続き，C_1, C_3 に設定してデータを取る．次に，B_1 水準で中間処理を施して 2 次製品を作成し，3 つに分割した後，C_1, C_2, C_3 の順番を再びランダムに定めて実験を行う．

(3) (1)で定めたように，A_3 水準，A_1 水準の順序で(2)と同様の実験を行う．

(4) (1), (2)および(3)をもう一度反復する．

実験順序を示すと表 12.5 のようになる．図 12.4 も参照せよ．

この実験で得られるデータでは，第 l 反復 (R_l) において A_i 水準で作成した 1 次製品を 2 次製品の作成時にまず 2 つに分割し，さらに最後に 3 つに分割している．したがって，1 次誤差 $\varepsilon_{(1)il}$ が x_{i11l}, x_{i12l}, $\cdots$, x_{i23l} に共通に混入する．

表 12.5 分割法における実験順序（例 12.3）

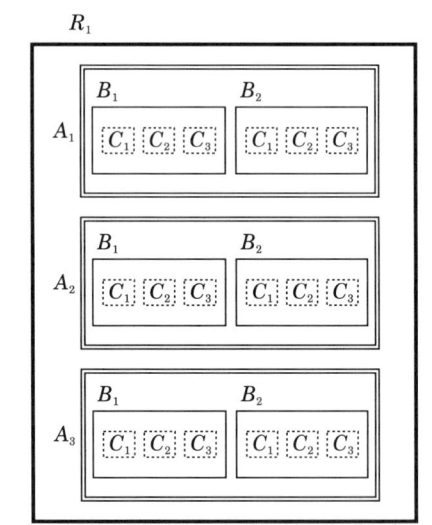

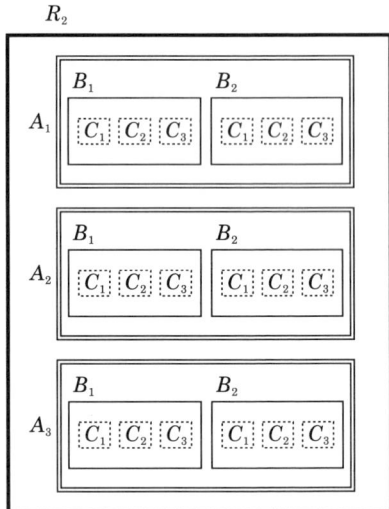

因子 R の水準	因子 A の水準	因子 B の水準	因子 C の水準		
			C_1	C_2	C_3
R_1	A_1	B_1	18	16	17
		B_2	13	15	14
	A_2	B_1	4	5	6
		B_2	2	1	3
	A_3	B_1	8	9	7
		B_2	12	11	10
R_2	A_1	B_1	35	34	36
		B_2	31	33	32
	A_2	B_1	30	29	28
		B_2	27	26	25
	A_3	B_1	19	21	20
		B_2	24	22	23

図 12.4 分割法の構造図（例 12.3）

すなわち，$A_iB_1C_1R_l, A_iB_1C_2R_l, \cdots, A_iB_2C_3R_l$ が1次単位であり，1次単位の大きさは6である．次に，第 l 反復 (R_l)，A_i 水準，B_j 水準で作成した2次製品を3つに分割している．これより，2次誤差 $\varepsilon_{(2)ijl}$ が $x_{ij1l}, x_{ij2l}, x_{ij3l}$ に共通に混入する．すなわち，$A_iB_jC_1R_l, A_iB_jC_2R_l, A_iB_jC_3R_l$ が2次単位であり，2次単位の大きさ3である．

データの構造式は

$$x_{ijkl} = \mu + r_l + a_i + \varepsilon_{(1)il} + b_j + (ab)_{ij} + \varepsilon_{(2)ijl}$$
$$+ c_k + (ac)_{ik} + (bc)_{jk} + (abc)_{ijk} + \varepsilon_{(3)ijkl}$$

となる．□

（2） 平方和と自由度の計算

12.1節の表12.2に示した実験順序で実施した分割法について再び考えよう．データの構造式は式(12.2)に示した．以下に再度表記する．

$$x_{ijk} = \mu + r_k + a_i + \varepsilon_{(1)ik} + b_j + (ab)_{ij} + \varepsilon_{(2)ijk} \tag{12.3}$$

データの構造式の右辺の一般平均 μ 以外の要因に対応する平方和を求める．すなわち，平方和 $S_R, S_A, S_{E_{(1)}}, S_B, S_{A \times B}, S_{E_{(2)}}$ および総平方和 S_T を求めなければならない．

このとき，2つの誤差の平方和の求め方が要点である（他の要因の平方和の求め方はこれまでと同じである）．また，それに先だって，それぞれの平方和が「何次要因」であるのかを判定しておく必要がある．**「何次要因」とは，それぞれの要因が分散分析表やデータの構造式においてどの部分に記述されるのかを示す言葉である**と考えておけばよい．分割法では次のような法則が成り立つ．

各要因の次数の判定方法

(1) 反復 R は便宜的に「0次要因」と考える．
(2) 1次因子の主効果は「1次要因」，2次因子の主効果は「2次要因」，… と考える．

> (3) 同じ次数の因子間の交互作用はその次数の要因，異なる次数の因子間の交互作用は高次の次数の要因と考える．例えば，
>
> （0次因子）×（1次因子）=「1次要因」
>
> （1次因子）×（1次因子）=「1次要因」
>
> （1次因子）×（2次因子）=「2次要因」
>
> （0次因子）×（1次因子）×（2次因子）=「2次要因」
>
> などとなる．

さて，式 (12.3) に基づいて，2つの誤差の平方和の求め方を説明する．この場合には3つの因子 R（0次因子），A（1次因子），B（2次因子）がある．そこで，これらの主効果と2因子交互作用および3因子交互作用を形式的なものも含めてすべて書き並べ，次数の判定を行うと次のようになる．

0次要因：R

1次要因：$A, A \times R$

2次要因：$B, A \times B, B \times R, A \times B \times R$

それぞれの平方和は，これまでの方法（第2章で述べた方法）で求めることができる．次数に注意してデータの構造式に記載されている要因に対応させると，それぞれの誤差平方和は，

$$S_{E_{(1)}} = S_{A \times R} = S_{AR} - (S_A + S_R) \tag{12.4}$$

$$S_{E_{(2)}} = S_{B \times R} + S_{A \times B \times R} = S_T - (S_R + S_A + S_{E_{(1)}} + S_B + S_{A \times B}) \tag{12.5}$$

と求めればよい．その考え方は，データの構造式において1次要因は a_i と $\varepsilon_{(1)ik}$ であり，上記の平方和は1次要因が A と $A \times R$ だから，1次誤差の平方和は式 (12.4) のように対応する．

次に，自由度は，平方和に対応させるとともに，これまでと同様に考えて，

$$\phi_{E_{(1)}} = \phi_{A \times R} = \phi_A \times \phi_R \tag{12.6}$$

$$\phi_{E_{(2)}} = \phi_{B \times R} + \phi_{A \times B \times R} = \phi_B \times \phi_R + \phi_A \times \phi_B \times \phi_R$$

$$= \phi_T - (\phi_R + \phi_A + \phi_{E_{(1)}} + \phi_B + \phi_{A \times B}) \tag{12.7}$$

と求めればよい．

例 12.1～例 12.3 に対応させて例示する．

[**例 12.4**] 例 12.1 の状況，すなわち，A を 1 次因子，B と C を 2 次因子として，反復 R を行う分割法を考える．この場合，データの構造式は，

$$x_{ijkl} = \mu + r_l + a_i + \varepsilon_{(1)il}$$
$$+ b_j + c_k + (ab)_{ij} + (ac)_{ik} + (bc)_{jk} + (abc)_{ijk} + \varepsilon_{(2)ijkl}$$

だった．4 つの因子 R (0 次因子)，A (1 次因子)，B, C (2 次因子) があるので，これらの主効果と交互作用を形式的なものも含めてすべてを書き並べ，次数の判定を行う．

0 次要因：R

1 次要因：A, $A \times R$

2 次要因：B, C, $A \times B$, $A \times C$, $B \times C$, $B \times R$, $C \times R$, $A \times B \times C$,
$A \times B \times R$, $A \times C \times R$, $B \times C \times R$, $A \times B \times C \times R$

これらより，誤差平方和と誤差自由度は

$$S_{E_{(1)}} = S_{A \times R} = S_{AR} - (S_A + S_R)$$
$$S_{E_{(2)}} = S_{B \times R} + S_{C \times R} + S_{A \times B \times R} + S_{A \times C \times R} + S_{B \times C \times R} + S_{A \times B \times C \times R}$$
$$= S_T - (S_R + S_A + S_{E_{(1)}}$$
$$+ S_B + S_C + S_{A \times B} + S_{A \times C} + S_{B \times C} + S_{A \times B \times C})$$
$$\phi_{E_{(1)}} = \phi_A \times \phi_R$$
$$\phi_{E_{(2)}} = \phi_T - (\phi_R + \phi_A + \phi_{E_{(1)}}$$
$$+ \phi_B + \phi_C + \phi_{A \times B} + \phi_{A \times C} + \phi_{B \times C} + \phi_{A \times B \times C})$$

と求めればよい．□

[**例 12.5**] 例 12.2 の状況，すなわち，A と B を 1 次因子，C を 2 次因子とし

て，反復 R を行う分割法を考える．この場合，データの構造式は，
$$x_{ijkl} = \mu + r_l + a_i + b_j + (ab)_{ij} + \varepsilon_{(1)ijl}$$
$$+ c_k + (ac)_{ik} + (bc)_{jk} + (abc)_{ijk} + \varepsilon_{(2)ijkl}$$
だった．4つの因子 R（0次因子），A, B（1次因子），C（2次因子）の主効果と交互作用を形式的なものも含めてすべてを書き並べ，次数の判定を行う．

　　0次要因：R

　　1次要因：$A, B, A \times B, A \times R, B \times R, A \times B \times R$

　　2次要因：$C, A \times C, B \times C, C \times R, A \times B \times C,$
　　　　　　　$A \times C \times R, B \times C \times R, A \times B \times C \times R$

これらより，誤差平方和と誤差自由度は
$$S_{E_{(1)}} = S_{A \times R} + S_{B \times R} + S_{A \times B \times R}$$
$$= S_{ABR} - (S_A + S_B + S_R + S_{A \times B})$$
$$S_{E_{(2)}} = S_{C \times R} + S_{A \times C \times R} + S_{B \times C \times R} + S_{A \times B \times C \times R}$$
$$= S_T - (S_R + S_A + S_B + S_{A \times B} + S_{E_{(1)}}$$
$$+ S_C + S_{A \times C} + S_{B \times C} + S_{A \times B \times C})$$
$$\phi_{E_{(1)}} = \phi_{ABR} - (\phi_A + \phi_B + \phi_R + \phi_{A \times B})$$
$$\phi_{E_{(2)}} = \phi_T - (\phi_R + \phi_A + \phi_B + \phi_{A \times B} + \phi_{E_{(1)}}$$
$$+ \phi_C + \phi_{A \times C} + \phi_{B \times C} + \phi_{A \times B \times C})$$
と求めればよい．□

　実際上は2次要因を書き上げる必要はない．2次誤差の平方和や自由度は，総平方和や総自由度からすでに求めた各要因の平方和や自由度を引けばよい．

　3次因子がある場合（2段分割法）についても同様である．

[**例 12.6**] 例 12.3 の状況,すなわち,A を 1 次因子,B を 2 次因子,C を 3 次因子,反復 R を行う分割法を考える.データの構造式は,

$$x_{ijkl} = \mu + r_l + a_i + \varepsilon_{(1)il} + b_j + (ab)_{ij} + \varepsilon_{(2)ijl}$$
$$+ c_k + (ac)_{ik} + (bc)_{jk} + (abc)_{ijk} + \varepsilon_{(3)ijkl}$$

だった.4 つの因子 R(0 次因子),A(1 次因子),B(2 次因子),C(3 次因子)の主効果と交互作用を形式的なものも含めてすべてを書き並べ,次数の判定を行う.

0 次要因:R

1 次要因:A, $A \times R$,

2 次要因:B, $A \times B$, $B \times R$, $A \times B \times R$

3 次要因:C, $A \times C$, $B \times C$, $C \times R$, $A \times B \times C$, $A \times C \times R$,

$\quad\quad\quad\quad B \times C \times R$, $A \times B \times C \times R$

これらより,誤差平方和と誤差自由度は

$$S_{E_{(1)}} = S_{A \times R} = S_{AR} - (S_A + S_R)$$
$$S_{E_{(2)}} = S_{B \times R} + S_{A \times B \times R}$$
$$= S_{ABR} - (S_A + S_B + S_R + S_{A \times B} + S_{E_{(1)}})$$
$$S_{E_{(3)}} = S_{C \times R} + S_{A \times C \times R} + S_{B \times C \times R} + S_{A \times B \times C \times R}$$
$$= S_T - (S_R + S_A + S_{E_{(1)}} + S_B + S_{A \times B} + S_{E_{(2)}}$$
$$+ S_C + S_{A \times C} + S_{B \times C} + S_{A \times B \times C})$$
$$\phi_{E_{(1)}} = \phi_{A \times R} = \phi_A \times \phi_R$$
$$\phi_{E_{(2)}} = \phi_{B \times R} + \phi_{A \times B \times R} = \phi_B \times \phi_R + \phi_A \times \phi_B \times \phi_R$$
$$\phi_{E_{(3)}} = \phi_T - (\phi_R + \phi_A + \phi_{E_{(1)}} + \phi_B + \phi_{A \times B} + \phi_{E_{(2)}}$$
$$+ \phi_C + \phi_{A \times C} + \phi_{B \times C} + \phi_{A \times B \times C})$$

と求めればよい.□

(**注 12.4**) 「反復」ではなく「繰返し」で実験を行った場合(注 12.1,12.2 を

参照）には，次のように計算すればよい．いったん，形式的に「反復」と考えて，上と同様に平方和と自由度を計算する．次に，求めた S_R と ϕ_R を $S_{E_{(1)}}$ と $\phi_{E_{(1)}}$ に加える．その他は同じである．□

ここで，データの構造式における要因の記載順序をまとめておく．

分割法におけるデータの構造式の記載順序

データの構造式は

$$x = \mu + r + \text{「1次要因」} + \varepsilon_{(1)} + \text{「2次要因」} + \varepsilon_{(2)} + \cdots \quad (12.8)$$

という順序で記載する．各交互作用が何次要因になるのかを判定した上でデータの構造式を記述する．「反復」ではなく「繰返し」を実施した場合には，式 (12.8) において r を削除する．

ここで，これまで述べてきた3つの例にそって「反復（または繰返し）の役割」を補足しておこう．

[**例 12.7**] 例 12.1 の実験のやり方では，データの構造式は

$$x_{ijkl} = \mu + r_l + a_i + \varepsilon_{(1)il}$$
$$+ b_j + c_k + (ab)_{ij} + (ac)_{ik} + (bc)_{jk} + (abc)_{ijk} + \varepsilon_{(2)ijkl}$$

だった．この実験において反復（または繰返し）を実施しないのなら，データの構造式は次のようになる．

$$x_{ijk} = \mu + \underbrace{a_i + \varepsilon_{(1)i}}_{\text{交絡}} + b_j + c_k + (ab)_{ij} + (ac)_{ik} + (bc)_{jk} + \underbrace{(abc)_{ijk} + \varepsilon_{(2)ijk}}_{\text{交絡}}$$

反復（または繰返し）の番号を表す添え字 l がなくなり，その結果，a_i と $\varepsilon_{(1)i}$，および $(abc)_{ijk}$ と $\varepsilon_{(2)ijk}$ の添え字が一致する．すなわち，A と $E_{(1)}$ が交絡し（S_A と $S_{E_{(1)}}$ を別々に計算できない），$A \times B \times C$ と $E_{(2)}$ が交絡する（$S_{A \times B \times C}$ と $S_{E_{(2)}}$ を別々に計算できない）．現実的には，3因子交互作用を重要視しなければならない場面は少ないから，後者の交絡は大きな問題とはな

らないであろう．一方，前者の交絡は問題である．しかし，主効果 A については検討済みで，他の因子との交互作用を問題にしたい場合などは，このような形でも利用することはできる．□

[**例 12.8**] 例 12.2 の実験では，データの構造式は
$$x_{ijkl} = \mu + r_l + a_i + b_j + (ab)_{ij} + \varepsilon_{(1)ijl}$$
$$+ c_k + (ac)_{ik} + (bc)_{jk} + (abc)_{ijk} + \varepsilon_{(2)ijkl}$$
だった．この実験において反復（または繰返し）を実施しないのなら，データの構造式は
$$x_{ijk} = \mu + a_i + b_j + \underbrace{(ab)_{ij} + \varepsilon_{(1)ij}}_{交絡} + c_k + (ac)_{ik} + (bc)_{jk} + \underbrace{(abc)_{ijk} + \varepsilon_{(2)ijk}}_{交絡}$$
となる．反復（または繰返し）がない場合には，$A \times B$ と $E_{(1)}$ が交絡し，$A \times B \times C$ と $E_{(2)}$ が交絡する．$A \times B$ および $A \times B \times C$ を考慮する必要のない場合には，反復（または繰返し）がなくてもその他の要因を検定することはできる．□

[**例 12.9**] 例 12.3 の実験では，データの構造式が
$$x_{ijkl} = \mu + r_l + a_i + \varepsilon_{(1)il} + b_j + (ab)_{ij} + \varepsilon_{(2)ijl}$$
$$+ c_k + (ac)_{ik} + (bc)_{jk} + (abc)_{ijk} + \varepsilon_{(3)ijkl}$$
だった．この実験において反復（または繰返し）を実施しないのなら，データの構造式は
$$x_{ijk} = \mu + \underbrace{a_i + \varepsilon_{(1)i}}_{交絡} + b_j + \underbrace{(ab)_{ij} + \varepsilon_{(2)ij}}_{交絡}$$
$$+ c_k + (ac)_{ik} + (bc)_{jk} + \underbrace{(abc)_{ijk} + \varepsilon_{(3)ijk}}_{交絡}$$
となる．反復（または繰返し）がない場合には，A と $E_{(1)}$ が交絡し，$A \times B$ と $E_{(2)}$ が交絡し，$A \times B \times C$ と $E_{(3)}$ が交絡する．□

(3) 分散分析表の作成

第 (2) 項で計算した平方和や自由度に基づいて分散分析表を作成する．分割法の場合には誤差が 2 つ以上存在するので注意が必要である．**どの要因をどの誤差で検定するのかがポイントであり，このことは分散分析表に記載する $E(V)$ の構造と関わっている．**

分割法における分散分析表の作成

反復 R と 2 次因子まである分割法の分散分析表は表 12.6 の形になる．

表 12.6　分散分析表（2 次因子まである場合の分割法）

要因	S	ϕ	V	F_0	$E(V)$
R	S_R	ϕ_R	V_R	$V_R/V_{E_{(1)}}$	$\sigma_{(2)}^2 + \boxed{\bullet}\,\sigma_{(1)}^2 + \boxed{\circledcirc}\,\sigma_R^2$
1 次要因	$S_{要因}$	$\phi_{要因}$	$V_{要因}$	$V_{要因}/V_{E_{(1)}}$	$\sigma_{(2)}^2 + \boxed{\bullet}\,\sigma_{(1)}^2 + \boxed{\circledcirc}\,\sigma_{要因}^2$
$\vdots$	$\vdots$	$\vdots$	$\vdots$	$\vdots$	$\vdots$
$E_{(1)}$	$S_{E_{(1)}}$	$\phi_{E_{(1)}}$	$V_{E_{(1)}}$	$V_{E_{(1)}}/V_{E_{(2)}}$	$\sigma_{(2)}^2 + \boxed{\bullet}\,\sigma_{(1)}^2$
2 次要因	$S_{要因}$	$\phi_{要因}$	$V_{要因}$	$V_{要因}/V_{E_{(2)}}$	$\sigma_{(2)}^2 + \boxed{\circledcirc}\,\sigma_{要因}^2$
$\vdots$	$\vdots$	$\vdots$	$\vdots$		$\vdots$
$E_{(2)}$	$S_{E_{(2)}}$	$\phi_{E_{(2)}}$	$V_{E_{(2)}}$		$\sigma_{(2)}^2$
T	S_T	ϕ_T			

R および 1 次要因は 1 次誤差で検定し，1 次誤差および 2 次要因は 2 次誤差で検定する．

$E(V)$ の表現において，$\sigma_{(1)}^2$ は 1 次誤差 $\varepsilon_{(1)}$ の母分散，$\sigma_{(2)}^2$ は 2 次誤差 $\varepsilon_{(2)}$ の母分散である．$\boxed{\circledcirc}$ はこれまでと同じように，その要因の 1 つの水準（ないしは 1 組の水準組合せ）におけるデータの個数である．$\boxed{\bullet}$ は 1 次誤差を構成する形式的な最高次の交互作用について $\boxed{\circledcirc}$ と同じように求めればよい（$\boxed{\bullet}$ は 1 次単位の大きさと考えてもよい）．

プーリングを行う場合には，反復および 1 次要因は 1 次誤差に，1 次誤差および 2 次要因は 2 次誤差にプールする．

(**注 12.5**)「反復」ではなく「繰返し」を実施した場合には，分散分析表に R の欄はない．この場合，形式的には R を一次誤差 $E_{(1)}$ へプールした形になっている（注 12.4 を参照）．したがって，分散分析後の推定は「R を無視できる場合」と同じになる．□

12.1 節の表 12.2 に示した実験順序で行う分割法を用いて上の内容を補足しておこう．データの構造式は式 (12.2) だった．制約式も付加して表現すると

$$x_{ijk} = \mu + r_k + a_i + \varepsilon_{(1)ik} + b_j + (ab)_{ij} + \varepsilon_{(2)ijk} \tag{12.9}$$

$$\sum_{i=1}^{3} a_i = 0, \ \sum_{j=1}^{4} b_j = 0, \ \sum_{i=1}^{3}(ab)_{ij} = \sum_{j=1}^{4}(ab)_{ij} = 0 \tag{12.10}$$

$$r_k \sim N(0, \sigma_R^2), \ \varepsilon_{(1)ik} \sim N(0, \sigma_{(1)}^2), \ \varepsilon_{(2)ijk} \sim N(0, \sigma_{(2)}^2) \tag{12.11}$$

となる．第（2）項で説明した内容に基づいて平方和と自由度を計算し，分散分析表にまとめると表 12.7 のようになる（自由度は各因子の水準数に基づいて具体的に計算している）．

表 12.7 分散分析表（データの構造式 (12.9) に基づく）

要因	S	ϕ	V	F_0	$E(V)$
R	S_R	1	V_R	$V_R/V_{E_{(1)}}$	$\sigma_{(2)}^2 + 4\sigma_{(1)}^2 + 12\sigma_R^2$
A	S_A	2	V_A	$V_A/V_{E_{(1)}}$	$\sigma_{(2)}^2 + 4\sigma_{(1)}^2 + 8\sigma_A^2$
$E_{(1)}$	$S_{E_{(1)}}$	2	$V_{E_{(1)}}$	$V_{E_{(1)}}/V_{E_{(2)}}$	$\sigma_{(2)}^2 + 4\sigma_{(1)}^2$
B	S_B	3	V_B	$V_B/V_{E_{(2)}}$	$\sigma_{(2)}^2 + 6\sigma_B^2$
$A \times B$	$S_{A \times B}$	6	$V_{A \times B}$	$V_{A \times B}/V_{E_{(2)}}$	$\sigma_{(2)}^2 + 2\sigma_{A \times B}^2$
$E_{(2)}$	$S_{E_{(2)}}$	9	$V_{E_{(2)}}$		$\sigma_{(2)}^2$
T	S_T	23			

まず，分散分析表の $E(V)$ の欄において，$\sigma_{(1)}^2$ に 4 が掛けられていることに注意する．これは第（2）項で説明したように，1 次誤差を構成する形式的な（最高次の）交互作用が $A \times R$ であり，例えば $A_1 R_1$ 水準において 4 個のデータが取られている（または，1 次単位の大きさが 4 である）からである．他の係数はこれまでと同じ求め方による．

例えば，反復 R の効果については $H_0: \sigma_R^2 = 0$, $H_1: \sigma_R^2 > 0$ の仮説検定を行うことになる．そのためには，$E(V)$ の構造より V_R と $V_{E_{(1)}}$ を比較する必要がある．主効果 A についても同様に V_A と $V_{E_{(1)}}$ を比較しなければならない．すなわち，反復と1次要因は1次誤差を用いて検定しなければならない．

同様に，$E(V)$ の構造より，1次誤差および2次要因は2次誤差を用いて検定する必要がある．また，要因効果を無視できる場合には，その検定に用いた誤差へプールすべきであることが，やはり $E(V)$ の構造よりわかる．

3次要因・3次誤差まで存在する場合も上と同様であり，例 12.12 で説明する．

第（1）項・第（2）項で述べた3通りの例について分散分析表を作成しよう．

[**例 12.10**] 例 12.1 および例 12.4 の内容に基づいて分散分析表を作成すると表 12.8 となる．

表 12.8 分散分析表（例 12.10）

要因	S	ϕ	V	F_0	$E(V)$
R	S_R	1	V_R	$V_R/V_{E_{(1)}}$	$\sigma_{(2)}^2 + 6\sigma_{(1)}^2 + 18\sigma_R^2$
A	S_A	2	V_A	$V_A/V_{E_{(1)}}$	$\sigma_{(2)}^2 + 6\sigma_{(1)}^2 + 12\sigma_A^2$
$E_{(1)}$	$S_{E_{(1)}}$	2	$V_{E_{(1)}}$	$V_{E_{(1)}}/V_{E_{(2)}}$	$\sigma_{(2)}^2 + 6\sigma_{(1)}^2$
B	S_B	1	V_B	$V_B/V_{E_{(2)}}$	$\sigma_{(2)}^2 + 18\sigma_B^2$
C	S_C	2	V_C	$V_C/V_{E_{(2)}}$	$\sigma_{(2)}^2 + 12\sigma_C^2$
$A \times B$	$S_{A \times B}$	2	$V_{A \times B}$	$V_{A \times B}/V_{E_{(2)}}$	$\sigma_{(2)}^2 + 6\sigma_{A \times B}^2$
$A \times C$	$S_{A \times C}$	4	$V_{A \times C}$	$V_{A \times C}/V_{E_{(2)}}$	$\sigma_{(2)}^2 + 4\sigma_{A \times C}^2$
$B \times C$	$S_{B \times C}$	2	$V_{B \times C}$	$V_{B \times C}/V_{E_{(2)}}$	$\sigma_{(2)}^2 + 6\sigma_{B \times C}^2$
$A \times B \times C$	$S_{A \times B \times C}$	4	$V_{A \times B \times C}$	$V_{A \times B \times C}/V_{E_{(2)}}$	$\sigma_{(2)}^2 + 2\sigma_{A \times B \times C}^2$
$E_{(2)}$	$S_{E(2)}$	15	$V_{E(2)}$		$\sigma_{(2)}^2$
T	S_T	35			

例 12.4 で述べたように，1次誤差を構成する形式的な（最高次の）交互作用は $A \times R$ である．これより，例えば $A_1 R_1$ 水準において6個のデータが

取られている（または，1次単位の大きさが6である）から，$E(V)$ の欄の $\sigma_{(1)}^2$ には6が掛けられている．□

[**例 12.11**] 例 12.2 および例 12.5 の内容に基づいて分散分析表を作成すると表 12.9 となる．

表 12.9 分散分析表（例 12.11）

要因	S	ϕ	V	F_0	$E(V)$
R	S_R	1	V_R	$V_R/V_{E_{(1)}}$	$\sigma_{(2)}^2 + 2\sigma_{(1)}^2 + 12\sigma_R^2$
A	S_A	1	V_A	$V_A/V_{E_{(1)}}$	$\sigma_{(2)}^2 + 2\sigma_{(1)}^2 + 12\sigma_A^2$
B	S_B	2	V_B	$V_B/V_{E_{(1)}}$	$\sigma_{(2)}^2 + 2\sigma_{(1)}^2 + 8\sigma_B^2$
$A \times B$	$S_{A \times B}$	2	$V_{A \times B}$	$V_{A \times B}/V_{E_{(1)}}$	$\sigma_{(2)}^2 + 2\sigma_{(1)}^2 + 4\sigma_{A \times B}^2$
$E_{(1)}$	$S_{E_{(1)}}$	5	$V_{E_{(1)}}$	$V_{E_{(1)}}/V_{E_{(2)}}$	$\sigma_{(2)}^2 + 2\sigma_{(1)}^2$
C	S_C	1	V_C	$V_C/V_{E_{(2)}}$	$\sigma_{(2)}^2 + 12\sigma_C^2$
$A \times C$	$S_{A \times C}$	1	$V_{A \times C}$	$V_{A \times C}/V_{E_{(2)}}$	$\sigma_{(2)}^2 + 6\sigma_{A \times C}^2$
$B \times C$	$S_{B \times C}$	2	$V_{B \times C}$	$V_{B \times C}/V_{E_{(2)}}$	$\sigma_{(2)}^2 + 4\sigma_{B \times C}^2$
$A \times B \times C$	$S_{A \times B \times C}$	2	$V_{A \times B \times C}$	$V_{A \times B \times C}/V_{E_{(2)}}$	$\sigma_{(2)}^2 + 2\sigma_{A \times B \times C}^2$
$E_{(2)}$	$S_{E(2)}$	6	$V_{E(2)}$		$\sigma_{(2)}^2$
T	S_T	23			

例 12.5 で述べたように，1次誤差を構成する形式的な最高次の交互作用は $A \times B \times R$ である．これより，例えば $A_1 B_1 R_1$ 水準において2個のデータが取られている（または，1次単位の大きさが2である）から，$E(V)$ の欄の $\sigma_{(1)}^2$ には2が掛けられている．□

[**例 12.12**] 例 12.3 および例 12.6 の内容に基づいて分散分析表を作成すると表 12.10 となる．

例 12.6 で述べたように，1次誤差を構成する形式的な最高次の交互作用は $A \times R$ である．これより，例えば $A_1 R_1$ 水準において6個のデータが取られている（1次単位の大きさが6である）から，$E(V)$ の欄の $\sigma_{(1)}^2$ には6が掛けられている．また，2次誤差を構成する形式的な最高次の交互作用は $A \times B \times R$

表 12.10　分散分析表（例 12.12）

要因	S	ϕ	V	F_0	$E(V)$
R	S_R	1	V_R	$V_R/V_{E_{(1)}}$	$\sigma_{(3)}^2 + 3\sigma_{(2)}^2 + 6\sigma_{(1)}^2 + 18\sigma_R^2$
A	S_A	2	V_A	$V_A/V_{E_{(1)}}$	$\sigma_{(3)}^2 + 3\sigma_{(2)}^2 + 6\sigma_{(1)}^2 + 12\sigma_A^2$
$E_{(1)}$	$S_{E_{(1)}}$	2	$V_{E_{(1)}}$	$V_{E_{(1)}}/V_{E_{(2)}}$	$\sigma_{(3)}^2 + 3\sigma_{(2)}^2 + 6\sigma_{(1)}^2$
B	S_B	1	V_B	$V_B/V_{E_{(2)}}$	$\sigma_{(3)}^2 + 3\sigma_{(2)}^2 + 18\sigma_B^2$
$A \times B$	$S_{A \times B}$	2	$V_{A \times B}$	$V_{A \times B}/V_{E_{(2)}}$	$\sigma_{(3)}^2 + 3\sigma_{(2)}^2 + 6\sigma_{A \times B}^2$
$E_{(2)}$	$S_{E_{(2)}}$	3	$V_{E_{(2)}}$	$V_{E_{(2)}}/V_{E_{(3)}}$	$\sigma_{(3)}^2 + 3\sigma_{(2)}^2$
C	S_C	2	V_C	$V_C/V_{E_{(3)}}$	$\sigma_{(3)}^2 + 12\sigma_C^2$
$A \times C$	$S_{A \times C}$	4	$V_{A \times C}$	$V_{A \times C}/V_{E_{(3)}}$	$\sigma_{(3)}^2 + 4\sigma_{A \times C}^2$
$B \times C$	$S_{B \times C}$	2	$V_{B \times C}$	$V_{B \times C}/V_{E_{(3)}}$	$\sigma_{(3)}^2 + 6\sigma_{B \times C}^2$
$A \times B \times C$	$S_{A \times B \times C}$	4	$V_{A \times B \times C}$	$V_{A \times B \times C}/V_{E_{(3)}}$	$\sigma_{(3)}^2 + 2\sigma_{A \times B \times C}^2$
$E_{(3)}$	$S_{E_{(3)}}$	12	$V_{E_{(3)}}$		$\sigma_{(3)}^2$
T	S_T	35			

である．これより，例えば $A_1 B_1 R_1$ 水準において 3 個のデータが取られている（2 次単位の大きさが 3 である）ので $\sigma_{(2)}^2$ には 3 が掛けられている．□

（4）　推定と予測

分割法における分散分析後の推定と予測について要点をまとめておく．最適水準の決め方や点推定の方法はこれまでと同じである．ただし，反復 R については，第 11 章の乱塊法の場合に説明したように，変量因子なので最適水準を設定することに意味がない．

最適水準の組合せにおける母平均の区間推定は次のように行う．

分割法における母平均の区間推定

信頼率を $1 - \alpha$（通常は $1 - \alpha = 0.95$）とする．

$$(\text{点推定量}) \pm t(\phi^*, \alpha)\sqrt{\hat{V}(\text{点推定量})} \tag{12.12}$$

ここで，$\hat{V}(\text{点推定量})$ は次のように求める．

反復を無視（プール）しない場合：
$$\hat{V}(点推定量) = \frac{V_R}{総データ数} + \frac{V_{E'_{(1)}}}{n_{e(1)}} + \frac{V_{E'_{(2)}}}{n_{e(2)}} + \cdots \quad (12.13)$$

反復を無視（プール）する場合（注12.6も参照）：
$$\hat{V}(点推定量) = \frac{V_{E'_{(1)}}}{総データ数} + \frac{V_{E'_{(1)}}}{n_{e(1)}} + \frac{V_{E'_{(2)}}}{n_{e(2)}} + \cdots \quad (12.14)$$

上式においてプーリングを行っていない場合は，もとの誤差分散を用いる．また，それぞれの有効反復数 $n_{e(i)}$ $(i=1,2,\cdots)$ は次のように求める．

$$\frac{1}{n_{e(i)}} = \frac{\text{点推定に用いた}\,i\,\text{次要因の自由度の和}}{総データ数}$$
$$\text{（田口の式）} \quad (12.15)$$

反復は便宜的に0次要因と考えていたことに注意する．

自由度 ϕ^* はサタースウェイトの方法（11.1節を参照）を用いて求める．

（注12.6） 反復も1次誤差も無視（プール）する場合には次式を用いる．
$$\hat{V}(点推定値) = \frac{V_{E'_{(2)}}}{総データ数} + \frac{V_{E'_{(2)}}}{n_{e(2)}} + \cdots \quad (12.16)$$

ただし，有効反復数 n_e を求めるとき，無視しない1次要因は1次誤差を無視した段階で2次要因と考える．もし，2次誤差までしかないなら，式(12.16)は第11章の式(11.10)に一致する．□

次に，データの予測について触れておこう．点予測に関しては，これまでと同様，点推定値と同じである．予測区間の構成は次のように考える．まず，反復を無視（プール）しない場合には，式(12.13)に

$$\hat{V}(x) = \hat{\sigma}_R^2 + \hat{\sigma}_{(1)}^2 + \hat{\sigma}_{(2)}^2 + \cdots \quad (12.17)$$

を加えたものを予測区間の式における区間幅の根号の中に代入しなければならない．また，反復を無視（プール）する場合には，式(12.14)に

$$\hat{V}(x) = \hat{\sigma}_{(1)}^2 + \hat{\sigma}_{(2)}^2 + \cdots \quad (12.18)$$

を加えたものを考える必要がある.

式 (12.17) や式 (12.18) において $\hat{\sigma}_R^2$, $\hat{\sigma}_{(1)}^2$, $\hat{\sigma}_{(2)}^2$, $\cdots$ は分散分析表の $E(V)$ の構造に基づいて推定する.さらに,得られた分散の自由度はサタースウェイトの方法を用いて求める.これらの詳細は適用例の中で説明する.

(5) 2つの母平均の差の推定

2つの母平均の差について,点推定はそれぞれの母平均の点推定量の差をとればよい.一方,区間推定は次のように行う.

分割法における 2 つの母平均の差の区間推定

信頼率を $1-\alpha$ (通常は $1-\alpha = 0.95$) とする.

$$(\text{点推定量の差}) \pm t(\phi^*, \alpha)\sqrt{\hat{V}(\text{点推定量の差})} \qquad (12.19)$$

式 (12.19) において,$\hat{V}(\text{点推定量の差})$ は次の通りである.

$$\hat{V}(\text{点推定量の差}) = \frac{V_{E'_{(1)}}}{n_{d(1)}} + \frac{V_{E'_{(2)}}}{n_{d(2)}} + \cdots \qquad (12.20)$$

ここで,$n_{d(1)}$ や $n_{d(2)}$ などは次のように求める.

(1) 2 つの母平均 $\mu(A_i B_j \cdots)$, $\mu(A_{i'} B_{j'} \cdots)$ の推定式を書き下す.ただし,$\hat{\mu} = \bar{\bar{x}}$, $\hat{a}_i = \bar{x}_{A_i} - \bar{\bar{x}}$, $\widehat{(ab)}_{ij} = \bar{x}_{A_i B_j} - \bar{x}_{A_i} - \bar{x}_{B_j} + \bar{\bar{x}}$ などの表現を各要因効果の推定量として用いる(注 12.7 を参照).

(2) 上で書き下した式を 1 次・2 次 $\cdots$ ごとに整理する.

(3) 同一次数ごとに 2 つの母平均の推定式から共通平均を消去する.

(4) それぞれの推定式に残った平均について第 2 章の式 (2.35) の伊奈の式を適用し,1 次の有効反復数 $n_{e_1(1)}$ と $n_{e_2(1)}$,および,2 次の有効反復数 $n_{e_1(2)}$ と $n_{e_2(2)}$ などをそれぞれ求める.

(5) 次式により $n_{d(1)}$ や $n_{d(2)}$ などを求める.

$$\frac{1}{n_{d(1)}} = \frac{1}{n_{e_1(1)}} + \frac{1}{n_{e_2(1)}}, \quad \frac{1}{n_{d(2)}} = \frac{1}{n_{e_1(2)}} + \frac{1}{n_{e_2(2)}} \qquad (12.21)$$

自由度 ϕ^* は必要に応じてサタースウェイトの方法を用いて求める.

(**注 12.7**) $\hat{\mu} = \bar{\bar{x}}$, $\widehat{\mu + a_i} = \bar{x}_{A_i}$, $\widehat{\mu + b_j} = \bar{x}_{B_j}$, $\widehat{\mu + a_i + b_j + (ab)_{ij}} = \bar{x}_{A_i B_j}$
だったから,

$$\hat{a}_i = \widehat{\mu + a_i} - \hat{\mu} = \bar{x}_{A_i} - \bar{\bar{x}} \tag{12.22}$$

$$\hat{b}_j = \widehat{\mu + b_j} - \hat{\mu} = \bar{x}_{B_j} - \bar{\bar{x}} \tag{12.23}$$

$$\widehat{(ab)}_{ij} = \widehat{\mu + a_i + b_j + (ab)_{ij}} - \widehat{\mu + a_i} - \widehat{\mu + b_j} + \hat{\mu}$$
$$= \bar{x}_{A_i B_j} - \bar{x}_{A_i} - \bar{x}_{B_j} + \bar{\bar{x}} \tag{12.24}$$

と求めることができる. □

2つの母平均の差の区間推定の方法は,反復の効果を無視する場合も無視しない場合も同じである.

[**例 12.13**] 表 12.2 の実験順序で行った分割法において,どの要因も無視できなかったとする.すると,分散分析後のデータの構造式は

$$x_{ijk} = \mu + r_k + a_i + \varepsilon_{(1)ik} + b_j + (ab)_{ij} + \varepsilon_{(2)ijk}$$

である. A の水準数は 3, B の水準数は 4, 反復数は 2 だった.
$\hat{\mu} = \bar{\bar{x}}$, $\hat{a}_i = \bar{x}_{A_i} - \bar{\bar{x}}$, $\hat{b}_j = \bar{x}_{B_j} - \bar{\bar{x}}$, $\widehat{(ab)}_{ij} = \bar{x}_{A_i B_j} - \bar{x}_{A_i} - \bar{x}_{B_j} + \bar{\bar{x}}$ を用いて,点推定の式を次のように書き下す.

$$\hat{\mu}(A_i B_j) = \hat{\mu} + \underbrace{\hat{a}_i}_{1\text{次}} + \underbrace{\hat{b}_j + \widehat{(ab)}_{ij}}_{2\text{次}}$$

$$= \bar{\bar{x}} + \underbrace{(\bar{x}_{A_i} - \bar{\bar{x}})}_{1\text{次}} + \underbrace{(\bar{x}_{B_j} - \bar{\bar{x}}) + (\bar{x}_{A_i B_j} - \bar{x}_{A_i} - \bar{x}_{B_j} + \bar{\bar{x}})}_{2\text{次}}$$

$$= \bar{\bar{x}} + \underbrace{\bar{x}_{A_i} - \bar{\bar{x}}}_{1\text{次}} + \underbrace{\bar{x}_{A_i B_j} - \bar{x}_{A_i}}_{2\text{次}}$$

(1) $\mu(A_1 B_1)$ と $\mu(A_2 B_3)$ の差の推定を考える.

$$\hat{\mu}(A_1 B_1) = \bar{\bar{x}} + \underbrace{\bar{x}_{A_1} - \bar{\bar{x}}}_{1\text{次}} + \underbrace{\bar{x}_{A_1 B_1} - \bar{x}_{A_1}}_{2\text{次}}$$

$$\hat{\mu}(A_2B_3) = \bar{\bar{x}} + \underbrace{\bar{x}_{A_2} - \bar{\bar{x}}}_{1次} + \underbrace{\bar{x}_{A_2B_3} - \bar{x}_{A_2}}_{2次}$$

$\hat{\mu}(A_1B_1)$ と $\hat{\mu}(A_2B_3)$ の推定式を見比べて，同一次数ごとに共通の平均を消去し，残った平均について伊奈の式を適用する．

1次： $\bar{x}_{A_1}, \bar{x}_{A_2} \to \dfrac{1}{n_{d(1)}} = \dfrac{1}{n_{e_1(1)}} + \dfrac{1}{n_{e_2(1)}} = \dfrac{1}{8} + \dfrac{1}{8} = \dfrac{1}{4}$

2次： $\bar{x}_{A_1B_1} - \bar{x}_{A_1}, \bar{x}_{A_2B_3} - \bar{x}_{A_2}$

$\to \dfrac{1}{n_{d(2)}} = \dfrac{1}{n_{e_1(2)}} + \dfrac{1}{n_{e_2(2)}} = \left(\dfrac{1}{2} - \dfrac{1}{8}\right) + \left(\dfrac{1}{2} - \dfrac{1}{8}\right) = \dfrac{3}{4}$

これより，

$$\hat{V}(点推定量の差) = \dfrac{V_{E(1)}}{n_{d(1)}} + \dfrac{V_{E(2)}}{n_{d(2)}} = \dfrac{V_{E(1)}}{4} + \dfrac{3}{4}V_{E(2)}$$

を用いて区間推定を行う．なお，自由度はサタースウェイトの方法を用いて計算する．

(2) $\mu(A_1B_1)$ と $\mu(A_1B_3)$ の差の推定を考える．

$$\hat{\mu}(A_1B_1) = \bar{\bar{x}} + \underbrace{\bar{x}_{A_1} - \bar{\bar{x}}}_{1次} + \underbrace{\bar{x}_{A_1B_1} - \bar{x}_{A_1}}_{2次}$$

$$\hat{\mu}(A_1B_3) = \bar{\bar{x}} + \underbrace{\bar{x}_{A_1} - \bar{\bar{x}}}_{1次} + \underbrace{\bar{x}_{A_1B_3} - \bar{x}_{A_1}}_{2次}$$

両者より同一次数ごとに共通の平均を消去し，残った平均について伊奈の式を適用する．

1次： 残る平均はない $\to \dfrac{1}{n_{d(1)}} = 0$

2次： $\bar{x}_{A_1B_1}, \bar{x}_{A_1B_3} \to \dfrac{1}{n_{d(2)}} = \dfrac{1}{n_{e_1(2)}} + \dfrac{1}{n_{e_2(2)}} = \dfrac{1}{2} + \dfrac{1}{2} = 1$

これより，

$$\hat{V}(点推定量の差) = \dfrac{V_{E(2)}}{n_{d(2)}} = V_{E(2)}$$

を用いて区間推定を行う．なお，自由度は $\phi_{E(2)}$ を用いる． □

12.3 適 用 例

本節では，分割法の適用例を2つ述べる．

[例 12.14] アルミコイルの溶接強度を高めるために，圧延回数 A（3水準）と溶接速度 B（4水準）を取り上げて実験を行うことにした．実験は，次のように実施した．図 12.5 も参照せよ．

(1) A_1, A_2, A_3 の順序をランダムに定めて，$A_3 \to A_1 \to A_2$ とした．
(2) A_3 の条件で圧延したものから試験片を4つ取り出し，$B_1 \sim B_4$ の順序をランダムに定めて実験する．4つのデータが得られたら，次に，(1)で定めたように A_1 水準，A_2 水準の順序で，同様に実験する．
(3) (1)と(2)をもう一度反復する（因子 A の順序はもう一度ランダムに定める）．

すなわち，A を1次因子，B を2次因子とした，反復2回の分割法である．

手順1　実験順序とデータの採取

表 12.11 に示した実験順序にしたがって実験を実施し，データを取った結

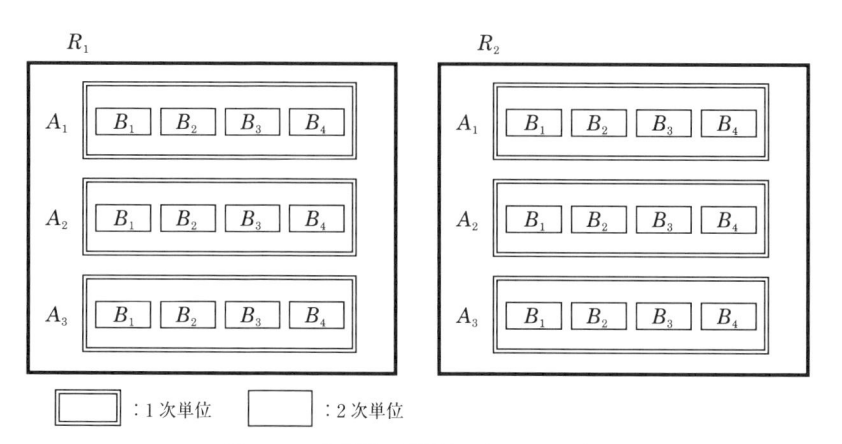

図 12.5　分割法の構造図（例 12.14）

果,表 12.12 に示すデータが得られた.

表 12.11 実験順序

因子 R の水準	因子 A の水準	因子 B の水準			
		B_1	B_2	B_3	B_4
R_1	A_1	6	7	8	5
	A_2	9	11	12	10
	A_3	3	1	4	2
R_2	A_1	21	24	22	23
	A_2	16	13	14	15
	A_3	20	17	19	18

表 12.12 データ

因子 R の水準	因子 A の水準	因子 B の水準			
		B_1	B_2	B_3	B_4
R_1	A_1	85	94	95	92
	A_2	100	111	116	102
	A_3	95	94	99	91
R_2	A_1	99	102	101	99
	A_2	101	107	115	110
	A_3	87	96	97	98

手順 2 データの構造式の設定

まず,3つの因子 R(0次因子),A(1次因子),B(2次因子)について形式的に主効果と交互作用を書き並べて,次数の判定を行う.

0次要因:R

1次要因:A, $A \times R$

2次要因:B, $A \times B$, $B \times R$, $A \times B \times R$

これよりデータの構造式を次のように設定する.

$$x_{ijk} = \mu + r_k + a_i + \varepsilon_{(1)ik} + b_j + (ab)_{ij} + \varepsilon_{(2)ijk}$$

$$\sum_{i=1}^{3} a_i = 0, \quad \sum_{j=1}^{4} b_j = 0, \quad \sum_{i=1}^{3}(ab)_{ij} = \sum_{j=1}^{4}(ab)_{ij} = 0$$

$$r_k \sim N(0, \sigma_R^2), \quad \varepsilon_{(1)ik} \sim N(0, \sigma_{(1)}^2), \quad \varepsilon_{(2)ijk} \sim N(0, \sigma_{(2)}^2)$$

手順3 AB 2元表および AR 2元表の作成

グラフ化や平方和の計算に先だって AB 2元表と AR 2元表を作成する.

表 12.13 AB 2元表

($T_{A_iB_j}$：A_iB_j 水準のデータ和；$\bar{x}_{A_iB_j}$：A_iB_j 水準の平均)

	B_1	B_2	B_3	B_4
A_1	$T_{A_1B_1} = 184$ $\bar{x}_{A_1B_1} = 92.0$	$T_{A_1B_2} = 196$ $\bar{x}_{A_1B_2} = 98.0$	$T_{A_1B_3} = 196$ $\bar{x}_{A_1B_3} = 98.0$	$T_{A_1B_4} = 191$ $\bar{x}_{A_1B_4} = 95.5$
A_2	$T_{A_2B_1} = 201$ $\bar{x}_{A_2B_1} = 100.5$	$T_{A_2B_2} = 218$ $\bar{x}_{A_2B_2} = 109.0$	$T_{A_2B_3} = 231$ $\bar{x}_{A_2B_3} = 115.5$	$T_{A_2B_4} = 212$ $\bar{x}_{A_2B_4} = 106.0$
A_3	$T_{A_3B_1} = 182$ $\bar{x}_{A_3B_1} = 91.0$	$T_{A_3B_2} = 190$ $\bar{x}_{A_3B_2} = 95.0$	$T_{A_3B_3} = 196$ $\bar{x}_{A_3B_3} = 98.0$	$T_{A_3B_4} = 189$ $\bar{x}_{A_3B_4} = 94.5$
B_j 水準のデータ和 B_j 水準の平均	$T_{B_1} = 567$ $\bar{x}_{B_1} = 94.5$	$T_{B_2} = 604$ $\bar{x}_{B_2} = 100.7$	$T_{B_3} = 623$ $\bar{x}_{B_3} = 103.8$	$T_{B_4} = 592$ $\bar{x}_{B_4} = 98.7$

表 12.14 AR 2元表

($T_{A_iR_k}$：A_iR_k 水準のデータ和；$\bar{x}_{A_iR_k}$：A_iR_k 水準の平均)

	R_1	R_2	A_i 水準のデータ和 A_i 水準の平均
A_1	$T_{A_1R_1} = 366$ $\bar{x}_{A_1R_1} = 91.5$	$T_{A_1R_2} = 401$ $\bar{x}_{A_1R_2} = 100.3$	$T_{A_1} = 767$ $\bar{x}_{A_1} = 95.9$
A_2	$T_{A_2R_1} = 429$ $\bar{x}_{A_2R_1} = 107.3$	$T_{A_2R_2} = 433$ $\bar{x}_{A_2R_2} = 108.3$	$T_{A_2} = 862$ $\bar{x}_{A_2} = 107.8$
A_3	$T_{A_3R_1} = 379$ $\bar{x}_{A_3R_1} = 94.8$	$T_{A_3R_2} = 378$ $\bar{x}_{A_3R_2} = 94.5$	$T_{A_3} = 757$ $\bar{x}_{A_3} = 94.6$
R_k 水準のデータ和 R_k 水準の平均	$T_{R_1} = 1174$ $\bar{x}_{R_1} = 97.8$	$T_{R_2} = 1212$ $\bar{x}_{R_2} = 101.0$	$T = 2386$ $\bar{\bar{x}} = 99.4$

手順4　データのグラフ化

表 12.13 および表 12.14 の各平均値に基づいてグラフを作成し，各要因効果の概略を把握する．図 12.6 より，主効果 A が大きそうである．また，交互作用 $A \times B$ はなさそうである．

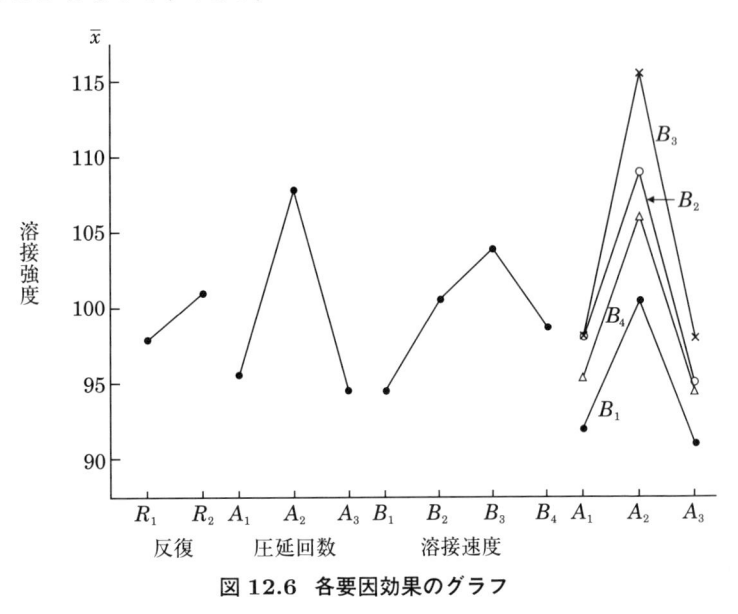

図 12.6　各要因効果のグラフ

手順5　平方和と自由度の計算

表 12.12～表 12.14 に基づいて各平方和および各自由度を計算する．

$$CT = \frac{(データの総計)^2}{総データ数} = \frac{T^2}{N} = \frac{2386^2}{24} = 237208.17$$

$$S_T = (個々のデータの 2 乗和) - CT = \sum_{i=1}^{3}\sum_{j=1}^{4}\sum_{k=1}^{2} x_{ijk}^2 - CT$$

$$= (85^2 + 94^2 + 95^2 + \cdots + 97^2 + 98^2) - 237208.17 = 1445.83$$

$$S_R = \sum_{k=1}^{2} \frac{(R_k \text{ 水準のデータ和})^2}{R_k \text{ 水準のデータ数}} - CT = \sum_{k=1}^{2} \frac{T_{R_k}^2}{N_{R_k}} - CT$$

12.3 適用例

$$= \frac{1174^2}{12} + \frac{1212^2}{12} - 237208.17 = 60.16$$

$$S_A = \sum_{i=1}^{3} \frac{(A_i \text{ 水準のデータ和})^2}{A_i \text{ 水準のデータ数}} - CT = \sum_{i=1}^{3} \frac{T_{A_i}^2}{N_{A_i}} - CT$$

$$= \frac{767^2}{8} + \frac{862^2}{8} + \frac{757^2}{8} - 237208.17 = 839.58$$

$$S_B = \sum_{j=1}^{4} \frac{(B_j \text{ 水準のデータ和})^2}{B_j \text{ 水準のデータ数}} - CT = \sum_{j=1}^{4} \frac{T_{B_j}^2}{N_{B_j}} - CT$$

$$= \frac{567^2}{6} + \frac{604^2}{6} + \frac{623^2}{6} + \frac{592^2}{6} - 237208.17 = 274.83$$

$$S_{AB} = \sum_{i=1}^{3} \sum_{j=1}^{4} \frac{(A_i B_j \text{ 水準のデータ和})^2}{A_i B_j \text{ 水準のデータ数}} - CT$$

$$= \sum_{i=1}^{3} \sum_{j=1}^{4} \frac{T_{A_i B_j}^2}{N_{A_i B_j}} - CT$$

$$= \frac{184^2}{2} + \frac{196^2}{2} + \frac{196^2}{2} + \cdots + \frac{189^2}{2} - 237208.17 = 1171.83$$

$$S_{A \times B} = S_{AB} - S_A - S_B = 1171.83 - 839.58 - 274.83 = 57.42$$

$$S_{AR} = \sum_{i=1}^{3} \sum_{k=1}^{2} \frac{(A_i R_k \text{ 水準のデータ和})^2}{A_i R_k \text{ 水準のデータ数}} - CT$$

$$= \sum_{i=1}^{3} \sum_{k=1}^{2} \frac{T_{A_i R_k}^2}{N_{A_i R_k}} - CT$$

$$= \frac{366^2}{4} + \frac{401^2}{4} + \frac{429^2}{4} + \cdots + \frac{378^2}{4} - 237208.17 = 994.83$$

$$S_{E_{(1)}} = S_{A \times R} = S_{AR} - S_A - S_R = 994.83 - 839.58 - 60.16 = 95.09$$

$$S_{E_{(2)}} = S_{B \times R} + S_{A \times B \times R} = S_T - (S_R + S_A + S_{E_{(1)}} + S_B + S_{A \times B})$$

$$= 1445.83 - (60.16 + 839.58 + 95.09 + 274.83 + 57.42) = 118.75$$

$$\phi_T = (\text{データの総数}) - 1 = N - 1 = 24 - 1 = 23$$

$$\phi_R = (R \text{ の水準数}) - 1 = r - 1 = 2 - 1 = 1$$

$$\phi_A = (A \text{ の水準数}) - 1 = a - 1 = 3 - 1 = 2$$
$$\phi_B = (B \text{ の水準数}) - 1 = b - 1 = 4 - 1 = 3$$
$$\phi_{A \times B} = \phi_A \times \phi_B = 2 \times 3 = 6$$
$$\phi_{E_{(1)}} = \phi_{A \times R} = \phi_A \times \phi_R = 2 \times 1 = 2$$
$$\phi_{E(2)} = \phi_T - (\phi_R + \phi_A + \phi_{E_{(1)}} + \phi_B + \phi_{A \times B})$$
$$= 23 - (1 + 2 + 2 + 3 + 6) = 9$$

手順6 分散分析表の作成

手順5の結果に基づいて表12.15の分散分析表（1）を作成する．

表12.15 分散分析表（1）

要因	S	ϕ	V	F_0	$E(V)$
R	60.16	1	60.16	1.27	$\sigma_{(2)}^2 + 4\sigma_{(1)}^2 + 12\sigma_R^2$
A	839.58	2	419.79	8.83	$\sigma_{(2)}^2 + 4\sigma_{(1)}^2 + 8\sigma_A^2$
$E_{(1)}$	95.09	2	47.55	3.61	$\sigma_{(2)}^2 + 4\sigma_{(1)}^2$
B	274.83	3	91.61	6.95*	$\sigma_{(2)}^2 + 6\sigma_B^2$
$A \times B$	57.42	6	9.57	0.726	$\sigma_{(2)}^2 + 2\sigma_{A \times B}^2$
$E_{(2)}$	118.75	9	13.19		$\sigma_{(2)}^2$
T	1445.83	23			

$$F(1, 2; 0.05) = 18.5, \quad F(1, 2; 0.01) = 98.5$$
$$F(2, 2; 0.05) = 19.0, \quad F(2, 2; 0.01) = 99.0$$
$$F(2, 9; 0.05) = 4.26, \quad F(2, 9; 0.01) = 8.02$$
$$F(3, 9; 0.05) = 3.86, \quad F(3, 9; 0.01) = 6.99$$
$$F(6, 9; 0.05) = 3.37, \quad F(6, 9; 0.01) = 5.80$$

主効果 B のみ有意である．反復 R および交互作用 $A \times B$ は有意でなく，F_0 値も小さいので，それぞれ1次誤差と2次誤差にプールして表12.16の分散分析表（2）を作成する．

手順7 分散分析後のデータの構造式

表12.16より，次のようにデータの構造式を考えることにする．
$$x_{ijk} = \mu + a_i + \varepsilon_{(1)ik} + b_j + \varepsilon_{(2)ijk}$$

表 12.16　分散分析表（2）

要因	S	ϕ	V	F_0	$E(V)$
A	839.58	2	419.79	8.11	$\sigma_{(2)}^2 + 4\sigma_{(1)}^2 + 8\sigma_A^2$
$E'_{(1)}$	155.25	3	51.75	4.41*	$\sigma_{(2)}^2 + 4\sigma_{(1)}^2$
B	274.83	3	91.61	7.80**	$\sigma_{(2)}^2 + 6\sigma_B^2$
$E'_{(2)}$	176.17	15	11.74		$\sigma_{(2)}^2$
T	1445.83	23			

$F(2,\ 3; 0.05) = 9.55, \quad F(2,\ 3; 0.01) = 30.8$
$F(3, 15; 0.05) = 3.29, \quad F(3, 15; 0.01) = 5.42$

$$\varepsilon_{(1)ik} \sim N(0, \sigma_{(1)}^2), \quad \varepsilon_{(2)ijk} \sim N(0, \sigma_{(2)}^2)$$

手順 8　1 次誤差の母分散 $\sigma_{(1)}^2$ の推定

分散分析表（2）の $E(V)$ の欄より，$\widehat{\sigma_{(2)}^2 + 4\sigma_{(1)}^2} = V_{E'_{(1)}}$, $\hat{\sigma}_{(2)}^2 = V_{E'_{(2)}}$ である．したがって，1 次誤差の母分散 $\sigma_{(1)}^2$ の点推定値は次のようになる．

$$\hat{\sigma}_{(1)}^2 = \frac{V_{E'_{(1)}} - V_{E'_{(2)}}}{4} = \frac{51.75 - 11.74}{4} = 10.00$$

手順 9　最適水準の決定

手順 7 のデータの構造式より，

$$\hat{\mu}(A_iB_j) = \widehat{\mu + a_i + b_j} = \widehat{\mu + a_i} + \widehat{\mu + b_j} - \hat{\mu} = \bar{x}_{A_i} + \bar{x}_{B_j} - \bar{\bar{x}}$$

と推定する．上式を最大にするのは，A は表 12.14 より A_2 水準，B は表 12.13 より B_3 水準である．

手順 1 0　母平均の点推定

手順 9 より次のようになる．

$$\hat{\mu}(A_2B_3) = \bar{x}_{A_2} + \bar{x}_{B_3} - \bar{\bar{x}} = 107.8 + 103.8 - 99.4 = 112.2$$

手順 1 1　母平均の区間推定（信頼率：95%）

式 (12.15) を用いて有効反復数を求める．

$$\frac{1}{n_{e(1)}} = \frac{\text{点推定に用いた1次要因の自由度の和}}{\text{総データ数}} = \frac{\phi_A}{N} = \frac{2}{24} = \frac{1}{12}$$

$$\frac{1}{n_{e(2)}} = \frac{\text{点推定に用いた2次要因の自由度の和}}{\text{総データ数}} = \frac{\phi_B}{N} = \frac{3}{24} = \frac{1}{8}$$

$\hat{\mu}(A_2B_3)$ の母分散の推定値は，反復を無視しているので式 (12.14) を用いて

$$\hat{V}(\hat{\mu}(A_2B_3)) = \frac{V_{E'_{(1)}}}{N} + \frac{V_{E'_{(1)}}}{n_{e(1)}} + \frac{V_{E'_{(2)}}}{n_{e(2)}} = \frac{V_{E'_{(1)}}}{24} + \frac{V_{E'_{(1)}}}{12} + \frac{V_{E'_{(2)}}}{8}$$

$$= \frac{V_{E'_{(1)}}}{8} + \frac{V_{E'_{(2)}}}{8} = \frac{51.75}{8} + \frac{11.74}{8} = 7.936$$

となる．サタースウェイトの方法を用いて自由度 ϕ^* を求める．

$$\phi^* = \frac{\left(\frac{1}{8}V_{E'_{(1)}} + \frac{1}{8}V_{E'_{(2)}}\right)^2}{\left(\frac{1}{8}V_{E'_{(1)}}\right)^2 \bigg/ \phi_{E'_{(1)}} + \left(\frac{1}{8}V_{E'_{(2)}}\right)^2 \bigg/ \phi_{E'_{(2)}}}$$

$$= \frac{\left(\frac{1}{8} \times 51.75 + \frac{1}{8} \times 11.74\right)^2}{\left(\frac{1}{8} \times 51.75\right)^2 \bigg/ 3 + \left(\frac{1}{8} \times 11.74\right)^2 \bigg/ 15} = 4.5$$

線形補間法により

$$t(\phi^*, 0.05) = t(4.5, 0.05) = (1 - 0.5) \times t(4, 0.05) + 0.5 \times t(5, 0.05)$$

$$= 0.5 \times 2.776 + 0.5 \times 2.571 = 2.674$$

となるから，次のような信頼区間が得られる．

$$\hat{\mu}(A_2B_3) \pm t(\phi^*, 0.05)\sqrt{\hat{V}(\hat{\mu}(A_2B_3))} = 112.2 \pm 2.674\sqrt{7.936}$$

$$= 112.2 \pm 7.5 = 104.7,\ 119.7$$

手順12　データの予測

A_2B_3 水準において将来新たにデータを取るとき，どのような値が得られるのかを予測する．点予測は手順10の母平均の点推定と同じである．

$$\hat{x} = \hat{\mu}(A_2B_3) = 112.2$$

信頼率 95% の予測区間を求める際には，新たに得られるデータの構造式に含まれる変量 $\varepsilon_{(1)} + \varepsilon_{(2)}$ の母分散 $\sigma^2_{(1)} + \sigma^2_{(2)}$ を手順 11 で求めた分散の値に追加して考慮しなければならない（この例では，R を無視，すなわち $\sigma^2_R = 0$ とみなしている）．つまり，分散の推定値は，

$$\hat{V} = \left(\frac{V_{E'_{(1)}}}{8} + \frac{V_{E'_{(2)}}}{8} \right) + (\hat{\sigma}^2_{(1)} + \hat{\sigma}^2_{(2)})$$

$$= \left(\frac{V_{E'_{(1)}}}{8} + \frac{V_{E'_{(2)}}}{8} \right) + \left(\frac{V_{E'_{(1)}} - V_{E'_{(2)}}}{4} + V_{E'_{(2)}} \right)$$

$$= \frac{3}{8} V_{E'_{(1)}} + \frac{7}{8} V_{E'_{(2)}} = \frac{3}{8} \times 51.75 + \frac{7}{8} \times 11.74 = 29.68$$

となる．サタースウェイトの方法を用いて

$$\phi^* = \frac{\left(\frac{3}{8} V_{E'_{(1)}} + \frac{7}{8} V_{E'_{(2)}} \right)^2}{\left(\frac{3}{8} V_{E'_{(1)}} \right)^2 \big/ \phi_{E'_{(1)}} + \left(\frac{7}{8} V_{E'_{(2)}} \right)^2 \big/ \phi_{E'_{(2)}}}$$

$$= \frac{\left(\frac{3}{8} \times 51.75 + \frac{7}{8} \times 11.74 \right)^2}{\left(\frac{3}{8} \times 51.75 \right)^2 \big/ 3 + \left(\frac{7}{8} \times 11.74 \right)^2 \big/ 15} = 6.6$$

となる．線形補間法を用いて

$$t(\phi^*, 0.05) = t(6.6, 0.05) = (1 - 0.6) \times t(6, 0.05) + 0.6 \times t(7, 0.05)$$

$$= 0.4 \times 2.447 + 0.6 \times 2.365 = 2.398$$

であり，予測区間は次の通りとなる．

$$\hat{x} \pm t(\phi^*, 0.05) \sqrt{\hat{V}} = 112.2 \pm 2.398 \sqrt{29.68}$$

$$= 112.2 \pm 13.1 = 99.1,\ 125.3$$

手順 1 3　2 つの母平均の差の推定

例えば，$\mu(A_1 B_1)$ と $\mu(A_2 B_3)$ の差の推定を行う．

点推定値は次の通りである．

$$\hat{\mu}(A_1B_1) - \hat{\mu}(A_2B_3) = (\bar{x}_{A_1} + \bar{x}_{B_1} - \bar{\bar{x}}) - (\bar{x}_{A_2} + \bar{x}_{B_3} - \bar{\bar{x}})$$
$$= (95.9 + 94.5 - 99.4) - (107.8 + 103.8 - 99.4) = -21.2$$

次に,区間推定を行うために,推定式の表現を書き下す.

$$\hat{\mu}(A_1B_1) = \hat{\mu} + \underbrace{\hat{a}_1}_{1\text{次}} + \underbrace{\hat{b}_1}_{2\text{次}} = \bar{\bar{x}} + \underbrace{(\bar{x}_{A_1} - \bar{\bar{x}})}_{1\text{次}} + \underbrace{(\bar{x}_{B_1} - \bar{\bar{x}})}_{2\text{次}}$$

$$\hat{\mu}(A_2B_3) = \bar{\bar{x}} + \underbrace{(\bar{x}_{A_2} - \bar{\bar{x}})}_{1\text{次}} + \underbrace{(\bar{x}_{B_3} - \bar{\bar{x}})}_{2\text{次}}$$

$\hat{\mu}(A_1B_1)$ と $\hat{\mu}(A_2B_3)$ の推定式を見比べて,同一次数ごとに共通の平均を消去し,残った平均について伊奈の式を適用する.

$$1\text{次}: \quad \bar{x}_{A_1}, \bar{x}_{A_2} \rightarrow \frac{1}{n_{d(1)}} = \frac{1}{n_{e_1(1)}} + \frac{1}{n_{e_2(1)}} = \frac{1}{8} + \frac{1}{8} = \frac{1}{4}$$

$$2\text{次}: \quad \bar{x}_{B_1}, \bar{x}_{B_3} \rightarrow \frac{1}{n_{d(2)}} = \frac{1}{n_{e_1(2)}} + \frac{1}{n_{e_2(2)}} = \frac{1}{6} + \frac{1}{6} = \frac{1}{3}$$

これより,

$$\hat{V}(\text{点推定量の差}) = \frac{V_{E'_{(1)}}}{n_{d(1)}} + \frac{V_{E'_{(2)}}}{n_{d(2)}} = \frac{V_{E'_{(1)}}}{4} + \frac{V_{E'_{(2)}}}{3}$$
$$= \frac{51.75}{4} + \frac{11.74}{3} = 16.85$$

となる.サタースウェイトの方法を用いて

$$\phi^* = \frac{\left(\dfrac{1}{4}V_{E'_{(1)}} + \dfrac{1}{3}V_{E'_{(2)}}\right)^2}{\left(\dfrac{1}{4}V_{E'_{(1)}}\right)^2 \bigg/ \phi_{E'_{(1)}} + \left(\dfrac{1}{3}V_{E'_{(2)}}\right)^2 \bigg/ \phi_{E'_{(2)}}}$$

$$= \frac{\left(\dfrac{1}{4} \times 51.75 + \dfrac{1}{3} \times 11.74\right)^2}{\left(\dfrac{1}{4} \times 51.75\right)^2 \bigg/ 3 + \left(\dfrac{1}{3} \times 11.74\right)^2 \bigg/ 15} = 5.0$$

となる.したがって,信頼区間は

$$\hat{\mu}(A_1B_1) - \hat{\mu}(A_2B_3) \pm t(\phi^*, 0.05)\sqrt{\hat{V}(\text{点推定量の差})}$$
$$= -21.2 \pm t(5, 0.05)\sqrt{16.85} = -21.2 \pm 2.571\sqrt{16.85}$$
$$= -21.2 \pm 10.6 = -31.8, \ -10.6$$

となる．□

(**注 12.8**) 上の例題において，さらに1次誤差 $E_{(1)}$ を無視（プール）できる場合は，データの構造式から $\varepsilon_{(1)ik}$ が削除されるので，繰返しのある2元配置法で交互作用を無視した場合の推定と同じになる．□

[**例 12.15**] 液体の合成樹脂の粘度を高めるために，1次製品作成時の反応温度 A（3水準），後工程における因子として添加物 B の量（2水準）および添加物 C の量（3水準）を取り上げて実験を行うことにした．1次製品はバッチ処理を行っているので，実験の経済的コストを考慮して，次のように実験を実施した．図 12.7 も参照せよ．

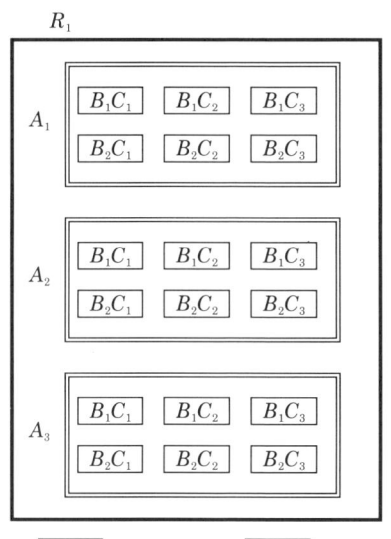

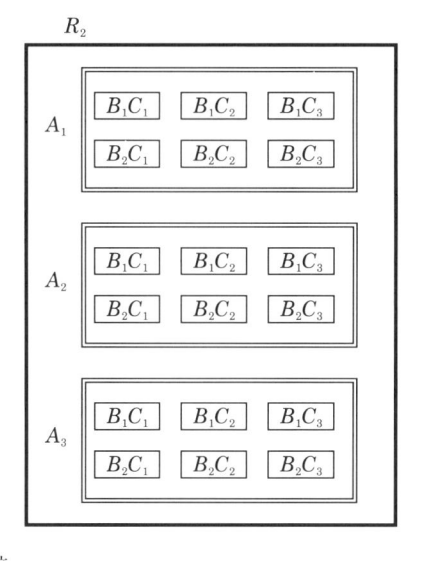

図 12.7 分割法の構造図（例 12.15）

(1) A_1, A_2, A_3 の順序をランダムに定めて，$A_1 \to A_3 \to A_2$ とした．

(2) A_1 水準で作成した1次製品を6つに分割し，$B_1C_1, B_1C_2, \cdots, B_2C_3$ の順序をランダムに定めて実験する．6つの粘度のデータを得たら，次に，(1) で定めたように A_3 水準，A_2 水準の順序で，同様に実験する．

(3) (1) と (2) をもう一度反復する（因子 A の順序はもう一度ランダムに定める）．

すなわち，A を1次因子，B と C を2次因子とした，反復2回の分割法である．

手順1　実験順序とデータの採取

表 12.17 に示した実験順序にしたがって実験を実施し，データを取った結果，表 12.18 に示すデータが得られた．

表 12.17　実験順序

因子 R の水準	因子 A の水準	因子 B の水準	因子 C の水準		
			C_1	C_2	C_3
R_1	A_1	B_1	2	5	3
		B_2	6	1	4
	A_2	B_1	15	18	16
		B_2	17	14	13
	A_3	B_1	10	7	9
		B_2	12	11	8
R_2	A_1	B_1	28	27	30
		B_2	29	26	25
	A_2	B_1	22	19	23
		B_2	20	21	24
	A_3	B_1	31	35	36
		B_2	33	34	32

手順2　データの構造式の設定

まず，4つの因子 R（0次因子），A（1次因子），B と C（2次因子）について形式的に主効果と交互作用を書き並べて，次数の判定を行う．

　　0 次要因：R

表 12.18 データ

因子 R の水準	因子 A の水準	因子 B の水準	因子 C の水準		
			C_1	C_2	C_3
R_1	A_1	B_1	14.4	18.5	24.0
		B_2	19.6	21.4	20.8
	A_2	B_1	21.5	21.4	23.7
		B_2	22.5	21.0	20.9
	A_3	B_1	16.0	12.2	16.5
		B_2	20.0	19.9	20.4
R_2	A_1	B_1	16.3	20.6	24.7
		B_2	22.6	17.4	22.2
	A_2	B_1	23.2	21.0	18.7
		B_2	24.5	21.2	28.6
	A_3	B_1	15.2	18.6	19.9
		B_2	22.1	25.3	25.4

1 次要因：$A, A \times R$

2 次要因：$B, C, A \times B, A \times C, B \times C, B \times R, C \times R, A \times B \times C$
$A \times B \times R, A \times C \times R, B \times C \times R, A \times B \times C \times R$

データの構造式を次のように設定する．

$$x_{ijkl} = \mu + r_l + a_i + \varepsilon_{(1)il}$$
$$+ b_j + c_k + (ab)_{ij} + (ac)_{ik} + (bc)_{jk} + (abc)_{ijk} + \varepsilon_{(2)ijkl}$$

$$r_l \sim N(0, \sigma_R^2), \quad \varepsilon_{(1)il} \sim N(0, \sigma_{(1)}^2), \quad \varepsilon_{(2)ijkl} \sim N(0, \sigma_{(2)}^2)$$

（制約式は省略）

手順 3　3 元表および各 2 元表の作成

グラフ化や平方和の計算に先だって 3 元表および各 2 元表を作成する．

手順 4　データのグラフ化

表 12.19〜表 12.23 の各平均値に基づいてグラフを作成し，各要因効果の概略を把握する．図 12.8 より，主効果 A と B が大きそうである．また，交互

表 12.19 ABC 3元表

($T_{A_iB_jC_k}$：$A_iB_jC_k$ 水準のデータ和；$\bar{x}_{A_iB_jC_k}$：$A_iB_jC_k$ 水準の平均)

因子 A の水準	因子 B の水準	因子 C の水準		
		C_1	C_2	C_3
A_1	B_1	$T_{A_1B_1C_1} = 30.7$	$T_{A_1B_1C_2} = 39.1$	$T_{A_1B_1C_3} = 48.7$
		$\bar{x}_{A_1B_1C_1} = 15.35$	$\bar{x}_{A_1B_1C_2} = 19.55$	$\bar{x}_{A_1B_1C_3} = 24.35$
	B_2	$T_{A_1B_2C_1} = 42.2$	$T_{A_1B_2C_2} = 38.8$	$T_{A_1B_2C_3} = 43.0$
		$\bar{x}_{A_1B_2C_1} = 21.10$	$\bar{x}_{A_1B_2C_2} = 19.40$	$\bar{x}_{A_1B_2C_3} = 21.50$
A_2	B_1	$T_{A_2B_1C_1} = 44.7$	$T_{A_2B_1C_2} = 42.4$	$T_{A_2B_1C_3} = 42.4$
		$\bar{x}_{A_2B_1C_1} = 22.35$	$\bar{x}_{A_2B_1C_2} = 21.20$	$\bar{x}_{A_2B_1C_3} = 21.20$
	B_2	$T_{A_2B_2C_1} = 47.0$	$T_{A_2B_2C_2} = 42.2$	$T_{A_2B_2C_3} = 49.5$
		$\bar{x}_{A_2B_2C_1} = 23.50$	$\bar{x}_{A_2B_2C_2} = 21.10$	$\bar{x}_{A_2B_2C_3} = 24.75$
A_3	B_1	$T_{A_3B_1C_1} = 31.2$	$T_{A_3B_1C_2} = 30.8$	$T_{A_3B_1C_3} = 36.4$
		$\bar{x}_{A_3B_1C_1} = 15.60$	$\bar{x}_{A_3B_1C_2} = 15.40$	$\bar{x}_{A_3B_1C_3} = 18.20$
	B_2	$T_{A_3B_2C_1} = 42.1$	$T_{A_3B_2C_2} = 45.2$	$T_{A_3B_2C_3} = 45.8$
		$\bar{x}_{A_3B_2C_1} = 21.05$	$\bar{x}_{A_3B_2C_2} = 22.60$	$\bar{x}_{A_3B_2C_3} = 22.90$

表 12.20 AB 2元表

($T_{A_iB_j}$：A_iB_j 水準のデータ和；$\bar{x}_{A_iB_j}$：A_iB_j 水準の平均)

	B_1	B_2	A_i 水準のデータ和 A_i 水準の平均
A_1	$T_{A_1B_1} = 118.5$	$T_{A_1B_2} = 124.0$	$T_{A_1} = 242.5$
	$\bar{x}_{A_1B_1} = 19.75$	$\bar{x}_{A_1B_2} = 20.67$	$\bar{x}_{A_1} = 20.21$
A_2	$T_{A_2B_1} = 129.5$	$T_{A_2B_2} = 138.7$	$T_{A_2} = 268.2$
	$\bar{x}_{A_2B_1} = 21.58$	$\bar{x}_{A_2B_2} = 23.12$	$\bar{x}_{A_2} = 22.35$
A_3	$T_{A_3B_1} = 98.4$	$T_{A_3B_2} = 133.1$	$T_{A_3} = 231.5$
	$\bar{x}_{A_3B_1} = 16.40$	$\bar{x}_{A_3B_2} = 22.18$	$\bar{x}_{A_3} = 19.29$
B_j 水準のデータ和 B_j 水準の平均	$T_{B_1} = 346.4$ $\bar{x}_{B_1} = 19.24$	$T_{B_2} = 395.8$ $\bar{x}_{B_2} = 21.99$	$T = 742.2$ $\bar{\bar{x}} = 20.62$

表 12.21 AC 2元表

($T_{A_iC_k}$：A_iC_k 水準のデータ和；$\bar{x}_{A_iC_k}$：A_iC_k 水準の平均)

	C_1	C_2	C_3
A_1	$T_{A_1C_1} = 72.9$	$T_{A_1C_2} = 77.9$	$T_{A_1C_3} = 91.7$
	$\bar{x}_{A_1C_1} = 18.23$	$\bar{x}_{A_1C_2} = 19.48$	$\bar{x}_{A_1C_3} = 22.93$
A_2	$T_{A_2C_1} = 91.7$	$T_{A_2C_2} = 84.6$	$T_{A_2C_3} = 91.9$
	$\bar{x}_{A_2C_1} = 22.93$	$\bar{x}_{A_2C_2} = 21.15$	$\bar{x}_{A_2C_3} = 22.98$
A_3	$T_{A_3C_1} = 73.3$	$T_{A_3C_2} = 76.0$	$T_{A_3C_3} = 82.2$
	$\bar{x}_{A_3C_1} = 18.33$	$\bar{x}_{A_3C_2} = 19.00$	$\bar{x}_{A_3C_3} = 20.55$
C_k 水準のデータ和	$T_{C_1} = 237.9$	$T_{C_2} = 238.5$	$T_{C_3} = 265.8$
C_k 水準の平均	$\bar{x}_{C_1} = 19.83$	$\bar{x}_{C_2} = 19.88$	$\bar{x}_{C_3} = 22.15$

表 12.22 AR 2元表

($T_{A_iR_l}$：A_iR_l 水準のデータ和；$\bar{x}_{A_iR_l}$：A_iR_l 水準の平均)

	R_1	R_2
A_1	$T_{A_1R_1} = 118.7$	$T_{A_1R_2} = 123.8$
	$\bar{x}_{A_1R_1} = 19.78$	$\bar{x}_{A_1R_2} = 20.63$
A_2	$T_{A_2R_1} = 131.0$	$T_{A_2R_2} = 137.2$
	$\bar{x}_{A_2R_1} = 21.83$	$\bar{x}_{A_2R_2} = 22.87$
A_3	$T_{A_3R_1} = 105.0$	$T_{A_3R_2} = 126.5$
	$\bar{x}_{A_3R_1} = 17.50$	$\bar{x}_{A_3R_2} = 21.08$
R_l 水準のデータ和	$T_{R_1} = 354.7$	$T_{R_2} = 387.5$
R_l 水準の平均	$\bar{x}_{R_1} = 19.71$	$\bar{x}_{R_2} = 21.53$

表 12.23 BC 2元表

($T_{B_jC_k}$：B_jC_k 水準のデータ和；$\bar{x}_{B_jC_k}$：B_jC_k 水準の平均)

	C_1	C_2	C_3
B_1	$T_{B_1C_1} = 106.6$	$T_{B_1C_2} = 112.3$	$T_{B_1C_3} = 127.5$
	$\bar{x}_{B_1C_1} = 17.77$	$\bar{x}_{B_1C_2} = 18.72$	$\bar{x}_{B_1C_3} = 21.25$
B_2	$T_{B_2C_1} = 131.3$	$T_{B_2C_2} = 126.2$	$T_{B_2C_3} = 138.3$
	$\bar{x}_{B_2C_1} = 21.88$	$\bar{x}_{B_2C_2} = 21.03$	$\bar{x}_{B_2C_3} = 23.05$

図 12.8 各要因効果のグラフ

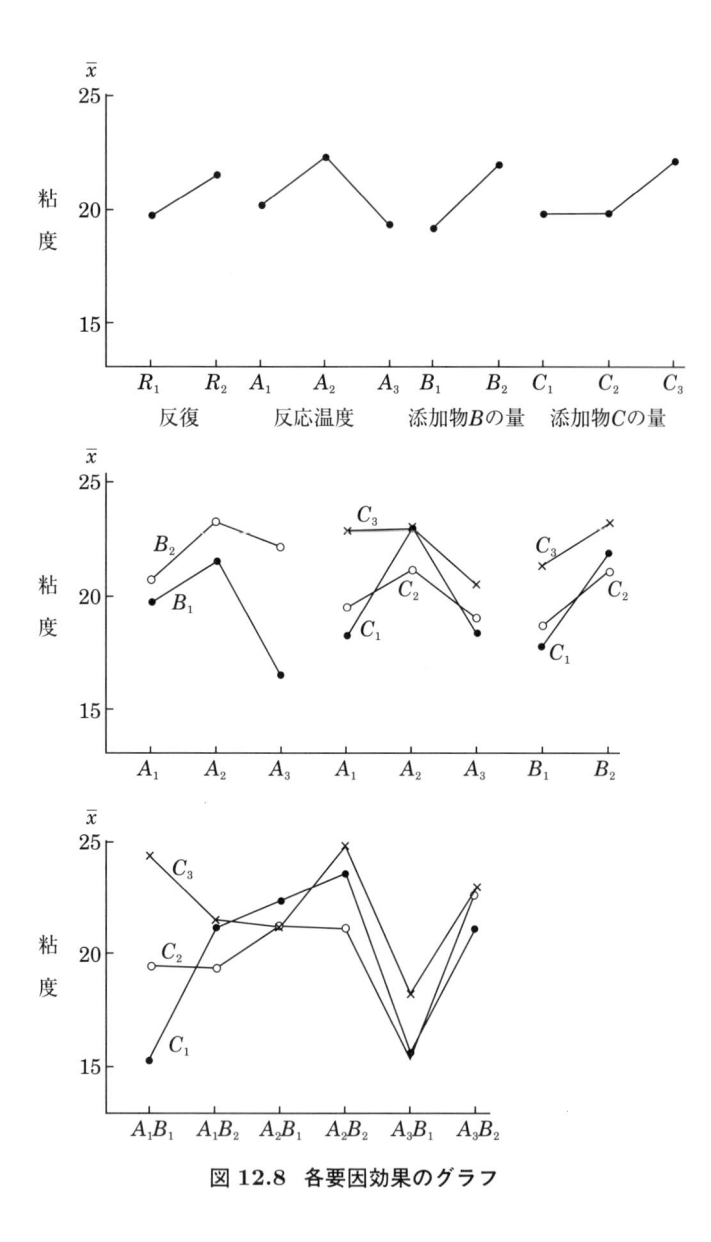

作用 $A \times B$ と $A \times C$ がありそうである．

手順 5　平方和と自由度の計算

表 12.18～表 12.23 に基づいて各平方和および各自由度を計算する．

$$CT = \frac{(データの総計)^2}{総データ数} = \frac{T^2}{N} = \frac{742.2^2}{36} = 15301.69$$

$$S_T = (個々のデータの 2 乗和) - CT = \sum_{i=1}^{3}\sum_{j=1}^{2}\sum_{k=1}^{3}\sum_{l=1}^{2} x_{ijkl}^2 - CT$$

$$= (14.4^2 + 18.5^2 + 24.0^2 + \cdots + 25.3^2 + 25.4^2) - 15301.69 = 403.65$$

$$S_R = \sum_{l=1}^{2} \frac{(R_l \text{ 水準のデータ和})^2}{R_l \text{ 水準のデータ数}} - CT = \sum_{l=1}^{2} \frac{T_{R_l}^2}{N_{R_l}} - CT$$

$$= \frac{354.7^2}{18} + \frac{387.5^2}{18} - 15301.69 = 29.88$$

$$S_A = \sum_{i=1}^{3} \frac{(A_i \text{ 水準のデータ和})^2}{A_i \text{ 水準のデータ数}} - CT = \sum_{i=1}^{3} \frac{T_{A_i}^2}{N_{A_i}} - CT$$

$$= \frac{242.5^2}{12} + \frac{268.2^2}{12} + \frac{231.5^2}{12} - 15301.69 = 59.12$$

$$S_B = \sum_{j=1}^{2} \frac{(B_j \text{ 水準のデータ和})^2}{B_j \text{ 水準のデータ数}} - CT = \sum_{j=1}^{2} \frac{T_{B_j}^2}{N_{B_j}} - CT$$

$$= \frac{346.4^2}{18} + \frac{395.8^2}{18} - 15301.69 = 67.79$$

$$S_C = \sum_{k=1}^{3} \frac{(C_k \text{ 水準のデータ和})^2}{C_k \text{ 水準のデータ数}} - CT = \sum_{k=1}^{3} \frac{T_{C_k}^2}{N_{C_k}} - CT$$

$$= \frac{237.9^2}{12} + \frac{238.5^2}{12} + \frac{265.8^2}{12} - 15301.69 = 42.34$$

$$S_{AB} = \sum_{i=1}^{3}\sum_{j=1}^{2} \frac{(A_iB_j \text{ 水準のデータ和})^2}{A_iB_j \text{ 水準のデータ数}} - CT = \sum_{i=1}^{3}\sum_{j=1}^{2} \frac{T_{A_iB_j}^2}{N_{A_iB_j}} - CT$$

$$= \frac{118.5^2}{6} + \frac{124.0^2}{6} + \cdots + \frac{133.1^2}{6} - 15301.69 = 169.04$$

$$S_{A \times B} = S_{AB} - S_A - S_B = 169.04 - 59.12 - 67.79 = 42.13$$

$$S_{AC} = \sum_{i=1}^{3}\sum_{k=1}^{3} \frac{(A_iC_k \text{ 水準のデータ和})^2}{A_iC_k \text{ 水準のデータ数}} - CT = \sum_{i=1}^{3}\sum_{k=1}^{3} \frac{T_{A_iC_k}^2}{N_{A_iC_k}} - CT$$

$$= \frac{72.9^2}{4} + \frac{77.9^2}{4} + \cdots + \frac{82.2^2}{4} - 15301.69 = 125.59$$

$$S_{A\times C} = S_{AC} - S_A - S_C = 125.59 - 59.12 - 42.34 = 24.13$$

$$S_{AR} = \sum_{i=1}^{3}\sum_{l=1}^{2} \frac{(A_iR_l \text{ 水準のデータ和})^2}{A_iR_l \text{ 水準のデータ数}} - CT = \sum_{i=1}^{3}\sum_{l=1}^{2} \frac{T_{A_iR_l}^2}{N_{A_iR_l}} - CT$$

$$= \frac{118.7^2}{6} + \frac{123.8^2}{6} + \cdots + \frac{126.5^2}{6} - 15301.69 = 103.01$$

$$S_{E_{(1)}} = S_{A\times R} = S_{AR} - S_A - S_R = 103.01 - 59.12 - 29.88 = 14.01$$

$$S_{BC} = \sum_{j=1}^{2}\sum_{k=1}^{3} \frac{(B_jC_k \text{ 水準のデータ和})^2}{B_jC_k \text{ 水準のデータ数}} - CT = \sum_{j=1}^{2}\sum_{k=1}^{3} \frac{T_{B_jC_k}^2}{N_{B_jC_k}} - CT$$

$$= \frac{106.6^2}{6} + \frac{112.3^2}{6} + \cdots + \frac{138.3^2}{6} - 15301.69 = 119.00$$

$$S_{B\times C} = S_{BC} - S_B - S_C = 119.00 - 67.79 - 42.34 = 8.87$$

$$S_{ABC} = \sum_{i=1}^{3}\sum_{j=1}^{2}\sum_{k=1}^{3} \frac{(A_iB_jC_k \text{ 水準のデータ和})^2}{A_iB_jC_k \text{ 水準のデータ数}} - CT$$

$$= \sum_{i=1}^{3}\sum_{j=1}^{2}\sum_{k=1}^{3} \frac{T_{A_iB_jC_k}^2}{N_{A_iB_jC_k}} - CT$$

$$= \frac{30.7^2}{2} + \frac{39.1^2}{2} + \frac{48.7^2}{2} + \cdots + \frac{45.8^2}{2} - 15301.69 = 284.36$$

$$S_{A\times B\times C} = S_{ABC} - S_A - S_B - S_C - S_{A\times B} - S_{A\times C} - S_{B\times C}$$

$$= 284.36 - 59.12 - 67.79 - 42.34 - 42.13 - 24.13 - 8.87 = 39.98$$

$$S_{E_{(2)}} = S_T - (S_R + S_A + S_{E_{(1)}}$$
$$+ S_B + S_C + S_{A\times B} + S_{A\times C} + S_{B\times C} + S_{A\times B\times C})$$
$$= 403.65 - (29.88 + 59.12 + 14.01$$
$$+ 67.79 + 42.34 + 42.13 + 24.13 + 8.87 + 39.98) = 75.40$$

$$\phi_T = (\text{データの総数}) - 1 = N - 1 = 36 - 1 = 35$$

$\phi_R = (R \text{ の水準数}) - 1 = r - 1 = 2 - 1 = 1$

$\phi_A = (A \text{ の水準数}) - 1 = a - 1 = 3 - 1 = 2$

$\phi_B = (B \text{ の水準数}) - 1 = b - 1 = 2 - 1 = 1$

$\phi_C = (C \text{ の水準数}) - 1 = c - 1 = 3 - 1 = 2$

$\phi_{A \times B} = \phi_A \times \phi_B = 2 \times 1 = 2$

$\phi_{A \times C} = \phi_A \times \phi_C = 2 \times 2 = 4$

$\phi_{E_{(1)}} = \phi_{A \times R} = \phi_A \times \phi_R = 2 \times 1 = 2$

$\phi_{B \times C} = \phi_B \times \phi_C = 1 \times 2 = 2$

$\phi_{A \times B \times C} = \phi_A \times \phi_B \times \phi_C = 2 \times 1 \times 2 = 4$

$\phi_{E(2)} = \phi_T - (\phi_R + \phi_A + \phi_{E_{(1)}}$
$\qquad\qquad + \phi_B + \phi_C + \phi_{A \times B} + \phi_{A \times C} + \phi_{B \times C} + \phi_{A \times B \times C})$

$\qquad = 35 - (1 + 2 + 2 + 1 + 2 + 2 + 4 + 2 + 4) = 15$

手順6 分散分析表の作成

手順5の結果に基づいて表12.24の分散分析表（1）を作成する．

主効果 C，交互作用 $A \times B$ が有意であり，主効果 B は高度に有意である．F_0 値の小さな $E_{(1)}$，$A \times C$，$B \times C$，$A \times B \times C$ を2次誤差にプールして表12.25の分散分析表（2）を作成する．

主効果 A，C，交互作用 $A \times B$ および反復 R が有意であり，主効果 B は高度に有意になった．

手順7 分散分析後のデータの構造式

表12.25より，次のようにデータの構造式を考えることにする．

$$x_{ijkl} = \mu + r_l + a_i + b_j + c_k + (ab)_{ij} + \varepsilon_{(2)ijkl}$$

$$r_l \sim N(0, \sigma_R^2), \quad \varepsilon_{(2)ijkl} \sim N(0, \sigma_{(2)}^2)$$

手順8 ブロック間変動 σ_R^2 の推定

分散分析表（2）の $E(V)$ の欄より，$\widehat{\sigma_{(2)}^2 + 18\sigma_R^2} = V_R$，$\hat{\sigma}_{(2)}^2 = V_{E'_{(2)}}$ で

表 12.24 分散分析表（1）

要因	S	ϕ	V	F_0	$E(V)$
R	29.88	1	29.88	4.27	$\sigma_{(2)}^2 + 6\sigma_{(1)}^2 + 18\sigma_R^2$
A	59.12	2	29.56	4.22	$\sigma_{(2)}^2 + 6\sigma_{(1)}^2 + 12\sigma_A^2$
$E_{(1)}$	14.01	2	7.005	1.39	$\sigma_{(2)}^2 + 6\sigma_{(1)}^2$
B	67.79	1	67.79	13.5**	$\sigma_{(2)}^2 + 18\sigma_B^2$
C	42.34	2	21.17	4.21*	$\sigma_{(2)}^2 + 12\sigma_C^2$
$A \times B$	42.13	2	21.07	4.19*	$\sigma_{(2)}^2 + 6\sigma_{A \times B}^2$
$A \times C$	24.13	4	6.033	1.20	$\sigma_{(2)}^2 + 4\sigma_{A \times C}^2$
$B \times C$	8.87	2	4.435	0.882	$\sigma_{(2)}^2 + 6\sigma_{B \times C}^2$
$A \times B \times C$	39.98	4	9.995	1.988	$\sigma_{(2)}^2 + 2\sigma_{A \times B \times C}^2$
$E_{(2)}$	75.40	15	5.027		$\sigma_{(2)}^2$
T	403.65	35			

$F(1, 2; 0.05) = 18.5, \quad F(1, 2; 0.01) = 98.5$
$F(2, 2; 0.05) = 19.0, \quad F(2, 2; 0.01) = 99.0$
$F(1, 15; 0.05) = 4.54, \quad F(1, 15; 0.01) = 8.68$
$F(2, 15; 0.05) = 3.68, \quad F(2, 15; 0.01) = 6.36$
$F(4, 15; 0.05) = 3.06, \quad F(4, 15; 0.01) = 4.89$

表 12.25 分散分析表（2）

要因	S	ϕ	V	F_0	$E(V)$
R	29.88	1	29.88	4.97*	$\sigma_{(2)}^2 + 18\sigma_R^2$
A	59.12	2	29.56	4.92*	$\sigma_{(2)}^2 + 12\sigma_A^2$
B	67.79	1	67.79	11.3**	$\sigma_{(2)}^2 + 18\sigma_B^2$
C	42.34	2	21.17	3.52*	$\sigma_{(2)}^2 + 12\sigma_C^2$
$A \times B$	42.13	2	21.07	3.50*	$\sigma_{(2)}^2 + 6\sigma_{A \times B}^2$
$E'_{(2)}$	162.39	27	6.014		$\sigma_{(2)}^2$
T	403.65	35			

$F(1, 27; 0.05) = 4.21, \quad F(1, 27; 0.01) = 7.68$
$F(2, 27; 0.05) = 3.35, \quad F(2, 27; 0.01) = 5.49$

ある．したがって，ブロック間変動 σ_R^2 の点推定値は次のようになる．

$$\hat{\sigma}_R^2 = \frac{V_R - V_{E'_{(2)}}}{18} = \frac{29.88 - 6.014}{18} = 1.326$$

手順9　最適水準の決定

因子 R はブロック因子だから最適水準を設定することには意味がない．手順7のデータの構造式より，

$$\hat{\mu}(A_i B_j C_k) = \widehat{\mu + a_i + b_j + c_k + (ab)_{ij}}$$
$$= \widehat{\mu + a_i + b_j + (ab)_{ij}} + \widehat{\mu + c_k} - \hat{\mu}$$
$$= \bar{x}_{A_i B_j} + \bar{x}_{C_k} - \bar{\bar{x}}$$

と推定する．上式を最大にするのは，表 12.20 より $\bar{x}_{A_i B_j}$ の値を見比べて $A_2 B_2$ 水準，C は表 12.21 より $\bar{x}_{C_k}$ の値を見比べて C_3 水準である．

手順10　母平均の点推定

手順9より次のようになる．

$$\hat{\mu}(A_2 B_2 C_3) = \bar{x}_{A_2 B_2} + \bar{x}_{C_3} - \bar{\bar{x}} = 23.12 + 22.15 - 20.62 = 24.65$$

手順11　母平均の区間推定（信頼率：95％）

式 (12.15) を用いて有効反復数を求める．ただし，1次誤差を2次誤差にプールしたから，因子 A はこの時点で2次要因と考える．

$$\frac{1}{n_{e(2)}} = \frac{\text{点推定に用いた2次要因の自由度の和}}{\text{総データ数}}$$
$$= \frac{\phi_A + \phi_B + \phi_C + \phi_{A \times B}}{N} = \frac{2 + 1 + 2 + 2}{36} = \frac{7}{36}$$

したがって，$\hat{\mu}(A_2 B_2 C_3)$ の母分散の推定値は，反復を無視しないので式 (12.13) を用いて次のようになる．

$$\hat{V}(\hat{\mu}(A_2 B_2 C_3)) = \frac{V_R}{N} + \frac{V_{E'_{(2)}}}{n_{e(2)}}$$
$$= \frac{1}{36} \times 29.88 + \frac{7}{36} \times 6.014 = 1.999$$

サタースウェイトの方法を用いて自由度 ϕ^* を求めると次のようになる.

$$\phi^* = \frac{\left(\dfrac{1}{36}V_R + \dfrac{7}{36}V_{E'_{(2)}}\right)^2}{\left(\dfrac{1}{36}V_R\right)^2 \bigg/ \phi_R + \left(\dfrac{7}{36}V_{E'_{(2)}}\right)^2 \bigg/ \phi_{E'_{(2)}}}$$

$$= \frac{\left(\dfrac{1}{36} \times 29.88 + \dfrac{7}{36} \times 6.014\right)^2}{\left(\dfrac{1}{36} \times 29.88\right)^2 \bigg/ 1 + \left(\dfrac{7}{36} \times 6.014\right)^2 \bigg/ 27} = 5.4$$

線形補間法により

$$t(\phi^*, 0.05) = (1 - 0.4) \times t(5, 0.05) + 0.4 \times t(6, 0.05)$$
$$= 0.6 \times 2.571 + 0.4 \times 2.447 = 2.521$$

となる.したがって,次の信頼区間が得られる.

$$\hat{\mu}(A_2B_2C_3) \pm t(\phi^*, 0.05)\sqrt{\hat{V}(\hat{\mu}(A_2B_2C_3))} = 24.65 \pm 2.521\sqrt{1.999}$$
$$= 24.65 \pm 3.56 = 21.09,\ 28.21$$

手順12 データの予測

$A_2B_2C_3$ 水準において将来新たにデータを取るとき,どのような値が得られるのかを予測する.点予測は手順10の母平均の点推定と同じで,次のようになる.

$$\hat{x} = \hat{\mu}(A_2B_2C_3) = 24.65$$

一方,信頼率95%の予測区間を求める際には,新たに得られるデータの構造式に含まれる変量 $r + \varepsilon_{(2)}$ の母分散 $\sigma_R^2 + \sigma_{(2)}^2$ を手順11で求めた分散の値に追加して考慮しなければならない(この例では,$E_{(1)}$ を無視,すなわち $\sigma_{(1)}^2 = 0$ とみなしている).つまり,分散の推定値は,

$$\hat{V} = \left(\frac{1}{36}V_R + \frac{7}{36}V_{E'_{(2)}}\right) + (\hat{\sigma}_R^2 + \hat{\sigma}_{(2)}^2)$$
$$= \left(\frac{1}{36}V_R + \frac{7}{36}V_{E'_{(2)}}\right) + \left(\frac{V_R - V_{E'_{(2)}}}{18} + V_{E'_{(2)}}\right)$$

$$= \frac{1}{12}V_R + \frac{41}{36}V_{E'_{(2)}} = \frac{1}{12} \times 29.88 + \frac{41}{36} \times 6.014 = 9.339$$

となる.サタースウェイトの方法を用いて

$$\phi^* = \frac{\left(\frac{1}{12}V_R + \frac{41}{36}V_{E'_{(2)}}\right)^2}{\left(\frac{1}{12}V_R\right)^2 \Big/ \phi_R + \left(\frac{41}{36}V_{E'_{(2)}}\right)^2 \Big/ \phi_{E'_{(2)}}}$$

$$= \frac{\left(\frac{1}{12} \times 29.88 + \frac{41}{36} \times 6.014\right)^2}{\left(\frac{1}{12} \times 29.88\right)^2 \Big/ 1 + \left(\frac{41}{36} \times 6.014\right)^2 \Big/ 27} = 11.0$$

となる.以上より,予測区間は次の通りとなる.

$$\hat{x} \pm t(\phi^*, 005)\sqrt{\hat{V}} = 24.65 \pm t(11, 0.05)\sqrt{9.339} = 24.65 \pm 2.201\sqrt{9.339}$$
$$= 24.65 \pm 6.73 = 17.92,\ 31.38$$

手順13 2つの母平均の差の推定

例えば,$\mu(A_1B_1C_1)$ と $\mu(A_2B_2C_3)$ の差の推定を行う.

点推定値は次の通りである.

$$\hat{\mu}(A_1B_1C_1) - \hat{\mu}(A_2B_2C_3) = (\bar{x}_{A_1B_1} + \bar{x}_{C_1} - \bar{\bar{x}}) - (\bar{x}_{A_2B_2} + \bar{x}_{C_3} - \bar{\bar{x}})$$
$$= (19.75 + 19.83 - 20.62) - (23.12 + 22.15 - 20.62) = -5.69$$

本例では誤差が1つになったから,2.3節で示した方法で信頼区間を求めればよい.すなわち,$\hat{\mu}(A_1B_1C_1)$ と $\hat{\mu}(A_2B_2C_3)$ から共通の平均 $\bar{\bar{x}}$ を消去し,それぞれに伊奈の式を適用する.

$$\bar{x}_{A_1B_1} + \bar{x}_{C_1} = \frac{T_{A_1B_1}}{6} + \frac{T_{C_1}}{12} \rightarrow \frac{1}{n_{e_1}} = \frac{1}{6} + \frac{1}{12} = \frac{1}{4}$$

$$\bar{x}_{A_2B_2} + \bar{x}_{C_3} = \frac{T_{A_2B_2}}{6} + \frac{T_{C_3}}{12} \rightarrow \frac{1}{n_{e_2}} = \frac{1}{6} + \frac{1}{12} = \frac{1}{4}$$

これより,

$$\frac{1}{n_d} = \frac{1}{n_{e_1}} + \frac{1}{n_{e_2}} = \frac{1}{4} + \frac{1}{4} = \frac{1}{2}$$

が得られる．したがって，信頼区間は

$$\hat{\mu}(A_1B_1C_1) - \hat{\mu}(A_2B_2C_3) \pm t(\phi_{E'_{(2)}}, 0.05)\sqrt{\frac{V_{E'_{(2)}}}{n_d}}$$

$$= -5.69 \pm t(27, 0.05)\sqrt{\frac{1}{2} \times 6.014}$$

$$= -5.69 \pm 2.052\sqrt{\frac{1}{2} \times 6.014}$$

$$= -5.69 \pm 3.56 = -9.25,\ -2.13$$

となる．□

(**注 12.9**) 上の例では1次誤差を無視（プール）したから，手順7で設定したデータの構造式は乱塊法における構造式になっている．したがって，手順7以降は第11章で述べた解析方法と同じである．□

第13章
直交配列表を用いた分割法

　直交配列表を用いる場面でも，ランダムな順序で実験を行うことは容易でないことがある．本章では，直交配列表を用いた分割法について解説する．直交配列表を用いた分割法では，成分記号の下に記載されている群を利用する．交互作用が何次要因になるのかが第12章で説明した内容とは異なってくる．

13.1　直交配列表を用いた分割法とは

（1）　データの取り方

　4つの2水準の因子 A，B，C，D を取り上げて表13.1に示したように L_8 直交配列表に割り付けるとする．このとき，8回の実験は上から順番に行うのではなく，ランダムな順序で行う必要があった．そのような実験順序の一例を表13.1に「実験順序1」として示す．

　ここで，因子 A は「水準変更が困難な因子」ないしは「最初の工程で多量に作成せざるを得ない1次製品に関わる因子」であるとしよう．すると，A を1次因子とした分割法の適用が考えられる．すなわち，A_1 と A_2 の順序をランダムに定め，その下で他の因子の水準を一通り変化させて実験する．例えば，まず，$A_2 \to A_1$ と順序を定めて，いったん A_2 と設定したらその下で他の因子の水準を変更させて4回の実験を行い，次に A_1 に設定して残りの4回の実験を行う．この場合の実験順序の例を表13.1に「実験順序2」として示す．

　次に，因子 A と B を1次因子とし，C と D を2次因子とした場合を考えよう．この場合には，まず，A_1B_1，A_1B_2，A_2B_1，A_2B_2 の順序をランダムに定めて，その下で C と D の水準を変更させて実験を行う．例えば，まず，$A_1B_2 \to A_2B_2 \to A_2B_1 \to A_1B_1$ と定めて，A_1B_2 の設定の下で2回

の実験を済ませて，次の1次因子の水準組合せの設定に移るという形で実験を行う．この場合の実験順序の例を表 13.1 に「実験順序 3」として示す．

表 13.1 には，直交配列表の水準番号をブロックに分ける線を記入している．このブロックの区分が**「群」**に対応している．表 13.1 では，「1 群」によって 8 回の実験を 4 回ずつの 2 つのブロックに分け，「2 群」によって 2 回ずつの 4 つのブロックに分け，「3 群」では 1 回ずつのブロックに分けている．

表 13.1 L_8 直交配列表への因子の割り付けと水準組合せおよび実験順序

No.	A	B		C	D			水準	実験	実験	実験
	[1]	[2]	[3]	[4]	[5]	[6]	[7]	組合せ	順序 1	順序 2	順序 3
1	1	1	1	1	1	1	1	$A_1B_1C_1D_1$	6	6	8
2	1	1	1	2	2	2	2	$A_1B_1C_2D_2$	8	7	7
3	1	2	2	1	1	2	2	$A_1B_2C_1D_1$	3	5	1
4	1	2	2	2	2	1	1	$A_1B_2C_2D_2$	1	8	2
5	2	1	2	1	2	1	2	$A_2B_1C_1D_2$	7	4	5
6	2	1	2	2	1	2	1	$A_2B_1C_2D_1$	2	1	6
7	2	2	1	1	2	2	1	$A_2B_2C_1D_2$	5	3	4
8	2	2	1	2	1	1	2	$A_2B_2C_2D_1$	4	2	3
成分	a	b b		a c	c	b c	a c				
	1 群	2 群		3 群							

直交配列表を用いた分割法では，この群分けを利用して 1 次因子を「1 群」ないしは「2 群」に割り付けて，実験順序のランダム化を緩和する．

分割法では，誤差が複数個現れ，1 次要因は 1 次誤差で検定し，1 次誤差と 2 次要因は 2 次誤差で検定するという手順を踏んだ．直交配列表を用いた分割法でも同様である．1 次因子を割り付けた群において空いている列が **1 次誤差列**，2 次因子を割り付けた群において空いている列が **2 次誤差列**となる．表 13.1 の「実験順序 2」では，1 次因子 A を 1 群に割り付けており，1 群の空き列がないので 1 次誤差を取り出せない．この場合の 2 次誤差は第 [3] 列，第 [6] 列，第 [7] 列となる．また，表 13.1 の「実験順序 3」については，1 次因

子 A と B を「1群＋2群」に割り付けており，第 [3] 列が空き列なので1次誤差がこの列に現れる．2次誤差は第 [6] 列と第 [7] 列に現れる．

以上の要点をまとめておく．

直交配列表における群と分割法

(1) 直交配列表において水準番号をブロックに分けたものを群と呼ぶ．群分けは次のように行われている．
- 1群：成分が a の列
- 2群：成分の最後の文字が b の列
- 3群：成分の最後の文字が c の列
- 4群：成分の最後の文字が d の列
  （以下同様）

(2) 群を利用して直交配列表を用いた分割法を実施する．

(3) 1次因子を割り付けた群の空き列に1次誤差が現れ，2次因子を割り付けた群の空き列に2次誤差が現れる（Q 25 も参照）．

上に述べた (3) より，通常は，1群だけを利用して1次因子を割り付けることはできない．1次誤差列を確保できないからである．したがって，表 13.1 に示した「実験順序2」は望ましくない．

（2） 2水準系直交配列表を用いた分割法の基本的な考え方

2水準系直交配列表を用いた分割法の利用および解析手順における基本的な考え方の要点を列挙する．

2水準系直交配列表を用いた分割法の基本的な考え方の要点

(1) 1次因子をその個数に応じて，「1群＋2群」，「1群＋2群＋3群」…に割り付ける．2次因子を1次因子の割り付けに使った群に引き続く高次の群に割り付ける．3次因子がある場合も同様である．

(2) 1次因子を割り付けた群に属する列を**1次単位の列**と呼び，1次単位の列に割り付けた因子や1次単位の列に現れる交互作用を1次

要因と呼ぶ．1次因子の水準変更を行わないで実験した回数を1次単位の大きさと呼ぶ．2次・3次因子についても同様に考える．
(3) 考慮する交互作用が何次単位の列に現れるのかに注意する．一般に次の法則が成り立つ．

- 異なる群に属する2列間の交互作用は，高次側の群の列に現れる．
- 同一の群に属する2列間の交互作用は，より低次の群の列に現れる．

(4) 1次単位の列の空き列が1次誤差に対応する．2次単位の列の空き列が2次誤差に対応する．3次単位以上がある場合も同様である．
(5) 列平方和や列自由度の計算は第8章と同じである．各要因平方和やその自由度は，対応する列平方和（の和）と列自由度（の和）として求める．
(6) 分散分析表の作成および検定の要領は第12章と同じである．すなわち，1次要因を1次誤差で検定し，1次誤差と2次要因を2次誤差で検定する（3次以上の場合も同様）．なお，$E(V)$ の表現において，$\sigma_{(1)}^2$ の係数は1次単位の大きさであり，$\sigma_{(2)}^2$ の係数は2次単位の大きさである（3次以上も同様）．
(7) 推定および予測の手順，2つの母平均の差の推定の手順は第12章と同じである．

上に記載したそれぞれの要点について例を用いて具体的に解説する．まず，(1) と (2) について説明する．

[**例 13.1**] 表 13.1 に示した割り付け例について再度確認する．因子 A を1次因子，因子 B, C, D を2次因子と考え，因子 A を「1群」に割り付けたと考えると，表 13.1 に示した「実験順序2」の順序で実験を行うことになる．この場合，1群だけが1次単位の列であり，2群＋3群が2次単位の列である．

「実験順序2」では，まず A_2 水準に固定したまま4回の実験を行っている．したがって，1次単位の大きさは4である．2次単位では，2次因子の水

13.1 直交配列表を用いた分割法とは

準を各回の実験ごとに変更するので，2次単位の大きさは1である．□

[例 13.2] 因子 A と B を1次因子，因子 C, D を2次因子と考え，因子 A と B を「1群＋2群」に割り付けたと考えると，表 13.1 に示した「実験順序 3」の順序で実験を行うことになる．この場合，1群＋2群が1次単位の列であり，3群が2次単位の列である．

「実験順序 3」では，まず A_1B_2 水準に固定したままで2回の実験を行っている．したがって，1次単位の大きさは2である．一方，2次単位の大きさは1である．□

[例 13.3] 13.1 節および上の要点 (4) にしたがうと，例 13.1 の状況では1次誤差を確保できない．そこで，本例では，因子 A を1次因子，因子 B, C, D を2次因子とする場合の別の割り付けと「実験順序 4」について例示する．

「1群＋2群」を1次単位の列とし，A を第 [2] 列に割り付ける．そして，「3群」を2次単位の列とし，B, C, D をそれぞれ第 [4] 列，第 [5] 列，第 [6] 列に割り付ける．このときの割り付け，水準組合せ，「実験順序 4」を表 13.2 に示す（本例では第 [1] 列の R は考えない）．

「実験順序 4」と表 13.1 に示した「実験順序 2」とを注意深く比較してほしい．本例では，「1群＋2群」を1次単位の列と考えているため，例えば A_1 水準に設定したら4回の実験を続けて行うということができない．A_1 水準，A_2 水準をそれぞれ2回ずつ設定しなおさなければならない．具体的に述べると，A_1(No.1,2)，A_1(No.5,6)，A_2(No.3,4)，A_2(No.7,8) の順序をランダムに定めて，A_1(No.5,6)→ A_2(No.3,4)→ A_2(No.7,8)→ A_1(No.1,2) となったとしよう．そこで，A_1 水準に設定して，No.6 → No.5 の順序（どちらを先に行うのかはランダムに定める）で他の因子の水準を変更して実験する．次に，A_2 水準に設定して，No.4 → No.3 の順序（やはりランダムに順序を定める）で他の因子の水準を変更して実験する．以下同様である．

「実験順序 4」と表 13.1 の「実験順序 2」と比較すると，因子 A の水準設定回数が2倍になっている．このことにより，1次誤差列の確保が可能にな

る．1次誤差列は第 [1] 列と第 [3] 列，2次誤差列は第 [7] 列となる．□

表 13.2 L_8 直交配列表への因子の割り付けと水準組合せおよび実験順序（例 13.3，例 13.4）

No.	(R) [1]	A [2]	[3]	B [4]	C [5]	D [6]	[7]	水準組合せ	実験順序 4	実験順序 5
1	1	1	1	1	1	1	1	$A_1B_1C_1D_1$	8	7
2	1	1	1	2	2	2	2	$A_1B_2C_2D_2$	7	8
3	1	2	2	1	1	2	2	$A_2B_1C_1D_2$	4	5
4	1	2	2	2	2	1	1	$A_2B_2C_2D_1$	3	6
5	2	1	2	1	2	1	2	$A_1B_1C_2D_1$	2	1
6	2	1	2	2	1	2	1	$A_1B_2C_1D_2$	1	2
7	2	2	1	1	2	2	1	$A_2B_1C_2D_2$	5	4
8	2	2	1	2	1	1	2	$A_2B_2C_1D_1$	6	3
成分	a	b	$a\,b$	c	$a\,c$	$b\,c$	$a\,b\,c$			
	1群	2群		3群						

[例 13.4] 反復 R を第 [1] 列に割り付けることもできる．まず，R_1 と R_2 のどちらを先に行うのかを決め，$R_2 \to R_1$ となったとしよう．R_2 の下で，A_1（No.5,6）と A_2（No.7,8）の順序をランダムに決めて，$A_1 \to A_2$ となったとする．そこで，A_1 と設定して No.5→ No.6 の順序（ランダムに定める）で実験し，次に A_2（No.7,8）に移る．このようにして定めた順序を表 13.2 に「実験順序 5」として示す．□

次に，要点 (3) で述べた，交互作用に関する法則を次の例で確認する．

[例 13.5] 表 13.2 に示した割り付けおよび「実験順序 4」で考える（R は割り付けない）．

交互作用 $A \times B$ を考慮すると，$b \times c = bc$ だから，第 [6] 列に現れる．つまり，2群に割り付けた因子と3群に割り付けた因子との交互作用なので，高次

側の群,すなわち3群に現れる.表13.2の割り付けでは因子 D と交絡する.

交互作用 $B \times C$ を考慮すると,$c \times ac = ac^2 = a$ だから,第 [1] 列に現れる.同じ3群に割り付けた因子同士の交互作用なので,より低次の群,すなわち1群に現れる.この場合,主効果 B と C は共に2次要因であるが,交互作用 $B \times C$ は1次要因になる.この点は第12章の場合と大きく異なる.□

本節の最後に,分散分析表の形式を例示する.

[**例 13.6**] 表 13.1 の「実験順序1」の場合について考える.この場合は,ランダムな順序で実験を行っているから,第8章と同じ形式で分散分析表を作成する.得られる分散分析表の形式を表 13.3 に示す.

表 13.3 分散分析表(表 13.1 の「実験順序 1」に基づく場合)

要因	S	ϕ	V	F_0	$E(V)$
A	$S_{[1]}$	1	V_A	V_A/V_E	$\sigma^2 + 4\sigma_A^2$
B	$S_{[2]}$	1	V_B	V_B/V_E	$\sigma^2 + 4\sigma_B^2$
C	$S_{[4]}$	1	V_C	V_C/V_E	$\sigma^2 + 4\sigma_C^2$
D	$S_{[5]}$	1	V_D	V_D/V_E	$\sigma^2 + 4\sigma_D^2$
E	$S_{[3]} + S_{[6]} + S_{[7]}$	3	V_E		σ^2
T	S_T	7			

第8章で述べたように,A_1 水準で実験を4回行っているから,$E(V)$ の欄において σ_A^2 に4が掛けられている.□

[**例 13.7**] 表 13.1 の「実験順序2」に基づく分散分析表を表 13.4 に示す.

この実験では1次誤差列を確保できないから,主効果 A を検定することはできない.要点 (6) で述べたように,$E(V)$ の欄において,1次単位の大きさは4だから $\sigma_{(1)}^2$ に4が掛けられており,2次単位の大きさは1だから $\sigma_{(2)}^2$ に1が掛けられている.その他はこれまでと同様である.□

表 13.4 分散分析表（表 13.1 の「実験順序 2」に基づく場合）

要因	S	ϕ	V	F_0	$E(V)$
$A(+E_{(1)})$	$S_{[1]}$	1	V_A	—	$\sigma_{(2)}^2 + 4\sigma_{(1)}^2 + 4\sigma_A^2$
B	$S_{[2]}$	1	V_B	$V_B/V_{E_{(2)}}$	$\sigma_{(2)}^2 + 4\sigma_B^2$
C	$S_{[4]}$	1	V_C	$V_C/V_{E_{(2)}}$	$\sigma_{(2)}^2 + 4\sigma_C^2$
D	$S_{[5]}$	1	V_D	$V_D/V_{E_{(2)}}$	$\sigma_{(2)}^2 + 4\sigma_D^2$
$E_{(2)}$	$S_{[3]}+S_{[6]}+S_{[7]}$	3	$V_{E_{(2)}}$		$\sigma_{(2)}^2$
T	S_T	7			

[例 13.8] 表 13.1 の「実験順序 3」に基づく分散分析表を表 13.5 に示す．

表 13.5 分散分析表（表 13.1 の「実験順序 3」に基づく場合）

要因	S	ϕ	V	F_0	$E(V)$
A	$S_{[1]}$	1	V_A	$V_A/V_{E_{(1)}}$	$\sigma_{(2)}^2 + 2\sigma_{(1)}^2 + 4\sigma_A^2$
B	$S_{[2]}$	1	V_B	$V_B/V_{E_{(1)}}$	$\sigma_{(2)}^2 + 2\sigma_{(1)}^2 + 4\sigma_B^2$
$E_{(1)}$	$S_{[3]}$	1	$V_{E_{(1)}}$	$V_{E_{(1)}}/V_{E_{(2)}}$	$\sigma_{(2)}^2 + 2\sigma_{(1)}^2$
C	$S_{[4]}$	1	V_C	$V_C/V_{E_{(2)}}$	$\sigma_{(2)}^2 + 4\sigma_C^2$
D	$S_{[5]}$	1	V_D	$V_D/V_{E_{(2)}}$	$\sigma_{(2)}^2 + 4\sigma_D^2$
$E_{(2)}$	$S_{[6]}+S_{[7]}$	2	$V_{E_{(2)}}$		$\sigma_{(2)}^2$
T	S_T	7			

$E(V)$ の欄において，1次単位の大きさは2だから $\sigma_{(1)}^2$ に2が掛けられており，2次単位の大きさは1だから $\sigma_{(2)}^2$ に1が掛けられている．□

[例 13.9] 表 13.2 の「実験順序 4」の場合に得られる分散分析表を表 13.6 に示す．

1次誤差の自由度が2であり，2次誤差の自由度が1になっている点に注意する．$E(V)$ の欄において，1次単位の大きさは2だから $\sigma_{(1)}^2$ に2が掛けられており，2次単位の大きさは1だから $\sigma_{(2)}^2$ に1が掛けられている．□

表 13.6 分散分析表（表 13.2 の「実験順序 4」に基づく場合）

要因	S	ϕ	V	F_0	$E(V)$
A	$S_{[2]}$	1	V_A	$V_A/V_{E_{(1)}}$	$\sigma_{(2)}^2 + 2\sigma_{(1)}^2 + 4\sigma_A^2$
$E_{(1)}$	$S_{[1]} + S_{[3]}$	2	$V_{E_{(1)}}$	$V_{E_{(1)}}/V_{E_{(2)}}$	$\sigma_{(2)}^2 + 2\sigma_{(1)}^2$
B	$S_{[4]}$	1	V_B	$V_B/V_{E_{(2)}}$	$\sigma_{(2)}^2 + 4\sigma_B^2$
C	$S_{[5]}$	1	V_C	$V_C/V_{E_{(2)}}$	$\sigma_{(2)}^2 + 4\sigma_C^2$
D	$S_{[6]}$	1	V_D	$V_D/V_{E_{(2)}}$	$\sigma_{(2)}^2 + 4\sigma_D^2$
$E_{(2)}$	$S_{[7]}$	1	$V_{E_{(2)}}$		$\sigma_{(2)}^2$
T	S_T	7			

[例 13.10] 表 13.2 の「実験順序 5」の場合に得られる分散分析表を表 13.7 に示す．□

表 13.7 分散分析表（表 13.2 の「実験順序 5」に基づく場合）

要因	S	ϕ	V	F_0	$E(V)$
R	$S_{[1]}$	1	V_R	$V_R/V_{E_{(1)}}$	$\sigma_{(2)}^2 + 2\sigma_{(1)}^2 + 4\sigma_R^2$
A	$S_{[2]}$	1	V_A	$V_A/V_{E_{(1)}}$	$\sigma_{(2)}^2 + 2\sigma_{(1)}^2 + 4\sigma_A^2$
$E_{(1)}$	$S_{[3]}$	1	$V_{E_{(1)}}$	$V_{E_{(1)}}/V_{E_{(2)}}$	$\sigma_{(2)}^2 + 2\sigma_{(1)}^2$
B	$S_{[4]}$	1	V_B	$V_B/V_{E_{(2)}}$	$\sigma_{(2)}^2 + 4\sigma_B^2$
C	$S_{[5]}$	1	V_C	$V_C/V_{E_{(2)}}$	$\sigma_{(2)}^2 + 4\sigma_C^2$
D	$S_{[6]}$	1	V_D	$V_D/V_{E_{(2)}}$	$\sigma_{(2)}^2 + 4\sigma_D^2$
$E_{(2)}$	$S_{[7]}$	1	$V_{E_{(2)}}$		$\sigma_{(2)}^2$
T	S_T	7			

（3） 3水準系直交配列表を用いた分割法の基本的な考え方

3水準系直交配列表を用いた場合の分割法の利用および解析手順における基本的な考え方は2水準系の場合と同様である．異なるのは，3水準系の場合には交互作用が2列にまたがって現れるので，片方を1次要因，他方を2次要因などと分離して検定しなければならないことが生じる点である．

13.2 適 用 例

本項では，L_{16} 直交配列表を用いた分割法の解析例を示す．

[例 13.11] 自動車部品の摩耗量を小さくする要因を見いだす目的で，5 つの因子 A（反応温度），B（反応時間），C（圧力），D（表面処理方法），F（成形時間）を取り上げ，それぞれ 2 水準を設定した．考慮する交互作用としては，$A \times B$，$A \times C$，$B \times C$，$C \times D$ の 4 つとした．

因子 A と B は最初の工程でバッチ処理を行う際の条件であり，その他の因子は後工程での処理条件である．そこで，因子 A と B を 1 次因子とし，その他を 2 次因子とした分割法を実施することにした．また，1 日に 8 回しか実験できないので，反復 R を入れて，2 日間に渡って実験することにした．

手順 1　因子の割り付け

主効果（反復を含む）の自由度の合計は 6，考慮する交互作用の自由度の合計は 4，併せて 10 なので，L_{16} 直交配列表を用いることにする．

必要な線点図は図 13.1 のようになる．反復 R は第 [1] 列に割り付ける．また，1 次因子と 2 次因子の区別をつける必要があることに注意する．これを，付録の図 A.3 の用意されている線点図 (1) に組み込むと，図 13.2 となる．図 13.2 より，因子の割り付けと交互作用列および誤差列を表 13.8 に示す．

1 次単位の列は「1 群 + 2 群 + 3 群」であり，2 次単位の列は「4 群」である．$C \times D$ は 1 次単位の列に現れるので 1 次要因として取り扱う．1 次誤差列は第 [3] 列と第 [5] 列，2 次誤差列は第 [10] 列，第 [12] 列および第 [14] 列である．

手順 2　実験順序とデータの採取

表 13.8 に示した割り付けより，No.1 から No.16 までの実験における因子の水準組合せが定まる．反復を第 [1] 列に割り付けていること，1 次単位の列が「1 群 + 2 群 + 3 群」であることより次のような順序で実験を行う．

(1) 反復 R を割り付けた第 [1] 列のブロックに着目して，「No.1〜No.8」の

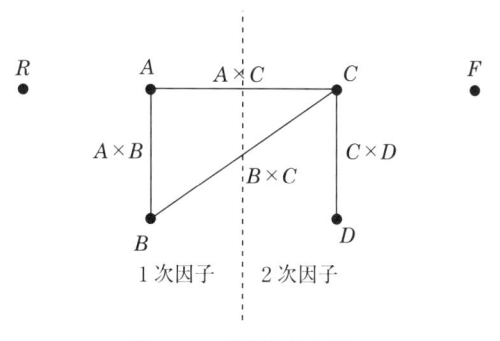

図 13.1 必要な線点図

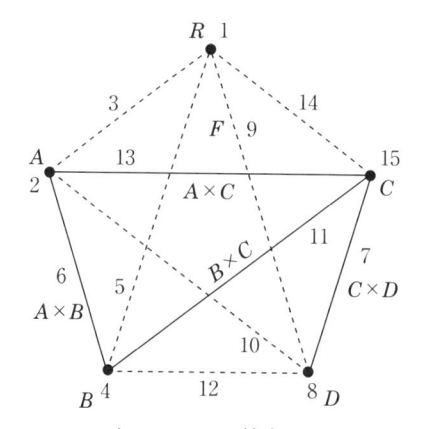

図 13.2 用意されている線点図への組み込み

実験と「No.9〜No.16」の実験のうちどちらを先に行うのかをランダムに定める．その結果，「No.9〜No.16」→「No.1〜No.8」 となった．

(2) 1次因子 A と B の4通りの水準組合せの順序をランダムに定めて，$A_1B_2 \to A_2B_2 \to A_2B_1 \to A_1B_1$ とした．そこで，この順序で水準組合せを設定し，それぞれバッチ処理を行って，得られた生成物を2分しておく．

(3) No.9〜No.16において A_1B_2 水準で行う実験，すなわち，No.11とNo.12のどちらを先に実施するのかをランダムに定めて No.11 → No.12 とした．(2)で2分した A_1B_2 水準で作成された生成物について，No.11の C, D, F

表 13.8 L_{16} 直交配列表への因子の割り付けとデータ（例 13.11）

割り付け	R	A	$E_{(1)}$	B	$E_{(1)}$	$A \times B$	$C \times D$	D	F	$E_{(2)}$	$B \times C$	$E_{(2)}$	$A \times C$	$E_{(2)}$	C	データ x	x^2
列番 No.	[1]	[2]	[3]	[4]	[5]	[6]	[7]	[8]	[9]	[10]	[11]	[12]	[13]	[14]	[15]		
1	1	1	1	1	1	1	1	1	1	1	1	1	1	1	1	0.4	0.16
2	1	1	1	1	1	1	1	2	2	2	2	2	2	2	2	1.2	1.44
3	1	1	1	2	2	2	2	1	1	1	1	2	2	2	2	2.1	4.41
4	1	1	1	2	2	2	2	2	2	2	2	1	1	1	1	1.9	3.61
5	1	2	2	1	1	2	2	1	1	2	2	1	1	2	2	0.9	0.81
6	1	2	2	1	1	2	2	2	2	1	1	2	2	1	1	1.0	1.00
7	1	2	2	2	2	1	1	1	1	2	2	2	2	1	1	1.1	1.21
8	1	2	2	2	2	1	1	2	2	1	1	1	1	2	2	1.7	2.89
9	2	1	2	1	2	1	2	1	2	1	2	1	2	1	2	1.7	2.89
10	2	1	2	1	2	1	2	2	1	2	1	2	1	2	1	1.4	1.96
11	2	1	2	2	1	2	1	1	2	1	2	2	1	2	1	1.8	3.24
12	2	1	2	2	1	2	1	2	1	1	1	1	2	1	2	2.3	5.29
13	2	2	1	1	2	2	1	1	2	1	2	2	1	1	2	0.8	0.64
14	2	2	1	1	2	2	1	2	1	2	1	1	2	2	1	1.0	1.00
15	2	2	1	2	1	1	2	1	2	2	1	1	2	2	1	1.2	1.44
16	2	2	1	2	1	1	2	2	1	1	2	2	1	1	2	1.5	2.25
成分	a	a b	a b	a	a b	a b	a	a	a b	a b	a	a b	a b	a	a	Σx_i = 22.0	Σx_i^2 = 34.24
				c	c	c	c					c	c	c	c		
								d	d	d	d	d	d	d	d		
	1群	2群		3群				4群									

の水準で部品を作成し，加速試験を行って，摩耗量を測定する．次に，No.12 についても同様に実験・測定を行う．

上の (2) で定めた順序にしたがって，同様に実験・測定を行う．

(4) 上の (2), (3) をもう一度反復する（No.1～No.8 の実験を行う）．ただし，(2) や (3) における順序は，再びランダムな順序に決め直す．

水準組合せと実験順序を表 13.9 に示す．また，得られたデータを表 13.8 に示す．データの値は小さい方が望ましい．

表 13.9 水準組合せと実験順序

No.	水準組合せ		実験順序	No.	水準組合せ		実験順序
1	A_1B_1	$C_1D_1F_1$	11	9	A_1B_1	$C_2D_1F_2$	8
2	A_1B_1	$C_2D_2F_2$	12	10	A_1B_1	$C_1D_2F_1$	7
3	A_1B_2	$C_2D_1F_1$	16	11	A_1B_2	$C_1D_1F_2$	1
4	A_1B_2	$C_1D_2F_2$	15	12	A_1B_2	$C_2D_2F_1$	2
5	A_2B_1	$C_2D_1F_1$	14	13	A_2B_1	$C_1D_1F_2$	5
6	A_2B_1	$C_1D_2F_2$	13	14	A_2B_1	$C_2D_2F_1$	6
7	A_2B_2	$C_1D_1F_1$	9	15	A_2B_2	$C_2D_1F_2$	4
8	A_2B_2	$C_2D_2F_2$	10	16	A_2B_2	$C_1D_2F_1$	3

手順 3　データの構造式の設定

$$x = \mu + r + a + b + (ab) + (cd) + \varepsilon_{(1)}$$
$$+ c + d + f + (ac) + (bc) + \varepsilon_{(2)}$$

$$r \sim N(0, \sigma_R^2), \quad \varepsilon_{(1)} \sim N(0, \sigma_{(1)}^2), \quad \varepsilon_{(2)} \sim N(0, \sigma_{(2)}^2)$$

（制約式は省略）

手順 4　計算補助表の作成

グラフ化や平方和の計算に先だって表 13.10 に示す計算補助表や各 2 元表（表 13.11 から表 13.14）を作成する．

手順 5　データのグラフ化

手順 4 で求めた計算補助表や各 2 元表の平均値に基づいてグラフを作成し，各要因効果の概略を把握する．図 13.3 より主効果については A と B が他より大きく，交互作用については $A \times C$ と $C \times D$ が他より大きそうである．

手順 6　平方和と自由度の計算

表 13.8 より修正項と総平方和を計算すると

$$CT = \frac{(\text{データの総計})^2}{\text{総データ数}} = \frac{T^2}{N} = \frac{22.0^2}{16} = 30.25$$

$$S_T = (\text{個々のデータの 2 乗和}) - CT = \sum_{i=1}^{16} x_i^2 - CT$$

表 13.10 計算補助表

割り付け	列	第1水準のデータ和 第1水準の平均	第2水準のデータ和 第2水準の平均	列平方和 ($S_{[k]}$)
R	[1]	$T_{[1]_1} = 10.3$ $\bar{x}_{[1]_1} = 1.29$	$T_{[1]_2} = 11.7$ $\bar{x}_{[1]_2} = 1.46$	0.1225
A	[2]	$T_{[2]_1} = 12.8$ $\bar{x}_{[2]_1} = 1.60$	$T_{[2]_2} = 9.2$ $\bar{x}_{[2]_2} = 1.15$	0.8100
$E_{(1)}$	[3]	$T_{[3]_1} = 10.1$ $\bar{x}_{[3]_1} = 1.26$	$T_{[3]_2} = 11.9$ $\bar{x}_{[3]_2} = 1.49$	0.2025
B	[4]	$T_{[4]_1} = 8.4$ $\bar{x}_{[4]_1} = 1.05$	$T_{[4]_2} = 13.6$ $\bar{x}_{[4]_2} = 1.70$	1.6900
$E_{(1)}$	[5]	$T_{[5]_1} = 10.3$ $\bar{x}_{[5]_1} = 1.29$	$T_{[5]_2} = 11.7$ $\bar{x}_{[5]_2} = 1.46$	0.1225
$A \times B$	[6]	$T_{[6]_1} = 10.2$ $\bar{x}_{[6]_1} = 1.28$	$T_{[6]_2} = 11.8$ $\bar{x}_{[6]_2} = 1.48$	0.1600
$C \times D$	[7]	$T_{[7]_1} = 10.3$ $\bar{x}_{[7]_1} = 1.29$	$T_{[7]_2} = 11.7$ $\bar{x}_{[7]_2} = 1.46$	0.1225
D	[8]	$T_{[8]_1} = 10.0$ $\bar{x}_{[8]_1} = 1.25$	$T_{[8]_2} = 12.0$ $\bar{x}_{[8]_2} = 1.50$	0.2500
F	[9]	$T_{[9]_1} = 10.7$ $\bar{x}_{[9]_1} = 1.34$	$T_{[9]_2} = 11.3$ $\bar{x}_{[9]_2} = 1.41$	0.0225
$E_{(2)}$	[10]	$T_{[10]_1} = 11.2$ $\bar{x}_{[10]_1} = 1.40$	$T_{[10]_2} = 10.8$ $\bar{x}_{[10]_2} = 1.35$	0.0100
$B \times C$	[11]	$T_{[11]_1} = 10.9$ $\bar{x}_{[11]_1} = 1.36$	$T_{[11]_2} = 11.1$ $\bar{x}_{[11]_2} = 1.39$	0.0025
$E_{(2)}$	[12]	$T_{[12]_1} = 11.2$ $\bar{x}_{[12]_1} = 1.40$	$T_{[12]_2} = 10.8$ $\bar{x}_{[12]_2} = 1.35$	0.0100
$A \times C$	[13]	$T_{[13]_1} = 10.3$ $\bar{x}_{[13]_1} = 1.29$	$T_{[13]_2} = 11.7$ $\bar{x}_{[13]_2} = 1.46$	0.1225
$E_{(2)}$	[14]	$T_{[14]_1} = 10.6$ $\bar{x}_{[14]_1} = 1.33$	$T_{[14]_2} = 11.4$ $\bar{x}_{[14]_2} = 1.43$	0.0400
C	[15]	$T_{[15]_1} = 9.9$ $\bar{x}_{[15]_1} = 1.24$	$T_{[15]_2} = 12.1$ $\bar{x}_{[15]_2} = 1.51$	0.3025

表 13.11 AB 2元表

	B_1	B_2
A_1	$T_{A_1B_1}=4.7$ $\bar{x}_{A_1B_1}=1.18$	$T_{A_1B_2}=8.1$ $\bar{x}_{A_1B_2}=2.03$
A_2	$T_{A_2B_1}=3.7$ $\bar{x}_{A_2B_1}=0.93$	$T_{A_2B_2}=5.5$ $\bar{x}_{A_2B_2}=1.38$

表 13.12 AC 2元表

	C_1	C_2
A_1	$T_{A_1C_1}=5.5$ $\bar{x}_{A_1C_1}=1.38$	$T_{A_1C_2}=7.3$ $\bar{x}_{A_1C_2}=1.83$
A_2	$T_{A_2C_1}=4.4$ $\bar{x}_{A_2C_1}=1.10$	$T_{A_2C_2}=4.8$ $\bar{x}_{A_2C_2}=1.20$

表 13.13 BC 2元表

	C_1	C_2
B_1	$T_{B_1C_1}=3.6$ $\bar{x}_{B_1C_1}=0.90$	$T_{B_1C_2}=4.8$ $\bar{x}_{B_1C_2}=1.20$
B_2	$T_{B_2C_1}=6.3$ $\bar{x}_{B_2C_1}=1.58$	$T_{B_2C_2}=7.3$ $\bar{x}_{B_2C_2}=1.83$

表 13.14 CD 2元表

	D_1	D_2
C_1	$T_{C_1D_1}=4.1$ $\bar{x}_{C_1D_1}=1.03$	$T_{C_1D_2}=5.8$ $\bar{x}_{C_1D_2}=1.45$
C_2	$T_{C_2D_1}=5.9$ $\bar{x}_{C_2D_1}=1.48$	$T_{C_2D_2}=6.2$ $\bar{x}_{C_2D_2}=1.55$

$$= 34.24 - 30.25 = 3.99$$

となり，この値は表 13.10 に示した各列の平方和 $S_{[k]}$ の和に一致する．すなわち，

$$S_T = \sum_{k=1}^{15} S_{[k]} = 3.9900$$

となる．また，総自由度は $\phi_T = N - 1 = 16 - 1 = 15$ である．

各要因効果の平方和は，その要因を割り付けた列の列平方和に一致し，その値は表 13.10 で計算されている．また，1 次誤差平方和とその自由度は「1 群＋2 群＋3 群」における要因の割り付けられていない列の列平方和の和と列自由度の和であり，2 次誤差平方和とその自由度は「4 群」における要因の割り付けられていない列の列平方和の和と列自由度の和である．表 13.10 より次のように求める．

$$S_{E_{(1)}} = S_{[3]} + S_{[5]} = 0.2025 + 0.1225 = 0.3250$$
$$S_{E_{(2)}} = S_{[10]} + S_{[12]} + S_{[14]} = 0.0100 + 0.0100 + 0.0400 = 0.0600$$
$$\phi_{E_{(1)}} = \phi_{[3]} + \phi_{[5]} = 1 + 1 = 2$$

図 13.3 各要因効果のグラフ

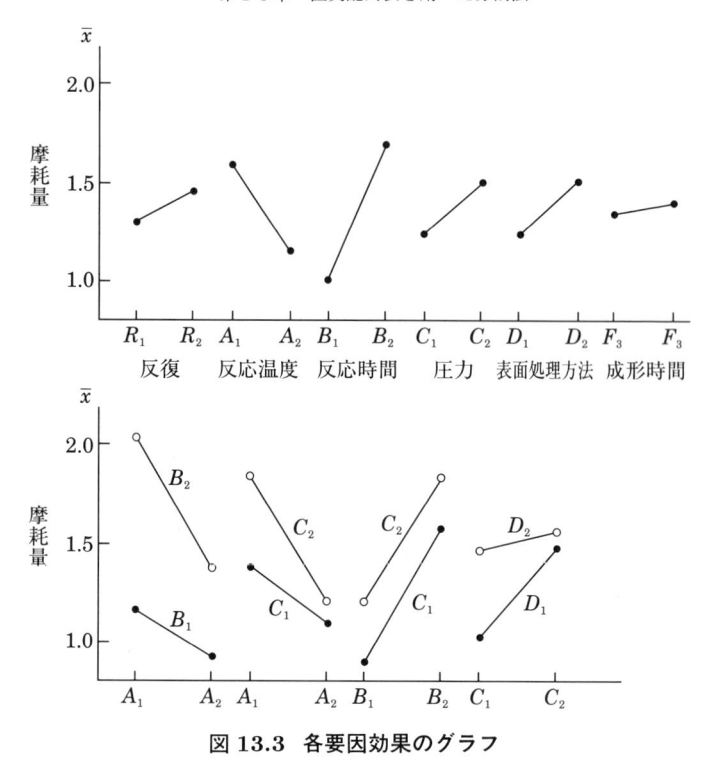

$$\phi_{E_{(2)}} = \phi_{[10]} + \phi_{[12]} + \phi_{[14]} = 1 + 1 + 1 = 3$$

手順 7　分散分析表の作成

手順 6 の結果に基づいて表 13.15 の分散分析表（1）を作成する．

主効果 C と D が有意である．F_0 値の小さな R, $A \times B$, $C \times D$ を 1 次誤差へプールし，F と $B \times C$ を 2 次誤差にプールして分散分析表（2）を作成する．

なお，$E(V)$ の欄において，1 次単位の大きさは 2 だから $\sigma_{(1)}^2$ には 2 が掛けられている．

分散分析表（2）では，主効果 C が高度に有意になり，主効果 B, D と交互作用 $A \times C$ および 1 次誤差が有意になった．

表 13.15　分散分析表（1）

要因	S	ϕ	V	F_0	$E(V)$
R	0.1225	1	0.1225	0.754	$\sigma_{(2)}^2 + 2\sigma_{(1)}^2 + 8\sigma_R^2$
A	0.8100	1	0.8100	4.98	$\sigma_{(2)}^2 + 2\sigma_{(1)}^2 + 8\sigma_A^2$
B	1.6900	1	1.6900	10.4	$\sigma_{(2)}^2 + 2\sigma_{(1)}^2 + 8\sigma_B^2$
$A \times B$	0.1600	1	0.1600	0.985	$\sigma_{(2)}^2 + 2\sigma_{(1)}^2 + 4\sigma_{A \times B}^2$
$C \times D$	0.1225	1	0.1225	0.754	$\sigma_{(2)}^2 + 2\sigma_{(1)}^2 + 4\sigma_{C \times D}^2$
$E_{(1)}$	0.3250	2	0.1625	8.13	$\sigma_{(2)}^2 + 2\sigma_{(1)}^2$
C	0.3025	1	0.3025	15.1*	$\sigma_{(2)}^2 + 8\sigma_C^2$
D	0.2500	1	0.2500	12.5*	$\sigma_{(2)}^2 + 8\sigma_D^2$
F	0.0225	1	0.0225	1.13	$\sigma_{(2)}^2 + 8\sigma_F^2$
$A \times C$	0.1225	1	0.1225	6.13	$\sigma_{(2)}^2 + 4\sigma_{A \times C}^2$
$B \times C$	0.0025	1	0.0025	0.125	$\sigma_{(2)}^2 + 4\sigma_{B \times C}^2$
$E_{(2)}$	0.0600	3	0.0200		$\sigma_{(2)}^2$
T	3.9900	15			

$F(1,2;0.05) = 18.5, \quad F(1,2;0.01) = 98.5$
$F(1,3;0.05) = 10.1, \quad F(1,3;0.01) = 34.1$
$F(2,3;0.05) = 9.55, \quad F(2,3;0.01) = 30.8$

表 13.16　分散分析表（2）

要因	S	ϕ	V	F_0	$E(V)$
A	0.8100	1	0.8100	5.55	$\sigma_{(2)}^2 + 2\sigma_{(1)}^2 + 8\sigma_A^2$
B	1.6900	1	1.6900	11.6*	$\sigma_{(2)}^2 + 2\sigma_{(1)}^2 + 8\sigma_B^2$
$E'_{(1)}$	0.7300	5	0.1460	8.59*	$\sigma_{(2)}^2 + 2\sigma_{(1)}^2$
C	0.3025	1	0.3025	17.8**	$\sigma_{(2)}^2 + 8\sigma_C^2$
D	0.2500	1	0.2500	14.7*	$\sigma_{(2)}^2 + 8\sigma_D^2$
$A \times C$	0.1225	1	0.1225	7.21*	$\sigma_{(2)}^2 + 4\sigma_{A \times C}^2$
$E'_{(2)}$	0.0850	5	0.0170		$\sigma_{(2)}^2$
T	3.9900	15			

$F(1,5;0.05) = 6.61, \quad F(1,5;0.01) = 16.3$
$F(5,5;0.05) = 5.05, \quad F(5,5;0.01) = 11.0$

手順8　分散分析後のデータの構造式

表 13.16 より，次のようにデータの構造式を考えることにする．

$$x = \mu + a + b + \varepsilon_{(1)} + c + d + (ac) + \varepsilon_{(2)}$$

$$\varepsilon_{(1)} \sim N(0, \sigma_{(1)}^2), \quad \varepsilon_{(2)} \sim N(0, \sigma_{(2)}^2)$$

手順9　1次誤差の母分散 $\sigma_{(1)}^2$ の推定

分散分析表（2）の $E(V)$ の欄より，$\widehat{\sigma_{(2)}^2 + 2\sigma_{(1)}^2} = V_{E'_{(1)}}$，$\hat{\sigma}_{(2)}^2 = V_{E'_{(2)}}$ である．したがって，1次誤差の母分散 $\sigma_{(1)}^2$ の点推定値は次のようになる．

$$\hat{\sigma}_{(1)}^2 = \frac{V_{E'_{(1)}} - V_{E'_{(2)}}}{2} = \frac{0.1460 - 0.0170}{2} = 0.0645$$

手順10　最適水準の決定

手順8のデータの構造式より，$ABCD$ の水準組合せの下で次のように母平均を推定する．

$$\hat{\mu}(ABCD) = \widehat{\mu + a + b + c + d + (ac)}$$

$$= \widehat{\mu + a + c + (ac)} + \widehat{\mu + b} + \widehat{\mu + d} - 2\hat{\mu}$$

$$= \bar{x}_{AC} + \bar{x}_B + \bar{x}_D - 2\bar{\bar{x}}$$

上式を<u>最小</u>にする因子の水準は，A と C は表 13.12 の AC 2元表より A_2C_1，B は表 13.10 の第 [4] 列より B_1 水準，D は表 13.10 の第 [8] 列より D_1 水準である．

手順11　母平均の点推定

手順10より次のようになる．

$$\hat{\mu}(A_2B_1C_1D_1) = \bar{x}_{A_2C_1} + \bar{x}_{B_1} + \bar{x}_{D_1} - 2\bar{\bar{x}}$$

$$= 1.10 + 1.05 + 1.25 - 2 \times \frac{22.0}{16} = 0.65$$

手順12　母平均の区間推定（信頼率：95%）

12.2節の第（4）項で述べた方法で区間推定を行う．有効反復数は式 (12.15)

を用いて次のように求める．

$$\frac{1}{n_{e(1)}} = \frac{\text{点推定に用いた１次要因の自由度の和}}{\text{総データ数}} = \frac{\phi_A + \phi_B}{N} = \frac{2}{16} = \frac{1}{8}$$

$$\frac{1}{n_{e(2)}} = \frac{\text{点推定に用いた２次要因の自由度の和}}{\text{総データ数}} = \frac{\phi_C + \phi_D + \phi_{A \times C}}{N}$$

$$= \frac{3}{16}$$

$\hat{\mu}(A_2B_1C_1D_1)$ の母分散の推定値は，反復を無視しているので式 (12.14) を用いて

$$\hat{V}(\hat{\mu}(A_2B_1C_1D_1)) = \frac{V_{E'_{(1)}}}{N} + \frac{V_{E'_{(1)}}}{n_{e(1)}} + \frac{V_{E'_{(2)}}}{n_{e(2)}}$$

$$= \frac{V_{E'_{(1)}}}{16} + \frac{V_{E'_{(1)}}}{8} + \frac{3}{16}V_{E'_{(2)}} = \frac{3}{16}V_{E'_{(1)}} + \frac{3}{16}V_{E'_{(2)}}$$

$$= \frac{3}{16} \times 0.1460 + \frac{3}{16} \times 0.0170 = 0.0306$$

となる．サタースウェイトの方法を用いて自由度 ϕ^* を求めると次のようになる．

$$\phi^* = \frac{\left(\dfrac{3}{16}V_{E'_{(1)}} + \dfrac{3}{16}V_{E'_{(2)}}\right)^2}{\left(\dfrac{3}{16}V_{E'_{(1)}}\right)^2 \bigg/ \phi_{E'_{(1)}} + \left(\dfrac{3}{16}V_{E'_{(2)}}\right)^2 \bigg/ \phi_{E'_{(2)}}}$$

$$= \frac{\left(\dfrac{3}{16} \times 0.1460 + \dfrac{3}{16} \times 0.0170\right)^2}{\left(\dfrac{3}{16} \times 0.1460\right)^2 \bigg/ 5 + \left(\dfrac{3}{16} \times 0.0170\right)^2 \bigg/ 5} = 6.1$$

線形補間法により次のようになる．

$$t(\phi^*, 0.05) = t(6.1, 0.05) = (1 - 0.1) \times t(6, 0.05) + 0.1 \times t(7, 0.05)$$

$$= 0.9 \times 2.447 + 0.1 \times 2.365 = 2.439$$

これらより，次のような信頼区間が得られる．

$$\hat{\mu}(A_2B_1C_1D_1) \pm t(\phi^*, 0.05)\sqrt{\hat{V}(\hat{\mu}(A_2B_1C_1D_1))} = 0.65 \pm 2.439\sqrt{0.0306}$$

$$= 0.65 \pm 0.43 = 0.22, \ 1.08$$

手順13　データの予測

$A_2B_1C_1D_1$ 水準において将来新たにデータを取るとき，どのような値が得られるのかを予測する．点予測は手順11の母平均の点推定と同じで，

$$\hat{x} = \hat{\mu}(A_2B_1C_1D_1) = 0.65$$

である．

一方，信頼率95%の予測区間を求める際には，新たに得られるデータの構造式に含まれる変量 $\varepsilon_{(1)} + \varepsilon_{(2)}$ の母分散 $\sigma_{(1)}^2 + \sigma_{(2)}^2$ を手順12で求めた分散の値に追加して考慮する必要がある（この例では，R を無視，すなわち $\sigma_R^2 = 0$ とみなしている）．つまり，分散の推定値は，

$$\hat{V} = \left(\frac{3}{16}V_{E'_{(1)}} + \frac{3}{16}V_{E'_{(2)}}\right) + (\hat{\sigma}_{(1)}^2 + \hat{\sigma}_{(2)}^2)$$

$$= \left(\frac{3}{16}V_{E'_{(1)}} + \frac{3}{16}V_{E'_{(2)}}\right) + \left(\frac{V_{E'_{(1)}} - V_{E'_{(2)}}}{2} + V_{E'_{(2)}}\right)$$

$$= \frac{11}{16}V_{E'_{(1)}} + \frac{11}{16}V_{E'_{(2)}} = \frac{11}{16} \times 0.1460 + \frac{11}{16} \times 0.0170 = 0.1121$$

となる．サタースウェイトの方法を用いて $\phi^* = 6.1$ となる（本例では，$V_{E'_{(1)}}$ と $V_{E'_{(2)}}$ を1:1の割合で加えているので手順12で求めた ϕ^* と一致する）．以上より，予測区間は次の通りとなる．

$$\hat{x} \pm t(\phi^*, 0.05)\sqrt{\hat{V}} = 0.65 \pm 2.439\sqrt{0.1121}$$

$$= 0.65 \pm 0.82 = -0.17, \ 1.47 \ \to 0, \ 1.47$$

手順14　2つの母平均の差の推定

例えば，$\mu(A_1B_2C_2D_1)$ と $\mu(A_2B_1C_1D_1)$ の差の推定を行う．

点推定値は次の通りである．

$$\hat{\mu}(A_1B_2C_2D_1) - \hat{\mu}(A_2B_1C_1D_1)$$

$$= (\bar{x}_{A_1C_2} + \bar{x}_{B_2} + \bar{x}_{D_1} - 2\bar{\bar{x}}) - (\bar{x}_{A_2C_1} + \bar{x}_{B_1} + \bar{x}_{D_1} - 2\bar{\bar{x}})$$

$$= (1.83 + 1.70 + 1.25 - 2 \times 1.38) - (1.10 + 1.05 + 1.25 - 2 \times 1.38)$$

$$= 1.38$$

次に,区間推定を行うために推定式の表現を書き下す.

$$\hat{\mu}(A_1B_2C_2D_1) = \hat{\mu} + \underbrace{\hat{a}_1 + \hat{b}_2}_{1\text{次}} + \underbrace{\hat{c}_2 + \hat{d}_1 + \widehat{(ac)}_{12}}_{2\text{次}}$$

$$= \bar{\bar{x}} + \underbrace{(\bar{x}_{A_1} - \bar{\bar{x}}) + (\bar{x}_{B_2} - \bar{\bar{x}})}_{1\text{次}}$$

$$+ \underbrace{(\bar{x}_{C_2} - \bar{\bar{x}}) + (\bar{x}_{D_1} - \bar{\bar{x}}) + (\bar{x}_{A_1C_2} - \bar{x}_{A_1} - \bar{x}_{C_2} + \bar{\bar{x}})}_{2\text{次}}$$

$$= \bar{\bar{x}} + \underbrace{\bar{x}_{A_1} + \bar{x}_{B_2} - 2\bar{\bar{x}}}_{1\text{次}} + \underbrace{\bar{x}_{D_1} - \bar{\bar{x}} + \bar{x}_{A_1C_2} - \bar{x}_{A_1}}_{2\text{次}}$$

$$\hat{\mu}(A_2B_1C_1D_1) = \bar{\bar{x}} + \underbrace{\bar{x}_{A_2} + \bar{x}_{B_1} - 2\bar{\bar{x}}}_{1\text{次}} + \underbrace{\bar{x}_{D_1} - \bar{\bar{x}} + \bar{x}_{A_2C_1} - \bar{x}_{A_2}}_{2\text{次}}$$

$\hat{\mu}(A_1B_2C_2D_1)$ と $\hat{\mu}(A_2B_1C_1D_1)$ の推定式を見比べて,同一次数ごとに共通の平均を消去し,残った平均について伊奈の式を適用する.

1次: $\bar{x}_{A_1} + \bar{x}_{B_2}, \bar{x}_{A_2} + \bar{x}_{B_1}$

$$\to \frac{1}{n_{d(1)}} = \frac{1}{n_{e_1(1)}} + \frac{1}{n_{e_2(1)}} = \left(\frac{1}{8} + \frac{1}{8}\right) + \left(\frac{1}{8} + \frac{1}{8}\right) = \frac{1}{2}$$

2次: $\bar{x}_{A_1C_2} - \bar{x}_{A_1}, \bar{x}_{A_2C_1} - \bar{x}_{A_2}$

$$\to \frac{1}{n_{d(2)}} = \frac{1}{n_{e_1(2)}} + \frac{1}{n_{e_2(2)}} = \left(\frac{1}{4} - \frac{1}{8}\right) + \left(\frac{1}{4} - \frac{1}{8}\right) = \frac{1}{4}$$

これより,

$$\hat{V}(\text{点推定量の差}) = \frac{V_{E'_{(1)}}}{n_{d(1)}} + \frac{V_{E'_{(2)}}}{n_{d(2)}} = \frac{V_{E'_{(1)}}}{2} + \frac{V_{E'_{(2)}}}{4}$$

$$= \frac{0.1460}{2} + \frac{0.0170}{4} = 0.0773$$

となる．サタースウェイトの方法を用いて

$$\phi^* = \frac{\left(\frac{1}{2}V_{E'_{(1)}} + \frac{1}{4}V_{E'_{(2)}}\right)^2}{\left(\frac{1}{2}V_{E'_{(1)}}\right)^2 \bigg/ \phi_{E'_{(1)}} + \left(\frac{1}{4}V_{E'_{(2)}}\right)^2 \bigg/ \phi_{E'_{(2)}}}$$

$$= \frac{\left(\frac{1}{2} \times 0.1460 + \frac{1}{4} \times 0.0170\right)^2}{\left(\frac{1}{2} \times 0.1460\right)^2 \bigg/ 5 + \left(\frac{1}{4} \times 0.0170\right)^2 \bigg/ 5} = 5.6$$

となる．線形補間法により次のようになる．

$$t(\phi^*, 0.05) = t(5.6, 0.05) = (1 - 0.6) \times t(5, 0.05) + 0.6 \times t(6, 0.05)$$
$$= 0.4 \times 2.571 + 0.6 \times 2.447 = 2.500$$

である．したがって，信頼区間は

$$\hat{\mu}(A_1B_2C_2D_1) - \hat{\mu}(A_2B_1C_1D_1) \pm t(\phi^*, 0.05)\sqrt{\hat{V}(点推定量の差)}$$
$$= 1.38 \pm t(5.6, 0.05)\sqrt{0.0773} = 1.38 \pm 2.500\sqrt{0.0773}$$
$$= 1.38 \pm 0.70 = 0.68,\ 2.08$$

となる．□

(**注 13.1**) 上の例ではデータの予測値の信頼下限がマイナスの値となった．特性値は摩耗量であり，マイナスの値は考えられないので，下限の値を 0 と置き換えている．この例のように，0 以下の値をとり得ない特性値に対して 0 に近いレベルで今後管理していく場合は，特性値の分布が歪んで右に裾を引く傾向になる（左右対称とならない）ことが多い．そこで，正規分布に近似させるために，データに対数変換や平方根変換などを施すのが望ましいことがある．変数変換については Q 5 を参照せよ．□

第14章
測定の繰返し

　これまでは，1つの実験においてデータを1つだけ取ることを前提とした．しかし，実際の場面では，1つの実験において何回か測定を繰返すことがある．また，1つの実験で得られた生成物から試験片をいくつかサンプリングして，それぞれの試験片について測定する場合もあろう．これらの状況では，実験の繰返しを行っているのではなく，測定（およびサンプリング）だけを繰返している．

　これまで「実験誤差」と呼んできたものは，「実験の設定（水準の設定）を変更し，実験を行い，データを取る」という過程で生じる要因効果以外によるデータのばらつきだった．測定を繰返せば，「実験誤差」の一部である「測定誤差」に関する情報を精度よく得ることはできる．しかし，測定の繰返しによって，交絡している交互作用を新たに検出できるわけではない．こういったことを本章で学習してほしい．

14.1　測定の繰返しとは

（1）　データの取り方

　あるゴムベルトの強度を高めるために，因子 A（加工温度，3水準）と B（充填剤，2水準）を取り上げて，次のように実験し，強度のデータを採取した．
(1)　A_1B_1, A_1B_2, $\cdots$, A_3B_2 の順序をランダムに定めて $A_2B_1 \to A_1B_2 \to A_3B_2 \to A_2B_2 \to A_3B_1 \to A_1B_1$ とする．
(2)　A_2B_1 水準の下で実験を行い，得られた生成物から3つの試験片をランダムに採取してデータを測定する．

　次に，(1)で定めた順序にしたがって，A_1B_2 水準の下で実験を行い，3つの試験片をランダムに採取してデータを測定する．以下，同様に行う．
　上の実験順序と測定順序を表 14.1 に示す．また，得られたデータを表 14.2

表 14.1 実験順序
（かっこ内は測定順序）

因子 A の水準	因子 B の水準	
	B_1	B_2
A_1	6 (16)(17)(18)	2 (4)(5)(6)
A_2	1 (1)(2)(3)	4 (10)(11)(12)
A_3	5 (13)(14)(15)	3 (7)(8)(9)

表 14.2 データ

因子 A の水準	因子 B の水準	
	B_1	B_2
A_1	7.3	6.3
	7.2	6.7
	7.2	6.8
A_2	8.0	7.4
	8.2	7.3
	8.1	7.2
A_3	7.4	6.3
	7.6	6.2
	7.6	6.5

に示す．

　表 14.2 のデータは，形式的には「繰返しの ある 2 元配置法」の場合と同じである．しかし，実験のやり方はまったく異なっている．「繰返しの ある 2 元配置法」では，$3 \times 2 \times 3 = 18$ 回の実験をランダムな順序で行うことが前提だった．ランダムな実験順序の一例を表 14.3 に示す．この場合には，18 回のそれぞれの実験ごとに因子の水準を設定しなおす必要がある．A_2B_1 水準では，7 回目と 8 回目の実験を引き続いて行うが，この場合でも，水準設定をやり直して実験を行ってデータを取る．

　それに対して，表 14.1 では，因子の水準設定は 6 回しか行っておらず，実験自体も 6 回しか行っていない．そして，1 つの水準組合せの下で 3 つの試験片を選んで測定を実施している．したがって，この実験は因子 A と B を 1 次因子，試験片のサンプリングと測定とを 2 次誤差とした，分割法の一種と考えることができる．

　表 14.2 に示したデータについて，交互作用を含めてデータの構造式を記述すると次のようになる．

$$x_{ijk} = \mu + a_i + b_j + \underbrace{(ab)_{ij} + \varepsilon_{(1)ij}}_{\text{交絡}} + \varepsilon_{(2)ijk} \tag{14.1}$$

$$\varepsilon_{(1)ij} \sim N(0, \sigma_{(1)}^2), \quad \varepsilon_{(2)ijk} \sim N(0, \sigma_{(2)}^2) \tag{14.2}$$

式 (14.1) において $\varepsilon_{(1)ij}$ は $A_i B_j$ に水準設定して実験した際に生じる誤差（1次誤差）であり，$A_i B_j$ 水準における3つのデータに共通である．$\varepsilon_{(1)ij}$ には $A_i B_j$ の設定誤差以外に，$A_i B_j$ 水準の実験環境に関する様々な誤差が含まれている．

一方，$\varepsilon_{(2)ijk}$ は $A_i B_j$ 水準における k 番目（$k = 1, 2, 3$）の試験片をサンプリングして測定する際に生じる誤差（2次誤差）である（以下では単に「測定誤差」と呼ぶ）．

表 14.3 ランダムな実験順序の一例
（繰返しのある2元配置法）

因子 A	因子 B の水準	
の水準	B_1	B_2
A_1	5	2
	13	6
	17	18
A_2	7	1
	8	10
	15	16
A_3	3	4
	9	12
	11	14

式 (14.1) を眺めると，交互作用 $A \times B$ の効果 $(ab)_{ij}$ と1次誤差 $\varepsilon_{(1)ij}$ の添え字が一致しており交絡していることがわかる．すなわち，交互作用の有無を検定できない．上で示した実験のやり方では，実験自体の繰返しを行っておらず，「繰返しの<u>ない</u> 2元配置法」と同じ回数の実験しか行っていない．測定だけを繰り返しても，本質的に「繰返しの<u>ある</u> 2元配置法」のデータとはならない．したがって，上で示した実験は，「繰返しの<u>ない</u> 2元配置法」の場

合と同様に，交互作用が存在しないことを前提とできる場合にしか適用できない．つまり，データの構造式を

$$x_{ijk} = \mu + a_i + b_j + \varepsilon_{(1)ij} + \varepsilon_{(2)ijk} \tag{14.3}$$

$$\varepsilon_{(1)ij} \sim N(0, \sigma_{(1)}^2), \quad \varepsilon_{(2)ijk} \sim N(0, \sigma_{(2)}^2) \tag{14.4}$$

と想定して解析を進める．

しかし，「繰返しの ない 2元配置法」とは異なり，測定の繰返しによる情報の増加はある．それは，測定誤差 $\varepsilon_{(2)ijk}$ の母分散 $\sigma_{(2)}^2$ を評価できる点である．以上の点をまとめておこう．

測定の繰返しの意味

(1) 「実験の繰返し」と「測定のみの繰返し」とは本質的に異なる．
(2) サンプリングや測定の繰返しにより見かけ上のデータ数は増加するが，交絡していた交互作用を新たに取り出せるわけではない．
(3) 測定の繰返しは分割法の一種と考えることができる．
(4) 測定の繰返しにより測定誤差の母分散を新たに評価できる．

（2） 解 析 方 法

解析手順の要点を以下にまとめる．

測定の繰返しを行った場合の解析方法の考え方

(1) データの構造式は，測定の繰返しを行わない場合のデータの構造式の最後に測定誤差を付け加えて記述する．
(2) 測定の繰返しを行った実験は分割法の一種として解析する．
(3) 分散分析表の最下段（合計の上の欄）に測定誤差の平方和・自由度・分散・$E(V)$ を記述する．これに基づいて（最高次の）実験誤差を検定する．

第（1）項で述べた例の場合には，表14.4 の分散分析表が得られる（具体

表 14.4 分散分析表（表 14.1 および表 14.2 に基づく）

要因	S	ϕ	V	F_0	$E(V)$
A	S_A	$\phi_A = 2$	V_A	$V_A/V_{E_{(1)}}$	$\sigma_{(2)}^2 + 3\sigma_{(1)}^2 + 6\sigma_A^2$
B	S_B	$\phi_B = 1$	V_B	$V_B/V_{E_{(1)}}$	$\sigma_{(2)}^2 + 3\sigma_{(1)}^2 + 9\sigma_B^2$
$E_{(1)}$	$S_{E_{(1)}}$	$\phi_{E_{(1)}} = 2$	$V_{E_{(1)}}$	$V_{E_{(1)}}/V_{E_{(2)}}$	$\sigma_{(2)}^2 + 3\sigma_{(1)}^2$
$E_{(2)}$	$S_{E_{(2)}}$	$\phi_{E_{(2)}} = 12$	$V_{E_{(2)}}$		$\sigma_{(2)}^2$
T	S_T	$\phi_T = 17$			

的な数値は適用例で与える）．

　まず，総自由度は $\phi_T = N-1 = 18-1 = 17$ である．ϕ_A, ϕ_B, $\phi_{E_{(1)}}$ は「繰返しの ない 2元配置法」と同じである．それらとの差が $\phi_{E_{(2)}}$ となる．$E(V)$ の表現は分割法の場合と同じである．例えば，1次単位の大きさ（測定の繰返し数）は3なので，$\sigma_{(1)}^2$ には3が掛けられている．

　$E(V)$ の構造より，主効果 A と B は1次誤差 $E_{(1)}$ により検定する．したがって，「繰返しの ない 2元配置法」の場合と同じ自由度の誤差分散で主効果を検定することになる．

　一方，1次誤差 $E_{(1)}$ は測定誤差 $E_{(2)}$ により検定できる．もし，ここで，$E_{(1)}$ を $E_{(2)}$ にプールできるなら（$\sigma_{(1)}^2 = 0$ と見なせるなら），誤差自由度が2から一気に 14 ($= 2+12$) に増加する．つまり，検出力が大きく向上する可能性がある．しかし，現実的には，実験誤差 $E_{(1)}$ は水準設定の際に生じる誤差や環境要因による誤差など，様々な内容を伴っているのがふつうであり，それが単なる測定誤差と同等である（つまり，プールできる）という場面は少ないと思われる．また，この場合には，プーリングについて特に注意する必要がある（Q9を参照）．有意でないからといってむやみにプールすれば，誤差が非常に過小評価されて，効果のほとんどない多数の要因が有意になってしまう可能性がある．

　実験誤差の母分散 $\sigma_{(1)}^2$ や測定誤差の母分散 $\sigma_{(2)}^2$ は，表14.4における $E(V)$ の構造より次のように推定すればよい．

$$\hat{\sigma}_{(1)}^2 = \frac{V_{E_{(1)}} - V_{E_{(2)}}}{3} \tag{14.5}$$

$$\hat{\sigma}^2_{(2)} = V_{E_{(2)}} \tag{14.6}$$

先に述べたように,測定を繰返せば測定誤差に関する情報は増加する.このことは母平均の推定に反映される.測定の繰返し数を r とするとき,母平均の推定値の測定誤差の母分散が $1/r$ 倍になるという利点がある(Q 20 を参照).

14.2 適　用　例

本節では,測定の繰返しを行った解析例を2つ述べる.

[**例 14.1**] 14.1 節で述べた例について述べる.あるゴムベルトの強度を高めるために,因子 A(加工温度,3水準)と B(充填剤,2水準)を取り上げて実験を行うことにした.交互作用 $A \times B$ は存在しないと考えられるので,次のように実験を実施した.

(1) $A_1B_1, A_1B_2, \cdots A_3B_2$ の順序を次のようにランダムに定めた.

$$A_2B_1 \to A_1B_2 \to A_3B_2 \to A_2B_2 \to A_3B_1 \to A_1B_1$$

(2) A_2B_1 水準の下で実験を行い,得られた生成物から3つの試験片をランダムに採取して,強度のデータを測定する.

次に,(1)で定めた順序にしたがって,A_1B_2 水準の下で実験を行い,3つの試験片をランダムに採取してデータを測定する.以下,同様に行う.

つまり,A と B を1次因子,サンプリングと測定の繰返しを2次誤差と考えた分割法である.

手順1　実験順序とデータの採取

表 14.5(表 14.1 の再掲)に示した実験順序と測定順序にしたがって実験を実施し,データを取った結果,表 14.6(表 14.2 の再掲)に示すデータが得られた.

手順2　データの構造式の設定

$$x_{ijk} = \mu + a_i + b_j + \varepsilon_{(1)ij} + \varepsilon_{(2)ijk}$$
$$\varepsilon_{(1)ij} \sim N(0, \sigma^2_{(1)}), \quad \varepsilon_{(2)ijk} \sim N(0, \sigma^2_{(2)}) \quad \text{(制約式は省略)}$$

表 14.5 実験順序（表 14.1 の再掲）
（かっこ内は測定順序）

因子 A の水準	因子 B の水準	
	B_1	B_2
A_1	6 (16) 　(17) 　(18)	2 (4) 　(5) 　(6)
A_2	1 (1) 　(2) 　(3)	4 (10) 　(11) 　(12)
A_3	5 (13) 　(14) 　(15)	3 (7) 　(8) 　(9)

表 14.6 データ（表 14.2 の再掲）

因子 A の水準	因子 B の水準	
	B_1	B_2
A_1	7.3 7.2 7.2	6.3 6.7 6.8
A_2	8.0 8.2 8.1	7.4 7.3 7.2
A_3	7.4 7.6 7.6	6.3 6.2 6.5

手順3　AB　2元表の作成

グラフ化や平方和の計算に先だって AB 2元表を作成する．

表 14.7　AB　2元表
($T_{A_iB_j}$：A_iB_j 水準のデータ和；$\bar{x}_{A_iB_j}$：A_iB_j 水準の平均)

	B_1	B_2	A_i 水準のデータ和 A_i 水準の平均
A_1	$T_{A_1B_1} = 21.7$ $\bar{x}_{A_1B_1} = 7.23$	$T_{A_1B_2} = 19.8$ $\bar{x}_{A_1B_2} = 6.60$	$T_{A_1} = 41.5$ $\bar{x}_{A_1} = 6.92$
A_2	$T_{A_2B_1} = 24.3$ $\bar{x}_{A_2B_1} = 8.10$	$T_{A_2B_2} = 21.9$ $\bar{x}_{A_2B_2} = 7.30$	$T_{A_2} = 46.2$ $\bar{x}_{A_2} = 7.70$
A_3	$T_{A_3B_1} = 22.6$ $\bar{x}_{A_3B_1} = 7.53$	$T_{A_3B_2} = 19.0$ $\bar{x}_{A_3B_2} = 6.33$	$T_{A_3} = 41.6$ $\bar{x}_{A_3} = 6.93$
B_j 水準のデータ和 B_j 水準の平均	$T_{B_1} = 68.6$ $\bar{x}_{B_1} = 7.62$	$T_{B_2} = 60.7$ $\bar{x}_{B_2} = 6.74$	$T = 129.3$ $\bar{\bar{x}} = 7.18$

手順4　データのグラフ化

表 14.7 の各平均値に基づいてグラフを作成し，各要因効果の概略を把握する．図 14.1 より，主効果 B が大きそうである．

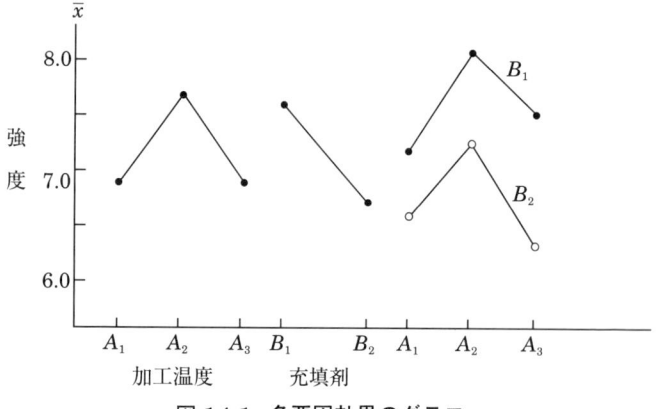

図 14.1 各要因効果のグラフ

手順5 平方和と自由度の計算

$A \times B$ は存在しないと想定しているので,繰返しのない2元配置法の場合と同様に1次誤差の平方和 $S_{E_{(1)}}$ は $S_{A \times B}$ として求めることに注意する.

$$CT = \frac{(\text{データの総計})^2}{\text{総データ数}} = \frac{T^2}{N} = \frac{129.3^2}{18} = 928.805$$

$$S_T = (\text{個々のデータの2乗和}) - CT = \sum_{i=1}^{3}\sum_{j=1}^{2}\sum_{k=1}^{3} x_{ijk}^2 - CT$$

$$= (7.3^2 + 7.2^2 + 7.2^2 + \cdots + 6.2^2 + 6.5^2) - 928.805 = 6.385$$

$$S_A = \sum_{i=1}^{3} \frac{(A_i \text{ 水準のデータ和})^2}{A_i \text{ 水準のデータ数}} - CT = \sum_{i=1}^{3} \frac{T_{A_i}^2}{N_{A_i}} - CT$$

$$= \frac{41.5^2}{6} + \frac{46.2^2}{6} + \frac{41.6^2}{6} - 928.805 = 2.403$$

$$S_B = \sum_{j=1}^{2} \frac{(B_j \text{ 水準のデータ和})^2}{B_j \text{ 水準のデータ数}} - CT = \sum_{j=1}^{2} \frac{T_{B_j}^2}{N_{B_j}} - CT$$

$$= \frac{68.6^2}{9} + \frac{60.7^2}{9} - 928.805 = 3.467$$

$$S_{AB} = \sum_{i=1}^{3}\sum_{j=1}^{2} \frac{(A_iB_j \text{ 水準のデータ和})^2}{A_iB_j \text{ 水準のデータ数}} - CT$$

$$= \sum_{i=1}^{3}\sum_{j=1}^{2} \frac{T_{A_iB_j}^2}{N_{A_iB_j}} - CT$$

$$= \frac{21.7^2}{3} + \frac{19.8^2}{3} + \frac{24.3^2}{3} + \cdots + \frac{19.0^2}{3} - 928.805 = 6.125$$

$$S_{E_{(1)}} = S_{A \times B} = S_{AB} - S_A - S_B = 6.125 - 2.403 - 3.467 = 0.255$$

$$S_{E_{(2)}} = S_T - (S_A + S_B + S_{E_{(1)}}) = 6.385 - (2.403 + 3.467 + 0.255)$$

$$= 0.260$$

$$\phi_T = (\text{データの総数}) - 1 = N - 1 = 18 - 1 = 17$$

$$\phi_A = (A \text{ の水準数}) - 1 = a - 1 = 3 - 1 = 2$$

$$\phi_B = (B \text{ の水準数}) - 1 = b - 1 = 2 - 1 = 1$$

$$\phi_{E_{(1)}} = \phi_{A \times B} = \phi_A \times \phi_B = 2 \times 1 = 2$$

$$\phi_{E_{(2)}} = \phi_T - (\phi_A + \phi_B + \phi_{E_{(1)}}) = 17 - (2 + 1 + 2) = 12$$

手順6 分散分析表の作成

手順5の結果に基づいて表14.8の分散分析表を作成する．

表14.8 分散分析表

要因	S	ϕ	V	F_0	$E(V)$
A	2.403	2	1.202	9.43	$\sigma_{(2)}^2 + 3\sigma_{(1)}^2 + 6\sigma_A^2$
B	3.467	1	3.467	27.2*	$\sigma_{(2)}^2 + 3\sigma_{(1)}^2 + 9\sigma_B^2$
$E_{(1)}$	0.255	2	0.1275	5.88*	$\sigma_{(2)}^2 + 3\sigma_{(1)}^2$
$E_{(2)}$	0.260	12	0.0217		$\sigma_{(2)}^2$
T	6.385	17			

$F(1, 2; 0.05) = 18.5, \quad F(1, 2; 0.01) = 98.5$
$F(2, 2; 0.05) = 19.0, \quad F(2, 2; 0.01) = 99.0$
$F(2, 12; 0.05) = 3.89, \quad F(2, 12; 0.01) = 6.93$

主効果 B と1次誤差 $E_{(1)}$ が有意である．プールできる要因はない．

手順7　分散分析後のデータの構造式

表 14.8 より，データの構造式は最初と同じである．

$$x_{ijk} = \mu + a_i + b_j + \varepsilon_{(1)ij} + \varepsilon_{(2)ijk}$$

$$\varepsilon_{(1)ij} \sim N(0, \sigma_{(1)}^2), \quad \varepsilon_{(2)ijk} \sim N(0, \sigma_{(2)}^2)$$

手順8　1次誤差の母分散 $\sigma_{(1)}^2$ の推定

分散分析表の $E(V)$ の欄より，1次誤差の母分散 $\sigma_{(1)}^2$ と測定誤差の母分散 $\sigma_{(2)}^2$ の点推定値は，それぞれ，次のようになる．

$$\hat{\sigma}_{(1)}^2 = \frac{V_{E_{(1)}} - V_{E_{(2)}}}{3} = \frac{0.1275 - 0.0217}{3} = 0.0353$$

$$\hat{\sigma}_{(2)}^2 = V_{E_{(2)}} = 0.0217$$

手順9　最適水準の決定

手順7のデータの構造式より，

$$\hat{\mu}(A_iB_j) = \widehat{\mu + a_i + b_j} = \widehat{\mu + a_i} + \widehat{\mu + b_j} - \hat{\mu} = \bar{x}_{A_i} + \bar{x}_{B_j} - \bar{\bar{x}}$$

と推定する．したがって，上式を最大にするのは，A は表 14.7 より A_2 水準，B は表 14.7 より B_1 水準である．

手順10　母平均の点推定

手順9より次のようになる．

$$\hat{\mu}(A_2B_1) = \bar{x}_{A_2} + \bar{x}_{B_1} - \bar{\bar{x}} = 7.70 + 7.62 - 7.18 = 8.14$$

手順11　母平均の区間推定（信頼率：95%）

式 (12.15) を用いて有効反復数を求める．

$$\frac{1}{n_{e(1)}} = \frac{\text{点推定に用いた1次要因の自由度の和}}{\text{総データ数}}$$

$$= \frac{\phi_A + \phi_B}{N} = \frac{2+1}{18} = \frac{1}{6}$$

$$\frac{1}{n_{e(2)}} = \frac{\text{点推定に用いた2次要因の自由度の和}}{\text{総データ数}} = \frac{0}{N} = 0$$

したがって，$\hat{\mu}(A_2B_1)$ の母分散の推定値は，反復を考えていないので式 (12.14)

14.2 適用例

を用いて

$$\hat{V}(\hat{\mu}(A_2B_1)) = \frac{V_{E_{(1)}}}{N} + \frac{V_{E_{(1)}}}{n_{e(1)}} + \frac{V_{E_{(2)}}}{n_{e(2)}} = \frac{V_{E_{(1)}}}{18} + \frac{V_{E_{(1)}}}{6} + 0 \times V_{E_{(2)}}$$

$$= \frac{2}{9} V_{E_{(1)}} = \frac{2}{9} \times 0.1275 = 0.0283$$

ここでは $V_{E_{(1)}}$ しか用いていないのでこの自由度として $\phi_{E_{(1)}} = 2$ を用いる. これらより，次のような信頼区間が得られる.

$$\hat{\mu}(A_2B_1) \pm t(\phi_{E_{(1)}}, 0.05)\sqrt{\hat{V}(\hat{\mu}(A_2B_1))} = 8.14 \pm 4.303\sqrt{0.0283}$$

$$= 8.14 \pm 0.72 = 7.42, \ 8.86$$

手順12　データの予測

A_2B_1 水準において将来新たにデータを取るとき，どのような値が得られるのかを予測する．点予測は手順10の母平均の点推定と同じで，

$$\hat{x} = \hat{\mu}(A_2B_1) = 8.14$$

である.

一方，信頼率95%の予測区間を求める際には，新たに得られるデータの構造式に含まれる変量 $\varepsilon_{(1)} + \varepsilon_{(2)}$ の母分散 $\sigma_{(1)}^2 + \sigma_{(2)}^2$ を手順11で求めた分散の値に追加して考慮する．つまり，分散の推定値は，

$$\hat{V} = \frac{2}{9}V_{E_{(1)}} + (\hat{\sigma}_{(1)}^2 + \hat{\sigma}_{(2)}^2)$$

$$= \frac{2}{9}V_{E_{(1)}} + \left(\frac{V_{E_{(1)}} - V_{E_{(2)}}}{3} + V_{E_{(2)}}\right) = \frac{5}{9}V_{E_{(1)}} + \frac{2}{3}V_{E_{(2)}}$$

$$= \frac{5}{9} \times 0.1275 + \frac{2}{3} \times 0.0217 = 0.0853$$

となる．サタースウェイトの方法を用いて

$$\phi^* = \frac{\left(\dfrac{5}{9}V_{E_{(1)}} + \dfrac{2}{3}V_{E_{(2)}}\right)^2}{\left(\dfrac{5}{9}V_{E_{(1)}}\right)^2 \bigg/ \phi_{E_{(1)}} + \left(\dfrac{2}{3}V_{E_{(2)}}\right)^2 \bigg/ \phi_{E_{(2)}}}$$

$$= \frac{\left(\frac{5}{9} \times 0.1275 + \frac{2}{3} \times 0.0217\right)^2}{\left(\frac{5}{9} \times 0.1275\right)^2 / 2 + \left(\frac{2}{3} \times 0.0217\right)^2 / 12} = 2.9$$

となる．線形補間法を用いて次のようになる．

$$t(\phi^*, 0.05) = t(2.9, 0.05) = (1 - 0.9) \times t(2, 0.05) + 0.9 \times t(3, 0.05)$$
$$= 0.1 \times 4.303 + 0.9 \times 3.182 = 3.294$$

以上より，予測区間は次の通りとなる．

$$\hat{x} \pm t(\phi^*, 0.05)\sqrt{\hat{V}} = 8.14 \pm 3.294\sqrt{0.0853}$$
$$= 8.14 \pm 0.96 = 7.18,\ 9.10$$

手順13　2つの母平均の差の推定

例えば，$\mu(A_1B_1)$ と $\mu(A_2B_1)$ の差の推定を行う．

点推定値は次の通りである．

$$\hat{\mu}(A_1B_1) - \hat{\mu}(A_2B_1) = (\bar{x}_{A_1} + \bar{x}_{B_1} - \bar{\bar{x}}) - (\bar{x}_{A_2} + \bar{x}_{B_1} - \bar{\bar{x}})$$
$$= (6.92 + 7.62 - 7.18) - (7.70 + 7.62 - 7.18) = -0.78$$

次に，区間推定を行うために，推定式の表現を書き下す．

$$\hat{\mu}(A_1B_1) = \hat{\mu} + \underbrace{\hat{a}_1 + \hat{b}_1}_{1\text{次}} = \bar{\bar{x}} + \underbrace{(\bar{x}_{A_1} - \bar{\bar{x}}) + (\bar{x}_{B_1} - \bar{\bar{x}})}_{1\text{次}}$$
$$= \bar{\bar{x}} + \underbrace{\bar{x}_{A_1} + \bar{x}_{B_1} - 2\bar{\bar{x}}}_{1\text{次}}$$
$$\hat{\mu}(A_2B_1) = \bar{\bar{x}} + \underbrace{\bar{x}_{A_2} + \bar{x}_{B_1} - 2\bar{\bar{x}}}_{1\text{次}}$$

$\hat{\mu}(A_1B_1)$ と $\hat{\mu}(A_2B_1)$ の推定式を見比べて，同一次数ごと（この例では1次要因しか存在しない）に共通の平均を消去し，残った平均について伊奈の式を適用する．

$$1\text{次}: \quad \bar{x}_{A_1},\ \bar{x}_{A_2} \ \rightarrow\ \frac{1}{n_{d(1)}} = \frac{1}{n_{e_1(1)}} + \frac{1}{n_{e_2(1)}} = \frac{1}{6} + \frac{1}{6} = \frac{1}{3}$$

2次： なし → $\dfrac{1}{n_{d(2)}} = \dfrac{1}{n_{e_1(2)}} + \dfrac{1}{n_{e_2(2)}} = 0$

これより，

$$\hat{V}(\text{点推定量の差}) = \dfrac{V_{E'_{(1)}}}{n_{d(1)}} + \dfrac{V_{E'_{(2)}}}{n_{d(2)}} = \dfrac{V_{E'_{(1)}}}{3} = \dfrac{0.1275}{3} = 0.0425$$

となる．手順 11 と同様，自由度は $\phi_{E_{(1)}} = 2$ である．

したがって，信頼区間は

$$\hat{\mu}(A_1 B_1) - \hat{\mu}(A_2 B_1) \pm t(\phi_{E_{(1)}}, 0.05)\sqrt{\hat{V}(\text{点推定量の差})}$$
$$= -0.78 \pm t(2, 0.05)\sqrt{0.0425} = -0.78 \pm 4.303\sqrt{0.0425}$$
$$= -0.78 \pm 0.89 = -1.67,\ 0.11$$

となる．□

(**注 14.1**) 測定誤差の平方和 $S_{E_{(2)}}$ と自由度 $\phi_{E_{(2)}}$ を次のように求めてもよい．$A_1 B_1$ 水準の 3 つのデータから平方和を求めると 0.0067 となり，この自由度は $3-1=2$ である．同様に，他の $A_i B_j$ 水準における 3 つのデータから平方和を求めると，それぞれ，0.1400, 0.0200, 0.0200, 0.0267, 0.0467 となる．これら 6 つの平方和を加えると $S_{E_{(2)}} = 0.260$ が得られる．自由度は $\phi_{E_{(2)}} = 2+2+2+2+2+2 = 12$ となる．□

次に，直交配列表を用いた解析例を述べる．

[**例 14.2**] 化学薬品のある品質特性を高めるために，因子 A，B，C，D（各 2 水準）を取り上げて実験を行うことにした．考慮する交互作用は $A \times B$ のみとした．L_8 直交配列表を用いて，表 14.9 のように割り付け，ランダムな順序で実験し，それぞれの実験 No. で得られた化学薬品からサンプリングを 2 回行って分析した．

手順 1　実験順序およびデータの採取

表 14.10 に示した実験順序にしたがって実験し，データを取った結果，表 14.9 に示すデータが得られた．

表 14.9 L_8 直交配列表への因子の割り付けとデータ（例 14.2）

No.	A	B	$A \times B$	C	D	$E_{(1)}$	$E_{(1)}$	データ		データの2乗		データの計 T
	[1]	[2]	[3]	[4]	[5]	[6]	[7]	x_1	x_2	x_1^2	x_2^2	$x_1 + x_2$
1	1	1	1	1	1	1	1	7	9	49	81	16
2	1	1	1	2	2	2	2	11	10	121	100	21
3	1	2	2	1	1	2	2	11	12	121	144	23
4	1	2	2	2	2	1	1	14	13	196	169	27
5	2	1	2	1	2	1	2	9	12	81	144	21
6	2	1	2	2	1	2	1	9	7	81	49	16
7	2	2	1	1	2	2	1	9	8	81	64	17
8	2	2	1	2	1	1	2	8	9	64	81	17
成分	a	b	$a\,b$	$a\,c$	$b\,c$	$a\,b\,c$	$a\,b\,c$	$\sum\sum x_i$ $= 158$		$\sum\sum x_i^2$ $= 1626$		$\sum T_i$ $= 158$

表 14.10 水準組合せと実験順序

No.	水準組合せ	実験順序	No.	水準組合せ	実験順序
1	$A_1B_1C_1D_1$	4	5	$A_2B_1C_1D_2$	6
2	$A_1B_1C_2D_2$	7	6	$A_2B_1C_2D_1$	2
3	$A_1B_2C_1D_1$	5	7	$A_2B_2C_1D_2$	8
4	$A_1B_2C_2D_2$	1	8	$A_2B_2C_2D_1$	3

手順 2　データの構造式の設定

$$x = \mu + a + b + c + d + (ab) + \varepsilon_{(1)} + \varepsilon_{(2)}$$

$$\varepsilon_{(1)} \sim N(0, \sigma_{(1)}^2), \quad \varepsilon_{(2)} \sim N(0, \sigma_{(2)}^2) \quad \text{（制約式は省略）}$$

手順 3　計算補助表の作成

　グラフ化や平方和の計算に先だって表 14.11 に示す計算補助表と AB 2 元表（表 14.12）を作成する．表 14.11 の計算補助表において，$T_{[k]_i}$ は表 14.9 のデータの計（$T = x_1 + x_2$）を用いて計算する．例えば，第 [1] 列につい

ては

$$T_{[1]_1} = 16 + 21 + 23 + 27 = 87$$
$$T_{[1]_2} = 21 + 16 + 17 + 17 = 71$$

と計算する．

そして，第 $[k]$ 列の列平方和は，これまでと同様に，$S_{[k]} = (T_{[k]1} - T_{[k]2})^2 / N$ と求めればよいが，**この例では $N=16$ であることに注意する**．また，$\bar{x}_{[k]1}$ などは 8 個のデータの平均である．

表 14.11 計算補助表

割り付け	列	第 1 水準のデータ和 第 1 水準の平均	第 2 水準のデータ和 第 2 水準の平均	列平方和 ($S_{[k]}$)
A	[1]	$T_{[1]_1} = 87$ $\bar{x}_{[1]_1} = 10.9$	$T_{[1]_2} = 71$ $\bar{x}_{[1]_2} = 8.9$	16.00
B	[2]	$T_{[2]_1} = 74$ $\bar{x}_{[2]_1} = 9.3$	$T_{[2]_2} = 84$ $\bar{x}_{[2]_2} = 10.5$	6.25
$A \times B$	[3]	$T_{[3]_1} = 71$ $\bar{x}_{[3]_1} = 8.9$	$T_{[3]_2} = 87$ $\bar{x}_{[3]_2} = 10.9$	16.00
C	[4]	$T_{[4]_1} = 77$ $\bar{x}_{[4]_1} = 9.6$	$T_{[4]_2} = 81$ $\bar{x}_{[4]_2} = 10.1$	1.00
D	[5]	$T_{[5]_1} = 72$ $\bar{x}_{[5]_1} = 9.0$	$T_{[5]_2} = 86$ $\bar{x}_{[5]_2} = 10.8$	12.25
$E_{(1)}$	[6]	$T_{[6]_1} = 81$ $\bar{x}_{[6]_1} = 10.1$	$T_{[6]_2} = 77$ $\bar{x}_{[6]_2} = 9.6$	1.00
$E_{(1)}$	[7]	$T_{[7]_1} = 76$ $\bar{x}_{[7]_1} = 9.5$	$T_{[7]_2} = 82$ $\bar{x}_{[7]_2} = 10.3$	2.25

手順 4 データのグラフ化

表 14.11 および表 14.12 の各平均値に基づいてグラフを作成し，各要因効果の概略を把握する．図 14.2 より，主効果 A と D および交互作用 $A \times B$ が大きそうである．

表14.12 AB 2元表

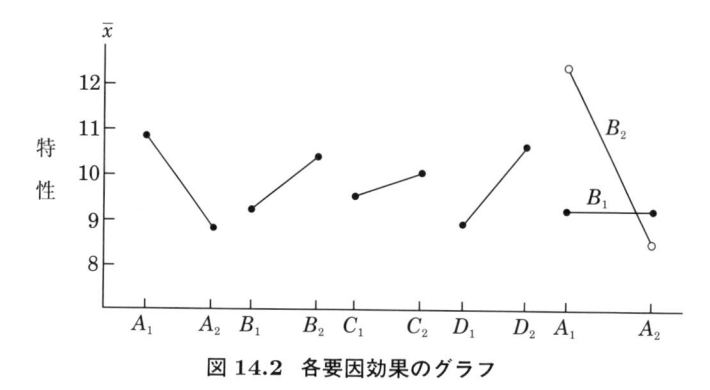

	B_1	B_2
A_1	$T_{A_1B_1} = 37$	$T_{A_1B_2} = 50$
	$\bar{x}_{A_1B_1} = 9.3$	$\bar{x}_{A_1B_2} = 12.5$
A_2	$T_{A_2B_1} = 37$	$T_{A_2B_2} = 34$
	$\bar{x}_{A_2B_1} = 9.3$	$\bar{x}_{A_2B_2} = 8.5$

図14.2 各要因効果のグラフ

手順5　平方和と自由度の計算

表14.9より修正項と総平方和を計算すると

$$CT = \frac{(データの総計)^2}{総データ数} = \frac{T^2}{N} = \frac{158^2}{16} = 1560.25$$

$$S_T = (個々のデータの2乗和) - CT = \sum\sum x^2 - CT$$
$$= (7^2 + 9^2 + 11^2 + \cdots + 8^2 + 9^2) - 1560.25$$
$$= 1626 - 1560.25 = 65.75$$

となる．この総平方和は，これまでの直交配列表実験の解析方法とは異なり，表14.11の各列の平方和 $S_{[k]}$ の和には一致しない（それらとの差が測定誤差 $E_{(2)}$ の平方和になる）．

総自由度は $\phi_T = N - 1 = 16 - 1 = 15$ である．

次に，各要因効果の平方和は，その要因を割り付けた列の列平方和に一致

し，その値は表 14.11 で計算されている．また，1 次誤差平方和は空き列の列平方和の和である．また，2 次誤差（測定誤差）の平方和は，S_T とすべての列平方和の和との差である．

$$S_{E_{(1)}} = S_{[6]} + S_{[7]} = 1.00 + 2.25 = 3.25$$

$$S_{E_{(2)}} = S_T - (S_{[1]} + S_{[2]} + S_{[3]} + S_{[4]} + S_{[5]} + S_{[6]} + S_{[7]})$$

$$= 65.75 - (16.00 + 6.25 + 16.00 + 1.00 + 12.25 + 1.00 + 2.25)$$

$$= 11.00$$

$$\phi_{E_{(1)}} = \phi_{[6]} + \phi_{[7]} = 1 + 1 = 2$$

$$\phi_{E_{(2)}} = \phi_T - (\phi_{[1]} + \phi_{[2]} + \phi_{[3]} + \phi_{[4]} + \phi_{[5]} + \phi_{[6]} + \phi_{[7]})$$

$$= 15 - (1 + 1 + 1 + 1 + 1 + 1 + 1) = 8$$

手順 6　分散分析表の作成

手順 5 の結果に基づいて表 14.13 の分散分析表（1）を作成する．

表 14.13　分散分析表（1）

要因	S	ϕ	V	F_0	$E(V)$
A	16.00	1	16.00	9.85	$\sigma_{(2)}^2 + 2\sigma_{(1)}^2 + 8\sigma_A^2$
B	6.25	1	6.25	3.85	$\sigma_{(2)}^2 + 2\sigma_{(1)}^2 + 8\sigma_B^2$
C	1.00	1	1.00	0.615	$\sigma_{(2)}^2 + 2\sigma_{(1)}^2 + 8\sigma_C^2$
D	12.25	1	12.25	7.54	$\sigma_{(2)}^2 + 2\sigma_{(1)}^2 + 8\sigma_D^2$
$A \times B$	16.00	1	16.00	9.85	$\sigma_{(2)}^2 + 2\sigma_{(1)}^2 + 4\sigma_{A \times B}^2$
$E_{(1)}$	3.25	2	1.625	1.18	$\sigma_{(2)}^2 + 2\sigma_{(1)}^2$
$E_{(2)}$	11.00	8	1.375		$\sigma_{(2)}^2$
T	65.75	15			

$F(1, 2; 0.05) = 18.5$,　$F(1, 2; 0.01) = 98.5$
$F(2, 8; 0.05) = 4.46$,　$F(2, 8; 0.01) = 8.65$

有意な要因はない．F_0 値の大きさより，C と $E_{(1)}$ を $E_{(2)}$ にプールして（$\sigma_C^2 = \sigma_{(1)}^2 = 0$ とみなして），表 14.14 の分散分析表（2）を作成する．

主効果 A と交互作用 $A \times B$ が高度に有意となり，主効果 D が有意になった．

表 14.14 分散分析表（2）

要因	S	ϕ	V	F_0	$E(V)$
A	16.00	1	16.00	11.5^{**}	$\sigma_{(2)}^2 + 8\sigma_A^2$
B	6.25	1	6.25	4.51	$\sigma_{(2)}^2 + 8\sigma_B^2$
D	12.25	1	12.25	8.84^*	$\sigma_{(2)}^2 + 8\sigma_D^2$
$A \times B$	16.00	1	16.00	11.5^{**}	$\sigma_{(2)}^2 + 4\sigma_{A\times B}^2$
$E_{(2)}$	15.25	11	1.386		$\sigma_{(2)}^2$
T	65.75	15			

$F(1, 11; 0.05) = 4.84, \quad F(1, 11; 0.01) = 9.65$

手順7　分散分析後のデータの構造式

表 14.14 より，データの構造式を次のように考える．誤差が1つになったので，この後の推定や予測の方法は第8章の場合と同じになる．

$$x_{ijk} = \mu + a + b + d + (ab) + \varepsilon_{(2)}, \quad \varepsilon_{(2)} \sim N(0, \sigma_{(2)}^2)$$

手順8　最適水準の決定

手順7のデータの構造式より，

$$\hat{\mu}(ABD) = \widehat{\mu + a + b + d + (ab)} = \widehat{\mu + a + b + (ab)} + \widehat{\mu + d} - \hat{\mu}$$
$$= \bar{x}_{AB} + \bar{x}_D - \bar{\bar{x}}$$

と推定する．したがって，上式を最大にするのは，A と B については表 14.12 より A_1B_2 水準，D は表 14.11 より D_2 水準である．

手順9　母平均の点推定

手順8より次のようになる．

$$\hat{\mu}(A_1B_2D_2) = \bar{x}_{A_1B_2} + \bar{x}_{D_2} - \bar{\bar{x}} = 12.5 + 10.8 - \frac{158}{16} = 13.4$$

手順10　母平均の区間推定（信頼率：95%）

第2章の式 (2.34)（田口の式）を用いて有効反復数を求める．

$$\frac{1}{n_e} = \frac{1 + (点推定に用いた要因の自由度の和)}{総データ数}$$

$$= \frac{1+(\phi_A+\phi_B+\phi_D+\phi_{A\times B})}{N} = \frac{1+(1+1+1+1)}{16} = \frac{5}{16}$$

式 (2.33) を用いて,次のような信頼区間が得られる.

$$\hat{\mu}(A_1B_2D_2) \pm t(\phi_{E_{(2)}}, 0.05)\sqrt{\frac{V_{E_{(2)}}}{n_e}} = 13.4 \pm t(11, 0.05)\sqrt{\frac{5}{16} \times 1.386}$$

$$= 13.4 \pm 2.201\sqrt{\frac{5}{16} \times 1.386} = 13.4 \pm 1.4 = 12.0,\ 14.8$$

手順11 データの予測

$A_1B_2D_2$ 水準において将来新たにデータを取るとき,どのような値が得られるのかを予測する.点予測は手順9の母平均の点推定と同じで,

$$\hat{x} = \hat{\mu}(A_1B_2D_2) = 13.4$$

である.また,信頼率 95% の予測区間は式 (2.37) を適用すればよい.

$$\hat{x} \pm t(\phi_{E_{(2)}}, 0.05)\sqrt{\left(1+\frac{1}{n_e}\right)V_{E_{(2)}}}$$

$$= 13.4 \pm t(11, 0.05)\sqrt{\left(1+\frac{5}{16}\right) \times 1.386}$$

$$= 13.4 \pm 2.201\sqrt{\left(1+\frac{5}{16}\right) \times 1.386} = 13.4 \pm 3.0 = 10.4,\ 16.4$$

手順12 2つの母平均の差の推定

例えば,$\mu(A_1B_1D_1)$ と $\mu(A_1B_2D_2)$ の差の推定を行う.

点推定値は,

$$\hat{\mu}(A_1B_1D_1) - \hat{\mu}(A_1B_2D_2)$$
$$= (\bar{x}_{A_1B_1} + \bar{x}_{D_1} - \bar{\bar{x}}) - (\bar{x}_{A_1B_2} + \bar{x}_{D_2} - \bar{\bar{x}})$$
$$= (9.3+9.0-9.9) - (12.5+10.8-9.9) = -5.0$$

$\hat{\mu}(A_1B_1D_1)$ と $\hat{\mu}(A_1B_2D_2)$ から共通の平均 $\bar{\bar{x}}$ を消去し,それぞれに伊奈の式を適用する.

$$\bar{x}_{A_1B_1} + \bar{x}_{D_1} = \frac{T_{A_1B_1}}{4} + \frac{T_{D_1}}{8} \to \frac{1}{n_{e_1}} = \frac{1}{4} + \frac{1}{8} = \frac{3}{8}$$

$$\bar{x}_{A_1B_2} + \bar{x}_{D_2} = \frac{T_{A_1B_2}}{4} + \frac{T_{D_2}}{8} \to \frac{1}{n_{e_2}} = \frac{1}{4} + \frac{1}{8} = \frac{3}{8}$$

これより，

$$\frac{1}{n_d} = \frac{1}{n_{e_1}} + \frac{1}{n_{e_2}} = \frac{3}{8} + \frac{3}{8} = \frac{3}{4}$$

が得られる．したがって，信頼区間は，

$$\hat{\mu}(A_1B_1D_1) - \hat{\mu}(A_1B_2D_2) \pm t(\phi_{E'_{(2)}}, 0.05)\sqrt{\frac{V_{E'_{(2)}}}{n_d}}$$
$$= -5.0 \pm t(11, 0.05)\sqrt{\frac{3}{4} \times 1.386} = -5.0 \pm 2.201\sqrt{\frac{3}{4} \times 1.386}$$
$$= -5.0 \pm 2.2 = -7.2, \ -2.8$$

となる．□

(**注 14.2**)　測定誤差の平方和 $S_{E_{(2)}}$ と自由度 $\phi_{E_{(2)}}$ は次のように求めてもよい．No.1 の 2 つのデータから平方和を求めると 2.00 となり，この自由度は $2-1=1$ である．同様に，他の No. における 2 つのデータから平方和を求めると，それぞれ，0.50，0.50，0.50，4.50，2.00，0.50，0.50 となる．これら 8 つの平方和を加えると $S_{E_{(2)}} = 11.00$ が得られる．自由度は $\phi_{E_{(2)}} = 1+1+1+1+1+1+1+1 = 8$ となる．□

第3部　実験計画法　Q＆A

　第3部では，よく初学者から受ける質問や第1部・第2部で十分説明できなかった内容についてQ＆A形式で解説する．適宜拾い読みしてほしい．また，紙数の関係で十分に解説することができない項目については参考文献を参照してほしい．

　なお，★は初級レベル，★★は初中級レベル，★★★は中級レベルの内容と考えればよい．

Q 1：実験計画法の由来を教えてください（★）

　比較したい要因の水準だけを変化させ，それ以外の要因はできるだけ厳密に一定にして実験を行い，得られたデータを比較するという実験は古くから行われてきた．しかし，このような考え方では通用しない状況があることを R.A.Fisher が 1920 年頃に気づき，本書で述べたような実験計画法の基礎を築いた．

　Fisher は，農業試験場において品種の違いの効果などを検討する際に，実験規模が大きくなれば，広い農地が必要となり，土壌や病害虫による影響を一定にできないことを実感した．そこで，農場を分割していくつかのブロックを作り，1つ1つのブロック内では土壌や病害虫の影響ができるだけ均一になるようにし，要因の水準組合せの一通りをランダムに選ばれた複数のブロックに割り当てる工夫をした．この中に，次のような **Fisher の 3 原則** と呼ばれる内容が含まれている．

（1）**反復** (replication)：因子の同一の水準組合せの下で複数回の実験を行い，誤差の大きさを把握する．

（2）**無作為化** (randomization)：空間的または時間的に近い状況で同一水準の組合せの実験を繰返すとなんらかの系統的な影響を受けるので，ランダムに因子の水準を割りふることにより系統的な影響を誤差に転化させる．

（3）**局所管理** (local control)：局所的に均一と考えることのできるブロックを作る．

　この Fisher の 3 原則のすべてを踏襲した方法が乱塊法である．

　要因数や水準数が増加すると，それらを一揃い実験できる均一なブロックを作成することは，空間的にも時間的にも困難になる．それらに対して直交配列表実験などが開発されてきた．その後，これらの考え方や方法論が，品質管理の分野，特に製造業などの分野に導入されて著しい効果をあげた．

　注意しなければならないことは，「実験を行ってデータを得る場合にはいつ

も実験計画法を用いるのだ」と短絡的に考えるべきではないということである．誤差を非常に小さく管理できる状況では，本書で述べた方法を用いるまでもないであろう．Q11 で述べるように，実務的にはとるに足らない要因効果が存在しても有意となってしまう．本書で述べた実験計画法は，不可避な誤差や系統的な誤差が入ってくる可能性のある環境で，それらの誤差よりも大きな効果が存在するのかどうかを検討するための方法論である．□

Q 2：n 個のデータ $x_1, x_2, \cdots, x_n$ から分散 V を求めるとき，平方和 S をなぜ $n-1$ で割るのですか？（★）

平均を求めるときには

$$\bar{x} = \frac{1}{n} \sum_{i=1}^{n} x_i \tag{1}$$

とデータ数 n で割るのに，分散を求めるときには，

$$V = \frac{S}{n-1} = \frac{1}{n-1} \sum_{i=1}^{n} (x_i - \bar{x})^2 \tag{2}$$

と $n-1$ で割る．この理由について，以下のように3通りの回答を述べる．

回答1：平均の場合には，「$x_1, x_2, \cdots, x_n$ がランダムに採取された n 個の独立した情報なので n で割る」と考えよう．一方，分散 V の場合には，平方和 S を構成する $(x_1-\bar{x})^2, (x_2-\bar{x})^2, \cdots, (x_n-\bar{x})^2$ は n 個の独立した情報ではない．実際に，2乗する前のものをすべて加え合わせると，$n\bar{x} = \sum x_i$ だから，

$$(x_1 - \bar{x}) + (x_2 - \bar{x}) + \cdots + (x_n - \bar{x}) = \sum x_i - n\bar{x} = 0 \tag{3}$$

となる．これは，$(x_1-\bar{x}), (x_2-\bar{x}), \cdots, (x_n-\bar{x})$ は n 個の独立した情報ではなく，$n-1$ 個の情報だと考えることができる．したがって，分散 V を求めるときには平方和 S を $n-1$ で割る．

回答 2：母分散を σ^2 とするとき，平方和 S の期待値は $E(S) = (n-1)\sigma^2$ である．したがって，

$$E(V) = E\left(\frac{S}{n-1}\right) = \sigma^2 \tag{4}$$

である．式 (4) は，V が母分散 σ^2 の不偏推定量であることを示している．一方，もし，平方和 S を n で割ると，

$$E\left(\frac{S}{n}\right) = \frac{n-1}{n} E\left(\frac{S}{n-1}\right) = \frac{n-1}{n}\sigma^2 < \sigma^2 \tag{5}$$

となる．式 (5) は S/n が σ^2 を過小推定していることを示している．

回答 3：4.2 節で述べたように，$x_1, x_2, \cdots, x_n \sim N(\mu, \sigma^2)$ であるとき，$\bar{x} \sim N(\mu, \sigma^2/n)$ である．$\bar{x}$ を標準化すると

$$u = \frac{\bar{x} - \mu}{\sqrt{\sigma^2/n}} \sim N(0, 1^2) \tag{6}$$

となる．これに σ^2 の点推定量として $V = S/(n-1)$ を代入すると

$$t = \frac{\bar{x} - \mu}{\sqrt{V/n}} \sim t(n-1) \tag{7}$$

が成り立つ．式 (6) の σ^2 に S/n を代入しても式 (7) は成り立たない．

誤差平方和 S_E を誤差自由度 ϕ_E で割って式 (6) の σ^2 に代入すると，式 (7) の t が $t(\phi_E)$ に従う．つまり，平方和 S を $n-1$ で割るという作業は，分散分析などへの自然な拡張性がある．

平方和 S を n で割っても理論的には間違いではない．それには**最尤法**（さいゆうほう）という理論的背景がある（稲垣 [6] や白旗 [14] を参照）．□

Q 3：平方和と自由度の関係について具体的に説明してください（★）

因子 A について5水準設定し，繰返し数が3の1元配置法のデータを表1に示した．このデータに基づいて説明する．

表1 データとその集計

水準	データ x_{ij}	A_i 水準のデータ和	A_i 水準の平均
A_1	10 12 11	$T_{A_1} = 33$	$\bar{x}_{A_1} = 11.0$
A_2	15 16 17	$T_{A_2} = 48$	$\bar{x}_{A_2} = 16.0$
A_3	17 17 20	$T_{A_3} = 54$	$\bar{x}_{A_3} = 18.0$
A_4	21 27 24	$T_{A_4} = 72$	$\bar{x}_{A_4} = 24.0$
A_5	21 22 20	$T_{A_5} = 63$	$\bar{x}_{A_5} = 21.0$
		$T = 270$	$\bar{\bar{x}} = 18.0$

第3章で述べた解析手順で平方和や自由度を計算すると次のようになる．

$$CT = \frac{T^2}{N} = \frac{270^2}{15} = 4860 \tag{1}$$

$$S_T = \sum\sum x_{ij}^2 - CT = (10^2 + 12^2 + \cdots + 20^2) - 4860 = 324 \tag{2}$$

$$S_A = \sum \frac{T_{A_i}^2}{N_{A_i}} - CT = \frac{33^2}{3} + \frac{48^2}{3} + \cdots + \frac{63^2}{3} - 4860 = 294 \tag{3}$$

$$S_E = S_T - S_A = 324 - 294 = 30 \tag{4}$$

$$\phi_T = N - 1 = 15 - 1 = 14 \tag{5}$$

$$\phi_A = a - 1 = 5 - 1 = 4 \tag{6}$$

$$\phi_E = \phi_T - \phi_A = 14 - 4 = 10 \tag{7}$$

計算手順では上のように行うが，平方和の実際の定義は，第4章で述べたように，次の通りである．

$$S_T = \sum_{i=1}^{5}\sum_{j=1}^{3}(x_{ij} - \bar{\bar{x}})^2 = 324 \tag{8}$$

$$S_A = \sum_{i=1}^{5}\sum_{j=1}^{3}(\bar{x}_{A_i} - \bar{\bar{x}})^2 = 294 \tag{9}$$

$$S_E = \sum_{i=1}^{5}\sum_{j=1}^{3}(x_{ij}-\bar{x}_{A_i})^2 = 30 \qquad (10)$$

式 (8)〜(10) の平方和の構成要素を具体的に求めて表 2〜表 7 に示す．

表 2 $x_{ij}-\bar{\bar{x}}$ の値

A_1	-8	-6	-7
A_2	-3	-2	-1
A_3	-1	-1	2
A_4	3	9	6
A_5	3	4	2

表 3 $(x_{ij}-\bar{\bar{x}})^2$ の値

A_1	64	36	49
A_2	9	4	1
A_3	1	1	4
A_4	9	81	36
A_5	9	16	4

表 4 $\bar{x}_{A_i}-\bar{\bar{x}}$ の値

A_1	-7	-7	-7
A_2	-2	-2	-2
A_3	0	0	0
A_4	6	6	6
A_5	3	3	3

表 5 $(\bar{x}_{A_i}-\bar{\bar{x}})^2$ の値

A_1	49	49	49
A_2	4	4	4
A_3	0	0	0
A_4	36	36	36
A_5	9	9	9

表 6 $x_{ij}-\bar{x}_{A_i}$ の値

A_1	-1	1	0
A_2	-1	0	1
A_3	-1	-1	2
A_4	-3	3	0
A_5	0	1	-1

表 7 $(x_{ij}-\bar{x}_{A_i})^2$ の値

A_1	1	1	0
A_2	1	0	1
A_3	1	1	4
A_4	9	9	0
A_5	0	1	1

表 3 の値をすべて加えると式 (8) の値となり，同様に表 5 および表 7 の値を加えると，それぞれ，式 (9) および式 (10) の値になる．これらは，式 (2)〜(4) で求めた値と一致している．

次に，表 2，表 4，表 6 に基づいて自由度を説明する．

まず，表 2 の値をすべて加えると 0 になる．つまり，$\sum\sum(x_{ij}-\bar{\bar{x}})=0$ であり，このことはどのようなデータに対しても常に成り立つ．したがって，S_T は $N=15$ 個の独立した情報の和ではなく，この関係式の分を差し引いた

$N-1$ 個の情報の和であると考えることができる．そこで，$\phi_T = 15 - 1 = 14$ とする．なお，この説明は，Q 2 で述べたことと同じ内容である．

次に，ϕ_A について考えよう．S_A は表 5 に示した 15 個の値の和であるが，表 4 を見るとわかるように，異なる値は 5 種類（水準数！）しかない．さらに，これら 5 種類の値を加えると 0 となる．すなわち，$\sum_{i=1}^{5}(\bar{x}_{A_i} - \bar{x}) = 0$ がどのような場合にも成り立つ．したがって，S_A を構成するのは $5 - 1 = 4$ 個の情報だから，$\phi_A = 5 - 1 = 4$ と考える．

最後に，ϕ_E について説明する．平方和の計算式 (4) に対応させれば式 (7) が得られるのだが，次のように説明することもできる．表 6 において，A_1 水準だけで合計すると $-1 + 1 + 0 = 0$ となる．同様に，A_2, A_3, A_4, A_5 水準についても各水準ごとに合計すると 0 になる．つまり，$\sum_{j=1}^{3}(x_{ij} - \bar{x}_{A_i}) = 0$ がいつも成り立つ．このことより，各水準にはもともとは 3 個の情報があったが，このような関係式が成り立つことより $3 - 1 = 2$ 個の情報となり，それが 5 水準あるから，$\phi_E = 5 \times (3 - 1) = 10$ と考えることができる．この計算方式は，

$$\phi_E = \phi_T - \phi_A = (N - 1) - (a - 1) = (ar - 1) - (a - 1) = a(r - 1) \quad (11)$$

に対応している．

2 元配置法などの場合についても上と同様である．また，交互作用についても上と同様な説明が可能である．平方和の計算に対応させた自由度の計算式の考え方については 5.2 節を参照されたい．□

Q 4：データの数値変換について教えてください（★）

計算を簡単にするためにデータ x を $y = ax + b$（a と b は定数）と変換することがある．これを**数値変換**と呼ぶ．具体的には，データ x から仮平均 x_0 を差し引いて，さらに小数点などを消すために h 倍（10 倍，100 倍 ⋯）

することがある（$y = h(x - x_0)$ と変換する）．

n 個のデータ $x_1, x_2, \cdots, x_n$ がある場合，平均や分散の計算方法から次の関係が成り立つ．

$$\bar{y} = \frac{1}{n} \sum_{i=1}^{n} y_i = \frac{1}{n} \sum_{i=1}^{n} (ax_i + b) = a \times \frac{1}{n} \sum_{i=1}^{n} x_i + b = a\bar{x} + b \tag{1}$$

$$S_{yy} = \sum_{i=1}^{n} (y_i - \bar{y})^2 = \sum_{i=1}^{n} \{ax_i + b - (a\bar{x} + b)\}^2$$

$$= a^2 \sum_{i=1}^{n} (x_i - \bar{x})^2 = a^2 S_{xx} \tag{2}$$

$$V_y = \frac{S_{yy}}{n-1} = \frac{a^2 S_{xx}}{n-1} = a^2 V_x \tag{3}$$

つまり，平均は同じタイプの変換を受け，分散は b とは無関係で x に掛けた定数 a の2乗倍になる．したがって，数値変換を行った場合には，平方和を $1/a^2$ 倍して分散分析表を作成し，平均の推定では b を差し引いて $1/a$ 倍すればよい．

ここで述べた数値変換は，「計算を簡単にする」または「生データの値を（公の場での発表の際に）隠す」ための方法で，解析結果を本質的に変化させてしまうことはない．それに対して，「データの分布を正規分布に近づける」「等分散性を成立させる」という目的で変数変換を行う場合がある．この点についてはQ5を参照されたい．□

Q5：変数変換の効用と方法について教えてください（★★）

変数変換の目的は様々である．計算を簡単に行うための数値変換についてはQ4を参照してほしい．ここでは，解析の前提条件となる誤差の4条件「正規性」「不偏性（誤差の母平均がゼロ）」「等分散性」「独立性」のうち，「正規性」と「等分散性」を満たす変換を考える．

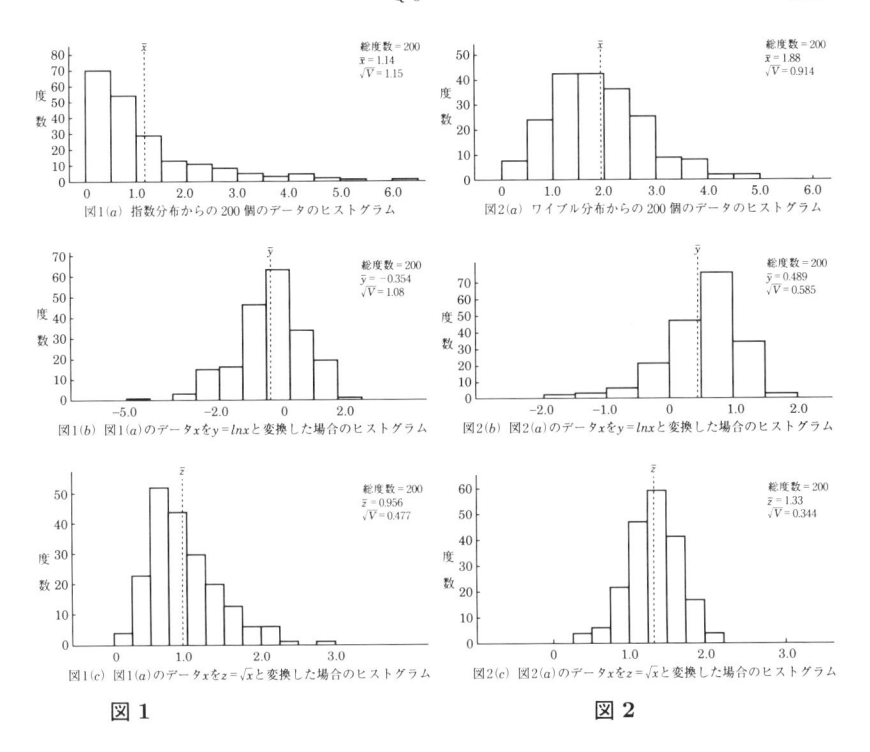

図1(a) 指数分布からの200個のデータのヒストグラム

図2(a) ワイブル分布からの200個のデータのヒストグラム

図1(b) 図1(a)のデータxを$y=\ln x$と変換した場合のヒストグラム

図2(b) 図2(a)のデータxを$y=\ln x$と変換した場合のヒストグラム

図1(c) 図1(a)のデータxを$z=\sqrt{x}$と変換した場合のヒストグラム

図2(c) 図2(a)のデータxを$z=\sqrt{x}$と変換した場合のヒストグラム

図1　　　　　　　　　　　　　**図2**

「正規性」や「等分散性」は**平方根変換**や**対数変換**によって満たすようにできることが多い．例えば，もともとのデータ x の分布が図 1(a) や図 2(a) のようにゆがんでいても，それを対数変換ないしは平方根変換することにより図 1(b) や図 1(c) ないしは図 2(b) や図 2(c) のように正規分布に近づけることができる．

次に，等分散性を満たすような変換を考えよう．一般に，確率変数 x の母平均と母分散が $E(x) = \mu$, $V(x) = \sigma^2$ のとき，$f(x)$ の母平均と母分散は近似的に $E(f(x)) \fallingdotseq f(\mu)$, $V(f(x)) \fallingdotseq \{f'(\mu)\}^2 \sigma^2$ となる（**デルタ法**と呼ぶ）．これを利用して，等分散性を成り立たせる 2 つの例を考えてみよう．

（**例 1**）母分散 σ^2 が母平均 μ に比例する場合：$\sigma^2 = c\mu$ とおく．つまり，$E(x) = \mu$, $V(x) = c\mu$ である．このとき，平方根変換 $f(x) = \sqrt{x}$ を用いる

と，$f'(x) = 1/\{2\sqrt{x}\}$ となるので，$f(x) = \sqrt{x}$ の母平均と母分散は近似的に $E(f(x)) \fallingdotseq f(\mu) = \sqrt{\mu}$, $V(f(x)) \fallingdotseq \{f'(\mu)\}^2 \sigma^2 = c/4$ となり，母分散が母平均に依存しない形になる．□

(**例 2**) 母標準偏差 σ が母平均 μ に比例する場合：$\sigma = c\mu$ とおく．つまり，$E(x) = \mu$, $V(x) = \sigma^2 = c^2 \mu^2$ である．このとき，対数変換 $f(x) = ln\ x$ を用いると，$f'(x) = 1/x$ となるので，$f(x) = ln\ x$ の母平均と母分散は近似的に $E(f(x)) \fallingdotseq f(\mu) = ln\ \mu$, $V(f(x)) \fallingdotseq \{f'(\mu)\}^2 \sigma^2 = c^2$ となって，母分散が母平均に依存しない形になる．□

平方根変換や対数変換を施すためにはすべてのデータが正の値でなければならない．負の値があるときには，適当な定数を加えて正の値に直した後で変換する．

より詳しいことについては永田 [22] を参照されたい．□

Q6：データが正規分布に従っているかどうかのチェック方法を教えてください（★★）

データ数が多いときはヒストグラムを作成して分布の形状を検討すればよい．データ数が少ない場合には以下の方法がよく用いられる（もちろんデータ数が多い場合でもかまわない）．

(1) **歪度（わいど） $\sqrt{b_1}$ や尖度（せんど） b_2 を計算する．** これらは

$$\sqrt{b_1} = \frac{\sum_{i=1}^{n}(x_i - \bar{x})^3/n}{\sqrt{V^3}}, \quad b_2 = \frac{\sum_{i=1}^{n}(x_i - \bar{x})^4/n}{V^2} \tag{1}$$

と定義される．歪度は分布の非対称度を表す指標であり，尖度は分布の中心位置の尖り具合を表す指標である．データが正規分布に従う場合は，歪度

はゼロに近くなり，尖度は3に近くなる（計算機の統計ソフトでは，b_2 から3を差し引いた値を「とがり」として出力するものもある）．

（2） **正規確率紙を用いて検討する**．これは，データを大きさの順に並べてプロットし，データがほぼ直線上に並んでいれば正規分布に従うと見なせるように設計されたグラフ用紙である．計算機の統計ソフトにも組み込まれていることが多い．「正規確率紙の使用方法」や「様々な分布と正規確率紙における形状との関係」については永田[22]を参照されたい．

データが正規分布に従うことをチェックして，必要ならQ5に述べた変数変換を施すことが適切なアプローチの1つである．しかし，実験計画法では，上に述べたアプローチは同一の水準組合せの中でしか行うことができない．水準が異なるデータを合併して上のアプローチを施しても意味がない．さらに，同一の水準組合せにおけるデータ数，すなわち繰返し数は非常に小さいのがふつうなので，ここで述べたアプローチを実施できる場合は残念ながら少ない．データのスクリーニングという観点からは，Q7に述べる範囲 R による異常値の検討が現実的に実施可能なところであろう．□

Q7：範囲 R による等分散性のチェックの「やり方」と「その意味」を教えてください（★）

各水準組合せにおいて「繰返し」がある場合，次のような「等分散性のチェック」がしばしば推奨されている．

手順1 各水準組合せごとに**範囲 R** （range；最大値と最小値の差）を求める．

手順2 R の平均値 $\bar{R}$ を計算する．

手順3 群の大きさ（手順1で範囲を求めるときの各水準組合せにおけるデータ数）に応じて管理図作成用の数値表より D_3 と D_4 を求め，$D_3\bar{R}$ および $D_4\bar{R}$ を計算する．

手順4 手順1で求めた R の中に $D_3\bar{R}$ より小さい値があるか，$D_4\bar{R}$ よりも大きい値があれば，その水準組合せには異常なデータが存在すると考え，誤差分散は不均一とみなす．

手順5 異常な R の値がないならば，誤差分散は等分散とみなす．

このような検討はデータのスクリーニングとして大切である．しかし，手順5で述べた考え方は少し乱暴である．上の方法では，「QC7つ道具」の1つとしても知られている管理図の中の R 管理図を描いて管理限界外の点があるかどうかをチェックしている．一方，管理図は3シグマの原理に基づいて作成されているので，たとえ管理限界外の点が存在しないとしても，直ちに「すべての母分散は同じである」という結論が得られるわけではない（管理図では検定の第1種の誤りの確率を小さく設定しているので，第2種の誤りの確率が高くなっている！）．

分散分析では誤差の等分散性が少々崩れても本質的に誤った結果にはならないことが知られている．したがって，異常値が見いだされないのなら分散分析の手順に進めばよい．それに対して，手順4において異常値が見いだされれば，分散分析に進んで形式的な検定を行う前に，その異常なデータを慎重に検討することが必要である．単なるデータの記入ミスなのかもしれないし，何か思いもつかなかったようなヒントを与えてくれるデータなのかもしれない．

いずれにしても，上の手順を「等分散性のチェック」と呼ぶのは誤解が生じてよくないと思われる．**「異常値のチェック」**と呼ぶべきである．□

Q 8：水準数や水準の取り方について注意すべき点を教えてください
（★）

水準数は多く取った方がよい．しかし，実験回数が増えるから，むやみに多く取ることはできない．2水準系直交配列表実験では主に2水準の因子ばかりを扱う．これは実験回数を減らすためである．原料納入メーカーの種類などの

図1 母平均の様々なパターン

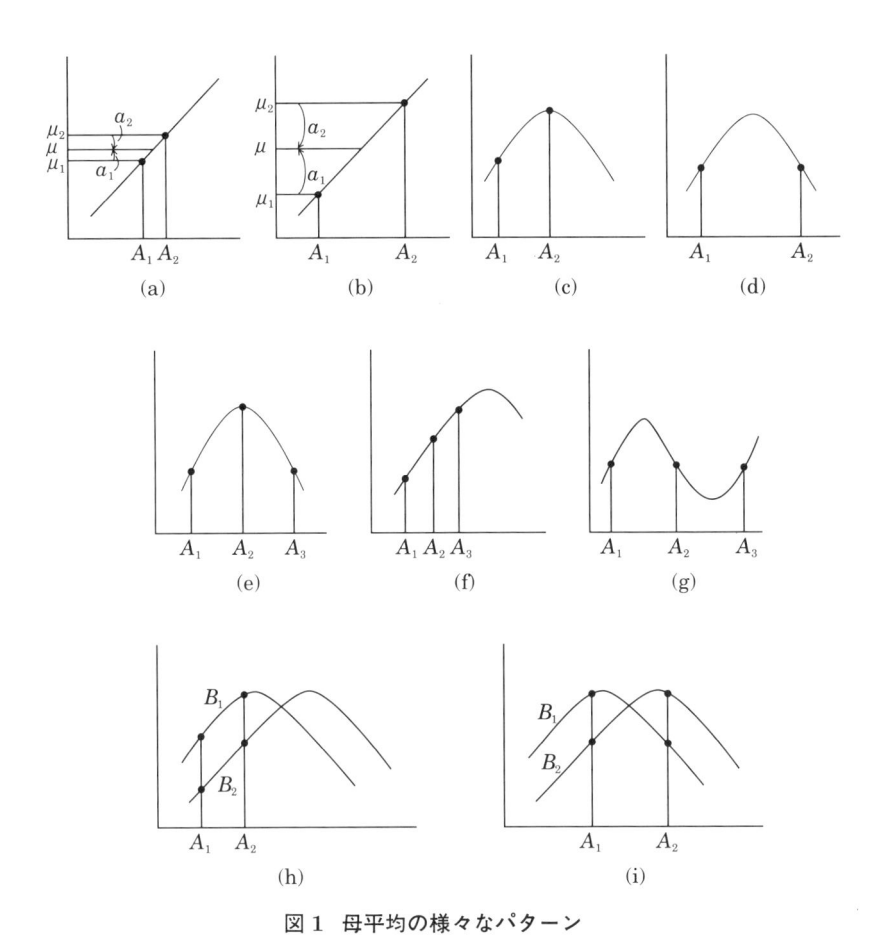

ように2水準しか存在しない場合は別として，計量的な因子なのに2水準しか設定しないというのは便宜的な理由が多い．

水準をどのように設定するのかは実験結果に本質的な影響をおよぼす．このことを図1に示したいくつかのパターンに基づいて説明する．A は計量的な因子とし，横軸が A の水準を表す．それぞれの母平均は図1に示した直線な

いしは曲線上にあるとする．

まず，2水準の場合を考えよう．図 1(a) のように水準間隔が狭い場合には有意になりにくく，図 1(b) のように水準間隔を広く取った場合には有意になりやすい．このことは直感的に明らかだが，理論的に説明することもできる．分散分析表の $E(V)$ において，$\sigma_A^2 = \sum a_i^2/\phi_A$ だったから，図 1(b) の方が図 1(a) の場合よりも σ_A^2 の値は大きくなる．したがって，図 1(b) の方が図 1(a) の場合よりも V_A の値が大きくなって有意になりやすい．ただし，これは母平均が直線的に変化する場合である．母平均が曲線的に変化する場合には，水準幅の広い方が有意になりやすいとは限らない．図 1(d) の方が図 1(c) の場合よりも水準幅を広く設定しているが，有意になりにくい．

次に，3水準の場合を考える．図 1(e) のように設定できれば理想的である．ピークの値を最適水準としてとらえることができる．図 1(f) の状況だと有意になるが，本当の最適水準とは異なる A_3 水準を最適と考えることになる．3水準を設定した場合には，図 1(g) のようになっていない限り，母平均の変化を検出しやすいという強みがある．

交互作用についても，どのように水準設定するのかにより結果は大きく異なってくる．図 1(h) のように水準設定を行うと交互作用は有意にならない．一方，図 1(i) のように水準設定を行うと交互作用は有意になる．□

Q 9：プーリングの考え方の原理について教えてください（★）

繰返しのある2元配置法について考えよう．データの構造式は

$$x_{ijk} = \mu + a_i + b_j + (ab)_{ij} + \varepsilon_{ijk}, \quad \varepsilon_{ijk} \sim N(0, \sigma^2) \tag{1}$$

である．交互作用 $A \times B$ が存在しないのなら，すべての $(ab)_{ij} = 0$ である．分散分析表において $V_{A \times B}$ の $E(V)$ は

$$E(V_{A \times B}) = \sigma^2 + r\sigma_{A \times B}^2, \quad \sigma_{A \times B}^2 = \frac{\sum\sum (ab)_{ij}^2}{\phi_{A \times B}} \tag{2}$$

だから，交互作用が存在しないのなら $\sigma_{A\times B}^2 = 0$，すなわち，$E(V_{A\times B}) = \sigma^2$ となる．これは，誤差分散 V_E の期待値 $E(V_E) = \sigma^2$ と同じなので，交互作用を誤差とみなし，その平方和と自由度を誤差項の平方和と自由度に加え込むことができる．これがプーリングである．

交互作用が本当に存在しないのならプーリングによって誤差項の自由度が増加するので，より精度の高い検定や推定が可能になる．しかし，交互作用が存在するかどうかを分散分析表の結果に基づいてデータから判定するところに不正確さが生じ，必ずしも精度が上がるとは言えない側面がある．言い換えれば次のようになる．分散分析表で行っている交互作用の検定において，帰無仮説は「H_0：交互作用が存在しない $(\sigma_{A\times B}^2 = 0)$」，対立仮説は「$H_1$：交互作用が存在する $(\sigma_{A\times B}^2 > 0)$」である．検定では有意なら対立仮説を積極的に支持できる．しかし，有意でない場合には H_0 を積極的には支持できない．つまり，検定では帰無仮説が成り立っていることを断定することはできない．したがって，データのみから交互作用が存在しないと断定することはできない．(以上に述べた考え方は交互作用だけに限られるのではなく，主効果やブロック因子，さらに分割法における 1 次誤差などについても同様に考えることができる．)

そうは言いながらも，実験計画法では多くの要因を同時に取り上げるので，特性値に影響のないものはできるだけ排除したい．一方，すぐ上で述べたように，分散分析表において「有意でない」だけでは「影響を与えていない」とは断定できない．そこで，F_0 値の大きさを考慮して，「有意でなく」しかも「F_0 の値がある程度より小さい」ならプーリングを行うという手順になる．

このように，プーリングは検定の立場からはあいまいな点がある．しかし，本書では，重回帰分析の変数選択と同様の問題であるという視点も含めて第 2 章に"プーリングの目安"を示した（重回帰分析では，ある変数を取り込むかどうかの判断基準として $F = 2.0$ の値がよく用いられる）．プーリングについては数多くの理論的な研究がなされており，誤差の母分散 σ^2 の推定という観点からは，第 2 章に示した目安でプーリングを行えば，精度のよい推定が可能である．永田 [20] において様々な研究の紹介を行っている．□

> **Q10：分散分析表では「どの要因効果があるか」ということだけを読みとればよいのでしょうか？（★）**

 分散分析表から読みとる第1の情報は「どの要因効果があるか」である．ただし，有意であるかどうかだけでなく，有意でない要因でも，「無視（プール）できるレベルであるのかどうか」を考察することも必要である．さらに，分散分析表から得られる各要因効果についての判定を固有技術的な観点から考察することも大切である．Q8で述べたように，水準数や水準の取り方が妥当だったかどうかを再検討する余地が残されているかもしれない．

 次に，分散分析表から得られる重要な情報として誤差分散 V_E がある．これはデータの構造式における誤差 ε の母分散 σ^2 の推定量である．したがって，母標準偏差 σ の推定量は $\hat{\sigma} = \sqrt{V_E}$ である．V_E が妥当な値かどうかを慎重に検討することが重要である．

 一般に，分散分析表に記載されている V_E の値は，操業時のデータに基づいたヒストグラムなどから得られる分散の値よりも小さくなるであろう．実験は他の多くの要因を管理した状況で行われるだろうし，実機を用いた状況よりもスケールの小さな実験ではばらつきが小さくなる可能性がある．一方で，V_E の値が測定器などの精度と同じ程度かそれよりも小さく，多くの要因の F_0 値が非常に大きくなっている分散分析表を見かけることがある．このような状況は，形式的にはデータ数が揃えられていても，実際には正しく実験が行われていない場合が多い．例えば，第14章で述べたように「測定の繰返し」しか行われていないのに，水準設定も含めた実験自体の「繰返し」として解析すればこのような状況が出現する．□

> **Q11：分散分析表で有意になった要因には必ず効果があると判断すればよいのでしょうか？（★）**

「有意であれば効果があると判断する」というのが基本であるが，いくつかの注意が必要である．統計的に有意であるかどうかは分散分析表において誤差分散と比較して判定している．したがって，「グラフなどにおいて固有技術的な観点から判断される要因効果の大きさ」と「分散分析表での検定結果」が異なる場合がある．

分散分析表の誤差分散が小さい場合には，グラフなどで小さな差しか示していないのに有意になってしまう．これは，固有技術的には小さな違いであると見えるのに，検定結果は有意となる場合である．一方，分散分析表の誤差分散が大きい場合には，固有技術的には効果がありそうでも有意とならない可能性がある．前者については，固有技術的な判断を優先させるのがよい．後者の場合には判断が難しい．誤差分散の大きさの妥当性を確認し，データ数や実験のやり方を再度慎重に検討する必要がある．□

Q12：繰返しのない2元配置法ではどうして交互作用を検定できないのですか？（★）

A を3水準，B を2水準として表1（表6.2の再掲）のデータが得られたとする．このデータをグラフ化すると図1（図6.1の再掲）となり，グラフは平行ではないから交互作用の存在を示唆している．6.1節では，「グラフの平行性からのくずれが，交互作用の存在によるものなのか，それとも誤差の範囲内によるものなのかを区別できないから，繰返しのない2元配置法では交互作用を検定できない」と説明した．以下では，このことを具体的に解説する．

上の例において繰返し数が3回の実験を実施できるとして，表2および表3に示すデータが得られたとする．それぞれのデータをグラフ化すると図2および図3となる．図2では，誤差分散は小さく，交互作用の存在によってグラフの平行性はくずれている．一方，図3では，誤差分散が大きく，誤差の範囲内でグラフが交わっている．図1の状況では，繰返しのデータが得られていない

表1　データ（表6.2の再掲）

	B_1	B_2
A_1	1.0	2.0
A_2	3.0	4.0
A_3	4.0	3.5

図1　表1のデータのグラフ（図6.1の再掲）

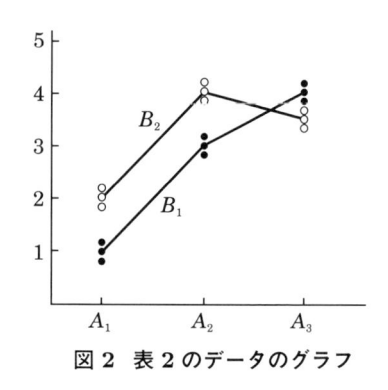

表2　データ（パターン1）

	B_1	B_2
A_1	0.8	1.8
	1.0	2.0
	1.2	2.2
A_2	2.8	3.8
	3.0	4.0
	3.2	4.2
A_3	3.8	3.3
	4.0	3.5
	4.2	3.7

図2　表2のデータのグラフ

から，「図2の状況を反映しているのか」「図3の状況を反映しているのか」を区別することができない．

　表2と表3のデータに基づいて分散分析表を作成すると，それぞれ表4および表5が得られる．2つの分散分析表を比較することより，グラフから考察したことを確認することができる．

　本書のレベルでは上記の解説で留めざるを得ない．しかし，A や B の水準数がもう少し多くなれば，繰返しのない2元配置法のデータでも交互作用の検討を行うモデル化の方法が工夫されている（宮川 [31] の第5章を参照）．　□

表 3 データ(パターン 2)

	B_1	B_2
A_1	0.2 1.0 1.8	1.2 2.0 2.8
A_2	2.2 3.0 3.8	3.2 4.0 4.8
A_3	3.2 4.0 4.8	2.7 3.5 4.3

図 3 表 3 のデータのグラフ

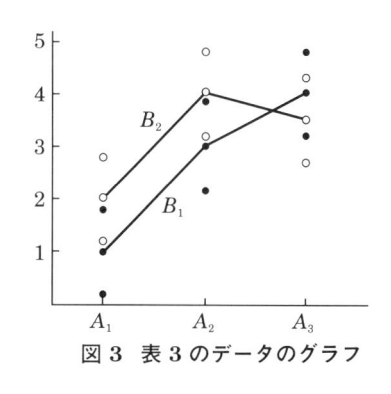

表 4 表 2 のデータに基づく分散分析表

要因	S	ϕ	V	F_0	$E(V)$
A	18.250	2	9.125	228**	$\sigma^2 + 6\sigma_A^2$
B	1.125	1	1.125	28.1**	$\sigma^2 + 9\sigma_B^2$
$A \times B$	2.250	2	1.125	28.1**	$\sigma^2 + 3\sigma_{A \times B}^2$
E	0.480	12	0.0400		σ^2
T	22.105	17			

$F(1, 12; 0.05) = 4.75, \quad F(1, 12; 0.01) = 9.33$
$F(2, 12; 0.05) = 3.89, \quad F(2, 12; 0.01) = 6.93$

表 5 表 3 のデータに基づく分散分析表

要因	S	ϕ	V	F_0	$E(V)$
A	18.250	2	9.125	14.3**	$\sigma^2 + 6\sigma_A^2$
B	1.125	1	1.125	1.76	$\sigma^2 + 9\sigma_B^2$
$A \times B$	2.250	2	1.125	1.76	$\sigma^2 + 3\sigma_{A \times B}^2$
E	7.680	12	0.640		σ^2
T	29.305	17			

$F(1, 12; 0.05) = 4.75, \quad F(1, 12; 0.01) = 9.33$
$F(2, 12; 0.05) = 3.89, \quad F(2, 12; 0.01) = 6.93$

Q13：lsdについて教えてください（★★）

lsd とは**最小有意差** (least significant difference) のことである．
1元配置法で2つの母平均 $\mu(A_i)$ と $\mu(A_k)$ を比較するとき，式 (3.18) より，

$$|\hat{\mu}(A_i) - \hat{\mu}(A_k)| \geq t(\phi_E, 0.05)\sqrt{\left(\frac{1}{N_{A_i}} + \frac{1}{N_{A_k}}\right)V_E} \tag{1}$$

なら，$\mu(A_i)$ と $\mu(A_k)$ には有意差があると考える．式 (1) の右辺の値を lsd と呼ぶ．繰返し数が同じ（$N_{A_1} = \cdots = N_{A_a} = r$）なら，どの $\mu(A_i)$ と $\mu(A_k)$ とを比較するときでも lsd の値は共通だから，lsd を一度計算しておけば，どの水準とどの水準に違いがあるのかを式 (1) によって簡単に判断できて便利である．2元配置法や3元配置法になっても式 (1) はそのままの形で用いることができる（いくつかの因子の水準組合せや分割法の場合には式 (1) のように簡単にはならないが，2.3節の第（3）項や12.2節の第（5）項で述べた2つの母平均の差の区間推定を適用すればよい）．

しかし，一見便利そうな lsd だが，**理論的な問題点がある**．それは，いくつもの水準間比較を同時に行うため，1つ1つの検定を有意水準5％（区間推定の信頼率で考えるなら95％）で行っていても，全体としての有意水準が著しく大きくなり，何をどういうレベルで保証しているのかがわからなくなる．

永田・吉田 [23] で述べた簡単な例を以下に引用する．

（**例**）当たる確率が5％のくじがある．Aさん，Bさん，…，Tさんの20人がこのくじを引いて，その結果，Kさんだけが当たったとしよう．このことは，「20人もくじを引けば誰かが当たる確率は $0.6415 = 1 - 0.95^{20}$ （注：全員はずれる確率は 0.95^{20} ）であり，誰か1人くらいは当たりくじを引くだろう．そして，それがたまたまKさんだった．」ということにすぎない．"めずらしい"ことではない．しかし，「Kさんが1回だけくじを引いたら当たった」と言うと，実にめずらしいことが起こったように感じてしまう．つまり，最初は

20人全体として眺めていた事柄なのに，結果が決まってから特定の1人の事柄のように着目しなおすと誤解が生じる．□

　この例を lsd の適用にそのままあてはめると lsd のまずさがわかるであろう．つまり，問題点は，「1回の検定の有意水準は 5% であっても，それを何回も適用する（多重検定）」というところにある．これを修正するには，適用回数に応じて1回あたりの検定の有意水準をより小さくする工夫が必要である．そのような手法については永田・吉田 [23] を参照されたい．

　品質管理の分野での lsd の適用については，このような問題点をはらんでいること理解した上で，検定という立場ではなく，**次のアクションへの目安程度の意図で用いることが望ましい**．□

Q14：データの構造式において水準組合せの母平均を各要因効果に分解する考え方を具体的に教えてください（★★）

　繰返しのある2元配置法について5.2節で述べた内容を数値例を用いて具体的に説明する．因子 A について2水準，因子 B について3水準を設定する．$A_1B_1, \cdots, A_2B_3$ の6通りの水準組合せのそれぞれに母集団分布 $N(\mu_{ij}, \sigma^2)$ を想定する．以下では6通りの水準組合せに対応する母平均 μ_{ij} についていくつかの数値例を与えて考えていこう．

　まず，表1に示した μ_{ij} の値の場合について説明する．

表1　μ_{ij} の数値例（その1）

	B_1	B_2	B_3	計
A_1	$\mu_{11}=14$	$\mu_{12}=2$	$\mu_{13}=-4$	12
A_2	$\mu_{21}=24$	$\mu_{22}=10$	$\mu_{23}=14$	48
	38	12	10	60

表1の値を用いて 5.2 節の式 (5.36)〜(5.39) を用いて一般平均や各要因効果を求める．

$$\mu = \frac{1}{ab}\sum_{i=1}^{2}\sum_{j=1}^{3}\mu_{ij} = \frac{60}{2\times 3} = 10$$

$$\mu_{1\cdot} = \frac{1}{b}\sum_{j=1}^{3}\mu_{1j} = \frac{12}{3} = 4, \qquad \mu_{2\cdot} = \frac{1}{b}\sum_{j=1}^{3}\mu_{2j} = \frac{48}{3} = 16$$

$$\mu_{\cdot 1} = \frac{1}{a}\sum_{i=1}^{2}\mu_{i1} = \frac{38}{2} = 19, \qquad \mu_{\cdot 2} = \frac{1}{a}\sum_{i=1}^{2}\mu_{i2} = \frac{12}{2} = 6$$

$$\mu_{\cdot 3} = \frac{1}{a}\sum_{i=1}^{2}\mu_{i3} = \frac{10}{2} = 5$$

$$a_1 = \mu_{1\cdot} - \mu = 4 - 10 = -6, \qquad a_2 = \mu_{2\cdot} - \mu = 16 - 10 = 6$$

$$b_1 = \mu_{\cdot 1} - \mu = 19 - 10 = 9, \qquad b_2 = \mu_{\cdot 2} - \mu = 6 - 10 = -4$$

$$b_3 = \mu_{\cdot 3} - \mu = 5 - 10 = -5$$

$$(ab)_{11} = \mu_{11} - (\mu + a_1 + b_1) = 14 - (10 + (-6) + 9) = 1$$

$$(ab)_{12} = \mu_{12} - (\mu + a_1 + b_2) = 2 - (10 + (-6) + (-4)) = 2$$

$$(ab)_{13} = -3, \quad (ab)_{21} = -1, \quad (ab)_{22} = -2, \quad (ab)_{23} = 3$$

上に示した値より，

$$\sum_{i=1}^{2}a_i = \sum_{j=1}^{3}b_j = \sum_{i=1}^{2}(ab)_{ij} = \sum_{j=1}^{3}(ab)_{ij} = 0$$

の成り立つことを確かめることができる．

上の結果より，主効果 A と B および交互作用 $A\times B$ はいずれも存在する．

交互作用が存在する場合には $\mu_{ij} = \mu + a_i + b_j + (ab)_{ij}$ だから，この値を推定することになる．それに対して，$\mu + a_i$，$\mu + b_j$，$\mu + a_i + b_j$ などを推定する意味はない．

次に，表 2 に示した μ_{ij} の値に基づいて考えてみよう．

表 1 の場合と同様に，表 2 の値から一般平均や各要因効果の値を求めると

表2　μ_{ij} の数値例（その2）

	B_1	B_2	B_3	計
A_1	$\mu_{11}=13$	$\mu_{12}=0$	$\mu_{13}=-1$	12
A_2	$\mu_{21}=25$	$\mu_{22}=12$	$\mu_{23}=11$	48
	38	12	10	60

以下のようになる．

$$\mu=10,\quad a_1=-6,\quad a_2=6,\quad b_1=9,\quad b_2=-4,\quad b_3=-5$$
$$(ab)_{11}=(ab)_{12}=(ab)_{13}=(ab)_{21}=(ab)_{22}=(ab)_{23}=0$$

これらの値より，表2の場合には，主効果 A と B は存在するが，交互作用 $A\times B$ は存在しない．すなわち，$\mu_{ij}=\mu+a_i+b_j$ となるから，この値を推定することが主目的である．一方，$\mu+a_i$ は $\mu+a_k$ との比較のために推定する意味があるが，μ の値の中に B の効果の平均が入っているため，$\mu+a_i$ の値を単独で推定しても意味はない（$\mu+b_j$ についても同様である）．

最後に，表3に示した μ_{ij} の値に基づいて考えてみよう．

表3　μ_{ij} の数値例（その3）

	B_1	B_2	B_3	計
A_1	$\mu_{11}=4$	$\mu_{12}=4$	$\mu_{13}=4$	12
A_2	$\mu_{21}=16$	$\mu_{22}=16$	$\mu_{23}=16$	48
	20	20	20	60

表3の値から同様に一般平均や各要因効果の値を求めると以下のようになる．

$$\mu=10,\quad a_1=-6,\quad a_2=6,\quad b_1=b_2=b_3=0$$
$$(ab)_{11}=(ab)_{12}=(ab)_{13}=(ab)_{21}=(ab)_{22}=(ab)_{23}=0$$

これらの値より，表3の場合には，主効果 A だけが存在し，主効果 B と交互作用 $A\times B$ は存在しない．このとき，$\mu_{ij}=\mu+a_i$ となるから，この値を単独で推定することに意味が生じる．□

Q15：データの構造式と分散分析表の検定結果との対応を具体的に説明してください（★★）

「データの構造式における要因効果と誤差の母分散の大きさ」が決まると「分散分析表の $E(V)$ の大きさ」が定まり，それが「分散分析表の $V_{要因}$ や V_E の大きさと検定結果」に反映されることを具体的な数値例を用いて示す．

L_8 直交配列表に表1のように割り付けたとしよう．表1には，この実験で得られるデータの構造式も列挙している．

表1 $L_8(2^7)$ 直交配列表への因子の割り付けと水準組合せ

No.	A [1]	B [2]	[3]	C [4]	[5]	[6]	[7]	水準組合せ	データの構造式
1	1	1	1	1	1	1	1	$A_1B_1C_1$	$x_1 = \mu + a_1 + b_1 + c_1 + \varepsilon_1$
2	1	1	1	2	2	2	2	$A_1B_1C_2$	$x_2 = \mu + a_1 + b_1 + c_2 + \varepsilon_2$
3	1	2	2	1	1	2	2	$A_1B_2C_1$	$x_3 = \mu + a_1 + b_2 + c_1 + \varepsilon_3$
4	1	2	2	2	2	1	1	$A_1B_2C_2$	$x_4 = \mu + a_1 + b_2 + c_2 + \varepsilon_4$
5	2	1	2	1	2	1	2	$A_2B_1C_1$	$x_5 = \mu + a_2 + b_1 + c_1 + \varepsilon_5$
6	2	1	2	2	1	2	1	$A_2B_1C_2$	$x_6 = \mu + a_2 + b_1 + c_2 + \varepsilon_6$
7	2	2	1	1	2	2	1	$A_2B_2C_1$	$x_7 = \mu + a_2 + b_2 + c_1 + \varepsilon_7$
8	2	2	1	2	1	1	2	$A_2B_2C_2$	$x_8 = \mu + a_2 + b_2 + c_2 + \varepsilon_8$
成分	a	b	a b	c	a c	b c	a b c		

ここで，データの構造式におけるそれぞれの効果として表2に示した3つのパターンを考える．パターン1とパターン2の誤差は正規分布 $N(0,2^2)$ からの同じ乱数である．パターン1とパターン2の違いは A の効果が2倍になっている点である．パターン3の要因効果はパターン2と同じだが，誤差が $N(0,3^2)$ からの乱数となっている．

パターン1の要因効果と誤差を表1のデータ x の構造式に代入するとデータ x が得られる．このデータに基づいて分散分析表を作成すると表3となる．

表2 3つのパターンの要因効果・誤差・データ

	パターン1		パターン2		パターン3	
	要因効果		要因効果		要因効果	
	$\mu = 10$		$\mu = 10$		$\mu = 10$	
	$a_1 = -2,\ a_2 = 2$		$a_1 = -4,\ a_2 = 4$		$a_1 = -4,\ a_2 = 4$	
	$b_1 = -5,\ b_2 = 5$		$b_1 = -5,\ b_2 = 5$		$b_1 = -5,\ b_2 = 5$	
	$c_1 = 0,\ c_2 = 0$		$c_1 = 0,\ c_2 = 0$		$c_1 = 0,\ c_2 = 0$	
No.	誤差 ε ($\sigma^2 = 2^2$)	データ x	誤差 ε ($\sigma^2 = 2^2$)	データ x	誤差 ε ($\sigma^2 = 3^2$)	データ x
1	-1.0	2.0	-1.0	0	-0.7	0.3
2	-0.2	2.8	-0.2	0.8	-1.1	-0.1
3	0.7	13.7	0.7	11.7	-3.1	7.9
4	0.6	13.6	0.6	11.6	5.0	16.0
5	-2.7	4.3	-2.7	6.3	1.4	10.4
6	3.8	10.8	3.8	12.8	-0.1	8.9
7	-0.5	16.5	-0.5	18.5	-0.9	18.1
8	-0.6	16.4	-0.6	18.4	-0.9	18.1

表3について次の点に注意しよう.

(1) $\sigma^2 = 2^2$ の推定値として $V_E = 4.480 = 2.12^2$ が得られている.

(2) $\sigma_A^2 = \sum a_i^2/\phi_A = \{(-2)^2 + 2^2\}/1 = 8$ だから,$\sigma^2 + 4\sigma_A^2 = 2^2 + 4 \times 8 = 36$ の推定値として $V_A = 31.60$ が得られている.A の効果はあるにもかかわらず,分散分析表では有意になっていない.

(3) $\sigma_B^2 = \sum b_j^2/\phi_B = \{(-5)^2 + 5^2\}/1 = 50$ だから,$\sigma^2 + 4\sigma_B^2 = 204$ の推定値として $V_B = 203.01$ が得られている.分散分析表では B の効果が高度に有意と判定されている.

(4) $\sigma_C^2 = \sum c_k^2/\phi_B = \{0^2 + 0^2\}/1 = 0$ だから,$\sigma^2 + 4\sigma_C^2 = 4$ の推定値として $V_C = 6.30$ が得られている.分散分析表では C は有意でなく,F_0 の値は誤差項にプールできるレベルである.

次に,パターン2の要因効果と誤差をデータの構造式に代入して得られたデータ x を考える.このデータに基づいて作成した分散分析表を表4に示す.

表3 パターン1の場合の分散分析表

要因	S	ϕ	V	F_0	$E(V)$
A	31.60	1	31.60	7.05	$\sigma^2 + 4\sigma_A^2$
B	203.01	1	203.01	45.3**	$\sigma^2 + 4\sigma_B^2$
C	6.30	1	6.30	1.41	$\sigma^2 + 4\sigma_C^2$
E	17.92	4	4.480		σ^2
T	258.83	7			

$F(1,4;0.05) = 7.71, \quad F(1,4;0.01) = 21.2$

表4 パターン2の場合の分散分析表

要因	S	ϕ	V	F_0	$E(V)$
A	127.20	1	127.20	28.4**	$\sigma^2 + 4\sigma_A^2$
B	203.01	1	203.01	45.3**	$\sigma^2 + 4\sigma_B^2$
C	6.30	1	6.30	1.41	$\sigma^2 + 4\sigma_C^2$
E	17.92	4	4.480		σ^2
T	354.43	7			

$F(1,4;0.05) = 7.71, \quad F(1,4;0.01) = 21.2$

表4より次のことが観察できる.

(1) パターン1よりもAの効果が大きくなり,$\sigma_A^2 = \sum a_i^2/\phi_A = \{(-4)^2 + 4^2\}/1 = 32$ となったので,$\sigma^2 + 4\sigma_A^2 = 132$ の推定値として $V_A = 127.20$ が得られている.今回,A は高度に有意になっている.

(2) AとTの欄以外は表1と同じである.Aの効果だけを変化させても,BやCの結果は変化しない.A, B, Cが交絡していないからである.

最後に,パターン3の効果と誤差をデータの構造式に代入して得られたデータ x を考える.このデータから作成した分散分析表を表5に示す.表5より次のことがわかる.

(1) パターン1,2とは異なり,誤差の母分散が $\sigma^2 = 3^2$ に設定されている.これを反映して $\sigma^2 = 3^2$ の推定値として $V_E = 8.748 = 2.96^2$ が得られている.

表5 パターン3の場合の分散分析表

要因	S	ϕ	V	F_0	$E(V)$
A	123.25	1	123.25	14.1*	$\sigma^2 + 4\sigma_A^2$
B	206.05	1	206.05	23.6**	$\sigma^2 + 4\sigma_B^2$
C	4.80	1	4.80	0.549	$\sigma^2 + 4\sigma_C^2$
E	34.99	4	8.748		σ^2
T	369.08	7			

$F(1,4;0.05) = 7.71, \quad F(1,4;0.01) = 21.2$

(2) 誤差分散 V_E が約2倍になったので，F_0 の値が表4と比べて半分程度になっている．□

Q16：直交配列表における"直交"の意味を教えてください (★★)

2つの（p次元）ベクトル $\vec{a} = (a_1, a_2, \cdots, a_p)$，$\vec{b} = (b_1, b_2, \cdots, b_p)$ が直交する（直角に交わる）条件は，その内積が0，すなわち，

$$(\vec{a}, \vec{b}) = a_1 b_1 + a_2 b_2 + \cdots + a_p b_p = 0 \tag{1}$$

が成り立つことである．

表1に示した L_4 直交配列表において水準番号を表す数字のうち "2" を "−1" に置き換えて，各列ごとに（4次元）ベクトル $\vec{a}_{[1]} \sim \vec{a}_{[3]}$ を考える（表2を参照）．すると，任意の2つのベクトルの内積はゼロとなる（$(\vec{a}_{[1]}, \vec{a}_{[2]}) = (\vec{a}_{[1]}, \vec{a}_{[3]}) = (\vec{a}_{[2]}, \vec{a}_{[3]}) = 0$）となる．つまり，$L_4$ において任意の2列のベクトルは直交する．L_8, L_{16}, L_{32} においても同様のことが成り立つ．

ここで，$x_1, x_2, \cdots, x_p$ は互いに独立に

$$x_1 \sim N(\mu_1, \sigma^2),\ x_2 \sim N(\mu_2, \sigma^2),\ \cdots,\ x_p \sim N(\mu_p, \sigma^2)$$

であるとする（母分散は同じ！）．2つの直交するベクトル $\vec{a} = (a_1, a_2, \cdots, a_p)$

表1 L_4 直交配列表

No.	[1]	[2]	[3]	データ
1	1	1	1	x_1
2	1	2	2	x_2
3	2	1	2	x_3
4	2	2	1	x_4

表2 水準番号の置き換え

No.	$\vec{a}_{[1]}$	$\vec{a}_{[2]}$	$\vec{a}_{[3]}$
1	1	1	1
2	1	-1	-1
3	-1	1	-1
4	-1	-1	1

と $\vec{b} = (b_1, b_2, \cdots, b_p)$ を用いて合成変量

$$y = a_1 x_1 + a_2 x_2 + \cdots + a_p x_p \tag{2}$$

$$z = b_1 x_1 + b_2 x_2 + \cdots + b_p x_p \tag{3}$$

を作る. y と z の共分散 $Cov(y,z)$ を考えると次のようになる.

$$\begin{aligned}
Cov(y,z) &= Cov(a_1 x_1 + a_2 x_2 + \cdots + a_p x_p, b_1 x_1 + b_2 x_2 + \cdots + b_p x_p) \\
&= \sum_{i=1}^{p} \sum_{j=1}^{p} a_i b_j Cov(x_i, x_j) \quad \text{(共分散の線形性)} \\
&= a_1 b_1 Cov(x_1, x_1) + \cdots + a_p b_p Cov(x_p, x_p) \\
&\quad (x_i \text{ と } x_j \text{ が独立} \Rightarrow Cov(x_i, x_j) = 0 \ (i \neq j)) \\
&= (a_1 b_1 + \cdots + a_p b_p) \sigma^2 \quad (Cov(x_i, x_i) = V(x_i) = \sigma^2) \\
&= 0 \quad (\vec{a} \text{ と } \vec{b} \text{ の直交性})
\end{aligned} \tag{4}$$

y と z は正規分布に従う変量であり,式 (4) よりその共分散は 0 だから,y と z は互いに独立である.このように,直交するベクトルを用いて式 (2), (3) のような形で合成変量を作ると,それらの変量は独立になる.

再び,表1の L_4 直交配列表について考えよう.表1において,No.1~4で得られるデータを x_1, x_2, x_3, x_4 と表す.第 $[k]$ 列の列平方和は $S_{[k]} = (T_{[k]_1} - T_{[k]_2})^2 / N$ と求めた.列平方和の分子の2乗する前の量を第 [1] 列から第 [3] 列までそれぞれ取り出して,データを用いて表現すると次のようになる.

$$T_{[1]_1} - T_{[1]_2} = (x_1 + x_2) - (x_3 + x_4) = x_1 + x_2 + (-1)x_3 + (-1)x_4 \tag{5}$$

$$T_{[2]_1} - T_{[2]_2} = (x_1 + x_3) - (x_2 + x_4) = x_1 + (-1)x_2 + x_3 + (-1)x_4 \quad (6)$$

$$T_{[3]_1} - T_{[3]_2} = (x_1 + x_4) - (x_2 + x_3) = x_1 + (-1)x_2 + (-1)x_3 + x_4 \quad (7)$$

これらは表2の直交する3つのベクトル $\vec{a}_{[1]}$, $\vec{a}_{[2]}$, $\vec{a}_{[3]}$ を用いて式 (2) や (3) のように作成した量になっているから，互いに独立である．したがって，これらに基づいて計算される列平方和 $S_{[1]}$, $S_{[2]}$, $S_{[3]}$ も互いに独立である．つまり，直交配列表は独立な列平方和を得ることができるように構成されている．□

Q17：直交配列表において「交互作用が現れる列」という意味を具体的に説明してください（★★）

表1に示したように，「L_4 直交配列表の第 [1] 列と第 [2] 列に因子 A と B を割り付けたとき，交互作用 $A \times B$ が第 [3] 列に現れる」という意味を2通りの説明方法を用いて回答する．

表1 L_4 への因子の割り付けと水準組合せ・データの構造式

割り付け No.	A [1]	B [2]	[3]	水準組合せ	データの構造式
1	1	1	1	$A_1 B_1$	$x_1 = \mu + a_1 + b_1 + (ab)_{11} + \varepsilon_1$
2	1	2	2	$A_1 B_2$	$x_2 = \mu + a_1 + b_2 + (ab)_{12} + \varepsilon_2$
3	2	1	2	$A_2 B_1$	$x_3 = \mu + a_2 + b_1 + (ab)_{21} + \varepsilon_3$
4	2	2	1	$A_2 B_2$	$x_4 = \mu + a_2 + b_2 + (ab)_{22} + \varepsilon_4$

回答1：表1に基づいて $S_{A \times B}$ を通常のように計算してみよう．

$$CT = \frac{(x_1 + x_2 + x_3 + x_4)^2}{4} \quad (1)$$

$$S_A = \frac{T_{A_1}^2}{N_{A_1}} + \frac{T_{A_2}^2}{N_{A_2}} - CT = \frac{(x_1 + x_2)^2}{2} + \frac{(x_3 + x_4)^2}{2} - CT \quad (2)$$

$$S_B = \frac{T_{B_1}^2}{N_{B_1}} + \frac{T_{B_2}^2}{N_{B_2}} - CT = \frac{(x_1+x_3)^2}{2} + \frac{(x_2+x_4)^2}{2} - CT \quad (3)$$

$$S_{AB} = \frac{T_{A_1B_1}^2}{N_{A_1B_1}} + \frac{T_{A_1B_2}^2}{N_{A_1B_2}} + \frac{T_{A_2B_1}^2}{N_{A_2B_1}} + \frac{T_{A_2B_2}^2}{N_{A_2B_2}} - CT$$

$$= \frac{x_1^2}{1} + \frac{x_2^2}{1} + \frac{x_3^2}{1} + \frac{x_4^2}{1} - CT \quad (4)$$

$$S_{A\times B} = S_{AB} - S_A - S_B$$

$$= \frac{x_1^2}{1} + \frac{x_2^2}{1} + \frac{x_3^2}{1} + \frac{x_4^2}{1} - \frac{(x_1+x_2)^2}{2} - \frac{(x_3+x_4)^2}{2}$$

$$- \frac{(x_1+x_3)^2}{2} - \frac{(x_2+x_4)^2}{2} + \frac{(x_1+x_2+x_3+x_4)^2}{4}$$

$$= \frac{\{(x_1+x_4)-(x_2+x_3)\}^2}{4} = \frac{(T_{[3]_1}-T_{[3]_2})^2}{N} = S_{[3]} \quad (5)$$

式 (5) より,交互作用 $A \times B$ の平方和は第 [3] 列の平方和に等しいことがわかる.

回答 2:表 1 に示したデータの構造式において,A と B の主効果 a_i と b_j の水準番号(添え字)は,それぞれ第 [1] 列と第 [2] 列の水準番号に対応している.これは,それぞれの列の水準番号に対応させて A と B の水準を定めているから当然のことである.ここでは,データの構造式における交互作用 $A \times B$ について考えよう.交互作用の効果 $(ab)_{ij}$ には,

$$\sum_{i=1}^{2}(ab)_{ij} = \sum_{j=1}^{2}(ab)_{ij} = 0 \quad (6)$$

という制約式を課していた.いま,A も B も 2 水準だから,式 (6) を具体的に表記すると表 2 のようになる.

表 2 交互作用の制約式の内容

	B_1	B_2	計
A_1	$(ab)_{11}$	$(ab)_{12}$	0
A_2	$(ab)_{21}$	$(ab)_{22}$	0
計	0	0	0

表 3 交互作用の水準番号

	B_1	B_2	計
A_1	$(ab)_1$	$(ab)_2$	0
A_2	$(ab)_2$	$(ab)_1$	0
計	0	0	0

ここで,$(ab)_{11} = (ab)_1$, $(ab)_{12} = (ab)_2$ とおくと,表2に示した制約式より,$(ab)_{21} = (ab)_2$, $(ab)_{22} = (ab)_1$ となる(表3を参照せよ).これらを表1のデータの構造式に代入すると,交互作用 $(ab)_{11}$, $(ab)_{12}$, $(ab)_{21}$, $(ab)_{22}$ の水準番号は上から 1,2,2,1 となり,これは L_4 直交配列表の第 [3] 列の水準番号の並び方と一致する.このことは「第 [1] 列と第 [2] 列に割り付けた因子の交互作用が第 [3] 列に現れる」ことを意味している.□

Q18:寄与率とは何ですか?(★★)

寄与率とは総平方和 S_T に占める各要因の平方和の割合を言う.分散分析表の作成にあたって総平方和を各要因の平方和に分解しているので,どの要因の平方和が全体に対してどれくらいの割合を占めているのかを検討する尺度として有益である.

ただし,実験計画法では,各要因の平方和には誤差によるばらつきも含まれているのでそれを差し引いた形で寄与率を求めるのがふつうである.

第5章の例5.1で求めた分散分析表(表5.9)を表1に示す.この分散分析表に基づいて具体的に寄与率の求め方を説明する.

例えば,A については $E(V_A) = E(S_A/\phi_A) = \sigma^2 + 6\sigma_A^2$ だから,

$$E(S_A) = \phi_A \sigma^2 + 6\phi_A \sigma_A^2 \tag{1}$$

表1 分散分析表

要因	S	ϕ	V	F_0	$E(V)$
A	33.34	1	33.34	22.2**	$\sigma^2 + 6\sigma_A^2$
B	3.17	2	1.585	1.06	$\sigma^2 + 4\sigma_B^2$
$A \times B$	18.16	2	9.080	6.05*	$\sigma^2 + 2\sigma_{A \times B}^2$
E	9.00	6	1.500		σ^2
T	63.67	11			

となる．このことに注意して，S_T の期待値を求めてみよう．

$$E(S_T) = E(S_A + S_B + S_{A \times B} + S_E)$$
$$= 6\phi_A \sigma_A^2 + 4\phi_B \sigma_B^2 + 2\phi_{A \times B} \sigma_{A \times B}^2 + (\phi_A + \phi_B + \phi_{A \times B} + \phi_E)\sigma^2 \quad (2)$$

ここで，

$$\frac{6\phi_A \sigma_A^2}{E(S_T)}, \quad \frac{4\phi_B \sigma_B^2}{E(S_T)}, \quad \frac{2\phi_{A \times B} \sigma_{A \times B}^2}{E(S_T)}, \quad \frac{(\phi_A + \phi_B + \phi_{A \times B} + \phi_E)\sigma^2}{E(S_T)} \quad (3)$$

の推定値をそれぞれの要因の**寄与率**と呼ぶ．寄与率の和は1になる．

式 (1) より

$$6\phi_A \sigma_A^2 = E(S_A) - \phi_A \sigma^2 \quad (4)$$

なので，この推定値は

$$6\phi_A \hat{\sigma}_A^2 = S_A - \phi_A V_E \quad (5)$$

である．したがって，A の寄与率を次のように求めればよい．

$$A \text{ の寄与率} = \frac{S_A - \phi_A V_E}{S_T} = \frac{33.34 - 1 \times 1.500}{63.67} = 0.500$$

一般に，ある「要因」（誤差以外）の寄与率は次のように求める．

$$\text{要因の寄与率} = \frac{S_{要因} - \phi_{要因} V_E}{S_T} \quad (6)$$

式 (6) を用いて表 1 より B と $A \times B$ の寄与率を求めると次のようになる．

$$B \text{ の寄与率} = \frac{S_B - \phi_B V_E}{S_T} = \frac{3.17 - 2 \times 1.500}{63.67} = 0.003$$

$$A \times B \text{ の寄与率} = \frac{S_{A \times B} - \phi_{A \times B} V_E}{S_T} = \frac{18.16 - 2 \times 1.500}{63.67} = 0.238$$

最後に，**誤差の寄与率は誤差以外の寄与率を1から差し引けばよい．**

$$\text{誤差の寄与率} = 1 - 0.500 - 0.003 - 0.238 = 0.259$$

次に，分割法の場合を考えよう．第 12 章の例 12.14 で求めた分散分析表（1）（表 12.15）を表 2 に示す．表 2 に基づいて寄与率の求め方を説明する．

まず，S_T の期待値を考えると，次のようになる．

$$E(S_T) = E(S_R + S_A + S_{E_{(1)}} + S_B + S_{A \times B} + S_{E_{(2)}})$$

表 2 分散分析表

要因	S	ϕ	V	F_0	$E(V)$
R	60.16	1	60.16	1.27	$\sigma_{(2)}^2 + 4\sigma_{(1)}^2 + 12\sigma_R^2$
A	839.58	2	419.79	8.83	$\sigma_{(2)}^2 + 4\sigma_{(1)}^2 + 8\sigma_A^2$
$E_{(1)}$	95.09	2	47.55	3.61	$\sigma_{(2)}^2 + 4\sigma_{(1)}^2$
B	274.83	3	91.61	6.95*	$\sigma_{(2)}^2 + 6\sigma_B^2$
$A \times B$	57.42	6	9.57	0.726	$\sigma_{(2)}^2 + 2\sigma_{A \times B}^2$
$E_{(2)}$	118.75	9	13.19		$\sigma_{(2)}^2$
T	1445.83	23			

$$\begin{aligned}
&= 12\phi_R \sigma_R^2 + 8\phi_A \sigma_A^2 + 6\phi_B \sigma_B^2 + 2\phi_{A \times B} \sigma_{A \times B}^2 \\
&\quad + 4(\phi_R + \phi_A + \phi_{E_{(1)}})\sigma_{(1)}^2 \\
&\quad + (\phi_R + \phi_A + \phi_{E_{(1)}} + \phi_B + \phi_{A \times B} + \phi_{E_{(2)}})\sigma_{(2)}^2
\end{aligned} \tag{7}$$

ここで,

$$\frac{12\phi_R \sigma_R^2}{E(S_T)}, \quad \frac{8\phi_A \sigma_A^2}{E(S_T)}, \quad \frac{6\phi_B \sigma_B^2}{E(S_T)}, \quad \frac{2\phi_{A \times B} \sigma_{A \times B}^2}{E(S_T)} \tag{8}$$

$$\frac{4(\phi_R + \phi_A + \phi_{E_{(1)}})\sigma_{(1)}^2}{E(S_T)} \tag{9}$$

$$\frac{(\phi_R + \phi_A + \phi_{E_{(1)}} + \phi_B + \phi_{A \times B} + \phi_{E_{(2)}})\sigma_{(2)}^2}{E(S_T)} \tag{10}$$

の推定値がそれぞれの要因の寄与率である. やはり, 寄与率の和は 1 である.

A の平方和 S_A の期待値は

$$E(S_A) = \phi_A(\sigma^2 + 4\sigma_{(1)}^2) + 8\phi_A \sigma_A^2 \tag{11}$$

となるから, $8\phi_A \sigma_A^2$ の推定値は

$$8\phi_A \hat{\sigma}_A^2 = S_A - \phi_A V_{E_{(1)}} \tag{12}$$

である. したがって, A の寄与率を次のように求める.

$$A \text{ の寄与率} = \frac{S_A - \phi_A V_{E_{(1)}}}{S_T} = \frac{839.58 - 2 \times 47.55}{1445.83} = 0.515$$

同様に考えることにより，「i 次要因」（誤差以外）の寄与率は次のように求めればよい．

$$i \text{ 次要因の寄与率} = \frac{S_{i \text{ 次要因}} - \phi_{i \text{ 次要因}} V_{E_{(i)}}}{S_T} \tag{13}$$

式 (13) を用いて表 2 より R, B, $A \times B$ の寄与率を求めると次のようになる．

$$R \text{ の寄与率} = \frac{S_R - \phi_R V_{E_{(1)}}}{S_T} = \frac{60.16 - 1 \times 47.55}{1445.83} = 0.009$$

$$B \text{ の寄与率} = \frac{S_B - \phi_B V_{E_{(2)}}}{S_T} = \frac{274.83 - 3 \times 13.19}{1445.83} = 0.163$$

$$A \times B \text{ の寄与率} = \frac{S_{A \times B} - \phi_{A \times B} V_{E_{(2)}}}{S_T} = \frac{57.42 - 6 \times 13.19}{1445.83} = -0.015$$

次に，1 次誤差については，$E(V)$ に $\sigma^2_{(1)}$ が含まれている平方和を取り出して

$$E(S_R + S_A + S_{E_{(1)}}) = (\phi_R + \phi_A + \phi_{E_{(1)}})(\sigma^2_{(2)} + 4\sigma^2_{(1)}) + 12\phi_R \sigma^2_R + 8\phi_A \sigma^2_A \tag{14}$$

となることに注意する．式 (14) の右辺において $\sigma^2_{(1)}$ に関係している部分以外を左辺に移項して，その推定値を分子とし，それを S_T で割ったものが 1 次誤差の寄与率となる．すなわち，

$$1 \text{ 次誤差の寄与率} = \frac{S_R + S_A + S_{E_{(1)}} - (\phi_R + \phi_A + \phi_{E_{(1)}}) V_{E_{(2)}}}{S_T}$$
$$- (R \text{ の寄与率}) - (A \text{ の寄与率})$$

$$= \frac{60.16 + 839.58 + 95.09 - (1 + 2 + 2) \times 13.19}{1445.83} - 0.009 - 0.515 = 0.118$$

と求めることができる．

2 次誤差の寄与率は 1 から他のすべての寄与率を差し引けばよい．

$$2 \text{ 次誤差の寄与率} = 1 - 0.009 - 0.515 - 0.118 - 0.163 - (-0.015) = 0.210$$

この例では，$A \times B$ の寄与率がマイナスの値になって不自然である．寄与率がマイナスになれば，実際上はゼロとみなせばよい．しかし，誤差の寄与率の

計算の際にはマイナスの値のまま計算する必要がある．寄与率がマイナスになるのは分散分析表においてその要因の F_0 値が 1 未満になる場合である．□

Q19：誤差の母分散やブロック因子の分散成分の区間推定の方法を教えてください（★★）

分割法の場合以外の誤差の母分散 σ^2 および分割法における最高次の誤差の母分散の区間推定は 1.2 節の式 (1.9) と同様に行えばよい．すなわち，信頼率 $1-\alpha$ の信頼区間は次の通りである．

$$\left(\frac{S_E}{\chi^2(\phi_E, \alpha/2)}, \frac{S_E}{\chi^2(\phi_E, 1-\alpha/2)}\right) \tag{1}$$

式 (1) で区間推定している母分散 σ^2 は，分散分析表において $E(V)$ の構造が $E(V_E) = \sigma^2$ となる場合である．

次に，ブロック因子の母分散や分割法における低次の誤差の母分散の区間推定の方法を述べる．これは，分散分析表において $E(V)$ が

$$E(V_1) = \sigma_2^2 + k\sigma_1^2 \quad (\text{自由度は } \phi_1), \quad E(V_2) = \sigma_2^2 \quad (\text{自由度は } \phi_2) \tag{2}$$

となっている状況として考えることができる．ここで，σ_1^2 がブロック因子の分散成分や低次の誤差の母分散に対応する．また，式 (2) において σ_2^2 は $\sigma^2 + m\sigma_*^2$ などの形であってもよい．この場合に，σ_1^2 の信頼率 $1-\alpha$ の信頼区間は次の通りである．

$$\left(\frac{1}{k}\left\{\frac{1}{F(\phi_1, \phi_2; \alpha/2)} \cdot V_1 - V_2\right\}, \frac{1}{k}\left\{F(\phi_2, \phi_1; \alpha/2) \cdot V_1 - V_2\right\}\right) \tag{3}$$

式 (3) を**アンダーソン・バンクロフト** (Anderson-Bancroft) **の方法**と呼ぶ．

式 (3) の導出は次の通りである．$\{V_1/(\sigma_2^2 + k\sigma_1^2)\}/\{V_2/\sigma_2^2\}$ が $F(\phi_1, \phi_2)$ に従うので，

$$Pr\left(F(\phi_1, \phi_2; 1-\alpha/2) < \frac{V_1/(\sigma_2^2 + k\sigma_1^2)}{V_2/\sigma_2^2} < F(\phi_1, \phi_2; \alpha/2)\right) = 1-\alpha \tag{4}$$

表 1 分散分析表

要因	S	ϕ	V	F_0	$E(V)$
R	720	1	720	6.00	$\sigma_{(2)}^2 + 4\sigma_{(1)}^2 + 12\sigma_R^2$
A	960	2	480	4.00	$\sigma_{(2)}^2 + 4\sigma_{(1)}^2 + 8\sigma_A^2$
$E_{(1)}$	240	2	120	6.00*	$\sigma_{(2)}^2 + 4\sigma_{(1)}^2$
B	300	3	100	5.00*	$\sigma_{(2)}^2 + 6\sigma_B^2$
$A \times B$	360	6	60	3.00	$\sigma_{(2)}^2 + 2\sigma_{A \times B}^2$
$E_{(2)}$	180	9	20		$\sigma_{(2)}^2$
T	2760	23			

が成り立つ.式 (4) の括弧内の不等式を σ_1^2 について解き,σ_2^2 をその推定量 V_2 で置き換えて,さらに $F(\phi_1, \phi_2; 1-\alpha/2) = 1/F(\phi_2, \phi_1; \alpha/2)$ であることを用いれば,式 (3) が得られる.

$V_1/V_2 < F(\phi_1, \phi_2; \alpha/2)$ なら,式 (3) の信頼下限はマイナスの値となる.これは,分散分析表において V_1 に対応する要因が有意水準 $\alpha/2$ で有意でない場合であり,マイナスの値をゼロと置き換えればよい.一方,式 (3) の信頼上限は $V_1/V_2 < F(\phi_1, \phi_2; 1-\alpha/2)$ の場合にマイナスの値をとる.しかし,このような状況ではプーリングが行われているはずなので,その段階で $\sigma_1^2 = 0$ とみなしたことになり,σ_1^2 の区間推定は行わない.

A を 1 次因子,B を 2 次因子とし,反復を入れた分割法において表 1 の分散分析表が得られたとしよう.表 1 より,2 次誤差,1 次誤差,反復のそれぞれの母分散 $\sigma_{(2)}^2$, $\sigma_{(1)}^2$, σ_R^2 の信頼率 95% の信頼区間を求めよう.

まず,$\sigma_{(2)}^2$ の区間推定は式 (1) を用いて

$$\left(\frac{180}{\chi^2(9, 0.025)}, \frac{180}{\chi^2(9, 0.975)} \right) = \left(\frac{180}{19.02}, \frac{180}{2.70} \right)$$

$$= (9.46, 66.7) = (3.08^2, 8.17^2)$$

となる.次に,$\sigma_{(1)}^2$ の信頼区間は,式 (2) を

$$E(V_{E_{(1)}}) = \sigma_{(2)}^2 + 4\sigma_{(1)}^2 \quad (\phi_{E_{(1)}} = 2), \quad E(V_{E_{(2)}}) = \sigma_{(2)}^2 \quad (\phi_{E_{(2)}} = 9)$$

と対応させて，式 (3) を用いることにより，

$$\left(\frac{1}{4}\left\{\frac{1}{F(2,9;0.025)} \times 120 - 20\right\}, \frac{1}{4}\left\{F(9,2;0.025) \times 120 - 20\right\}\right)$$

$$= \left(\frac{1}{4}\left\{\frac{1}{5.71} \times 120 - 20\right\}, \frac{1}{4}\left\{39.4 \times 120 - 20\right\}\right)$$

$$= (0.254, 1177) = (0.504^2, 34.3^2)$$

となる．最後に，σ_R^2 の信頼区間は，式 (2) を

$$E(V_R) = (\sigma_{(2)}^2 + 4\sigma_{(1)}^2) + 12\sigma_R^2 \quad (\phi_R = 1)$$

$$E(V_{E_{(1)}}) = (\sigma_{(2)}^2 + 4\sigma_{(1)}^2) \quad (\phi_{E_{(1)}} = 2)$$

と対応させて，式 (3) を用いることにより次のようになる．

$$\left(\frac{1}{12}\left\{\frac{1}{F(1,2;0.025)} \times 720 - 120\right\}, \frac{1}{12}\left\{F(2,1;0.025) \times 720 - 120\right\}\right)$$

$$= \left(\frac{1}{12}\left\{\frac{1}{38.5} \times 720 - 120\right\}, \frac{1}{12}\left\{800 \times 720 - 120\right\}\right)$$

$$= (-8.44, 47990) \Longrightarrow (0, 219^2)$$

上の計算結果からわかるように，自由度が小さい場合には区間幅が非常に広くなってしまう．□

Q20：測定を繰返すことによるメリットは何ですか？（★★）

測定だけを r 回繰返せば母平均の推定量の測定誤差の母分散が $1/r$ 倍になる．この理由を「繰返しの<u>ない</u> 2 元配置法」の場合について説明する．

測定を繰返さない場合の繰返しのない 2 元配置法におけるデータの構造式は

$$x_{ij} = \mu + a_i + b_j + \varepsilon_{ij} \tag{1}$$

$$\varepsilon_{ij} \sim N(0, \sigma^2) \tag{2}$$

だった．この場合，誤差は 1 つしか表示していないが，ε_{ij} は「実験誤差」と

「測定誤差」を併せたものである（これを $\varepsilon_{(1)ij} + \varepsilon_{(2)ij}$ と書いてもよいが，添え字が揃って，交絡するので，単に ε_{ij} と表示している）．一方，測定だけを r 回繰返す場合の 2 元配置法におけるデータの構造式は，14.1 節に示した通り，

$$x_{ij} = \mu + a_i + b_j + \varepsilon_{(1)ij} + \varepsilon_{(2)ijk} \tag{3}$$

$$\varepsilon_{(1)ij} \sim N(0, \sigma_{(1)}^2), \quad \varepsilon_{(2)ijk} \sim N(0, \sigma_{(2)}^2) \tag{4}$$

である．式 (2) の母分散と式 (4) の母分散の間には次の関係がある．

$$\sigma^2 = \sigma_{(1)}^2 + \sigma_{(2)}^2 \tag{5}$$

母平均 $\mu + a_i + b_j$ の推定値を考える．繰返しのない 2 元配置法の場合には，

$$\hat{\mu}(A_i B_j) = \widehat{\mu + a_i + b_j} = \widehat{\mu + a_i} + \widehat{\mu + b_j} - \hat{\mu} = \bar{x}_{A_i} + \bar{x}_{B_j} - \bar{\bar{x}}$$
$$= (\mu + a_i + b_j) + (\bar{\varepsilon}_{i\cdot} + \bar{\varepsilon}_{\cdot j} - \bar{\bar{\varepsilon}}) \tag{6}$$

となる．したがって，

$$V(\hat{\mu}(A_i B_j)) = \left(\frac{1}{a} + \frac{1}{b} - \frac{1}{ab}\right)\sigma^2 = \left(\frac{1}{a} + \frac{1}{b} - \frac{1}{ab}\right)(\sigma_{(1)}^2 + \sigma_{(2)}^2) \tag{7}$$

である．一方，測定の繰返しを r 回行った場合には，

$$\hat{\mu}(A_i B_j) = \widehat{\mu + a_i + b_j} = \widehat{\mu + a_i} + \widehat{\mu + b_j} - \hat{\mu} = \bar{x}_{A_i} + \bar{x}_{B_j} - \bar{\bar{x}}$$
$$= (\mu + a_i + b_j)$$
$$+ (\bar{\varepsilon}_{(1)i\cdot} + \bar{\varepsilon}_{(1)\cdot j} - \bar{\bar{\varepsilon}}_{(1)}) + (\bar{\varepsilon}_{(2)i\cdot\cdot} + \bar{\varepsilon}_{(2)\cdot j\cdot} - \bar{\bar{\varepsilon}}_{(2)}) \tag{8}$$

となるので，

$$V(\hat{\mu}(A_i B_j)) = \left(\frac{1}{a} + \frac{1}{b} - \frac{1}{ab}\right)\sigma_{(1)}^2 + \left(\frac{1}{ar} + \frac{1}{br} - \frac{1}{abr}\right)\sigma_{(2)}^2$$
$$= \left(\frac{1}{a} + \frac{1}{b} - \frac{1}{ab}\right)\left(\sigma_{(1)}^2 + \frac{\sigma_{(2)}^2}{r}\right) \tag{9}$$

である．式 (7) と式 (9) とを見比べると，測定の繰返しによって実験誤差による部分 $\sigma_{(1)}^2$ に違いはないが，測定誤差による部分 $\sigma_{(2)}^2$ は $1/r$ 倍になっていることがわかる．つまり，この分だけ，信頼区間の区間幅が短くなる．□

> **Q 2 1：水準によってばらつきに違いがあるかどうかを検討するにはどのようにすればよいのでしょうか？（★★）**

本書で述べた実験計画法の方法は，各水準ないしは各水準組合せごとに母集団を設定して，その母平均が異なるかどうかを分散分析表で判定するためのものだった．これに対して，データのばらつき自体を小さくするためにはどうすればよいのかを問題にしたい場合は多い．

1つの考え方は，経済的な理由などであまり厳密に管理していなかった因子を取り上げ，本書に述べた実験計画法を適用して「効果あり」となれば，今後，その因子を適切な水準で厳格に管理することである．

一方，ばらつきを解析の対象とした方法としては「タグチ・メソッド」がある（Q 29 参照）．□

> **Q 2 2：母平均の区間推定の際に用いる田口の式 (2.34) や伊奈の式 (2.35) について「その意味」や「なぜこのような式が成り立つのか」を説明してください（★★★）**

1.2 節で述べた母平均の信頼区間は

$$\bar{x} \pm t(\phi, \alpha)\sqrt{\frac{V}{n}} \tag{1}$$

という形だった．ここで，ϕ は分散 V の自由度であり，根号の分母の n は平均 $\bar{x}$ を求めるときのデータ数である．一方，根号の中の V/n は $\bar{x}$ の分散 $V(\bar{x}) = \sigma^2/n$ の推定量である．

これらのことを踏まえて式 (1) を拡張すると，次のようになる．

$$(\text{母平均の点推定量}) \pm t(\text{誤差分散の自由度}, \alpha)\sqrt{\frac{\text{誤差分散}}{n_e}} \tag{2}$$

これは，式 (2.33) に示したものである．「n_e は母平均の点推定量を求めるときのデータ数に対応する値」であり，「根号の中の 誤差分散/n_e は母平均の点推定量の分散の推定量」である．

母平均の点推定量を 1 つの平均だけから計算する場合（"1 元配置法"や"交互作用を無視できない場合の 2 元配置法"などの場合）には，$n_e =$（平均を求めるときのデータ数）として簡単に求めることができる．しかし，いくつかの平均を組合せて推定する場合には，母平均の点推定量を求めるときのデータ数をどう考えればよいのか自明ではない．そこで，「いくつかの平均を組合せて求めた推定量」が「"何個"のデータから求めた 1 つの平均」と分散が同じになるのかを考えて，その"何個"に対応するものを有効反復数 n_e と呼ぶ．有効反復数 n_e を簡便に求める公式が田口の式や伊奈の式である．

第 6 章の例 6.1 の内容にそって，具体的に田口の式や伊奈の式が成り立つことを示そう．例 6.1 では，手順 6 においてデータの構造式を

$$x_{ij} = \mu + a_i + b_j + \varepsilon_{ij}, \quad \varepsilon_{ij} \sim N(0, \sigma^2) \tag{3}$$

とした．手順 8 では母平均 $\mu(A_3 B_3)$ を次のように推定している．

$$\hat{\mu}(A_3 B_3) = \bar{x}_{A_3} + \bar{x}_{B_3} - \bar{\bar{x}} \tag{4}$$

式 (4) では 3 種類の平均を組合せている．制約式（$a_1 + a_2 + a_3 + a_4 = 0$, $b_1 + b_2 + b_3 = 0$）を考慮して，それぞれ次のように書き下す．

$$\begin{aligned}
\bar{x}_{A_3} &= \frac{T_{A_3}}{N_{A_3}} = \frac{x_{31} + x_{32} + x_{33}}{3} \\
&= \frac{1}{3}(3\mu + 3a_3 + (b_1 + b_2 + b_3) + \varepsilon_{31} + \varepsilon_{32} + \varepsilon_{33}) \\
&= \mu + a_3 + \frac{1}{3}(\varepsilon_{31} + \varepsilon_{32} + \varepsilon_{33})
\end{aligned} \tag{5}$$

$$\begin{aligned}
\bar{x}_{B_3} &= \frac{T_{B_3}}{N_{B_3}} = \frac{x_{13} + x_{23} + x_{33} + x_{43}}{4} \\
&= \frac{1}{4}(4\mu + (a_1 + a_2 + a_3 + a_4) + 4b_3 + \varepsilon_{13} + \varepsilon_{23} + \varepsilon_{33} + \varepsilon_{43}) \\
&= \mu + b_3 + \frac{1}{4}(\varepsilon_{13} + \varepsilon_{23} + \varepsilon_{33} + \varepsilon_{43})
\end{aligned} \tag{6}$$

$$\begin{aligned}
\bar{\bar{x}} &= \frac{T}{N} = \frac{x_{11} + x_{12} + x_{13} + x_{21} + \cdots + x_{42} + x_{43}}{12} \\
&= \frac{1}{12}(12\mu + 3(a_1 + a_2 + a_3 + a_4) + 4(b_1 + b_2 + b_3)) \\
&\quad + \frac{1}{12}(\varepsilon_{11} + \varepsilon_{12} + \varepsilon_{13} + \varepsilon_{21} + \cdots + \varepsilon_{42} + \varepsilon_{43}) \\
&= \mu + \frac{1}{12}(\varepsilon_{11} + \varepsilon_{12} + \varepsilon_{13} + \varepsilon_{21} + \cdots + \varepsilon_{42} + \varepsilon_{43}) \quad (7)
\end{aligned}$$

これらを式 (4) に代入すると次のようになる.

$$\begin{aligned}
\hat{\mu}(A_3B_3) &= \bar{x}_{A_3} + \bar{x}_{B_3} - \bar{\bar{x}} \\
&= \mu + a_3 + b_3 \\
&\quad - \frac{1}{12}\varepsilon_{11} - \frac{1}{12}\varepsilon_{12} + \frac{2}{12}\varepsilon_{13} - \frac{1}{12}\varepsilon_{21} - \frac{1}{12}\varepsilon_{22} + \frac{2}{12}\varepsilon_{23} \\
&\quad + \frac{3}{12}\varepsilon_{31} + \frac{3}{12}\varepsilon_{32} + \frac{6}{12}\varepsilon_{33} - \frac{1}{12}\varepsilon_{41} - \frac{1}{12}\varepsilon_{42} + \frac{2}{12}\varepsilon_{43} \quad (8)
\end{aligned}$$

ここで, 分散の性質 (x と y が独立で, c_1, c_2, c_3 を定数とするとき, $V(c_1 + c_2x + c_3y) = c_2^2 V(x) + c_3^2 V(y)$ が成り立つ) および $V(\varepsilon_{ij}) = \sigma^2$ を用いて,

$$\begin{aligned}
V(\hat{\mu}(A_3B_3)) &= \left(\frac{1}{12^2} + \frac{1}{12^2} + \frac{4}{12^2} + \frac{1}{12^2} + \frac{1}{12^2} + \frac{4}{12^2} \right. \\
&\quad \left. + \frac{9}{12^2} + \frac{9}{12^2} + \frac{36}{12^2} + \frac{1}{12^2} + \frac{1}{12^2} + \frac{4}{12^2} \right) \sigma^2 \\
&= \frac{1}{2}\sigma^2 \quad (9)
\end{aligned}$$

が得られる. したがって, $1/n_e = 1/2$ となる.

一方, 田口の式 (2.34) および伊奈の式 (2.35) を用いると

$$\begin{aligned}
\frac{1}{n_e} &= \frac{1 + (\text{点推定に用いた要因の自由度の和})}{\text{総データ数}} \\
&= \frac{1 + (\phi_A + \phi_B)}{N} = \frac{1 + (3 + 2)}{12} = \frac{1}{2} \quad (\text{田口の式}) \quad (10)
\end{aligned}$$

$$\begin{aligned}
\frac{1}{n_e} &= (\text{点推定の式に用いられている平均の係数の和}) \\
&= \frac{1}{3} + \frac{1}{4} - \frac{1}{12} = \frac{1}{2} \quad (\text{伊奈の式}) \quad (11)
\end{aligned}$$

となり,確かに式 (9) で求めた値と一致している.

式 (9) で求める方法は簡便ではないが,どのような場合でも適用できる原理的な方法である.この少々込み入った原理的な部分を考慮しなくてもすむように工夫されたのが田口の式や伊奈の式である.□

Q23：直交配列表を用いた擬水準法の解析で伊奈の式が成り立つことを説明してください？(★★★)

10.2 節の注 10.3 において,擬水準法の場合には伊奈の式と田口の式の計算結果が異なることを示した.以下では,例 10.2 の状況において伊奈の式が確かに成り立つことを示そう.

例 10.2 の表 10.14 に示したデータを $x_1, x_2, \cdots, x_8$ と表し,例 10.2 の手順 3 に示したデータの構造式を列挙すると次のようになる.

$$
\begin{aligned}
x_1 &= \mu + a_1 + b_1 + (ab)_{11} + \varepsilon_1 \\
x_2 &= \mu + a_1 + b_2 + (ab)_{12} + \varepsilon_2 \\
x_3 &= \mu + a_2 + b_1 + (ab)_{21} + \varepsilon_3 \\
x_4 &= \mu + a_2 + b_2 + (ab)_{22} + \varepsilon_4 \\
x_5 &= \mu + a_3 + b_1 + (ab)_{31} + \varepsilon_5 \\
x_6 &= \mu + a_3 + b_2 + (ab)_{32} + \varepsilon_6 \\
x_7 &= \mu + a_1 + b_1 + (ab)_{11} + \varepsilon_7 \\
x_8 &= \mu + a_1 + b_2 + (ab)_{12} + \varepsilon_8
\end{aligned}
\tag{1}
$$

$$
\varepsilon_i \sim N(0, \sigma^2) \tag{2}
$$

次に,要因効果 a_i と b_j および $(ab)_{ij}$ に関する制約式を記述する.b_j については第 2 章で述べた通りであるが,a_i と $(ab)_{ij}$ については式 (10.12) であり,これを具体的に書き並べると次のようになる.

$$
\sum_{i=1}^{3} N_{A_i} a_i = 4a_1 + 2a_2 + 2a_3 = 0 \tag{3}
$$

$$\sum_{j=1}^{2} b_j = b_1 + b_2 = 0 \tag{4}$$

$$\sum_{i=1}^{3} N_{A_i B_j}(ab)_{ij} = 0 \iff \begin{array}{l} 2(ab)_{11} + (ab)_{21} + (ab)_{31} = 0 \\ 2(ab)_{12} + (ab)_{22} + (ab)_{32} = 0 \end{array} \tag{5}$$

$$\sum_{j=1}^{2} N_{A_i B_j}(ab)_{ij} = 0 \iff \begin{array}{l} 2(ab)_{11} + 2(ab)_{12} = 0 \\ (ab)_{21} + (ab)_{22} = 0 \\ (ab)_{31} + (ab)_{32} = 0 \end{array} \tag{6}$$

以上の準備に基づいて,例 10.2 の手順 10 で計算している各平均の式にデータの構造式を代入し,制約式を用いて整理する.

$$\begin{aligned} \bar{x}_{A_1} &= \frac{T_{A_1}}{4} = \frac{x_1 + x_2 + x_7 + x_8}{4} \\ &= \frac{1}{4}(4\mu + 4a_1 + \varepsilon_1 + \varepsilon_2 + \varepsilon_7 + \varepsilon_8) \end{aligned} \tag{7}$$

$$\begin{aligned} \bar{x}_{B_2} &= \frac{T_{B_2}}{4} = \frac{x_2 + x_4 + x_6 + x_8}{4} \\ &= \frac{1}{4}(4\mu + 4b_2 + \varepsilon_2 + \varepsilon_4 + \varepsilon_6 + \varepsilon_8) \end{aligned} \tag{8}$$

$$\begin{aligned} \bar{\bar{x}} &= \frac{T}{8} = \frac{x_1 + x_2 + x_3 + x_4 + x_5 + x_6 + x_7 + x_8}{8} \\ &= \frac{1}{8}(8\mu + \varepsilon_1 + \varepsilon_2 + \varepsilon_3 + \varepsilon_4 + \varepsilon_5 + \varepsilon_6 + \varepsilon_7 + \varepsilon_8) \end{aligned} \tag{9}$$

これより,

$$\begin{aligned} \hat{\mu}(A_1 B_2) &= \bar{x}_{A_1} + \bar{x}_{B_2} - \bar{\bar{x}} \\ &= \mu + a_1 + b_2 \\ &\quad + \frac{1}{8}\varepsilon_1 + \frac{3}{8}\varepsilon_2 - \frac{1}{8}\varepsilon_3 + \frac{1}{8}\varepsilon_4 - \frac{1}{8}\varepsilon_5 + \frac{1}{8}\varepsilon_6 + \frac{1}{8}\varepsilon_7 + \frac{3}{8}\varepsilon_8 \end{aligned} \tag{10}$$

となる.ここで,分散の性質(x と y が独立で,c_1, c_2, c_3 を定数とするき,$V(c_1 + c_2 x + c_3 y) = c_2^2 V(x) + c_3^2 V(y)$ が成り立つ)および $V(\varepsilon_i) = \sigma^2$

を用いて,
$$V(\hat{\mu}(A_1B_2)) = \left(\frac{1}{64} + \frac{9}{64} + \frac{1}{64} + \frac{1}{64} + \frac{1}{64} + \frac{1}{64} + \frac{1}{64} + \frac{9}{64}\right)\sigma^2$$
$$= \frac{3}{8}\sigma^2 \tag{11}$$
が得られる.したがって,$1/n_e = 3/8$ となる.これは伊奈の式で求めた値である. □

Q 2 4：分割法において $E(V)$ の構造が因子の次数によって異なる理由を説明してください（★★★）

因子 A（2水準）を1次因子,因子 B（3水準）を2次因子,反復を2回とした分割法を考える.実験順序を表1に示す.

表 1 実 験 順 序

因子 R の水準	因子 A の水準	因子 B の水準		
		B_1	B_2	B_3
R_1	A_1	4	6	5
	A_2	3	1	2
R_2	A_1	9	8	7
	A_2	11	10	12

データの構造式および制約式は次のようになる.

$$x_{ijk} = \mu + r_k + a_i + \varepsilon_{(1)ik} + b_j + (ab)_{ij} + \varepsilon_{(2)ijk} \tag{1}$$

$$\sum_{i=1}^{2} a_i = 0, \ \sum_{j=1}^{3} b_j = 0 \tag{2}$$

$$r_k \sim N(0, \sigma_R^2), \ \varepsilon_{(1)ik} \sim N(0, \sigma_{(1)}^2), \ \varepsilon_{(2)ijk} \sim N(0, \sigma_{(2)}^2) \tag{3}$$

このデータの構造式に基づいて各種の平均値とその構造を以下に列挙する．

$$\bar{x}_{A_i} = \mu + \bar{r}. + a_i + \bar{\varepsilon}_{(1)i\cdot} + \bar{\varepsilon}_{(2)i\cdot\cdot} \tag{4}$$

$$\bar{x}_{B_j} = \mu + \bar{r}. + \bar{\bar{\varepsilon}}_{(1)} + b_j + \bar{\varepsilon}_{(2)\cdot j\cdot} \tag{5}$$

$$\bar{x}_{R_k} = \mu + r_k + \bar{\varepsilon}_{(1)\cdot k} + \bar{\varepsilon}_{(2)\cdot\cdot k} \tag{6}$$

$$\bar{x}_{A_i B_j} = \mu + \bar{r}. + a_i + \bar{\varepsilon}_{(1)i\cdot} + b_j + (ab)_{ij} + \bar{\varepsilon}_{(2)ij\cdot} \tag{7}$$

$$\bar{\bar{x}} = \mu + \bar{r}. + \bar{\bar{\varepsilon}}_{(1)} + \bar{\bar{\varepsilon}}_{(2)} \tag{8}$$

これらを組み合わせると，各要因効果の推定値は次のように表現できる．

$$\hat{r}_k = \bar{x}_{R_k} - \bar{\bar{x}} = (r_k - \bar{r}.) + (\bar{\varepsilon}_{(1)\cdot k} - \bar{\bar{\varepsilon}}_{(1)}) + (\bar{\varepsilon}_{(2)\cdot\cdot k} - \bar{\bar{\varepsilon}}_{(2)}) \tag{9}$$

$$\hat{a}_i = \bar{x}_{A_i} - \bar{\bar{x}} = a_i + (\bar{\varepsilon}_{(1)i\cdot} - \bar{\bar{\varepsilon}}_{(1)}) + (\bar{\varepsilon}_{(2)i\cdot\cdot} - \bar{\bar{\varepsilon}}_{(2)}) \tag{10}$$

$$\hat{b}_j = \bar{x}_{B_j} - \bar{\bar{x}} = b_j + (\bar{\varepsilon}_{(2)\cdot j\cdot} - \bar{\bar{\varepsilon}}_{(2)}) \tag{11}$$

$$\widehat{(ab)}_{ij} = \bar{x}_{A_i B_j} - \bar{x}_{A_i} - \bar{x}_{B_j} + \bar{\bar{x}}$$
$$= (ab)_{ij} + (\bar{\varepsilon}_{(2)ij\cdot} - \bar{\varepsilon}_{(2)i\cdot\cdot} - \bar{\varepsilon}_{(2)\cdot j\cdot} + \bar{\bar{\varepsilon}}_{(2)}) \tag{12}$$

式 (9)～式 (12) のそれぞれを 2 乗して加えたものが S_R, S_A, S_B, $S_{A \times B}$ である．式 (9)～式 (12) のそれぞれの右辺を見てみると，R と A には 1 次誤差が混入しているのに対して，B と $A \times B$ には 1 次誤差が混入していない．すなわち，R と A の $E(V)$ には $\sigma_{(1)}^2$ が現れるのに対して，B と $A \times B$ の $E(V)$ には $\sigma_{(1)}^2$ は現れない．□

Q２５：直交配列表を用いた分割法において，それぞれの群の空いた列に 1 次誤差や 2 次誤差が現れるという意味を説明してください

（★★★）

第 13 章の表 13.2 に示した割り付け（「実験順序 4」，R は割り付けない）を考える．すなわち，1 次因子 A を 1 群＋2 群に割り付け，2 次因子 B, C, D を 3 群に割り付けた例である．この場合に，データの構造式を列挙すると

表 1 データの構造式（表 13.2 に基づく場合）

No.	水準組合せ	データの構造式
1	$A_1B_1C_1D_1$	$x_1 = \mu + a_1 + \varepsilon_{(1)1} + b_1 + c_1 + d_1 + \varepsilon_{(2)1}$
2	$A_1B_2C_2D_2$	$x_2 = \mu + a_1 + \varepsilon_{(1)1} + b_2 + c_2 + d_2 + \varepsilon_{(2)2}$
3	$A_2B_1C_1D_2$	$x_3 = \mu + a_2 + \varepsilon_{(1)2} + b_1 + c_1 + d_2 + \varepsilon_{(2)3}$
4	$A_2B_2C_2D_1$	$x_4 = \mu + a_2 + \varepsilon_{(1)2} + b_2 + c_2 + d_1 + \varepsilon_{(2)4}$
5	$A_1B_1C_2D_1$	$x_5 = \mu + a_1 + \varepsilon_{(1)3} + b_1 + c_2 + d_1 + \varepsilon_{(2)5}$
6	$A_1B_2C_1D_2$	$x_6 = \mu + a_1 + \varepsilon_{(1)3} + b_2 + c_1 + d_2 + \varepsilon_{(2)6}$
7	$A_2B_1C_2D_2$	$x_7 = \mu + a_2 + \varepsilon_{(1)4} + b_1 + c_2 + d_2 + \varepsilon_{(2)7}$
8	$A_2B_2C_1D_1$	$x_8 = \mu + a_2 + \varepsilon_{(1)4} + b_2 + c_1 + d_1 + \varepsilon_{(2)8}$

表 1 のようになる．

1 次誤差 $\varepsilon_{(1)}$ が 2 つずつのデータに共通であることに注意する（そのように実験を行っている！）．表 1 に示したデータの構造式より，第 [1] 列に対して $T_{[1]_i}$ を求めると以下のようになる（$a_1 + a_2 = b_1 + b_2 = c_1 + c_2 = d_1 + d_2 = 0$（制約式）に注意！）．

$$T_{[1]_1} = x_1 + x_2 + x_3 + x_4$$
$$= 4\mu + 2(\varepsilon_{(1)1} + \varepsilon_{(1)2}) + (\varepsilon_{(2)1} + \varepsilon_{(2)2} + \varepsilon_{(2)3} + \varepsilon_{(2)4}) \quad (1)$$

$$T_{[1]_2} = x_5 + x_6 + x_7 + x_8$$
$$= 4\mu + 2(\varepsilon_{(1)3} + \varepsilon_{(1)4}) + (\varepsilon_{(2)5} + \varepsilon_{(2)6} + \varepsilon_{(2)7} + \varepsilon_{(2)8}) \quad (2)$$

同様に，第 [2] 列，第 [4] 列，第 [7] 列についても計算すると以下のようになる．

$$T_{[2]_1} = x_1 + x_2 + x_5 + x_6$$
$$= 4\mu + 4a_1 + 2(\varepsilon_{(1)1} + \varepsilon_{(1)3}) + (\varepsilon_{(2)1} + \varepsilon_{(2)2} + \varepsilon_{(2)5} + \varepsilon_{(2)6}) \quad (3)$$

$$T_{[2]_2} = x_3 + x_4 + x_7 + x_8$$
$$= 4\mu + 4a_2 + 2(\varepsilon_{(1)2} + \varepsilon_{(1)4}) + (\varepsilon_{(2)3} + \varepsilon_{(2)4} + \varepsilon_{(2)7} + \varepsilon_{(2)8}) \quad (4)$$

$$T_{[4]_1} = x_1 + x_3 + x_5 + x_7$$
$$= 4\mu + 4b_1 + (\varepsilon_{(1)1} + \varepsilon_{(1)2} + \varepsilon_{(1)3} + \varepsilon_{(1)4})$$
$$+ (\varepsilon_{(2)1} + \varepsilon_{(2)3} + \varepsilon_{(2)5} + \varepsilon_{(2)7}) \quad (5)$$

$$T_{[4]_2} = x_2 + x_4 + x_6 + x_8$$
$$= 4\mu + 4b_2 + (\varepsilon_{(1)1} + \varepsilon_{(1)2} + \varepsilon_{(1)3} + \varepsilon_{(1)4})$$
$$+ (\varepsilon_{(2)2} + \varepsilon_{(2)4} + \varepsilon_{(2)6} + \varepsilon_{(2)8}) \quad (6)$$

$$T_{[7]_1} = x_1 + x_4 + x_6 + x_7$$
$$= 4\mu + (\varepsilon_{(1)1} + \varepsilon_{(1)2} + \varepsilon_{(1)3} + \varepsilon_{(1)4})$$
$$+ (\varepsilon_{(2)1} + \varepsilon_{(2)4} + \varepsilon_{(2)6} + \varepsilon_{(2)7}) \quad (7)$$

$$T_{[7]_2} = x_2 + x_3 + x_5 + x_8$$
$$= 4\mu + (\varepsilon_{(1)1} + \varepsilon_{(1)2} + \varepsilon_{(1)3} + \varepsilon_{(1)4})$$
$$+ (\varepsilon_{(2)2} + \varepsilon_{(2)3} + \varepsilon_{(2)5} + \varepsilon_{(2)8}) \quad (8)$$

これらより,それぞれの列において第 1 水準のデータ和と第 2 水準のデータ和との差を求めると次のようになる.

$$T_{[1]_1} - T_{[1]_2} = 2(\varepsilon_{(1)1} + \varepsilon_{(1)2} - \varepsilon_{(1)3} - \varepsilon_{(1)4})$$
$$+ (\varepsilon_{(2)1} + \varepsilon_{(2)2} + \varepsilon_{(2)3} + \varepsilon_{(2)4} - \varepsilon_{(2)5} - \varepsilon_{(2)6} - \varepsilon_{(2)7} - \varepsilon_{(2)8}) \quad (9)$$

$$T_{[2]_1} - T_{[2]_2} = 4(a_1 - a_2) + 2(\varepsilon_{(1)1} + \varepsilon_{(1)3} - \varepsilon_{(1)2} - \varepsilon_{(1)4})$$
$$+ (\varepsilon_{(2)1} + \varepsilon_{(2)2} + \varepsilon_{(2)5} + \varepsilon_{(2)6} - \varepsilon_{(2)3} - \varepsilon_{(2)4} - \varepsilon_{(2)7} - \varepsilon_{(2)8}) \quad (10)$$

$$T_{[4]_1} - T_{[4]_2} = 4(b_1 - b_2)$$
$$+ (\varepsilon_{(2)1} + \varepsilon_{(2)3} + \varepsilon_{(2)5} + \varepsilon_{(2)7} - \varepsilon_{(2)2} - \varepsilon_{(2)4} - \varepsilon_{(2)6} - \varepsilon_{(2)8}) \quad (11)$$

$$T_{[7]_1} - T_{[7]_2} = (\varepsilon_{(2)1} + \varepsilon_{(2)4} + \varepsilon_{(2)6} + \varepsilon_{(2)7} - \varepsilon_{(2)2} - \varepsilon_{(2)3} - \varepsilon_{(2)5} - \varepsilon_{(2)8}) \quad (12)$$

第 $[k]$ 列の列平方和は

$$S_{[k]} = \frac{(T_{[k]_1} - T_{[k]_2})^2}{N} \quad (13)$$

と求めるのだった．これより，上記において，第 [1] 列の列平方和には 1 次誤差と 2 次誤差が現れ，第 [2] 列の列平方和には主効果 A と 1 次誤差および 2 次誤差の現れることがわかる．また，第 [4] 列の列平方和には主効果 B と 2 次誤差が現れ，第 [7] 列の列平方和には 2 次誤差のみが現れることもわかる．□

Q 2 6：繰返しのある 2 元配置法などで繰返し数が異なるときに解析はできるのでしょうか？（★★★）

1 元配置法の場合には繰返し数が異なっても，繰返し数が同じ場合とほぼ同様に解析することができる．

それに対して，例えば，2 元配置法では繰返し数が異なると通常の方法によって解析することはできない．2 元配置法については近藤・安藤 [13] の "問 74" にその方法が掲載されているので参照するとよい．

一方，繰返し数が揃わないという状況は，データが欠測している場合と考えられる．データが欠測している場合に，その欠測したデータをどのように推定するのかという工夫もある．その点についても近藤・安藤 [13] の "問 71" および "問 72" を参照されたい．

「繰返し数が異なる」または「データが欠測している」という状況になる理由はいろいろと考えることができる．単純ミスで実験や測定を失敗したのなら，もう一度実験を行えばよい．実験順序のランダム化などに少々反するとも考えられるが，その方がよいと思われる．一方で，製品ができなかったために測定できなかったということがある．この場合は，「製品ができなかった」という事実がデータである．このときに，上で述べた方法や欠測値の推定を形式的に行うことは適切ではない．製品ができなかった理由を検討することが第一に行うべきアクションである．□

Q27：サタースウェイトの方法の理論的根拠を教えてください (★★★)

サタースウェイトの方法とは，標本分散 $V_1, V_2, \cdots, V_k$ （それぞれの自由度は $\phi_1, \phi_2, \cdots, \phi_k$ ）が互いに独立で，$c_1, c_2, \cdots, c_k$ を定数とするとき，

$$\hat{V} = c_1 V_1 + c_2 V_2 + \cdots + c_k V_k \tag{1}$$

のように合成された分散 $\hat{V}$ の自由度 ϕ^* （等価自由度と呼ぶ）を

$$\phi^* = \frac{(c_1 V_1 + c_2 V_2 + \cdots + c_k V_k)^2}{\dfrac{(c_1 V_1)^2}{\phi_1} + \dfrac{(c_2 V_2)^2}{\phi_2} + \cdots + \dfrac{(c_k V_k)^2}{\phi_k}} \tag{2}$$

と求める方法である．

この方法では，$E(V_i) = \sigma_i^2$ であるとき，$\phi_i V_i / \sigma_i^2$ が自由度 ϕ_i の χ^2 分布に従うことを前提としている（この前提は，データの構造式における変量が正規分布に従うことにより成り立つ）．そして，χ^2 分布の性質より V_i の分散は $V(V_i) = 2\sigma_i^4 / \phi_i$ である．このことより，式 (1) の期待値と分散は

$$E(\hat{V}) = c_1 \sigma_1^2 + c_2 \sigma_2^2 + \cdots + c_k \sigma_k^2 \tag{3}$$

$$V(\hat{V}) = 2 \left(\frac{c_1^2 \sigma_1^4}{\phi_1} + \frac{c_2^2 \sigma_2^4}{\phi_2} + \cdots + \frac{c_k^2 \sigma_k^4}{\phi_k} \right) \tag{4}$$

となる．ここで，$E(\hat{V}) = \sigma_*^2$ （=式 (3) の右辺）として，$\phi^* \hat{V} / \sigma_*^2$ を自由度 ϕ^* の χ^2 分布に近似させる．χ^2 分布に従うのなら，$V(\hat{V}) = 2\sigma_*^4 / \phi^*$ とならなければならない．一方，式 (4) が成り立つから，$V(\hat{V})$ の 2 種類の表現を等号で結んで ϕ^* について解けば次のようになる．

$$\phi^* = \frac{\sigma_*^4}{\dfrac{c_1^2 \sigma_1^4}{\phi_1} + \dfrac{c_2^2 \sigma_2^4}{\phi_2} + \cdots + \dfrac{c_k^2 \sigma_k^4}{\phi_k}} \tag{5}$$

ここで，$\sigma_*^2, \sigma_1^2, \cdots, \sigma_k^2$ は未知母数なので，それぞれの推定量 $\hat{V}, V_1, \cdots, V_k$ を式 (5) に代入すれば式 (2) を得る．□

Q28：本書に引き続いてどのような統計的方法を勉強すればよいでしょうか？（★★★）

実験計画法において本書と同じレベルまたはやや高度なレベルとして以下のような技法や考え方がある．

(1) **擬因子法，直和法**：直交配列表を用いたより高度な実験のテクニック（谷津 [35] を参照）．
(2) **resolution IV の割り付け**：存在しないと考えていた交互作用が仮に存在したとしても主効果には交絡しない割り付け方法（鷲尾 [39] を参照）．
(3) **多方分割法**：因子 A が関わる1つの工程で作成された製品を分割し，因子 B が関わる別の工程で作成された製品を分割して，両方の製品を併せて実験を行うことを考える．この場合には，因子 A について分割し，A とは無関係に因子 B についても分割している．このような方法を2方分割法と呼ぶ（谷津 [35] を参照）．
(4) **共分散分析**：実験計画法と回帰分析を合体させた方法（楠他 [12] を参照）．
(5) **計数値データに関する実験計画法**（楠他 [12] を参照）．

以上は伝統的な実験計画法の分野である．一方，タグチ・メソッドを勉強することも薦める．タグチ・メソッドについてはQ 29 を参照せよ．

また，実験計画法と並んで技術者が勉強する価値のある統計的方法の大きな分野として多変量解析法がある．これについてはQ 30 を参照せよ．□

Q29：タグチ・メソッドとは何ですか？（★★★）

タグチ・メソッドとは田口玄一氏が開発した数々の方法論の総称である．その中でもタグチ・メソッド（の一部）として広く用いられている実験計画法は，本書で解説した伝統的な実験計画法と本質的に異なっている．本書の手法で

は，因子の水準を変化させることによって，水準ないしは水準組合せごとに設定していた母集団の母平均が変化するかどうかを検討することが目的だった．それに対して，タグチ・メソッドではばらつきを主要な特性値とする．

多くの製品は使用者によって使用条件が異なる．どのような使用条件のもとでも，製品が安定して機能することが必要である．そこで，タグチ・メソッドでは，次のような方針でデータを取り，解析を行う．

(1) 制御因子をいくつか取り上げる．
(2) それぞれの水準組合せで作成された製品について，様々な使用条件（k通り）のもとでデータを取る．
(3) k個のデータのばらつき（と平均）をSN比という1つの特性値にまとめる．
(4) SN比に基づいて分散分析表を作成し，効果のある因子を見いだして，最適水準を定める．この最適水準は，様々な使用条件の下で一番安定した（ばらつきの小さな）制御因子の条件である．

この方法の特徴は，使用環境などの条件をわざと大きく変化させて，ばらつきを意図的に作り出し，そのとき発生するばらつきができるだけ小さくなるような制御因子の水準を決めようという点である．このようなことから**パラメータ設計**と呼ばれることも多い．また，タグチ・メソッド全体を**品質工学**と呼ぶこともある．

タグチ・メソッドや品質工学に関する書籍は日本規格協会から多く出版されている．ここでは以下の書籍を紹介するにとどめる：鷲尾 [40]（第14章），宮川 [32]，田口 [15][16]． □

Q30：多変量解析法とはどのような手法ですか？（★★★）

多変量解析法は，実験計画法と並んで，入門的な統計的方法を勉強した方々が次に修得を目指す統計的方法の大きな分野である．

表 1　多変量解析法のデータの形式

サンプル No.	x_1	x_2	$\cdots$	x_p	y
1	x_{11}	x_{21}	$\cdots$	x_{p1}	y_1
2	x_{12}	x_{22}	$\cdots$	x_{p2}	y_2
$\vdots$	$\vdots$	$\vdots$	$\cdots$	$\vdots$	$\vdots$
n	x_{1n}	x_{2n}	$\cdots$	x_{pn}	y_n

表1に示したデータの形式を考えよう．表1は n 個のサンプルについて変数 $x_1, x_2, \cdots, x_p, y$ の値を観測した結果を示している．表1のように"変数 × サンプル"の形式のデータを**多変量データ**と呼ぶ．変数を変量と呼ぶこともある．変量が複数個あるから多変量である．**多変量解析法**（multivariate analysis）とは，目的に応じて多変量データを統計的に解析する様々な方法論の総称である．

変数（変量）にはいろいろな種類がある．変数の種類や解析の目的に応じて様々な方法を使い分ける．

（1）回帰分析・数量化1類：　「制御できる」または「時間的に早く知ることのできる」一群の変数（**説明変数**）$x_1, x_2, \cdots, x_p$ に基づいて，「制御したい」ないしは「予測したい」変数 y についての情報を得たい場面がある．このとき，変数 y を**目的変数**とか**外的基準**などと呼ぶ．y が量的変数（計量値）だと仮定する．このとき，最も基本的な作業は**回帰式**

$$\hat{y} = b_0 + b_1 x_1 + b_2 x_2 + \cdots + b_p x_p \tag{1}$$

を表1のデータから推定することである．説明変数が2つ以上ある場合は重回帰式と呼び，説明変数が1つの場合を単回帰式と呼ぶことがある．この式がどれくらい使いものになるのかを**寄与率**や**自由度調整済み寄与率**などに基づいて評価する．評価値が低い場合には，式(1)を変形したり，説明変数を追加して考える．

説明変数のすべてが質的変数（職業や性別など）であるときの解析手法を

特に数量化1類と呼ぶ．通常は，説明変数には量的変数と質的変数が混在しているから，回帰分析と数量化1類を併用しながら用いることが多い．

（2）判別分析・数量化2類： 2つの母集団があるとする．あるサンプルがどちらの母集団に属するのかを決めるために，どちらに属しているのかがすでにわかっているサンプルに基づいて推測する．所属のわかっているサンプルについて表1のように表す．表1で，y_i は1または2の値をとり，所属する母集団を表す．一方，$x_1, x_2, \cdots, x_p$ は何らかの変数の値である．これらの変数の値から，どちらの母集団に属するのかを判定する方式を導く．

$x_1, x_2, \cdots, x_p$ が量的変数の場合の解析方法を判別分析，質的変数の場合の解析方法を数量化2類と呼ぶ．

（3）主成分分析・数量化3類： 表1において目的変数ないしは外的基準 y が存在しない場合を考える．このときは，$x_1, x_2, \cdots, x_p$ だけに基づいた解析になる．この場合，表1には変数が p 個あるから，p 次元データである．p が4以上なら，それをグラフ表示などによって総合的に考察することは困難である．そこで，できるだけデータのもつ情報量を減らさずに，p より少ない個数の**合成変数**で表現したい．合成変数とは

$$z = c_0 + c_1 x_1 + c_2 x_2 + \cdots + c_p x_p \tag{2}$$

の形をした変数のことである．

主成分分析では，量的変数 $x_1, x_2, \cdots, x_p$ に基づいて，もとのデータのもつ情報量をできるだけ減らさないで少ない個数の合成変数（主成分）を作成することを目指す．さらに，得られた主成分に基づいてサンプルの特徴付けと分類を行う．

$x_1, x_2, \cdots, x_p$ が質的変数の場合に主成分分析と同様の目的で用いる方法が数量化3類である．

（4）その他： 以上の他に，因子分析，クラスター分析，多次元尺度法，共分散構造分析，パス解析，グラフィカルモデリングなど，様々な方法がある．

多変量解析法に関する書籍は数多く出版されている．多変量解析法は表1のタイプのデータを行列表示して線形代数を用いると数学的にスムーズに記述で

きるが，これは実務家にとってとっつきにくいようである．しかし，行列やベクトルをまったく用いないで多変量解析法を解説することは困難である．多変量解析法を勉強しようと思う読者は，自分の仕事の分野により近い例題がたくさん記述されていて，行列やベクトルの各要素が具体的に記述されている教科書を選択するのがよいと思う．また，多変量解析法は，実験計画法とは異なって，パソコンの統計解析ソフトが不可欠である．

多変量解析法に関する参考書をいくつか列挙しておこう：圓川 [7]，大野 [9]，田中・垂水 [17]，田中・脇本 [18]，日本科学技術研修所 [24]，本多・島田 [29]．
□

参 考 文 献

[1] 朝尾　正，安藤貞一，楠　正，中村恒夫：『最新実験計画法』，日科技連出版社，1973.
[2] 安部季夫：『直交表実験計画法』，日科技連出版社，1993.
[3] 安藤貞一，朝尾　正（編）：『実験計画法演習』，日科技連出版社，1968.
[4] 安藤貞一（監修），朝尾　正，二見良治，坂元保秀：『ザ・ＳＱＣメソッドによる統計的方法の実践II（実験計画法編）』，共立出版，1996.
[5] 安藤貞一，田坂誠男：『実験計画法入門』，日科技連出版社，1986.
[6] 稲垣宣生：『数理統計学』，裳華房，1990.
[7] 圓川隆夫：『多変量のデータ解析』，朝倉書店，1988.
[8] 圓川隆夫，宮川雅巳：『ＳＱＣ理論と実際』，朝倉書店，1992.
[9] 大野高裕：『多変量解析入門』，同友館，1998.
[10] 奥野忠一，片山善三郎，上郡長昭，伊藤哲二，入倉則夫，藤原信夫：『工業における多変量データの解析』，日科技連出版社，1986.
[11] 狩野　裕：『AMOS, EQS, LISRELによるグラフィカル多変量解析』，現代数学社，1997.
[12] 楠　正，辻谷将明，松本哲夫，和田武夫：『応用実験計画法』，日科技連出版社，1995.
[13] 近藤良夫，安藤貞一（編）：『統計的方法百問百答』，日科技連出版社，1967.
[14] 白旗慎吾：『統計解析入門』，共立出版，1992.
[15] 田口玄一：『第3版実験計画法（上）』，丸善，1976.
[16] 田口玄一：『第3版実験計画法（下）』，丸善，1977.
[17] 田中　豊，垂水共之（編）：『Windows版統計解析ハンドブック（多変量解析）』，共立出版，1995.
[18] 田中　豊，脇本和昌：『多変量統計解析法』，現代数学社，1983.

[19] 中里博明, 川崎浩二郎, 平栗　昇, 大滝　厚：『品質管理のための実験計画法テキスト』, 日科技連出版社, 1985.
[20] 永田　靖："実験計画法をめぐる諸問題－プーリング・逐次検定－", 日本品質管理学会誌, 第18巻, pp.196-204, 1988.
[21] 永田　靖：『入門統計解析法』, 日科技連出版社, 1992.
[22] 永田　靖：『統計的方法のしくみ』, 日科技連出版社, 1996.
[23] 永田　靖, 吉田道弘：『統計的多重比較法の基礎』, サイエンティスト社, 1997.
[24] 日本科学技術研修所：『JUSE-MAによる多変量解析』, 日科技連出版社, 1997.
[25] 日本品質管理学会テクノメトリックス研究会（編）：『グラフィカルモデリングの実際』, 日科技連出版社, 1999.
[26] 芳賀敏郎, 橋本茂司：『実験データの解析（1）』, 日科技連出版社, 1989.
[27] 芳賀敏郎, 橋本茂司：『実験データの解析（2）』, 日科技連出版社, 1990.
[28] 富士ゼロックス（株）ＱＣ研究会（編）：『疑問に答える実験計画法問答集』, 日本規格協会, 1989.
[29] 本多正久, 島田一明：『経営のための多変量解析』, 産能大学出版部, 1977.
[30] 宮川雅巳：『グラフィカルモデリング』, 朝倉書店, 1997.
[31] 宮川雅巳：『統計技法』, 共立出版, 1998.
[32] 宮川雅巳：『品質を獲得する技術』, 日科技連出版社, 2000.
[33] 谷津　進："分割実験における二つの母平均の差の推定", 日本品質管理学会誌, 第20巻, pp.273-281, 1990.
[34] 谷津　進：『すぐに役立つ実験の計画と解析（基礎編）』, 日本規格協会, 1991.
[35] 谷津　進：『すぐに役立つ実験の計画と解析（応用編）』, 日本規格協会, 1991.
[36] 谷津　進, 宮川雅巳：『品質管理』, 朝倉書店, 1988.
[37] 吉澤　正, 芳賀敏郎（編）：『多変量解析事例集（第1集）』, 日科技連出版社, 1992.
[38] 吉澤　正, 芳賀敏郎（編）：『多変量解析事例集（第2集）』, 日科技連出版社, 1997.
[39] 鷲尾泰俊：『実験の計画と解析』, 岩波書店, 1988.
[40] 鷲尾泰俊：『実験計画法入門（改訂版）』, 日本規格協会, 1997.

付　　録

A1．2水準系直交配列表
A2．3水準系直交配列表

　付録は『新編日科技連数値表』（日科技連出版社）から一部形式を変更して転載した．付録の内容は田口玄一博士により作成されたもので，転載にあたっては田口玄一博士から許諾を得たものである．

A1. 2水準系直交配列表

表 A.1 $L_4(2^3)$

列番 No.	[1]	[2]	[3]
1	1	1	1
2	1	2	2
3	2	1	2
4	2	2	1
成分	a	b	a b
	1群	2群	

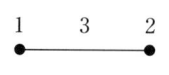

図 A.1 L_4の線点図

表 A.2 $L_8(2^7)$

列番 No.	[1]	[2]	[3]	[4]	[5]	[6]	[7]
1	1	1	1	1	1	1	1
2	1	1	1	2	2	2	2
3	1	2	2	1	1	2	2
4	1	2	2	2	2	1	1
5	2	1	2	1	2	1	2
6	2	1	2	2	1	2	1
7	2	2	1	1	2	2	1
8	2	2	1	2	1	1	2
成分	a	b	a b	c	a c	b c	a b c
	1群	2群		3群			

表 A.3 交互作用列を求める表(L_8用)

列	[1]	[2]	[3]	[4]	[5]	[6]	[7]
[1]		3	2	5	4	7	6
[2]			1	6	7	4	5
[3]				7	6	5	4
[4]					1	2	3
[5]						3	2
[6]							1

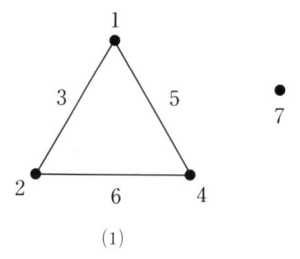

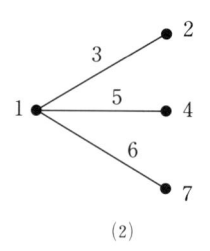

図 A.2 L_8の線点図

表 A.4　$L_{16}(2^{15})$

列番 No.	[1]	[2]	[3]	[4]	[5]	[6]	[7]	[8]	[9]	[10]	[11]	[12]	[13]	[14]	[15]
1	1	1	1	1	1	1	1	1	1	1	1	1	1	1	1
2	1	1	1	1	1	1	1	2	2	2	2	2	2	2	2
3	1	1	1	2	2	2	2	1	1	1	1	2	2	2	2
4	1	1	1	2	2	2	2	2	2	2	2	1	1	1	1
5	1	2	2	1	1	2	2	1	1	2	2	1	1	2	2
6	1	2	2	1	1	2	2	2	2	1	1	2	2	1	1
7	1	2	2	2	2	1	1	1	1	2	2	2	2	1	1
8	1	2	2	2	2	1	1	2	2	1	1	1	1	2	2
9	2	1	2	1	2	1	2	1	2	1	2	1	2	1	2
10	2	1	2	1	2	1	2	2	1	2	1	2	1	2	1
11	2	1	2	2	1	2	1	1	2	1	2	2	1	2	1
12	2	1	2	2	1	2	1	2	1	2	1	1	2	1	2
13	2	2	1	1	2	2	1	1	2	2	1	1	2	2	1
14	2	2	1	1	2	2	1	2	1	1	2	2	1	1	2
15	2	2	1	2	1	1	2	1	2	2	1	2	1	1	2
16	2	2	1	2	1	1	2	2	1	1	2	1	2	2	1
成分	a	a	b	a	b	c	b	a	b	c	b	a	b	c	b
		b	c	c	c	d	c	b	c	d	c	b	c	d	c
							d				d	d	d	d	d
群	1群	2群		3群				4群							

表 A.5　交互作用列を求める表（L_{16}用）

列＼列	[1]	[2]	[3]	[4]	[5]	[6]	[7]	[8]	[9]	[10]	[11]	[12]	[13]	[14]	[15]
[1]		3	2	5	4	7	6	9	8	11	10	13	12	15	14
[2]			1	6	7	4	5	10	11	8	9	14	15	12	13
[3]				7	6	5	4	11	10	9	8	15	14	13	12
[4]					1	2	3	12	13	14	15	8	9	10	11
[5]						3	2	13	12	15	14	9	8	11	10
[6]							1	14	15	12	13	10	11	8	9
[7]								15	14	13	12	11	10	9	8
[8]									1	2	3	4	5	6	7
[9]										3	2	5	4	7	6
[10]											1	6	7	4	5
[11]												7	6	5	4
[12]													1	2	3
[13]														3	2
[14]															1

364　　　　　　　付　　　録

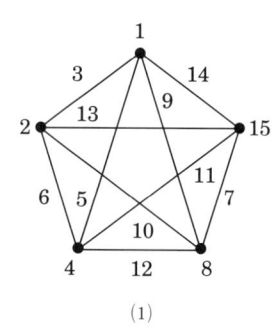

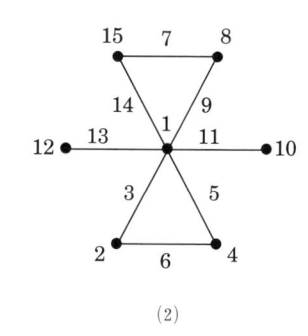

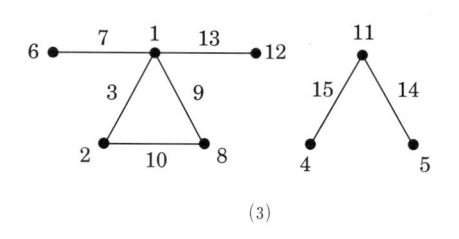

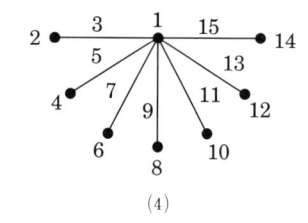

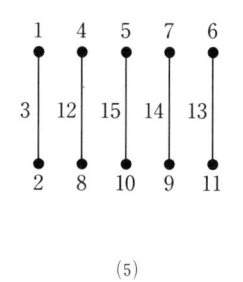

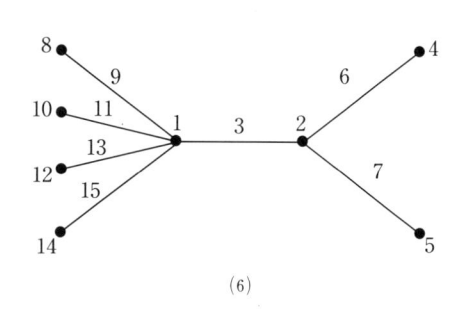

図 A.3　L_{16} の線点図

表 A.6 $L_{32}(2^{31})$

列番 No.	[1]	[2]	[3]	[4]	[5]	[6]	[7]	[8]	[9]	[10]	[11]	[12]	[13]	[14]	[15]	[16]	[17]	[18]	[19]	[20]	[21]	[22]	[23]	[24]	[25]	[26]	[27]	[28]	[29]	[30]	[31]
1	1	1	1	1	1	1	1	1	1	1	1	1	1	1	1	1	1	1	1	1	1	1	1	1	1	1	1	1	1	1	1
2	1	1	1	1	1	1	1	1	1	1	1	1	1	1	1	2	2	2	2	2	2	2	2	2	2	2	2	2	2	2	2
3	1	1	1	1	1	1	1	2	2	2	2	2	2	2	2	1	1	1	1	1	1	1	1	2	2	2	2	2	2	2	2
4	1	1	1	1	1	1	1	2	2	2	2	2	2	2	2	2	2	2	2	2	2	2	2	1	1	1	1	1	1	1	1
5	1	1	1	2	2	2	2	1	1	1	2	2	2	2	1	1	1	1	2	2	2	2	1	1	1	1	2	2	2	2	2
6	1	1	1	2	2	2	2	1	1	1	2	2	2	2	2	2	2	2	1	1	1	1	2	2	2	2	1	1	1	1	1
7	1	1	1	2	2	2	2	2	2	2	1	1	1	1	1	1	1	1	2	2	2	2	2	2	2	2	1	1	1	1	1
8	1	1	1	2	2	2	2	2	2	2	1	1	1	1	2	2	2	2	1	1	1	1	1	1	1	1	2	2	2	2	2
9	1	2	2	1	1	2	2	1	1	2	1	1	2	2	1	1	2	2	1	1	2	2	1	1	2	2	1	1	2	2	2
10	1	2	2	1	1	2	2	1	1	2	1	1	2	2	2	2	1	1	2	2	1	1	2	2	1	1	2	2	1	1	1
11	1	2	2	1	1	2	2	2	2	1	2	2	1	1	1	1	2	2	1	1	2	2	2	2	1	1	2	2	1	1	1
12	1	2	2	1	1	2	2	2	2	1	2	2	1	1	2	2	1	1	2	2	1	1	1	1	2	2	1	1	2	2	2
13	1	2	2	2	2	1	1	1	1	2	2	2	1	1	1	1	2	2	2	2	1	1	1	1	2	2	2	2	1	1	1
14	1	2	2	2	2	1	1	1	1	2	2	2	1	1	2	2	1	1	1	1	2	2	2	2	1	1	1	1	2	2	2
15	1	2	2	2	2	1	1	2	2	1	1	1	2	2	1	1	2	2	2	2	1	1	2	2	1	1	1	1	2	2	2
16	1	2	2	2	2	1	1	2	2	1	1	1	2	2	2	2	1	1	1	1	2	2	1	1	2	2	2	2	1	1	1
17	2	1	2	1	2	1	2	1	2	1	2	1	2	1	2	1	2	1	2	1	2	1	2	1	2	1	2	1	2	1	2
18	2	1	2	1	2	1	2	1	2	1	2	1	2	1	2	2	1	2	1	2	1	2	1	2	1	2	1	2	1	2	1
19	2	1	2	1	2	1	2	2	1	2	1	2	1	2	1	1	2	1	2	1	2	1	2	2	1	2	1	2	1	2	1
20	2	1	2	1	2	1	2	2	1	2	1	2	1	2	2	2	1	2	1	2	1	2	1	1	2	1	2	1	2	1	2
21	2	1	2	2	1	2	1	1	2	1	1	2	1	2	1	1	2	1	1	2	1	2	2	1	2	1	1	2	1	2	1
22	2	1	2	2	1	2	1	1	2	2	1	2	1	2	2	2	1	2	2	1	2	1	1	2	1	2	2	1	1	1	2
23	2	1	2	2	1	2	1	2	1	2	1	1	2	1	2	1	2	2	1	2	1	2	2	1	2	1	2	1	1	2	1
24	2	1	2	2	1	2	1	2	1	1	2	1	2	1	2	2	1	1	2	1	2	1	1	2	1	2	1	2	2	1	2
25	2	2	1	1	2	2	1	1	2	2	1	1	2	2	1	1	2	2	1	1	2	2	1	1	2	2	1	1	2	2	1
26	2	2	1	1	2	2	1	1	2	2	1	1	2	2	2	2	1	1	2	2	1	1	2	2	1	1	2	2	1	1	2
27	2	2	1	1	2	2	1	2	1	1	2	2	1	1	1	1	2	2	1	1	2	2	2	2	1	1	2	2	1	1	2
28	2	2	1	1	2	2	1	2	1	1	2	2	1	1	2	2	1	1	2	2	1	1	1	1	2	2	1	1	2	2	1
29	2	2	1	2	1	1	2	1	2	2	1	1	2	2	1	1	2	2	2	2	1	1	1	1	2	2	1	1	2	1	2
30	2	2	1	2	1	1	2	1	2	2	1	1	2	2	2	2	1	1	1	1	2	2	2	2	1	1	2	2	1	2	1
31	2	2	1	2	1	1	2	2	1	1	2	2	1	1	1	1	2	2	2	2	1	1	2	2	1	1	1	1	2	2	1
32	2	2	1	2	1	1	2	2	1	1	2	2	1	1	2	2	1	1	1	1	2	2	1	1	2	2	2	2	1	1	2
成分	a			a				a								a								a							
		b			b				b			b					b			b					b			b			
			c		c	c				c	c		c						c	c		c					c	c		c	
						d	d	d	d			d	d								d	d	d			d	d				
														e	e	e	e	e	e	e	e	e	e	e	e	e	e	e	e	e	e

1群　2群　　3群　　　　4群　　　　　　　　5群

表 A.7　交互作用列を求める表（L_{32}用）

列\列	[1]	[2]	[3]	[4]	[5]	[6]	[7]	[8]	[9]	[10]	[11]	[12]	[13]	[14]	[15]	[16]	[17]	[18]	[19]	[20]	[21]	[22]	[23]	[24]	[25]	[26]	[27]	[28]	[29]	[30]	[31]
[1]		3	2	5	4	7	6	9	8	11	10	13	12	15	14	17	16	19	18	21	20	23	22	25	24	27	26	29	28	31	30
[2]			1	6	7	4	5	10	11	8	9	14	15	12	13	18	19	16	17	22	23	20	21	26	27	24	25	30	31	28	29
[3]				7	6	5	4	11	10	9	8	15	14	13	12	19	18	17	16	23	22	21	20	27	26	25	24	31	30	29	28
[4]					1	2	3	12	13	14	15	8	9	10	11	20	21	22	23	16	17	18	19	28	29	30	31	24	25	26	27
[5]						3	2	13	12	15	14	9	8	11	10	21	20	23	22	17	16	19	18	29	28	31	30	25	24	27	26
[6]							1	14	15	12	13	10	11	8	9	22	23	20	21	18	19	16	17	30	31	28	29	26	27	24	25
[7]								15	14	13	12	11	10	9	8	23	22	21	20	19	18	17	16	31	30	29	28	27	26	25	24
[8]									1	2	3	4	5	6	7	24	25	26	27	28	29	30	31	16	17	18	19	20	21	22	23
[9]										3	2	5	4	7	6	25	24	27	26	29	28	31	30	17	16	19	18	21	20	23	22
[10]											1	6	7	4	5	26	27	24	25	30	31	28	29	18	19	16	17	22	23	20	21
[11]												7	6	5	4	27	26	25	24	31	30	29	28	19	18	17	16	23	22	21	20
[12]													1	2	3	28	29	30	31	24	25	26	27	20	21	22	23	16	17	18	19
[13]														3	2	29	28	31	30	25	24	27	26	21	20	23	22	17	16	19	18
[14]															1	30	31	28	29	26	27	24	25	22	23	20	21	18	19	16	17
[15]																31	30	29	28	27	26	25	24	23	22	21	20	19	18	17	16
[16]																	1	2	3	4	5	6	7	8	9	10	11	12	13	14	15
[17]																		3	2	5	4	7	6	9	8	11	10	13	12	15	14
[18]																			1	6	7	4	5	10	11	8	9	14	15	12	13
[19]																				7	6	5	4	11	10	9	8	15	14	13	12
[20]																					1	2	3	12	13	14	15	8	9	10	11
[21]																						3	2	13	12	15	14	9	8	11	10
[22]																							1	14	15	12	13	10	11	8	9
[23]																								15	14	13	12	11	10	9	8
[24]																									1	2	3	4	5	6	7
[25]																										3	2	5	4	7	6
[26]																											1	6	7	4	5
[27]																												7	6	5	4
[28]																													1	2	3
[29]																														3	2
[30]																															1

付録

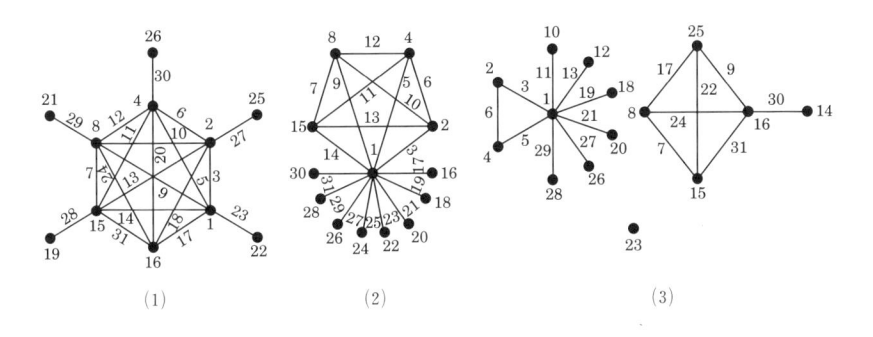

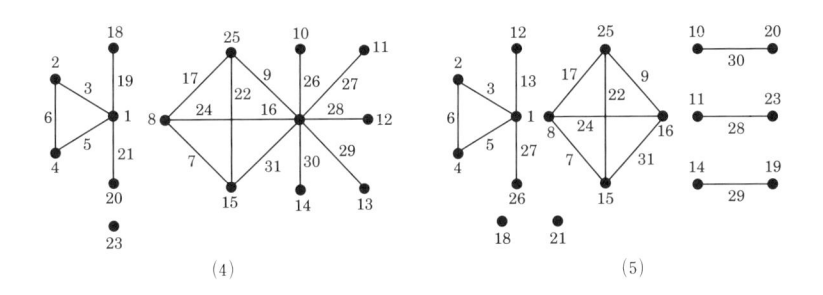

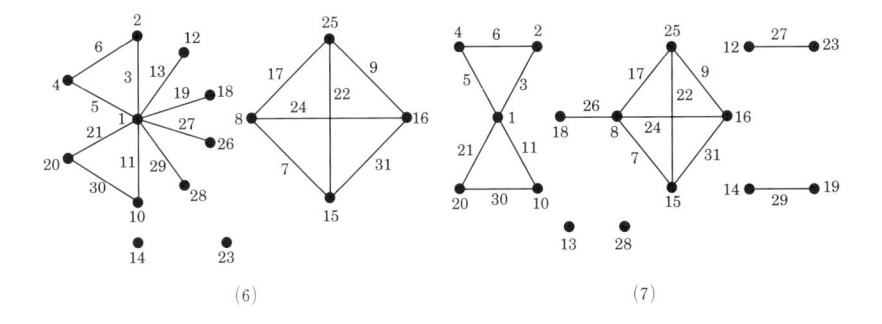

図 A.4 L_{32} の線点図

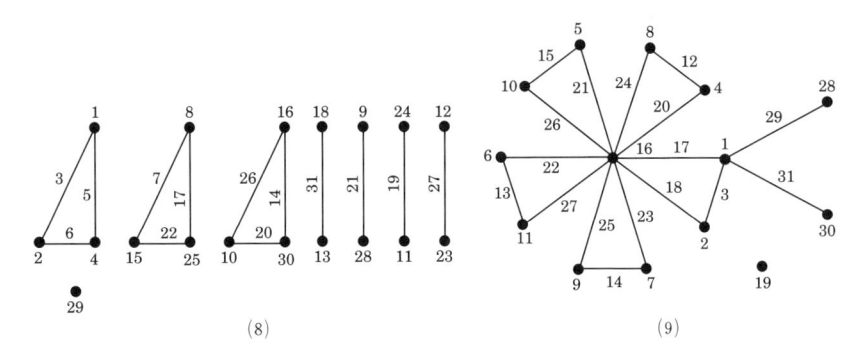

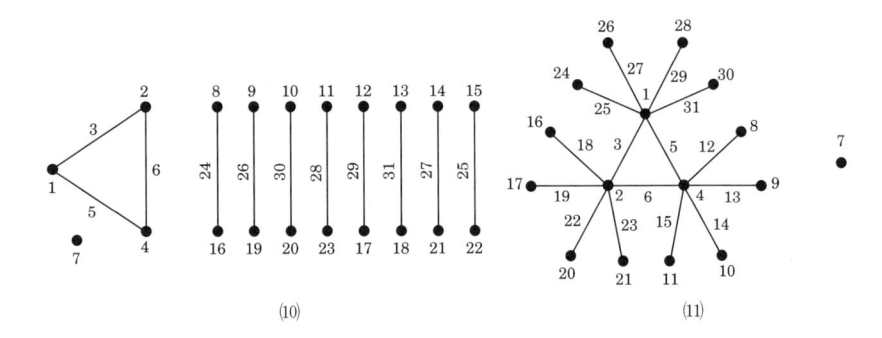

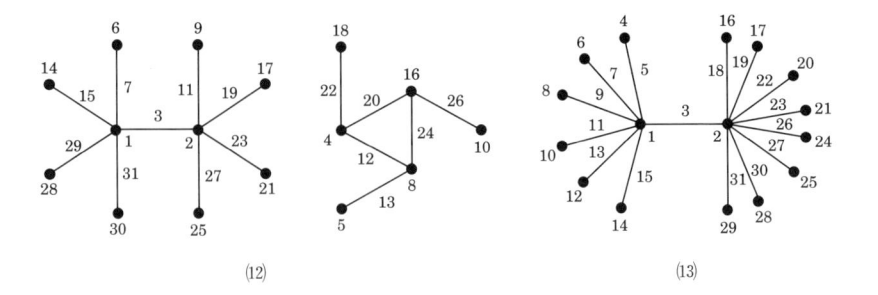

図 A.4 つづき

A2. 3水準系直交配列表

表 A.8 $L_9(3^4)$

列番 No.	[1]	[2]	[3]	[4]
1	1	1	1	1
2	1	2	2	2
3	1	3	3	3
4	2	1	2	3
5	2	2	3	1
6	2	3	1	2
7	3	1	3	2
8	3	2	1	3
9	3	3	2	1
成分	a	a b	a b	a b^2
	1 群	2 群		

```
1      3,4      2
●───────────────●
```

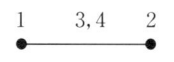

図 A.5 L_9 の線点図

表 A.9 $L_{27}(3^{13})$

列番 No.	[1]	[2]	[3]	[4]	[5]	[6]	[7]	[8]	[9]	[10]	[11]	[12]	[13]
1	1	1	1	1	1	1	1	1	1	1	1	1	1
2	1	1	1	1	2	2	2	2	2	2	2	2	2
3	1	1	1	1	3	3	3	3	3	3	3	3	3
4	1	2	2	2	1	1	1	2	2	2	3	3	3
5	1	2	2	2	2	2	2	3	3	3	1	1	1
6	1	2	2	2	3	3	3	1	1	1	2	2	2
7	1	3	3	3	1	1	1	3	3	3	2	2	2
8	1	3	3	3	2	2	2	1	1	1	3	3	3
9	1	3	3	3	3	3	3	2	2	2	1	1	1
10	2	1	2	3	1	2	3	1	2	3	1	2	3
11	2	1	2	3	2	3	1	2	3	1	2	3	1
12	2	1	2	3	3	1	2	3	1	2	3	1	2
13	2	2	3	1	1	2	3	2	3	1	3	1	2
14	2	2	3	1	2	3	1	3	1	2	1	2	3
15	2	2	3	1	3	1	2	1	2	3	2	3	1
16	2	3	1	2	1	2	3	3	1	2	2	3	1
17	2	3	1	2	2	3	1	1	2	3	3	1	2
18	2	3	1	2	3	1	2	2	3	1	1	2	3
19	3	1	3	2	1	3	2	1	3	2	1	3	2
20	3	1	3	2	2	1	3	2	1	3	2	1	3
21	3	1	3	2	3	2	1	3	2	1	3	2	1
22	3	2	1	3	1	3	2	2	1	3	3	2	1
23	3	2	1	3	2	1	3	3	2	1	1	3	2
24	3	2	1	3	3	2	1	1	3	2	2	1	3
25	3	3	2	1	1	3	2	3	2	1	2	1	3
26	3	3	2	1	2	1	3	1	3	2	3	2	1
27	3	3	2	1	3	2	1	2	1	3	1	3	2
成分	a	a b	a b	a b^2	a c	a c	a c^2	a b c	a b c	a b c^2	a b^2 c	a b^2 c^2	a b c^2
	1 群	2 群			3 群								

表 A.10　交互作用列を求める表（L_{27}用）

列＼列	[1]	[2]	[3]	[4]	[5]	[6]	[7]	[8]	[9]	[10]	[11]	[12]	[13]
[1]		3 4	2 4	2 3	6 7	5 7	5 6	9 10	8 10	8 9	12 13	11 13	11 12
[2]			1 4	1 3	8 11	9 12	10 13	5 11	6 12	7 13	5 8	6 9	7 10
[3]				1 2	9 13	10 11	8 12	7 12	5 13	6 11	6 10	7 8	5 9
[4]					10 12	8 13	9 11	6 13	7 11	5 12	7 9	5 10	6 8
[5]						1 7	1 6	2 11	3 13	4 12	2 8	4 10	3 9
[6]							1 5	4 13	2 12	3 11	3 10	2 9	4 8
[7]								3 12	4 11	2 13	4 9	3 8	2 10
[8]									1 10	1 9	2 5	3 7	4 6
[9]										1 8	4 7	2 6	3 5
[10]											3 6	4 5	2 7
[11]												1 13	1 12
[12]													1 11

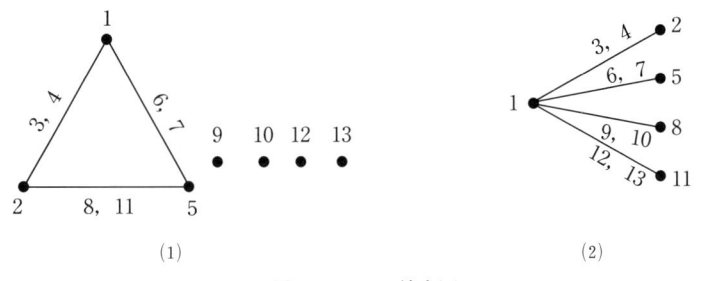

図 A.6　L_{27}の線点図

付　　　表

1. 付　　表 1　　正規分布表（Ⅰ）
2. 付　　表 2　　正規分布表（Ⅱ）
   ——P から k を求める表——
3. 付　　表 3　　χ^2　　表
4. 付　　表 4　　t　　表
5. 付表 5-1　F　　表（5％, 1％）
6. 付表 5-2　F　　表（0.5％）
7. 付表 5-3　F　　表（2.5％）
8. 付表 5-4　F　　表（10％）
9. 付表 5-5　F　　表（20％）

出　典

1) 付表 2 および付表 5-5 を除く付表 1～付表 5 は，森口繁一編『新編日科技連数値表（第 4 刷）』（日科技連出版社）から引用．

2) 付表 5-5 は，山内次郎編『統計数値表』（日本規格協会）の pp.16-17 を他の付表 5 の形式にあわせて引用．

付表1　正規分布表（I）

$$k \longrightarrow P = \Pr\{u \geq k\} = \frac{1}{\sqrt{2\pi}} \int_{k}^{\infty} e^{-\frac{u^2}{2}} du$$

（kからPを求める表）

k	*=0	1	2	3	4	5	6	7	8	9
0·0*	·5000	·4960	·4920	·4880	·4840	·4801	·4761	·4721	·4681	·4641
0·1*	·4602	·4562	·4522	·4483	·4443	·4404	·4364	·4325	·4286	·4247
0·2*	·4207	·4168	·4129	·4090	·4052	·4013	·3974	·3936	·3897	·3859
0·3*	·3821	·3783	·3745	·3707	·3669	·3632	·3594	·3557	·3520	·3483
0·4*	·3446	·3409	·3372	·3336	·3300	·3264	·3228	·3192	·3156	·3121
0·5*	·3085	·3050	·3015	·2981	·2946	·2912	·2877	·2843	·2810	·2776
0·6*	·2743	·2709	·2676	·2643	·2611	·2578	·2546	·2514	·2483	·2451
0·7*	·2420	·2389	·2358	·2327	·2296	·2266	·2236	·2206	·2177	·2148
0·8*	·2119	·2090	·2061	·2033	·2005	·1977	·1949	·1922	·1894	·1867
0·9*	·1841	·1814	·1788	·1762	·1736	·1711	·1685	·1660	·1635	·1611
1·0*	·1587	·1562	·1539	·1515	·1492	·1469	·1446	·1423	·1401	·1379
1·1*	·1357	·1335	·1314	·1292	·1271	·1251	·1230	·1210	·1190	·1170
1·2*	·1151	·1131	·1112	·1093	·1075	·1056	·1038	·1020	·1003	·0985
1·3*	·0968	·0951	·0934	·0918	·0901	·0885	·0869	·0853	·0838	·0823
1·4*	·0808	·0793	·0778	·0764	·0749	·0735	·0721	·0708	·0694	·0681
1·5*	·0668	·0655	·0643	·0630	·0618	·0606	·0594	·0582	·0571	·0559
1·6*	·0548	·0537	·0526	·0516	·0505	·0495	·0485	·0475	·0465	·0455
1·7*	·0446	·0436	·0427	·0418	·0409	·0401	·0392	·0384	·0375	·0367
1·8*	·0359	·0351	·0344	·0336	·0329	·0322	·0314	·0307	·0301	·0294
1·9*	·0287	·0281	·0274	·0268	·0262	·0256	·0250	·0244	·0239	·0233
2·0*	·0228	·0222	·0217	·0212	·0207	·0202	·0197	·0192	·0188	·0183
2·1*	·0179	·0174	·0170	·0166	·0162	·0158	·0154	·0150	·0146	·0143
2·2*	·0139	·0136	·0132	·0129	·0125	·0122	·0119	·0116	·0113	·0110
2·3*	·0107	·0104	·0102	·0099	·0096	·0094	·0091	·0089	·0087	·0084
2·4*	·0082	·0080	·0078	·0075	·0073	·0071	·0069	·0068	·0066	·0064
2·5*	·0062	·0060	·0059	·0057	·0055	·0054	·0052	·0051	·0049	·0048
2·6*	·0047	·0045	·0044	·0043	·0041	·0040	·0039	·0038	·0037	·0036
2·7*	·0035	·0034	·0033	·0032	·0031	·0030	·0029	·0028	·0027	·0026
2·8*	·0026	·0025	·0024	·0023	·0023	·0022	·0021	·0021	·0020	·0019
2·9*	·0019	·0018	·0018	·0017	·0016	·0016	·0015	·0015	·0014	·0014
3·0*	·0013	·0013	·0013	·0012	·0012	·0011	·0011	·0011	·0010	·0010

付表 2 正規分布表(II)

(P から k を求める表)

P	·001	·005	·010	·025	·05	·10	·20	·30	·40
k	3·090	2·576	2·326	1·960	1·645	1·282	·842	·524	·253

付表3 χ^2 表

$\chi^2(\phi, P)$

（自由度 ϕ と上側確率 P とから χ^2 を求める表）

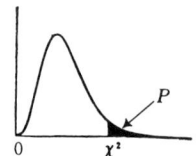

P \ ϕ	·995	·99	·975	·95	·90	·75	·50	·25	·10	·05	·025	·01	·005	ϕ
1	0·0⁴393	0·0³157	0·0³982	0·0²393	0·0158	0·102	0·455	1·323	2·71	**3·84**	5·02	**6·63**	7·88	1
2	0·0100	0·0201	0·0506	0·103	0·211	0·575	1·386	2·77	4·61	**5·99**	7·38	**9·21**	10·60	2
3	0·0717	0·115	0·216	0·352	0·584	1·213	2·37	4·11	6·25	**7·81**	9·35	**11·34**	12·84	3
4	0·207	0·297	0·484	0·711	1·064	1·923	3·36	5·39	7·78	**9·49**	11·14	**13·28**	14·86	4
5	0·412	0·554	0·831	1·145	1·610	2·67	4·35	6·63	9·24	**11·07**	12·83	**15·09**	16·75	5
6	0·676	0·872	1·237	1·635	2·20	3·45	5·35	7·84	10·64	**12·59**	14·45	**16·81**	18·55	6
7	0·989	1·239	1·690	2·17	2·83	4·25	6·35	9·04	12·02	**14·07**	16·01	**18·48**	20·3	7
8	1·344	1·646	2·18	2·73	3·49	5·07	7·34	10·22	13·36	**15·51**	17·53	**20·1**	22·0	8
9	1·735	2·09	2·70	3·33	4·17	5·90	8·34	11·39	14·68	**16·92**	19·02	**21·7**	23·6	9
10	2·16	2·56	3·25	3·94	4·87	6·74	9·34	12·55	15·99	**18·31**	20·5	**23·2**	25·2	10
11	2·60	3·05	3·82	4·57	5·58	7·58	10·34	13·70	17·28	**19·68**	21·9	**24·7**	26·8	11
12	3·07	3·57	4·40	5·23	6·30	8·44	11·34	14·85	18·55	**21·0**	23·3	**26·2**	28·3	12
13	3·57	4·11	5·01	5·89	7·04	9·30	12·34	15·98	19·81	**22·4**	24·7	**27·7**	29·8	13
14	4·07	4·66	5·63	6·57	7·79	10·17	13·34	17·12	21·1	**23·7**	26·1	**29·1**	31·3	14
15	4·60	5·23	6·26	7·26	8·55	11·04	14·34	18·25	22·3	**25·0**	27·5	**30·6**	32·8	15
16	5·14	5·81	6·91	7·96	9·31	11·91	15·34	19·37	23·5	**26·3**	28·8	**32·0**	34·3	16
17	5·70	6·41	7·56	8·67	10·09	12·79	16·34	20·5	24·8	**27·6**	30·2	**33·4**	35·7	17
18	6·26	7·01	8·23	9·39	10·86	13·68	17·34	21·6	26·0	**28·9**	31·5	**34·8**	37·2	18
19	6·84	7·63	8·91	10·12	11·65	14·56	18·34	22·7	27·2	**30·1**	32·9	**36·2**	38·6	19
20	7·43	8·26	9·59	10·85	12·44	15·45	19·34	23·8	28·4	**31·4**	34·2	**37·6**	40·0	20
21	8·03	8·90	10·28	11·59	13·24	16·34	20·3	24·9	29·6	**32·7**	35·5	**38·9**	41·4	21
22	8·64	9·54	10·98	12·34	14·04	17·24	21·3	26·0	30·8	**33·9**	36·8	**40·3**	42·8	22
23	9·26	10·20	11·69	13·09	14·85	18·14	22·3	27·1	32·0	**35·2**	38·1	**41·6**	44·2	23
24	9·89	10·86	12·40	**13·85**	15·66	19·04	23·3	28·2	33·2	**36·4**	39·4	**43·0**	45·6	24
25	10·52	11·52	13·12	**14·61**	16·47	19·94	24·3	29·3	34·4	**37·7**	40·6	**44·3**	46·9	25
26	11·16	12·20	13·84	15·38	17·29	20·8	25·3	30·4	35·6	**38·9**	41·9	**45·6**	48·3	26
27	11·81	12·88	14·57	16·15	18·11	21·7	26·3	31·5	36·7	**40·1**	43·2	**47·0**	49·6	27
28	12·46	13·56	15·31	16·93	18·94	22·7	27·3	32·6	37·9	**41·3**	44·5	**48·3**	51·0	28
29	13·12	14·26	16·05	17·71	19·77	23·6	28·3	33·7	39·1	**42·6**	45·7	**49·6**	52·3	29
30	13·79	14·95	16·79	18·49	20·6	24·5	29·3	34·8	40·3	**43·8**	47·0	**50·9**	53·7	30
40	20·7	22·2	24·4	26·5	29·1	33·7	39·3	45·6	51·8	**55·8**	59·3	**63·7**	66·8	40
50	28·0	29·7	32·4	34·8	37·7	42·9	49·3	56·3	63·2	**67·5**	71·4	**76·2**	79·5	50
60	35·5	37·5	40·5	43·2	46·5	52·3	59·3	67·0	74·4	**79·1**	83·3	**88·4**	92·0	60
70	43·3	45·4	48·8	51·7	55·3	61·7	69·3	77·6	85·5	**90·5**	95·0	**100·4**	104·2	70
80	51·2	53·5	57·2	60·4	64·3	71·1	79·3	88·1	96·6	**101·9**	106·6	**112·3**	116·3	80
90	59·2	61·8	65·6	69·1	73·3	80·6	89·3	98·6	107·6	**113·1**	118·1	**124·1**	128·3	90
100	67·3	70·1	74·2	77·9	82·4	90·1	99·3	109·1	118·5	**124·3**	129·6	**135·8**	140·2	100
y_P	−2·58	−2·33	−1·96	−1·64	−1·28	−0·674	0·000	0·674	1·282	**1·645**	1·960	**2·33**	2·58	y_P

[注] $\phi>100$ のときは $\chi^2(\phi,P)=\dfrac{1}{2}(y_P+\sqrt{2\phi-1})^2$ と求める．

付表4　t　表

$t(\phi, P)$

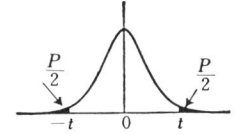

(自由度 ϕ と両側確率 P とから t を求める表)

P \ ϕ	0.50	0.40	0.30	0.20	0.10	0.05	0.02	0.01	0.001	P \ ϕ
1	1.000	1.376	1.963	3.078	6.314	12.706	31.821	63.657	636.619	1
2	0.816	1.061	1.386	1.886	2.920	4.303	6.965	9.925	31.599	2
3	0.765	0.978	1.250	1.638	2.353	3.182	4.541	5.841	12.924	3
4	0.741	0.941	1.190	1.533	2.132	2.776	3.747	4.604	8.610	4
5	0.727	0.920	1.156	1.476	2.015	2.571	3.365	4.032	6.869	5
6	0.718	0.906	1.134	1.440	1.943	2.447	3.143	3.707	5.959	6
7	0.711	0.896	1.119	1.415	1.895	2.365	2.998	3.499	5.408	7
8	0.706	0.889	1.108	1.397	1.860	2.306	2.896	3.355	5.041	8
9	0.703	0.883	1.100	1.383	1.833	2.262	2.821	3.250	4.781	9
10	0.700	0.879	1.093	1.372	1.812	2.228	2.764	3.169	4.587	10
11	0.697	0.876	1.088	1.363	1.796	2.201	2.718	3.106	4.437	11
12	0.695	0.873	1.083	1.356	1.782	2.179	2.681	3.055	4.318	12
13	0.694	0.870	1.079	1.350	1.771	2.160	2.650	3.012	4.221	13
14	0.692	0.868	1.076	1.345	1.761	2.145	2.624	2.977	4.140	14
15	0.691	0.866	1.074	1.341	1.753	2.131	2.602	2.947	4.073	15
16	0.690	0.865	1.071	1.337	1.746	2.120	2.583	2.921	4.015	16
17	0.689	0.863	1.069	1.333	1.740	2.110	2.567	2.898	3.965	17
18	0.688	0.862	1.067	1.330	1.734	2.101	2.552	2.878	3.922	18
19	0.688	0.861	1.066	1.328	1.729	2.093	2.539	2.861	3.883	19
20	0.687	0.860	1.064	1.325	1.725	2.086	2.528	2.845	3.850	20
21	0.686	0.859	1.063	1.323	1.721	2.080	2.518	2.831	3.819	21
22	0.686	0.858	1.061	1.321	1.717	2.074	2.508	2.819	3.792	22
23	0.685	0.858	1.060	1.319	1.714	2.069	2.500	2.807	3.768	23
24	0.685	0.857	1.059	1.318	1.711	2.064	2.492	2.797	3.745	24
25	0.684	0.856	1.058	1.316	1.708	2.060	2.485	2.787	3.725	25
26	0.684	0.856	1.058	1.315	1.706	2.056	2.479	2.779	3.707	26
27	0.684	0.855	1.057	1.314	1.703	2.052	2.473	2.771	3.690	27
28	0.683	0.855	1.056	1.313	1.701	2.048	2.467	2.763	3.674	28
29	0.683	0.854	1.055	1.311	1.699	2.045	2.462	2.756	3.659	29
30	0.683	0.854	1.055	1.310	1.697	2.042	2.457	2.750	3.646	30
40	0.681	0.851	1.050	1.303	1.684	2.021	2.423	2.704	3.551	40
60	0.679	0.848	1.045	1.296	1.671	2.000	2.390	2.660	3.460	60
120	0.677	0.845	1.041	1.289	1.658	1.980	2.358	2.617	3.373	120
∞	0.674	0.842	1.036	1.282	1.645	1.960	2.326	2.576	3.291	∞

付表5-1　F 表（5％, 1％）

$$F(\phi_1, \phi_2; P) \qquad P = \begin{cases} 0.05 \cdots \text{細字} \\ 0.01 \cdots \text{太字} \end{cases}$$

（分子の自由度 ϕ_1，分母の自由度 ϕ_2 から，上側確率 5％ および 1％ に対する F の値を求める表）（細字は 5％, 太字は 1％）

ϕ_2 \ ϕ_1	1	2	3	4	5	6	7	8	9	10	12	15	20	24	30	40	60	120	∞
1	161· **4052·**	200· **5000·**	216· **5403·**	225· **5625·**	230· **5764·**	234· **5859·**	237· **5928·**	239· **5981·**	241· **6022·**	242· **6056·**	244· **6106·**	246· **6157·**	248· **6209·**	249· **6235·**	250· **6261·**	251· **6287·**	252· **6313·**	253· **6339·**	254· **6366·**
2	18·5 **98·5**	19·0 **99·0**	19·2 **99·2**	19·2 **99·2**	19·3 **99·3**	19·3 **99·3**	19·4 **99·4**	19·4 **99·4**	19·4 **99·4**	19·4 **99·4**	19·4 **99·4**	19·4 **99·4**	19·4 **99·4**	19·4 **99·4**	19·5 **99·5**	19·5 **99·5**	19·5 **99·5**	19·5 **99·5**	19·5 **99·5**
3	10·1 **34·1**	9·55 **30·8**	9·28 **29·5**	9·12 **28·7**	9·01 **28·2**	8·94 **27·9**	8·89 **27·7**	8·85 **27·5**	8·81 **27·3**	8·79 **27·2**	8·74 **27·1**	8·70 **26·9**	8·66 **26·7**	8·64 **26·6**	8·62 **26·5**	8·59 **26·4**	8·57 **26·3**	8·55 **26·2**	8·53 **26·1**
4	7·71 **21·2**	6·94 **18·0**	6·59 **16·7**	6·39 **16·0**	6·26 **15·5**	6·16 **15·2**	6·09 **15·0**	6·04 **14·8**	6·00 **14·7**	5·96 **14·5**	5·91 **14·4**	5·86 **14·2**	5·80 **14·0**	5·77 **13·9**	5·75 **13·8**	5·72 **13·7**	5·69 **13·7**	5·66 **13·6**	5·63 **13·5**
5	6·61 **16·3**	5·79 **13·3**	5·41 **12·1**	5·19 **11·4**	5·05 **11·0**	4·95 **10·7**	4·88 **10·5**	4·82 **10·3**	4·77 **10·2**	4·74 **10·1**	4·68 **9·89**	4·62 **9·72**	4·56 **9·55**	4·53 **9·47**	4·50 **9·38**	4·46 **9·29**	4·43 **9·20**	4·40 **9·11**	4·36 **9·02**
6	5·99 **13·7**	5·14 **10·9**	4·76 **9·78**	4·53 **9·15**	4·39 **8·75**	4·28 **8·47**	4·21 **8·26**	4·15 **8·10**	4·10 **7·98**	4·06 **7·87**	4·00 **7·72**	3·94 **7·56**	3·87 **7·40**	3·84 **7·31**	3·81 **7·23**	3·77 **7·14**	3·74 **7·06**	3·70 **6·97**	3·67 **6·88**
7	5·59 **12·2**	4·74 **9·55**	4·35 **8·45**	4·12 **7·85**	3·97 **7·46**	3·87 **7·19**	3·79 **6·99**	3·73 **6·84**	3·68 **6·72**	3·64 **6·62**	3·57 **6·47**	3·51 **6·31**	3·44 **6·16**	3·41 **6·07**	3·38 **5·99**	3·34 **5·91**	3·30 **5·82**	3·27 **5·74**	3·23 **5·65**
8	5·32 **11·3**	4·46 **8·65**	4·07 **7·59**	3·84 **7·01**	3·69 **6·63**	3·58 **6·37**	3·50 **6·18**	3·44 **6·03**	3·39 **5·91**	3·35 **5·81**	3·28 **5·67**	3·22 **5·52**	3·15 **5·36**	3·12 **5·28**	3·08 **5·20**	3·04 **5·12**	3·01 **5·03**	2·97 **4·95**	2·93 **4·86**
9	5·12 **10·6**	4·26 **8·02**	3·86 **6·99**	3·63 **6·42**	3·48 **6·06**	3·37 **5·80**	3·29 **5·61**	3·23 **5·47**	3·18 **5·35**	3·14 **5·26**	3·07 **5·11**	3·01 **4·96**	2·94 **4·81**	2·90 **4·73**	2·86 **4·65**	2·83 **4·57**	2·79 **4·48**	2·75 **4·40**	2·71 **4·31**
10	4·96 **10·0**	4·10 **7·56**	3·71 **6·55**	3·48 **5·99**	3·33 **5·64**	3·22 **5·39**	3·14 **5·20**	3·07 **5·06**	3·02 **4·94**	2·98 **4·85**	2·91 **4·71**	2·85 **4·56**	2·77 **4·41**	2·74 **4·33**	2·70 **4·25**	2·66 **4·17**	2·62 **4·08**	2·58 **4·00**	2·54 **3·91**
11	4·84 **9·65**	3·98 **7·21**	3·59 **6·22**	3·36 **5·67**	3·20 **5·32**	3·09 **5·07**	3·01 **4·89**	2·95 **4·74**	2·90 **4·63**	2·85 **4·54**	2·79 **4·40**	2·72 **4·25**	2·65 **4·10**	2·61 **4·02**	2·57 **3·94**	2·53 **3·86**	2·49 **3·78**	2·45 **3·69**	2·40 **3·60**
12	4·75 **9·33**	3·89 **6·93**	3·49 **5·95**	3·26 **5·41**	3·11 **5·06**	3·00 **4·82**	2·91 **4·64**	2·85 **4·50**	2·80 **4·39**	2·75 **4·30**	2·69 **4·16**	2·62 **4·01**	2·54 **3·86**	2·51 **3·78**	2·47 **3·70**	2·43 **3·62**	2·38 **3·54**	2·34 **3·45**	2·30 **3·36**
13	4·67 **9·07**	3·81 **6·70**	3·41 **5·74**	3·18 **5·21**	3·03 **4·86**	2·92 **4·62**	2·83 **4·44**	2·77 **4·30**	2·71 **4·19**	2·67 **4·10**	2·60 **3·96**	2·53 **3·82**	2·46 **3·66**	2·42 **3·59**	2·38 **3·51**	2·34 **3·43**	2·30 **3·34**	2·25 **3·25**	2·21 **3·17**
14	4·60 **8·86**	3·74 **6·51**	3·34 **5·56**	3·11 **5·04**	2·96 **4·69**	2·85 **4·46**	2·76 **4·28**	2·70 **4·14**	2·65 **4·03**	2·60 **3·94**	2·53 **3·80**	2·46 **3·66**	2·39 **3·51**	2·35 **3·43**	2·31 **3·35**	2·27 **3·27**	2·22 **3·18**	2·18 **3·09**	2·13 **3·00**
15	4·54 **8·68**	3·68 **6·36**	3·29 **5·42**	3·06 **4·89**	2·90 **4·56**	2·79 **4·32**	2·71 **4·14**	2·64 **4·00**	2·59 **3·89**	2·54 **3·80**	2·48 **3·67**	2·40 **3·52**	2·33 **3·37**	2·29 **3·29**	2·25 **3·21**	2·20 **3·13**	2·16 **3·05**	2·11 **2·96**	2·07 **2·87**

$\phi_2 \backslash \phi_1$	1	2	3	4	5	6	7	8	9	10	12	15	20	24	30	40	60	120	∞	$\phi_1 \backslash \phi_2$
16	4·49 8·53	3·63 6·23	3·24 5·29	3·01 4·77	2·85 4·44	2·74 4·20	2·66 4·03	2·59 3·89	2·54 3·78	2·49 3·69	2·42 3·55	2·35 3·41	2·28 3·26	2·24 3·18	2·19 3·10	2·15 3·02	2·11 2·93	2·06 2·84	2·01 2·75	16
17	4·45 8·40	3·59 6·11	3·20 5·18	2·96 4·67	2·81 4·34	2·70 4·10	2·61 3·93	2·55 3·79	2·49 3·68	2·45 3·59	2·38 3·46	2·31 3·31	2·23 3·16	2·19 3·08	2·15 3·00	2·10 2·92	2·06 2·83	2·01 2·75	1·96 2·65	17
18	4·41 8·29	3·55 6·01	3·16 5·09	2·93 4·58	2·77 4·25	2·66 4·01	2·58 3·84	2·51 3·71	2·46 3·60	2·41 3·51	2·34 3·37	2·27 3·23	2·19 3·08	2·15 3·00	2·11 2·92	2·06 2·84	2·02 2·75	1·97 2·66	1·92 2·57	18
19	4·38 8·18	3·52 5·93	3·13 5·01	2·90 4·50	2·74 4·17	2·63 3·94	2·54 3·77	2·48 3·63	2·42 3·52	2·38 3·43	2·31 3·30	2·23 3·15	2·16 3·00	2·11 2·92	2·07 2·84	2·03 2·76	1·98 2·67	1·93 2·58	1·88 2·49	19
20	4·35 8·10	3·49 5·85	3·10 4·94	2·87 4·43	2·71 4·10	2·60 3·87	2·51 3·70	2·45 3·56	2·39 3·46	2·35 3·37	2·28 3·23	2·20 3·09	2·12 2·94	2·08 2·86	2·04 2·78	1·99 2·69	1·95 2·61	1·90 2·52	1·84 2·42	20
21	4·32 8·02	3·47 5·78	3·07 4·87	2·84 4·37	2·68 4·04	2·57 3·81	2·49 3·64	2·42 3·51	2·37 3·40	2·32 3·31	2·25 3·17	2·18 3·03	2·10 2·88	2·05 2·80	2·01 2·72	1·96 2·64	1·92 2·55	1·87 2·46	1·81 2·36	21
22	4·30 7·95	3·44 5·72	3·05 4·82	2·82 4·31	2·66 3·99	2·55 3·76	2·46 3·59	2·40 3·45	2·34 3·35	2·30 3·26	2·23 3·12	2·15 2·98	2·07 2·83	2·03 2·75	1·98 2·67	1·94 2·58	1·89 2·50	1·84 2·40	1·78 2·31	22
23	4·28 7·88	3·42 5·66	3·03 4·76	2·80 4·26	2·64 3·94	2·53 3·71	2·44 3·54	2·37 3·41	2·32 3·30	2·27 3·21	2·20 3·07	2·13 2·93	2·05 2·78	2·01 2·70	1·96 2·62	1·91 2·54	1·86 2·45	1·81 2·35	1·76 2·26	23
24	4·26 7·82	3·40 5·61	3·01 4·72	2·78 4·22	2·62 3·90	2·51 3·67	2·42 3·50	2·36 3·36	2·30 3·26	2·25 3·17	2·18 3·03	2·11 2·89	2·03 2·74	1·98 2·66	1·94 2·58	1·89 2·49	1·84 2·40	1·79 2·31	1·73 2·21	24
25	4·24 7·77	3·39 5·57	2·99 4·68	2·76 4·18	2·60 3·85	2·49 3·63	2·40 3·46	2·34 3·32	2·28 3·22	2·24 3·13	2·16 2·99	2·09 2·85	2·01 2·70	1·96 2·62	1·92 2·54	1·87 2·45	1·82 2·36	1·77 2·27	1·71 2·17	25
26	4·23 7·72	3·37 5·53	2·98 4·64	2·74 4·14	2·59 3·82	2·47 3·59	2·39 3·42	2·32 3·29	2·27 3·18	2·22 3·09	2·15 2·96	2·07 2·81	1·99 2·66	1·95 2·58	1·90 2·50	1·85 2·42	1·80 2·33	1·75 2·23	1·69 2·13	26
27	4·21 7·68	3·35 5·49	2·96 4·60	2·73 4·11	2·57 3·78	2·46 3·56	2·37 3·39	2·31 3·26	2·25 3·15	2·20 3·06	2·13 2·93	2·06 2·78	1·97 2·63	1·93 2·55	1·88 2·47	1·84 2·38	1·79 2·29	1·73 2·20	1·67 2·10	27
28	4·20 7·64	3·34 5·45	2·95 4·57	2·71 4·07	2·56 3·75	2·45 3·53	2·36 3·36	2·29 3·23	2·24 3·12	2·19 3·03	2·12 2·90	2·04 2·75	1·96 2·60	1·91 2·52	1·87 2·44	1·82 2·35	1·77 2·26	1·71 2·17	1·65 2·06	28
29	4·18 7·60	3·33 5·42	2·93 4·54	2·70 4·04	2·54 3·73	2·43 3·50	2·35 3·33	2·28 3·20	2·22 3·09	2·18 3·00	2·10 2·87	2·03 2·73	1·94 2·57	1·90 2·49	1·85 2·41	1·81 2·33	1·75 2·23	1·70 2·14	1·64 2·03	29
30	4·17 7·56	3·32 5·39	2·92 4·51	2·69 4·02	2·53 3·70	2·42 3·47	2·33 3·30	2·27 3·17	2·21 3·07	2·16 2·98	2·09 2·84	2·01 2·70	1·93 2·55	1·89 2·47	1·84 2·39	1·79 2·30	1·74 2·21	1·68 2·11	1·62 2·01	30
40	4·08 7·31	3·23 5·18	2·84 4·31	2·61 3·83	2·45 3·51	2·34 3·29	2·25 3·12	2·18 2·99	2·12 2·89	2·08 2·80	2·00 2·66	1·92 2·52	1·84 2·37	1·79 2·29	1·74 2·20	1·69 2·11	1·64 2·02	1·58 1·92	1·51 1·80	40
60	4·00 7·08	3·15 4·98	2·76 4·13	2·53 3·65	2·37 3·34	2·25 3·12	2·17 2·95	2·10 2·82	2·04 2·72	1·99 2·63	1·92 2·50	1·84 2·35	1·75 2·20	1·70 2·12	1·65 2·03	1·59 1·94	1·53 1·84	1·47 1·73	1·39 1·60	60
120	3·92 6·85	3·07 4·79	2·68 3·95	2·45 3·48	2·29 3·17	2·18 2·96	2·09 2·79	2·02 2·66	1·96 2·56	1·91 2·47	1·83 2·34	1·75 2·19	1·66 2·03	1·61 1·95	1·55 1·86	1·50 1·76	1·43 1·66	1·35 1·53	1·25 1·38	120
∞	3·84 6·63	3·00 4·61	2·60 3·78	2·37 3·32	2·21 3·02	2·10 2·80	2·01 2·64	1·94 2·51	1·88 2·41	1·83 2·32	1·75 2·18	1·67 2·04	1·57 1·88	1·52 1·79	1·46 1·70	1·39 1·59	1·32 1·47	1·22 1·32	1·00 1·00	∞

付表5-2　F　表 (0.5%)

$$F(\phi_1, \phi_2; 0.005)$$

(分子の自由度ϕ_1, 分母の自由度ϕ_2の
F分布の上側0.5%の点を求める表)

ϕ_2\ϕ_1	1	2	3	4	5	6	7	8	9	10	12	15	20	24	30	40	60	120	∞	ϕ_1\ϕ_2
1	199·	199·	199·	199·	199·	199·	199·	199·	199·	199·	199·	199·	199·	199·	199·	199·	199·	199·	200·	1
2	55·6	49·8	47·5	46·2	45·4	44·8	44·4	44·1	43·9	43·7	43·4	43·1	42·8	42·6	42·5	42·3	42·1	42·0	41·8	2
3	31·3	26·3	24·3	23·2	22·5	22·0	21·6	21·4	21·1	21·0	20·7	20·4	20·2	20·0	19·9	19·8	19·6	19·5	19·3	3
4	22·8	18·3	16·5	15·6	14·9	14·5	14·2	14·0	13·8	13·6	13·4	13·1	12·9	12·8	12·7	12·5	12·4	12·3	12·1	4
5	18·6	14·5	12·9	12·0	11·5	11·1	10·8	10·6	10·4	10·3	9·81	9·59	9·47	9·36	9·24	9·12	9·00	8·88	5
6	16·2	12·4	10·9	10·1	9·52	9·16	8·89	8·68	8·51	8·38	8·18	7·97	7·75	7·64	7·53	7·42	7·31	7·19	7·08	6
7	14·7	11·0	9·60	8·81	8·30	7·95	7·69	7·50	7·34	7·21	7·01	6·81	6·61	6·50	6·40	6·29	6·18	6·06	5·95	7
8	13·6	10·1	8·72	7·96	7·47	7·13	6·88	6·69	6·54	6·42	6·23	6·03	5·83	5·73	5·62	5·52	5·41	5·30	5·19	8
9	12·8	9·43	8·08	7·34	6·87	6·54	6·30	6·12	5·97	5·85	5·66	5·47	5·27	5·17	5·07	4·97	4·86	4·75	4·64	9
10	12·2	8·91	7·60	6·88	6·42	6·10	5·86	5·68	5·54	5·42	5·24	5·05	4·86	4·76	4·65	4·55	4·44	4·34	4·23	10
11	11·8	8·51	7·23	6·52	6·07	5·76	5·52	5·35	5·20	5·09	4·91	4·72	4·53	4·43	4·33	4·23	4·12	4·01	3·90	11
12	11·4	8·19	6·93	6·23	5·79	5·48	5·25	5·08	4·94	4·82	4·64	4·46	4·27	4·17	4·07	3·97	3·87	3·76	3·65	12
13	11·1	7·92	6·68	6·00	5·56	5·26	5·03	4·86	4·72	4·60	4·43	4·25	4·06	3·96	3·86	3·76	3·66	3·55	3·44	13
14	10·8	7·70	6·48	5·80	5·37	5·07	4·85	4·67	4·54	4·42	4·25	4·07	3·88	3·79	3·69	3·58	3·48	3·37	3·26	14
15	10·6	7·51	6·30	5·64	5·21	4·91	4·69	4·52	4·38	4·27	4·10	3·92	3·73	3·64	3·54	3·44	3·33	3·22	3·11	15
16	10·4	7·35	6·16	5·50	5·07	4·78	4·56	4·39	4·25	4·14	3·97	3·79	3·61	3·51	3·41	3·31	3·21	3·10	2·98	16
17	10·2	7·21	6·03	5·37	4·96	4·66	4·44	4·28	4·14	4·03	3·86	3·68	3·50	3·40	3·30	3·20	3·10	2·99	2·87	17
18	10·1	7·09	5·92	5·27	4·85	4·56	4·34	4·18	4·04	3·93	3·76	3·59	3·40	3·31	3·21	3·11	3·00	2·89	2·78	18
19	9·94	6·99	5·82	5·17	4·76	4·47	4·26	4·09	3·96	3·85	3·68	3·50	3·32	3·22	3·12	3·02	2·92	2·81	2·69	19
20	9·83	6·89	5·73	5·09	4·68	4·39	4·18	4·01	3·88	3·77	3·60	3·43	3·24	3·15	3·05	2·95	2·84	2·73	2·61	20
21	9·73	6·81	5·65	5·02	4·61	4·32	4·11	3·94	3·81	3·70	3·54	3·36	3·18	3·08	2·98	2·88	2·77	2·66	2·55	21
22	9·63	6·73	5·58	4·95	4·54	4·26	4·05	3·88	3·75	3·64	3·47	3·30	3·12	3·02	2·92	2·82	2·71	2·60	2·48	22
23	9·55	6·66	5·52	4·89	4·49	4·20	3·99	3·83	3·69	3·59	3·42	3·25	3·06	2·97	2·87	2·77	2·66	2·55	2·43	23
24	9·48	6·60	5·46	4·84	4·43	4·15	3·94	3·78	3·64	3·54	3·37	3·20	3·01	2·92	2·82	2·72	2·61	2·50	2·38	24
25	9·41	6·54	5·41	4·79	4·38	4·10	3·89	3·73	3·60	3·49	3·33	3·15	2·97	2·87	2·77	2·67	2·56	2·45	2·33	25
26	9·34	6·49	5·36	4·74	4·34	4·06	3·85	3·69	3·56	3·45	3·28	3·11	2·93	2·83	2·73	2·63	2·52	2·41	2·29	26
27	9·28	6·44	5·32	4·70	4·30	4·02	3·81	3·65	3·52	3·41	3·25	3·07	2·89	2·79	2·69	2·59	2·48	2·37	2·25	27
28	9·23	6·40	5·28	4·66	4·26	3·98	3·77	3·61	3·48	3·38	3·21	3·04	2·86	2·76	2·66	2·56	2·45	2·33	2·21	28
29	9·18	6·35	5·24	4·62	4·23	3·95	3·74	3·58	3·45	3·34	3·18	3·01	2·82	2·73	2·63	2·52	2·42	2·30	2·18	29
30	9·18	6·35	5·24	4·62	4·23	3·95	3·74	3·58	3·45	3·34	3·18	3·01	2·82	2·73	2·63	2·52	2·42	2·30	2·18	30
40	8·83	6·07	4·98	4·37	3·99	3·71	3·51	3·35	3·22	3·12	2·95	2·78	2·60	2·50	2·40	2·30	2·18	2·06	1·93	40
60	8·49	5·79	4·73	4·14	3·76	3·49	3·29	3·13	3·01	2·90	2·74	2·57	2·39	2·29	2·19	2·08	1·96	1·83	1·69	60
120	8·18	5·54	4·50	3·92	3·55	3·28	3·09	2·93	2·81	2·71	2·54	2·37	2·19	2·09	1·98	1·87	1·75	1·61	1·43	120
∞	7·88	5·30	4·28	3·72	3·35	3·09	2·90	2·74	2·62	2·52	2·36	2·19	2·00	1·90	1·79	1·67	1·53	1·36	1·00	∞
ϕ_2\ϕ_1	1	2	3	4	5	6	7	8	9	10	12	15	20	24	30	40	60	120	∞	ϕ_1\ϕ_2

付表5-3　F 表 (2.5%)

$$F(\phi_1, \phi_2\ ;\ 0.025)$$

(分子の自由度 ϕ_1, 分母の自由度 ϕ_2 の F 分布の上側 2.5% の点を求める表)

$\phi_2 \backslash \phi_1$	1	2	3	4	5	6	7	8	9	10	12	15	20	24	30	40	60	120	∞
1	648.	800.	864.	900.	922.	937.	948.	957.	963.	969.	977.	985.	993.	997.	1001.	1006.	1010.	1014.	1018.
2	38.5	39.0	39.2	39.2	39.3	39.3	39.4	39.4	39.4	39.4	39.4	39.4	39.4	39.5	39.5	39.5	39.5	39.5	39.5
3	17.4	16.0	15.4	15.1	14.9	14.7	14.6	14.5	14.5	14.4	14.3	14.3	14.2	14.1	14.1	14.0	14.0	13.9	13.9
4	12.2	10.6	9.98	9.60	9.36	9.20	9.07	8.98	8.90	8.84	8.75	8.66	8.56	8.51	8.46	8.41	8.36	8.31	8.26
5	10.0	8.43	7.76	7.39	7.15	6.98	6.85	6.76	6.68	6.62	6.52	6.43	6.33	6.28	6.23	6.18	6.12	6.07	6.02
6	8.81	7.26	6.60	6.23	5.99	5.82	5.70	5.60	5.52	5.46	5.37	5.27	5.17	5.12	5.07	5.01	4.96	4.90	4.85
7	8.07	6.54	5.89	5.52	5.29	5.12	4.99	4.90	4.82	4.76	4.67	4.57	4.47	4.42	4.36	4.31	4.25	4.20	4.14
8	7.57	6.06	5.42	5.05	4.82	4.65	4.53	4.43	4.36	4.30	4.20	4.10	4.00	3.95	3.89	3.84	3.78	3.73	3.67
9	7.21	5.71	5.08	4.72	4.48	4.32	4.20	4.10	4.03	3.96	3.87	3.77	3.67	3.61	3.56	3.51	3.45	3.39	3.33
10	6.94	5.46	4.83	4.47	4.24	4.07	3.95	3.85	3.78	3.72	3.62	3.52	3.42	3.37	3.31	3.26	3.20	3.14	3.08
11	6.72	5.26	4.63	4.28	4.04	3.88	3.76	3.66	3.59	3.53	3.43	3.33	3.23	3.17	3.12	3.06	3.00	2.94	2.88
12	6.55	5.10	4.47	4.12	3.89	3.73	3.61	3.51	3.44	3.37	3.28	3.18	3.07	3.02	2.96	2.91	2.85	2.79	2.72
13	6.41	4.97	4.35	4.00	3.77	3.60	3.48	3.39	3.31	3.25	3.15	3.05	2.95	2.89	2.84	2.78	2.72	2.66	2.60
14	6.30	4.86	4.24	3.89	3.66	3.50	3.38	3.29	3.21	3.15	3.05	2.95	2.84	2.79	2.73	2.67	2.61	2.55	2.49
15	6.20	4.77	4.15	3.80	3.58	3.41	3.29	3.20	3.12	3.06	2.96	2.86	2.76	2.70	2.64	2.59	2.52	2.46	2.40
16	6.12	4.69	4.08	3.73	3.50	3.34	3.22	3.12	3.05	2.99	2.89	2.79	2.68	2.63	2.57	2.51	2.45	2.38	2.32
17	6.04	4.62	4.01	3.66	3.44	3.28	3.16	3.06	2.98	2.92	2.82	2.72	2.62	2.56	2.50	2.44	2.38	2.32	2.25
18	5.98	4.56	3.95	3.61	3.38	3.22	3.10	3.01	2.93	2.87	2.77	2.67	2.56	2.50	2.44	2.38	2.32	2.26	2.19
19	5.92	4.51	3.90	3.56	3.33	3.17	3.05	2.96	2.88	2.82	2.72	2.62	2.51	2.45	2.39	2.33	2.27	2.20	2.13
20	5.87	4.46	3.86	3.51	3.29	3.13	3.01	2.91	2.84	2.77	2.68	2.57	2.46	2.41	2.35	2.29	2.22	2.16	2.09
21	5.83	4.42	3.82	3.48	3.25	3.09	2.97	2.87	2.80	2.73	2.64	2.53	2.42	2.37	2.31	2.25	2.18	2.11	2.04
22	5.79	4.38	3.78	3.44	3.22	3.05	2.93	2.84	2.76	2.70	2.60	2.50	2.39	2.33	2.27	2.21	2.14	2.08	2.00
23	5.75	4.35	3.75	3.41	3.18	3.02	2.90	2.81	2.73	2.67	2.57	2.47	2.36	2.30	2.24	2.18	2.11	2.04	1.97
24	5.72	4.32	3.72	3.38	3.15	2.99	2.87	2.78	2.70	2.64	2.54	2.44	2.33	2.27	2.21	2.15	2.08	2.01	1.94
25	5.69	4.29	3.69	3.35	3.13	2.97	2.85	2.75	2.68	2.61	2.51	2.41	2.30	2.24	2.18	2.12	2.05	1.98	1.91
26	5.66	4.27	3.67	3.33	3.10	2.94	2.82	2.73	2.65	2.59	2.49	2.39	2.28	2.22	2.16	2.09	2.03	1.95	1.88
27	5.63	4.24	3.65	3.31	3.08	2.92	2.80	2.71	2.63	2.57	2.47	2.36	2.25	2.19	2.13	2.07	2.00	1.93	1.85
28	5.61	4.22	3.63	3.29	3.06	2.90	2.78	2.69	2.61	2.55	2.45	2.34	2.23	2.17	2.11	2.05	1.98	1.91	1.83
29	5.59	4.20	3.61	3.27	3.04	2.88	2.76	2.67	2.59	2.53	2.43	2.32	2.21	2.15	2.09	2.03	1.96	1.89	1.81
30	5.57	4.18	3.59	3.25	3.03	2.87	2.75	2.65	2.57	2.51	2.41	2.31	2.20	2.14	2.07	2.01	1.94	1.87	1.79
40	5.42	4.05	3.46	3.13	2.90	2.74	2.62	2.53	2.45	2.39	2.29	2.18	2.07	2.01	1.94	1.88	1.80	1.72	1.64
60	5.29	3.93	3.34	3.01	2.79	2.63	2.51	2.41	2.33	2.27	2.17	2.06	1.94	1.88	1.82	1.74	1.67	1.58	1.48
120	5.15	3.80	3.23	2.89	2.67	2.52	2.39	2.30	2.22	2.16	2.05	1.94	1.82	1.76	1.69	1.61	1.53	1.43	1.31
∞	5.02	3.69	3.12	2.79	2.57	2.41	2.29	2.19	2.11	2.05	1.94	1.83	1.71	1.64	1.57	1.48	1.39	1.27	1.00

付表5-4 F 表 (10%)

$F(\phi_1, \phi_2; 0.10)$

(分子の自由度 ϕ_1, 分母の自由度 ϕ_2 の F分布の上側10%の点を求める表)

ϕ_2 \ ϕ_1	1	2	3	4	5	6	7	8	9	10	12	15	20	24	30	40	60	120	∞
1	39.9	49.5	53.6	55.8	57.2	58.2	58.9	59.4	59.9	60.2	60.7	61.2	61.7	62.0	62.3	62.5	62.8	63.1	63.3
2	8.53	9.00	9.16	9.24	9.29	9.33	9.35	9.37	9.38	9.39	9.41	9.42	9.44	9.45	9.46	9.47	9.47	9.48	9.49
3	5.54	5.46	5.39	5.34	5.31	5.28	5.27	5.25	5.24	5.23	5.22	5.20	5.18	5.18	5.17	5.16	5.15	5.14	5.13
4	4.54	4.32	4.19	4.11	4.05	4.01	3.98	3.95	3.94	3.92	3.90	3.87	3.84	3.83	3.82	3.80	3.79	3.78	3.76
5	4.06	3.78	3.62	3.52	3.45	3.40	3.37	3.34	3.32	3.30	3.27	3.24	3.21	3.19	3.17	3.16	3.14	3.12	3.10
6	3.78	3.46	3.29	3.18	3.11	3.05	3.01	2.98	2.96	2.94	2.90	2.87	2.84	2.82	2.80	2.78	2.76	2.74	2.72
7	3.59	3.26	3.07	2.96	2.88	2.83	2.78	2.75	2.72	2.70	2.67	2.63	2.59	2.58	2.56	2.54	2.51	2.49	2.47
8	3.46	3.11	2.92	2.81	2.73	2.67	2.62	2.59	2.56	2.54	2.50	2.46	2.42	2.40	2.38	2.36	2.34	2.32	2.29
9	3.36	3.01	2.81	2.69	2.61	2.55	2.51	2.47	2.44	2.42	2.38	2.34	2.30	2.28	2.25	2.23	2.21	2.18	2.16
10	3.29	2.92	2.73	2.61	2.52	2.46	2.41	2.38	2.35	2.32	2.28	2.24	2.20	2.18	2.16	2.13	2.11	2.08	2.06
11	3.23	2.86	2.66	2.54	2.45	2.39	2.34	2.30	2.27	2.25	2.21	2.17	2.12	2.10	2.08	2.05	2.03	2.00	1.97
12	3.18	2.81	2.61	2.48	2.39	2.33	2.28	2.24	2.21	2.19	2.15	2.10	2.06	2.04	2.01	1.99	1.96	1.93	1.90
13	3.14	2.76	2.56	2.43	2.35	2.28	2.23	2.20	2.16	2.14	2.10	2.05	2.01	1.98	1.96	1.93	1.90	1.88	1.85
14	3.10	2.73	2.52	2.39	2.31	2.24	2.19	2.15	2.12	2.10	2.05	2.01	1.96	1.94	1.91	1.89	1.86	1.83	1.80
15	3.07	2.70	2.49	2.36	2.27	2.21	2.16	2.12	2.09	2.06	2.02	1.97	1.92	1.90	1.87	1.85	1.82	1.79	1.76
16	3.05	2.67	2.46	2.33	2.24	2.18	2.13	2.09	2.06	2.03	1.99	1.94	1.89	1.87	1.84	1.81	1.78	1.75	1.72
17	3.03	2.64	2.44	2.31	2.22	2.15	2.10	2.06	2.03	2.00	1.96	1.91	1.86	1.84	1.81	1.78	1.75	1.72	1.69
18	3.01	2.62	2.42	2.29	2.20	2.13	2.08	2.04	2.00	1.98	1.93	1.89	1.84	1.81	1.78	1.75	1.72	1.69	1.66
19	2.99	2.61	2.40	2.27	2.18	2.11	2.06	2.02	1.98	1.96	1.91	1.86	1.81	1.79	1.76	1.73	1.70	1.67	1.63
20	2.97	2.59	2.38	2.25	2.16	2.09	2.04	2.00	1.96	1.94	1.89	1.84	1.79	1.77	1.74	1.71	1.68	1.64	1.61
21	2.96	2.57	2.36	2.23	2.14	2.08	2.02	1.98	1.95	1.92	1.87	1.83	1.78	1.75	1.72	1.69	1.66	1.62	1.59
22	2.95	2.56	2.35	2.22	2.13	2.06	2.01	1.97	1.93	1.90	1.86	1.81	1.76	1.73	1.70	1.67	1.64	1.60	1.57
23	2.94	2.55	2.34	2.21	2.11	2.05	1.99	1.95	1.92	1.89	1.84	1.80	1.74	1.72	1.69	1.66	1.62	1.59	1.55
24	2.93	2.54	2.33	2.19	2.10	2.04	1.98	1.94	1.91	1.88	1.83	1.78	1.73	1.70	1.67	1.64	1.61	1.57	1.53
25	2.92	2.53	2.32	2.18	2.09	2.02	1.97	1.93	1.89	1.87	1.82	1.77	1.72	1.69	1.66	1.63	1.59	1.56	1.52
26	2.91	2.52	2.31	2.17	2.08	2.01	1.96	1.92	1.88	1.86	1.81	1.76	1.71	1.68	1.65	1.61	1.58	1.54	1.50
27	2.90	2.51	2.30	2.17	2.07	2.00	1.95	1.91	1.87	1.85	1.80	1.75	1.70	1.67	1.64	1.60	1.57	1.53	1.49
28	2.89	2.50	2.29	2.16	2.06	2.00	1.94	1.90	1.87	1.84	1.79	1.74	1.69	1.66	1.63	1.59	1.56	1.52	1.48
29	2.89	2.50	2.28	2.15	2.06	1.99	1.93	1.89	1.86	1.83	1.78	1.73	1.68	1.65	1.62	1.58	1.55	1.51	1.47
30	2.88	2.49	2.28	2.14	2.05	1.98	1.93	1.88	1.85	1.82	1.77	1.72	1.67	1.64	1.61	1.57	1.54	1.50	1.46
40	2.84	2.44	2.23	2.09	2.00	1.93	1.87	1.83	1.79	1.76	1.71	1.66	1.61	1.57	1.54	1.51	1.47	1.42	1.38
60	2.79	2.39	2.18	2.04	1.95	1.87	1.82	1.77	1.74	1.71	1.66	1.60	1.54	1.51	1.48	1.44	1.40	1.35	1.29
120	2.75	2.35	2.13	1.99	1.90	1.82	1.77	1.72	1.68	1.65	1.60	1.54	1.48	1.45	1.41	1.37	1.32	1.26	1.19
∞	2.71	2.30	2.08	1.94	1.85	1.77	1.72	1.67	1.63	1.60	1.55	1.49	1.42	1.38	1.34	1.30	1.24	1.17	1.00

付表5-5 F 表 (20%)

$F(\phi_1, \phi_2; 0\cdot 20)$

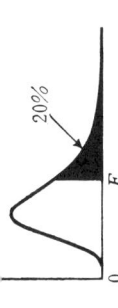

分子の自由度 ϕ_1, 分母の自由度 ϕ_2 の F 分布の上側 20% の点を求める各表

ϕ_2\ϕ_1	1	2	3	4	5	6	7	8	9	10	12	15	20	24	30	40	60	120	∞	ϕ_1\ϕ_2
1	9·472	12·000	13·064	13·644	14·008	14·258	14·439	14·577	14·685	14·772	14·904	15·037	15·171	15·238	15·306	15·374	15·442	15·511	15·580	1
2	3·556	4·000	4·156	4·236	4·284	4·317	4·340	4·358	4·371	4·382	4·399	4·415	4·432	4·440	4·448	4·456	4·465	4·473	4·481	2
3	2·682	2·886	2·936	2·956	2·965	2·971	2·974	2·976	2·978	2·979	2·981	2·982	2·983	2·983	2·984	2·984	2·984	2·984	2·985	3
4	2·351	2·472	2·485	2·483	2·478	2·473	2·469	2·465	2·462	2·460	2·455	2·450	2·445	2·442	2·439	2·436	2·433	2·430	2·426	4
5	2·178	2·259	2·253	2·240	2·228	2·217	2·209	2·202	2·196	2·191	2·184	2·175	2·166	2·161	2·156	2·151	2·146	2·140	2·134	5
6	2·073	2·130	2·113	2·092	2·076	2·062	2·051	2·042	2·034	2·028	2·018	2·007	1·995	1·989	1·982	1·976	1·969	1·962	1·954	6
7	2·002	2·043	2·019	1·994	1·974	1·957	1·945	1·934	1·925	1·918	1·906	1·893	1·879	1·872	1·865	1·857	1·849	1·840	1·831	7
8	1·951	1·981	1·951	1·923	1·900	1·883	1·868	1·856	1·847	1·838	1·825	1·811	1·796	1·787	1·779	1·770	1·761	1·752	1·742	8
9	1·913	1·935	1·901	1·870	1·846	1·826	1·811	1·798	1·787	1·778	1·764	1·749	1·732	1·723	1·714	1·704	1·694	1·684	1·673	9
10	1·883	1·899	1·861	1·829	1·803	1·782	1·766	1·752	1·741	1·732	1·716	1·700	1·682	1·673	1·663	1·653	1·642	1·630	1·618	10
11	1·859	1·870	1·830	1·796	1·768	1·747	1·730	1·716	1·704	1·694	1·678	1·661	1·642	1·632	1·622	1·611	1·599	1·587	1·574	11
12	1·839	1·846	1·804	1·768	1·740	1·718	1·700	1·686	1·673	1·663	1·646	1·628	1·609	1·598	1·587	1·576	1·564	1·551	1·537	12
13	1·823	1·826	1·783	1·746	1·717	1·694	1·676	1·661	1·648	1·637	1·620	1·601	1·581	1·570	1·558	1·546	1·534	1·520	1·506	13
14	1·809	1·809	1·765	1·727	1·697	1·674	1·655	1·639	1·626	1·615	1·598	1·578	1·557	1·546	1·534	1·521	1·508	1·494	1·479	14
15	1·797	1·795	1·749	1·710	1·680	1·656	1·637	1·621	1·608	1·596	1·578	1·558	1·537	1·525	1·513	1·500	1·486	1·471	1·455	15
16	1·787	1·783	1·736	1·696	1·665	1·641	1·621	1·605	1·591	1·580	1·561	1·541	1·519	1·507	1·494	1·481	1·466	1·451	1·435	16
17	1·778	1·772	1·724	1·684	1·652	1·628	1·608	1·591	1·577	1·566	1·547	1·526	1·503	1·491	1·478	1·464	1·449	1·433	1·416	17
18	1·770	1·762	1·713	1·673	1·641	1·616	1·596	1·579	1·565	1·553	1·534	1·513	1·489	1·477	1·463	1·449	1·434	1·418	1·400	18
19	1·763	1·754	1·704	1·663	1·631	1·605	1·585	1·568	1·554	1·542	1·522	1·500	1·477	1·464	1·450	1·436	1·420	1·403	1·385	19
20	1·757	1·746	1·696	1·654	1·622	1·596	1·575	1·558	1·544	1·531	1·512	1·490	1·466	1·452	1·439	1·424	1·408	1·391	1·372	20
21	1·751	1·739	1·688	1·646	1·614	1·588	1·567	1·549	1·535	1·522	1·502	1·480	1·455	1·442	1·428	1·413	1·397	1·379	1·360	21
22	1·746	1·733	1·682	1·639	1·606	1·580	1·559	1·541	1·526	1·514	1·494	1·471	1·446	1·433	1·418	1·403	1·386	1·368	1·349	22
23	1·741	1·728	1·676	1·633	1·599	1·573	1·552	1·534	1·519	1·506	1·486	1·463	1·438	1·424	1·410	1·394	1·377	1·358	1·338	23
24	1·737	1·722	1·670	1·627	1·593	1·567	1·545	1·527	1·512	1·499	1·479	1·456	1·430	1·416	1·401	1·385	1·368	1·349	1·329	24
25	1·733	1·718	1·665	1·622	1·588	1·561	1·539	1·521	1·506	1·493	1·472	1·449	1·423	1·409	1·394	1·378	1·360	1·341	1·320	25
26	1·729	1·713	1·660	1·617	1·583	1·556	1·534	1·516	1·500	1·487	1·466	1·443	1·417	1·402	1·387	1·371	1·353	1·333	1·312	26
27	1·726	1·709	1·656	1·612	1·578	1·551	1·529	1·510	1·495	1·482	1·461	1·437	1·411	1·396	1·381	1·364	1·346	1·326	1·304	27
28	1·723	1·706	1·652	1·608	1·573	1·546	1·524	1·505	1·490	1·477	1·455	1·432	1·405	1·390	1·375	1·358	1·340	1·319	1·297	28
29	1·720	1·702	1·648	1·604	1·569	1·542	1·519	1·501	1·485	1·472	1·451	1·427	1·400	1·385	1·369	1·352	1·334	1·313	1·290	29
30	1·717	1·699	1·645	1·600	1·565	1·538	1·515	1·497	1·481	1·468	1·446	1·422	1·395	1·380	1·364	1·347	1·328	1·307	1·284	30
40	1·698	1·676	1·620	1·574	1·538	1·509	1·486	1·467	1·451	1·437	1·414	1·388	1·360	1·344	1·326	1·308	1·287	1·264	1·237	40
60	1·679	1·653	1·595	1·548	1·511	1·481	1·457	1·437	1·420	1·406	1·382	1·355	1·324	1·307	1·288	1·267	1·244	1·217	1·185	60
120	1·661	1·631	1·571	1·522	1·484	1·454	1·429	1·408	1·390	1·375	1·350	1·321	1·288	1·270	1·249	1·226	1·199	1·167	1·124	120
∞	1·642	1·609	1·547	1·497	1·458	1·426	1·400	1·379	1·360	1·344	1·318	1·287	1·252	1·231	1·208	1·182	1·150	1·107	1·000	∞
ϕ_2\ϕ_1	1	2	3	4	5	6	7	8	9	10	12	15	20	24	30	40	60	120	∞	ϕ_1\ϕ_2

索　引

〔あ 行〕

現れる　117
アンダーソン・バンクロフトの方法　339
異常値のチェック　316
1元配置法　6, 21, 37
1次因子　213
1次誤差　214, 287, 349
1次誤差列　264
1次単位　216
　　——の大きさ　216
　　——の列　265
一般平均　25, 33, 37, 48, 70
伊奈の式　33, 343, 346
因子　3
ウェルチの方法　12
A 間平方和　39
lsd　36, 324

〔か 行〕

回帰分析　356
外的基準　356
確率変数　188
擬因子法　354
擬水準　171, 175
　　——法　171, 175, 346
基本統計量　9
帰無仮説　53, 64
行　114
共分散　332
　　——分析　354

局所管理　306
寄与率　335, 356
区間推定　33, 68
　　2つの母平均の差の——　68
繰返し　37, 62, 189, 211
　　——数　21
　　——のある3元配置法　24, 96
　　——のある2元配置法　21, 62
　　——のない2元配置法　87
計数値データ　3, 354
計量値データ　3
欠測　352
検出力　15
検定　9, 30
交互作用　6, 62, 71, 266, 318
　　——の平方和　27
　　——を求める表　118
合成変数　357
構造図　218
交絡　89, 228, 287
誤差項　49
誤差の母分散　30
誤差分散　31
誤差平方和　27, 39
誤差列　122

〔さ 行〕

再現性　188
最小有意差　324
　　——法　36

最適水準　32, 41, 68
最尤法　308
サタースウェイトの方法　190, 353
3因子交互作用　96, 112
3元配置法　96
　　繰返しのある——　24, 96
3次因子　217
3次単位　217
3水準系直交配列表　138
3段分割法　217
次数の判定　223
実験計画法　2
実験誤差　285, 341
実験の繰返し　288
重回帰式　356
重回帰分析　319
修正項　27, 39
自由度　28, 308
　　——調整済み寄与率　356
　　——の計算　29, 39, 66
主効果　38, 64
　　——の平方和　27
主成分分析　357
順序　6
水準　1
　　——数　316
　　——番号　115, 138
推定　9, 74, 234
数値変換　311
数量化1類　356
数量化3類　357
数量化2類　357
正規確率紙　315
正規性　25, 312
正規分布　3
制御因子　188
成分　118, 141

制約式　25, 49
説明変数　356
線点図　120
　　必要な——　120
　　用意されている——　120
　　要求される——　120
尖度　314
総平方和　27, 39
測定誤差　285, 287, 342
測定の繰返し　285
測定のみの繰返し　288

〔た 行〕

第1種の誤り　14
対数変換　3, 313
第2種の誤り　14, 30
対立仮説　53
田口の式　33, 191, 235, 343
タグチ・メソッド　343, 354
多元配置法　8, 96
多水準法　157
多変量解析法　355
多変量データ　356
多方分割法　354
単回帰式　356
単回帰分析　6
直線　6
直和法　354
直交　331
直交配列表　112, 138, 263
　　——実験　8, 112, 138
データの構造式　16, 25, 32, 38, 48, 64, 70, 89, 97, 214
デルタ法　313
点推定　33, 68
　　2つの母平均の差の——　68
点予測　34, 68

索　引

等価自由度　190, 353
統計モデル　16
等分散性　25, 312
　——のチェック　315
特性　1
　——要因図　1
独立　332
　——性　25, 38, 312

〔な 行〕

内積　331
2因子交互作用　96, 112
2元配置法　6, 61
　繰返しのある——　21, 62
　繰返しのない——　87
2元表　23, 65
2次因子　213
2次誤差　215, 287, 349
　——列　264
2次単位　216
　——の大きさ　216
2種類の誤り　14
2水準系直交配列表　112
2段分割法　217

〔は 行〕

パラメータ設計　355
範囲　315
反復　189, 306
判別分析　357
左片側検定　10
必要な線点図　120
標示因子　190
品質工学　355
Fisherの3原則　306
2つの母平均の差の区間推定　68
2つの母平均の差の点推定　68

不偏推定量　30, 57, 308
不偏性　25, 312
プーリング　30, 67, 319
プール　31
ブロック　306
　——因子　186, 214, 339
　——因子 R　214
　——間変動　188
分割実験　213
分割法　7, 211, 263, 288, 348, 349
分散　9, 29, 307
　——成分　188, 339
　——分析表　29, 40, 66, 230
平均　9, 307
　——平方　29
　——平方和　30
平方根変換　3, 313
平方和　9, 27, 307, 308
平方和の計算　27, 39, 65
平方和の分解　49, 71
変数選択　319
変数変換　312
変量　188
　——因子　189
母集団　6
母数因子　189
母分散　3, 11, 339
母平均　3, 9, 33

〔ま 行〕

右片側検定　10
無作為化　306
目的変数　356

〔や 行〕

有意差　15
有効繰返し数　33

有効反復数　33, 69
用意されている線点図　120
要因　1
　——効果　30, 33, 325
要求される線点図　120
4次因子　217
4次単位　217
予測　34, 58, 74, 234
　——区間　34, 58, 68
4元配置法　96

〔ら 行〕

乱塊法　186

ランダマイゼーション　7
ランダム　6, 20, 186, 211
　——化　6
resolution IV　354
両側検定　10
列　114
　——自由度　124
　——平方和　124

〔わ 行〕

歪度　314
割り付け　116, 140, 158, 171, 354

著者略歴

永田　靖（ながた やすし）

1957年　生まれ
1980年　京都大学理学部卒業
1985年　大阪大学大学院基礎工学研究科博士後期課程修了
　　　　熊本大学講師，岡山大学助教授，教授を経て
現　在　早稲田大学創造理工学部経営システム工学科
　　　　教授，工学博士
著　書　『入門統計解析法』（日科技連出版社，1992年）
　　　　『統計的方法のしくみ』（日科技連出版社，1996年）
　　　　『統計的多重比較法の基礎』（共著，サイエンティスト社，1997年）
　　　　『グラフィカルモデリングの実際』（共著，日科技連出版社，1999年）
　　　　『多変量解析法入門』（共著，サイエンス社，2001年）
　　　　『SQC教育改革』（日科技連出版社，2002年）
　　　　『サンプルサイズの決め方』（朝倉書店，2003年）
　　　　『統計学のための数学入門30講』（朝倉書店，2005年）
　　　　『おはなし統計的方法』（編著，日本規格協会，2005年）
　　　　『品質管理のための統計手法』（日経文庫，日本経済新聞社，2006年）
　　　　『統計的品質管理』（朝倉書店，2009年）

入門　実験計画法

2000年6月26日　第1刷発行
2025年4月21日　第19刷発行

検印省略

著　者　永　田　　靖
発行人　戸　羽　節　文
発行所　株式会社　日科技連出版社
〒151-0051　東京都渋谷区千駄ヶ谷1-7-4
　　　　　　渡貫ビル
　　　　　電話　03-6457-7875

TEX組版　エスティ・スクエア
印刷・製本　河北印刷株式会社

Printed in Japan

© *Yasushi Nagata* 2000
ISBN978-4-8171-0382-6

書名	著者	判型・頁数
統計的方法のしくみ ―正しく理解するための30の急所―	永田　靖　著	A5・252頁
入門統計解析法	永田　靖　著	A5・288頁
アンスコム的な数値例で学ぶ統計的方法23講 ―異なるデータ構造から同じ解析結果が得られる謎を解く―	廣野元久・永田　靖　著	A5・224頁
医療技術系のための統計学	北畠・磯貝・福井　著	A5・222頁
経営・経済系のための統計学	桑田秀夫　著	A5・206頁
品質管理のための 実験計画法テキスト(改)	中里・川崎・平栗・大滝　著	A5・320頁
実験計画法入門	安藤貞一・田坂誠男　著	A5・272頁
実践に役立つ実験計画法入門	奥原正夫　著	A5・248頁
統計モデルによるロバストパラメータ設計	河村敏彦・高橋武則　著	A5・240頁
ロバストパラメータ設計	河村敏彦　著	A5・216頁
入門タグチメソッド	立林和夫　著	A5・304頁
設計科学におけるタグチメソッド	椿　広計・河村敏彦　著	A5・200頁
品質を獲得する技術 ―タグチメソッドがもたらしたもの―	宮川雅巳　著	A5・304頁
実験計画法特論 ―フィッシャー, タグチ, そしてシャイニンの合理的な使い分け―	宮川雅巳　著	A5・328頁

やさしい統計の本

書名	著者	判型・頁数
統計解析のはなし(改訂版)	大村　平　著	B6・310頁
実験計画と分散分析のはなし(改訂版)	大村　平　著	B6・226頁
多変量解析のはなし(改訂版)	大村　平　著	B6・238頁

日科技連出版社

★日科技連出版社の図書案内はホームページでご覧いただけます.
URL http：//www.juse-p.co.jp/